MÉTODOS INSTRUMENTAIS DE ANÁLISE QUÍMICA

GALEN W. EWING

*Professor de Química da Universidade de Seton Hall,
Nova Jersey, EUA*

MÉTODOS INSTRUMENTAIS
DE ANÁLISE QUÍMICA

Volume I

Tradução:
AURORA GIORA ALBANESE
*Professora da Universidade Mackenzie, Profª. colaboradora
da Universidade Estadual de Campinas e Coordenadora
da Faculdade de Tecnologia da Universidade Mackenzie*

JOAQUIM TEODORO DE SOUZA CAMPOS
*Professor assistente de Química Analítica da Faculdade
de Filosofia, Ciências e Letras de Araraquara*

Instrumental Methods of Chemical Analysis
A edição em língua inglesa foi publicada pela
McGRAW-HILL BOOK COMPANY
© 1969 by McGraw-Hill, Inc.

Métodos instrumentais de análise química – vol. 1
© 1972 Editora Edgard Blücher Ltda.
16ª reimpressão – 2019

Blucher

Rua Pedroso Alvarenga, 1245, 4º andar
04531-934 – São Paulo – SP – Brasil
Tel.: 55 11 3078-5366
contato@blucher.com.br
www.blucher.com.br

FICHA CATALOGRÁFICA

	Ewing, Galen Wood
E95m	Métodos instrumentais de análise química /
2 v. ilust.	Galen Wood Ewing; tradução Aurora Giora
	Albanese, Joaquim Teodoro de Souza Campos
	– São Paulo: Blucher, 1972.

Título original: Instrumental Methods
of Chemical Analysis

Bibliografia.
ISBN 978-85-212-0126-7

1. Calor – Transmissão I. Título

77-0212   CDD-543.08

Índices para catálogo sistemático:
1. Análise instrumental: Química analítica   543.08
2. Métodos instrumentais: Química analítica   543.08

Prefácio

Como nas edições anteriores, o objetivo geral deste livro é fornecer um panorama dos instrumentos analíticos modernos e técnicas, e apresentar teoria suficiente para sua compreensão. Coloca-se ênfase nas possibilidades e limitações inerentes aos vários métodos.

O texto é planejado para ser usado por estudantes dos níveis superiores de graduação ou para primeiro ano de pós-graduação. Para ensinar-se mais efetivamente, este curso deverá seguir a trabalhos em análise quantitativa elementar e um ano de física; pode seguir ou pode ministrar-se paralelamente com físico-química.

É sempre um assunto difícil decidir o que incluir e o que omitir. As palavras "analítica" e "instrumental" não são passíveis de definições objetivas. Com respeito à primeira, H. A. Laitinen escreveu: "O ponto vital aqui é que, se a pesquisa se concentra em métodos de resolução de um problema de medida, ela classifica-se adequadamente como química analítica, enquanto que a interpretação dos resultados das medidas invade outras áreas da química". (Editorial, *Anal. Chem.* 38, 1441, 1966) Tentei incluir suficiente material interpretativo para sugerir as áreas em que um método pode ser útil.

Com respeito ao termo "instrumental", tentei conduzir-me mais por utilidade para o estudante de química do que por uma estreita definição do termo. Assim, não se trata de um importante instrumento como a balança analítica enquanto se trata da cromatografia em papel.

As principais mudanças na terceira edição são uma redução no espaço dedicado à teoria das titulações potenciométricas e condutométricas, a refratometria e a espectrografia de emissão clássica. Deu-se muito mais atenção à cromatografia de gás e a modificações recentes da polarografia e de técnicas relacionadas. Nas aplicações analíticas das chamas, tentou-se um tratamento unificado. Semelhantemente agruparam-se muitas das técnicas de separação com a finalidade de enfatizar suas similaridades básicas. A dispersão óptico-rotatória, o dicroísmo circular, a absorção de microondas são assuntos recentemente introduzidos.

O capítulo sobre eletrônica é ampliado e atualizado, com ênfase crescente em dispositivos de estado sólido e particularmente nas propriedades únicas e valiosas dos amplificadores operacionais. Este capítulo é auto-suficiente e alguns professores podem desejar usá-lo para introduzir o curso.

Substituíram-se *milímetros de mercúrio* por *torr*, *ciclo por segundo* por *hertz* e *milimícron* por *nanometro*.

A menção de produtos de fabricantes individuais não implica necessariamente que eu os considere superiores aos itens competitivos. A finalidade é descrever instrumentos típicos de sua classe ou possuindo alguma característica especial de interesse, não descrever um catálogo completo de aparelhos analíticos.

Desejo expressar meu sincero reconhecimento aos meus colegas e estudantes, passados e presentes, que ofereceram conselhos e mostraram erros. Agradecimentos especiais para os professôres J. M. Fitzgerald e R. F. Hirsch, que leram cuidadosamente e criticamente muitos capítulos do manuscrito. Meus agradecimentos também para o pessoal das companhias de instrumentos e distribuidores, sem a cooperação dos quais o livro não poderia ser bem sucedido.

Galen W. Ewing

Prólogo à edição brasileira

Em boa hora a ação conjunta das editoras da Universidade de São Paulo e Edgard Blücher colocam ao alcance do estudante leitor de língua portuguesa esta obra excepcional.

Confirma-se o acerto da medida pelo grande número de cursos de graduação que possuem a disciplina de Química Analítica Instrumental em seus currículos bem como pelos cursos de pós-graduação na área de Química, mesmo os que não pertencem à área da Química Analítica, que já vem adotando há alguns anos o original em inglês como livro-texto, o que dificulta a vida dos alunos que não dominam perfeitamente o idioma saxônico.

Além disso, a utilidade deste livro é mais ampla, pois o texto, tratando de mais de vinte métodos instrumentais diferentes, torna-se um livro que não pode faltar na estante do químico de nível superior que trabalhe nos laboratórios analíticos industriais.

Também poderá prestar grandes serviços aos pesquisadores que não sendo químicos como, por exemplo, geólogos, biólogos, etc. possuam problemas de análise química para resolver e queiram conhecer o aspecto químico da questão.

Poderá ser muito útil como livro de consulta para o técnico em eletrônica que se dedica ao conserto de aparelhos analíticos, auxiliando-o na sua tarefa.

Com a finalidade de tornar o livro menos dispendioso para o aluno tomou-se a deliberação de editá-lo em língua portuguesa em dois volumes.

O primeiro volume conterá os capítulos dedicados à espectroscopia clássica e aos métodos eletrométricos, e o segundo, os dedicados aos demais métodos bem como às experiências de laboratório.

Com a finalidade de facilitar a consulta do leitor, o índice alfabético geral aparece nos dois volumes.

Devido à falta de uma nomenclatura padronizada para muitos termos técnicos de Química, talvez a tradução adotada para alguns dos vocábulos técnicos não seja exatamente a mais empregada pelos profissionais que utilizam o método em questão.

Por este motivo solicita-se dos especialistas em cada um dos métodos apresentados neste livro que desejarem colaborar que, com a finalidade de centralizar as correções, escrevam-me apontando as falhas observadas com a finalidade de que elas sejam corrigidas na próxima edição com o que ganhará o aluno que vai estudar por este livro.

Para finalizar desejo expressar meu agradecimento a meu aluno Wilson Cervi da Costa pela colaboração prestada na correção da tradução datilografada.

Joaquim T. de Souza Campos

Índice

1   *Introdução* 1

Propriedades físicas úteis nas análises, 1. Métodos de separação anteriores à análise, 2. Quantidades físicas fundamentais e derivadas, 3. Titulação, 3. Bibliografia, 4

2   *Introdução aos métodos ópticos* 5

A natureza da energia radiante, 5. Regiões espectrais, 6. Interações com a matéria: espectros atômicos, 7. Espectros moleculares, 9. Espectros de absorção, 10. Fluorescência, 11. Fosforescência, 11. Espectros Raman, 11. Refração, 12. Polarização e atividade óptica, 13. Fontes práticas de radiação, 15. Fontes de linhas, 17. Lasers, 18. Seleção dos comprimentos de onda, 19. Filtros, 19. Monocromatizadores, 20. Dispersão por prismas, 22. Dispersão por redes, 24. Curvas de dispersão, 29. Detectores de radiação, 29. Fotometria, 38. Problemas, 40. Referências, 40

3   *A absorção de radiação: ultravioleta e visível* 41

A absorção seletiva, 42. Determinação da estrutura, 44. Teoria matemática, 48. Absortividade, 50. Desvios da lei de absorção, 53. Aditividade das absorbâncias, 56. Exatidão fotométrica, 58. Fotometria de precisão, 61. Análises de traços, 62. Método de precisão máxima, 63. Aparelhos, 64. Comparadores visuais, 65. Fotômetros de filtro usando celas fotovoltaicas, 66. Fotômetros de filtro usando fotoválvulas a vácuo, 67. Espectrofotômetros, 69. Espectrofotômetros de ultravioleta, 70. Espectrofotômetros registradores, 72. Espectrofotômetros de duplo comprimento de onda, 75. Identificação de um complexo, 76. A química das análises absorciométricas, 78. Titulações fotométricas, 81. Problemas, 84. Referências, 87

4   *Fluorimetria e fosforimetria* 89

Fluorescência, 89. Fluorímetros, 90. Fluorímetros de filtro, 91. Espectrofluorímetros de filtro, 91. Espectrofluorímetros, 93. Supressão, 95. Aplicações, 95. Fosforimetria, 98. Problemas, 99. Referências, 99

5   *A absorção da radiação: infravermelho* 100

Correlações estruturais, 103. Materiais de construção, 107. Fotômetros não-dispersivos, 109. Espectrofotômetros, 110. Espectrofotômetros para o infravermelho afastado, 112. Calibração e padronização, 114. Análise quantitativa, 115. Espectrofotômetros de varredura rápida, 117. Preparação das amostras, 119. Absorção de microondas, 122. Instrumentação para microonda, 125. Problemas, 127. Referências, 127

6   *O espalhamento da radiação* **129**
Espalhamento de Rayleigh, **129**. Dificuldades nas medidas, **130**. Instrumentação: turbidímetros, **132**. Titulações turbidimétricas, **133**. Dispersão de Raman, **135**. Problemas, **138**. Referências, **138**

7   *Espectroscopia de emissão* **140**
Excitação das amostras, **140**. Preparação dos elétrodos e amostras, **142**. Identificação de linhas, **143**. Análises quantitativas, **144**. Instrumentos fotográficos, **147**. Instrumentos fotelétricos, **147**. Problemas, **149**. Referências, **149**

8   *Espectroscopia de chama* **150**
Química da chama, **150**. Maçaricos e aspiradores, **153**. Combustíveis e oxidantes, **154**. Absorção atômica: fontes, **156**. Espectrofotômetros de absorção atômica, **159**. Absorção atômica sem chama, **160**. Aplicações da absorção atômica, **160**. Fotometria de emissão de chama, **161**. Comparação da absorção e emissão de chama, **162**. Fluorescência, **162**. Problemas, **165**. Referências, **165**

9   *Métodos de raios X* **166**
A absorção de raios X, **167**. Fontes monocromáticas, **170**. Monocromatizadores de cristal, **171**. Fontes radiativas, **171**. Análise por absorção de raios X, **172**. Análise do pico de absorção, **172**. Aparelhos de absorção, **173**. Difração de raios X, **174**. Análise por emissão de raios X, **179**. Espectrômetros de raios X não-dispersivos, **183**. Análise por microssonda eletrônica, **185**. Problemas, **188**. Referências, **188**

10   *Polarimetria e dispersão óptico-rotatória* **189**
Polarímetros, **190**. Aplicações, **191**. Dispersão óptico-rotatória (DOR), **192**. Problemas, **196**. Referências, **196**

11   *Introdução aos métodos eletroquímicos* **197**
Elétrodos, **197**. A reação da cela, **198**. Convenções de sinais, **205**. Reversibilidade, **205**. Polarização, **206**. Sobrevoltagem, **206**. Processos eletroanalíticos, **207**. Referências, **208**

12   *Potenciometria* **209**
A cela de concentração, **210**. Medida de íon-hidrogênio, **211**. O elétrodo de vidro, **214**. Titulações potenciométricas, **219**. Titulações em solventes não-aquosos, **220**. Aparelhos, **221**. O potenciômetro, **221**. O voltímetro eletrônico, **223**. Aparelhos especiais, **226**. Titulações a potencial constante, **228**. Problemas, **229**. Referências, **230**

13   *Voltametria, polarografia e técnicas relacionadas* **231**
Elétrodos, **231**. Corrente de difusão limitada, **232**. O elétrodo gotejante de mer-

cúrio (EGM), **233**. Polarografia de varredura de voltagem, **236**. A forma da onda polarográfica, **238**. Instrumentos, **244**. Correção para resistência, **245**. Análises qualitativas, **247**. Análises quantitativas, **249**. Polarografia orgânica, **251**. Polarografia de varredura rápida, **252**. Voltametria cíclica, **253**. Titulação amperométrica, **255**. Aparelhos de titulação, **256**. Elétrodo de platina rotativo, **257**. Titulações biamperométricas, **258**. Cronopotenciometria, **259**. Problemas, **261**. Referências, **263**

14 *Eletrodeposição e coulometria* **264**
Eletrólise com potencial controlado, **266**. Eletrólise com cátodo de mercúrio, **268**. Coulometria, **269**. Titulações coulométricas, **272**. Análise de desgaste, **275**. Problemas, **277**. Referências, **279**

15 *Conductimetria* **280**
Aparelhos, **282**. Aplicações, **284**. Titulações condutométricas, **286**. Titulações de alta freqüência, **289**. Problemas, **292**. Referências, **294**

Apêndice **295**

1 Introdução

A química analítica pode ser definida como a ciência e a arte da determinação da composição de substâncias em termos dos elementos ou compostos que os constituem. Historicamente, o desenvolvimento de métodos analíticos seguiu de perto a introdução de novos instrumentos de medida. As primeiras análises quantitativas foram gravimétricas e tornaram-se possíveis graças à invenção de uma balança precisa. Percebeu-se logo que vidraria cuidadosamente calibrada economizava muito tempo através de medidas volumétricas de soluções padronizadas gravimetricamente.

Nas décadas próximas ao século XIX, a invenção do espectroscópio trouxe uma aproximação analítica que se mostrou extremamente proveitosa. No início só houve aplicações qualitativas; os métodos gravimétricos e volumétricos permaneceram por muitos anos os únicos procedimentos quantitativos disponíveis para a maioria das análises. Gradativamente, introduziram-se alguns métodos colorimétricos e nefelométricos principalmente para substâncias para as quais outras técnicas eram desconhecidas ou inseguras. Descobriu-se depois que medidas elétricas podiam detectar o ponto de viragem nas titulações. Ao redor de 1930, o rápido desenvolvimento da válvula amplificadora e da célula fotelétrica e, mais recentemente, de transístores e outros semicondutores resultou na criação de muitos métodos analíticos baseados em seus usos. Hoje o químico, quer se intitule especialista em analítica ou não, deve possuir um conhecimento de trabalho de pelo menos uma dúzia desses instrumentos, os quais eram praticamente desconhecidos uma geração atrás.

Quase todas as propriedades físicas características de um determinado elemento ou composto podem servir de base a um método para sua análise. Assim, a absorção de luz, a condutividade de uma solução ou a ionizabilidade de um gás podem servir como instrumentos analíticos. Uma série inteira de técnicas descritas depende das propriedades elétricas variáveis de diferentes elementos, como evidenciam seus potenciais redox. O fenômeno da radiatividade artificial conduziu a vários métodos analíticos de significado extremamente importante. É propósito deste livro pesquisar o alcance de vários desses modernos métodos instrumentais de análise.

PROPRIEDADES FÍSICAS ÚTEIS NAS ANÁLISES

A seguir temos uma lista de propriedades físicas que se mostraram aplicáveis nas análises químicas. A lista não é exaustiva, mas certamente inclui todas as propriedades que foram profundamente estudadas assim como algumas ainda não totalmente exploradas.

PROPRIEDADES EXTENSIVAS

1. Massa
2. Volume (de um líquido ou de um gás)

PROPRIEDADES MECÂNICAS

1. Peso específico (ou densidade)
2. Tensão superficial
3. Viscosidade
4. Velocidade do som

PROPRIEDADES ENVOLVENDO INTERAÇÃO COM A ENERGIA RADIANTE

1. Absorção da radiação
2. Dispersão da radiação
3. Efeito Raman
4. Emissão de radiação
5. Índice de refração e dispersão de refração
6. Rotação do plano da luz polarizada e dispersão rotatória
7. Dicroísmo circular
8. Fluorescência e fosforescência
9. Fenômenos de difração
10. Ressonância magnética do núcleo e do elétron

PROPRIEDADES ELÉTRICAS

1. Potenciais de meia-cela
2. Características de corrente-voltagem
3. Condutividade elétrica
4. Constante dielétrica
5. Susceptibilidade magnética

PROPRIEDADES TÉRMICAS

1. Temperaturas de transição
2. Calores de reação
3. Condutividade térmica (de um gás)

PROPRIEDADES NUCLEARES

1. Radiatividade
2. Massa isotópica

MÉTODOS DE SEPARAÇÃO ANTERIORES À ANÁLISE

Seria desejável descobrir métodos analíticos que fossem *específicos* para cada elemento, radical ou classe de compostos. Infelizmente, apenas poucos métodos são completamente específicos* e, portanto, freqüentemente é necessário realizar separações quantitativas com o objetivo tanto de isolar o constituinte desejado em

---

*Um exemplo de uma análise específica é a absorção de ressonância da radiação por átomos do mesmo elemento que originam a radiação (absorção atômica).

uma forma mensurável como de remover substâncias que interfiram. Alguns métodos de separação são os seguintes:

1. Precipitação
2. Eletrodeposição
3. Formação de complexos
4. Destilação
5. Extração por solventes ou sublação
6. Cromatografia de partição
7. Cromatografia de adsorção
8. Troca iônica
9. Eletroforese
10. Diálise

QUANTIDADES FÍSICAS FUNDAMENTAIS E DERIVADAS

As quantidades físicas fundamentais que podem ser medidas diretamente são surpreendentemente poucas. Muitas medidas feitas no laboratório consistem essencialmente na observação de deslocamentos lineares ou angulares, seguidas de comparação com algum padrão. Ao usar a balança analítica observamos o deslocamento de um ponteiro ou equivalente e ajustamos as massas para fazer voltar o deslocamento para zero. A bureta é lida por observação do deslocamento linear do menisco da posição inicial para a final. Medidas elétricas são feitas através do deslocamento angular das agulhas do medidor ou dos mostradores do potenciômetro e assim por diante. Várias outras quantidades, como a intensidade da luz ou do som, são apenas indicadores nulos, a menos que disponhamos de um método para converter a quantidade em uma forma passível de ser lida em um medidor. É função do instrumento traduzir a composição química em uma informação diretamente observável pelo operador. Em quase todos os casos o instrumento atua direta ou indiretamente como um *comparador*, no sentido de que se avalia a amostra desconhecida em relação a um padrão.

Muitos dos métodos analíticos que serão descritos baseiam-se na teoria matemática do som. Ocasionalmente relata-se um procedimento experimental, que é fundamentalmente empírico, com pequena base teórica. Tal método pode ser utilizável para fins analíticos, mas deve mostrar-se válido através de um estudo exaustivo do controle independente dos valores, de modo que o analista possa ter certo conhecimento do que está realmente medindo.

TITULAÇÃO

A titulação é definida como a dosagem de um constituinte desconhecido por determinação da quantidade exatamente equivalente de algum reagente-padrão. As medidas físicas são envolvidas de duas maneiras: na identificação do ponto de equivalência e na medida da quantidade de reagente consumido. Normalmente, e a menos que haja especificação em contrário, a quantidade de reagente é medida volumetricamente com uma bureta. A principal exceção é a *titulação coulométrica*, onde o reagente é gerado eletroliticamente no próprio lugar, de acordo com as necessidades, e sua quantidade é determinada por medidas elétricas. Recentemente mostrou-se que a geração *fotoquímica* é apropriada para titulações.

BIBLIOGRAFIA

O estudante que desejar aprofundar-se em qualquer dos tópicos mencionados neste livro tem vários caminhos a seguir. Logicamente há fontes gerais, como o *Chemical Abstracts*, aplicáveis a todos os ramos da química.

No campo analítico há uma grande proliferação de revistas de interesse fundamental. *Analytical Chemistry, Analytica Chimica Acta, Talanta, The Analyst* (que inclui o *Analytical Abstracts*) e o *Zeitschrift für analytische Chemie* realizam a cobertura analítica geral. Em áreas específicas situam-se o *Journal of Electroanalytical Chemistry*, o *Journal of Chromatography*, o *Journal of Gas Chromatography, Spectrochimica Acta, Analytical Biochemistry* e muitos outros. Dando ênfase aos instrumentos em si, encontramos o *Review of Scientific Instruments*, o *Journal of Scientific Instruments, Instrumentation Technology* (antigo *Instrument Society of America Journal*) e o *Instrument Society of America Transactions*. O *Journal of Chemical Education* publica uma coluna mensal sobre tópicos em instrumentação química, além de vários artigos de interesse analítico*.

Do ponto de vista teórico, o *Treatise on Analytical Chemistry*, editado por I. M. Kolthoff e P. J. Elving (Interscience Publishers, Divisão de John Wiley & Sons, Inc.), é de valor inestimável, especialmente a parte I. Também não pode ser omitida a série *Advances in Analytical Chemistry and Instrumentation*, editada por C. N. Reiley (e o vol. 5, por F. W. McLafferty) e publicada pela mesma editora.

A edição da. *Revisão Anual do Analytical Chemistry*, publicada em cada abril, contém revisões críticas em todas as áreas da análise; em anos pares as revisões são classificadas de acordo com os princípios analíticos envolvidos e nos anos ímpares, pelas áreas de aplicação. O *Teatrise on Analytical Chemistry* e o *Annual Reviews* juntos fornecem o melhor ingresso num novo campo.

Uma imensa quantidade de informações úteis, com revisões sucintas dos princípios teóricos, foi coletada sob a direção editorial de L. Meites no *Handbook of Analytical Chemistry*, publicado por McGraw-Hill Book Company, em 1963.

---

*N. do T. — Devem-se lembrar ainda as revistas editadas pelos fabricantes de aparelhos, como, por exemplo, a *Instrument News*, publicada pela Perkin-Elmer Corporation.

2 Introdução aos métodos ópticos

A principal classe de métodos analíticos baseia-se na interação da energia radiante com a matéria. Neste capítulo vamos rever algumas propriedades pertinentes tanto da radiação como da matéria e depois discutir aquelas características da instrumentação óptica que se aplicam a todas ou a várias regiões espectrais em comum. Nos capítulos seguintes, cada região espectral principal (visível, ultravioleta, infravermelho, raios X, microonda) será considerada separadamente em relação à instrumentação e aplicação química.

A NATUREZA DA ENERGIA RADIANTE

Um estudo das propriedades da energia radiante revela uma dualidade essencial na nossa compreensão de sua natureza. Em alguns aspectos suas propriedades são as de uma onda, enquanto em outros é evidente que a radiação consiste em uma série de pacotes de energia discretos (*fótons*). O conceito de fóton é geralmente necessário em um tratamento rigoroso da interação da radiação com a matéria, ao passo que a imagem de onda pode ser usada para dar resultados aproximadamente corretos quando é envolvido grande número de fótons.

A energia radiante pode ser descrita em termos de um número de propriedades ou parâmetros. A *freqüência* v é o número de oscilações por segundo descrita pela onda eletromagnética; as unidades de freqüência são o *hertz* (1 Hz = 1 ciclo-s^{-1}) e o *fresnel* (10^{12} Hz). A *velocidade* c de propagação é bem próxima de $2,998 \times 10^8$ .m-s^{-1} para a radiação atravessando o vácuo e algo menor pela passagem através de vários meios transparentes.

O *comprimento de onda* é a distância entre as cristas adjacentes da onda em um feixe de radiação. É dado pela razão entre a velocidade e a freqüência. As unidades de comprimento de onda são *angstroms* (1 Å = 10^{-10} m), *microns* (1μ = = 10^{-6} m) ou *nanometros* (1 nm = 10^{-9} m = 10^{-3} μ = 10 Å). O nanometro é também chamado milimícron (mμ); o termo nanometro segue as recomendações do *National Bureau of Standards* de 1963 (ref. 10). Outra quantidade que é conveniente em certas circunstâncias é o *número de onda* λ^{-1}, que é o número de ondas por centímetro*. A unidade de número de onda é o centímetro recíproco (cm^{-1}), para o qual foi sugerido o nome *kaiser* (K).

A velocidade, comprimento de onda, freqüência e número de onda relacionam-se pelas expressões

$$c = v\lambda = \frac{v}{\lambda^{-1}} \tag{2-1}$$

---

*Infelizmente, o símbolo $\tilde{v}$ é usado freqüentemente para indicar o número de onda, devido à possível confusão com v para freqüência; em certas áreas da física é comum trocarem-se esses símbolos. Neste livro usaremos o pouco cômodo, mas não ambíguo, símbolo λ^{-1}. Não há justificativa para expressões como "uma freqüência de 1.600 cm^{-1}", que é freqüentemente encontrada na literatura: a freqüência *deve* ter dimensões de tempo recíproco, *nunca* de distância recíproca.

O conteúdo de energia E de um fóton é diretamente proporcional à freqüência

$$E = h\nu = h\frac{c}{\lambda} = hc\lambda^{-1} \qquad (2\text{-}2)$$

onde h é a constante universal de Planck, bem próxima de $6,6256 \times 10^{-27}$ erg-s (ref. 10). Assim, existe uma relação inversa entre conteúdo de energia e comprimento de onda, mas uma relação direta entre energia e freqüência ou número de onda. É por essa razão que a apresentação do espectro em termos de freqüência ou de número de onda, em vez de em comprimento de onda, está-se tornando preferida.

É conveniente, particularmente com radiações nucleares e raios X, caracterizar a radiação através do conteúdo de energia de seus fótons em *eletronvolts* (eV); $1\,\text{eV} = 1,602 \times 10^{-12}$ erg e que corresponde à freqüência $\nu = 2,4186 \times 10^{14}$ Hz ou ao comprimento de onda (no vácuo) de

$$\lambda = 1,2395 \times 10^{-6}\,\text{m}$$

Encontram-se freqüentemente os múltiplos keV e MeV.

Um feixe de radiação consiste de energia que é emitida por uma fonte e propagada através de um meio ou de uma série de meios a um receptor onde ela é absorvida. Em seu percurso, da fonte ao último absorvente, o feixe pode sofrer absorção parcial pelo meio através do qual ele passa; pode mudar de direção por reflexão, refração ou difração; e pode tornar-se parcial ou totalmente polarizado.

Como energia por unidade de tempo é potência, é correto falar-se em *potência radiante* do feixe, quantidade pobremente chamada intensidade. *Intensidade* refere-se, mais corretamente, à potência emitida pela fonte por unidade de ângulo sólido em uma determinada direção. Uma cela fotelétrica dá uma resposta relacionada à *potência* total incidente sobre sua superfície sensível. Uma chapa fotográfica, por outro lado, integra a potência durante o tempo de exposição ao feixe e sua resposta (depósito de prata) é uma função da *energia* total incidente (e não da potência) por unidade de área. Tanto nas celas fotelétricas como nas chapas fotográficas, assim como no olho humano, a sensibilidade é uma função relativamente complicada do comprimento de onda e isso deve ser levado em consideração em seus usos.

REGIÕES ESPECTRAIS

O espectro de energia radiante é convenientemente dividido em várias regiões, como mostrado na Tab. 2.1. Os limites dessas regiões são determinados pelos limites práticos de métodos experimentais de produção e detecção das radiações. Os valores da tabela não têm especial significado em si e devem ser considerados apenas como separações nítidas.

A diferenciação das regiões espectrais tem significado adicional para o químico, no sentido de que as interações físicas seguem diferentes mecanismos e fornecem diferentes tipos de informação. As mais importantes transições atômicas ou moleculares pertinentes a regiões sucessivas são:

Raios X	Elétrons das camadas K e L
Ultravioleta afastado	Elétrons de camadas intermediárias
Ultravioleta próximo e visível	Elétrons de valência
Infravermelho próximo e médio	Vibrações moleculares
Infravermelho afastado	Rotações moleculares e vibrações fracas
Microondas	Rotações moleculares

Essas serão agora consideradas em pormenores.

Tabela 2.1 — Regiões do espectro eletromagnético*

Nome	Limites de comprimento de onda		Limites de freqüência, Hz**	Limites de número de onda, cm^{-1}**
	Unidades usuais	Metros		
Raios X	10^{-2}–10^2 Å	10^{-12}–10^{-8}	10^{20}–10^{16}	
Ultravioleta afastado	10–200 nm	10^{-8}–2×10^{-7}	10^{16}–10^{15}	
Ultravioleta próximo	200–400 nm	2×10^{-7}–$4,0 \times 10^{-7}$	10^{15}–$7,5 \times 10^{14}$	
Visível	400–750 nm	$4,0 \times 10^{-7}$–$7,5 \times 10^{-7}$	$7,5 \times 10^{14}$–$4,0 \times 10^{14}$	25.000–13.000
Infravermelho próximo***	0,75–2,5 μ	$7,5 \times 10^{-7}$–$2,5 \times 10^{-6}$	$4,0 \times 10^{14}$–$1,2 \times 10^{14}$	13.000–4.000
Infravermelho médio***	2,5-50 μ	$2,5 \times 10^{-6}$–$5,0 \times 10^{-5}$	$1,2 \times 10^{14}$–$6,0 \times 10^{12}$	4.000-200
Infravermelho afastado***	50-1000 μ	$5,0 \times 10^{-5}$–1×10^{-3}	6×10^{12}–10^{11}	200-10
Microondas	0,1–100 cm	1×10^{-3}–1	10^{11}–10^8	10–10^{-2}
Ondas de rádio	1-1000 m	1–10^3	10^8–10^5	

*A omissão de um fator numérico é devida à precisão da delineação da região não permitir um grande número de algarismos significativos.
**Calculado de $v = c/\lambda$, onde $c = 3,0 \times 10^8$ m/s.
***Os limites para a subdivisão do infravermelho seguem as recomendações da *Triple Commission for Spectroscopy; J. Opt. Soc. Am.*, 52: 476 (1962).

INTERAÇÕES COM A MATÉRIA: ESPECTROS ATÔMICOS

A radiação eletromagnética se origina da desaceleração de partículas eletricamente carregadas e pode ser absorvida pelo processo inverso, sua energia contribuindo para produzir aceleração. Assim, uma compreensão das interações entre a matéria e a radiação deve ser somente baseada no conhecimento da estrutura dos átomos e das moléculas. As Figs. 2.1 e 2.2 mostram diagramas de níveis de energia típicos para um átomo e uma molécula, respectivamente.

Consideremos primeiro os níveis de energia de um átomo, que são representados pelas linhas horizontais na Fig. 2.1. As linhas verticais nessa figura indicam as transições eletrônicas permitidas entre os vários níveis. Quanto maior a distância vertical entre dois níveis, maior é a diferença de energia e maior é a energia que um fóton deve possuir para ser emitido ou absorvido nessa transição.

Em um átomo normal (isto é, não excitado), os elétrons ocupam tantos níveis quantos forem necessários, começando com o mais baixo ($1s$) e continuando para cima de acordo com as regras quânticas bem conhecidas. O sódio, por exemplo, tem onze elétrons, denominados $1s^2$, $2s^2$, $2p^6$, $3s^1$. O elétron $3s$ é o mais fracamente ligado e assim pode ser facilmente levado do nível $3s$ ao nível $3p$, o que é um exemplo de excitação eletrônica. Isso pode ser conseguido fornecendo energia de várias

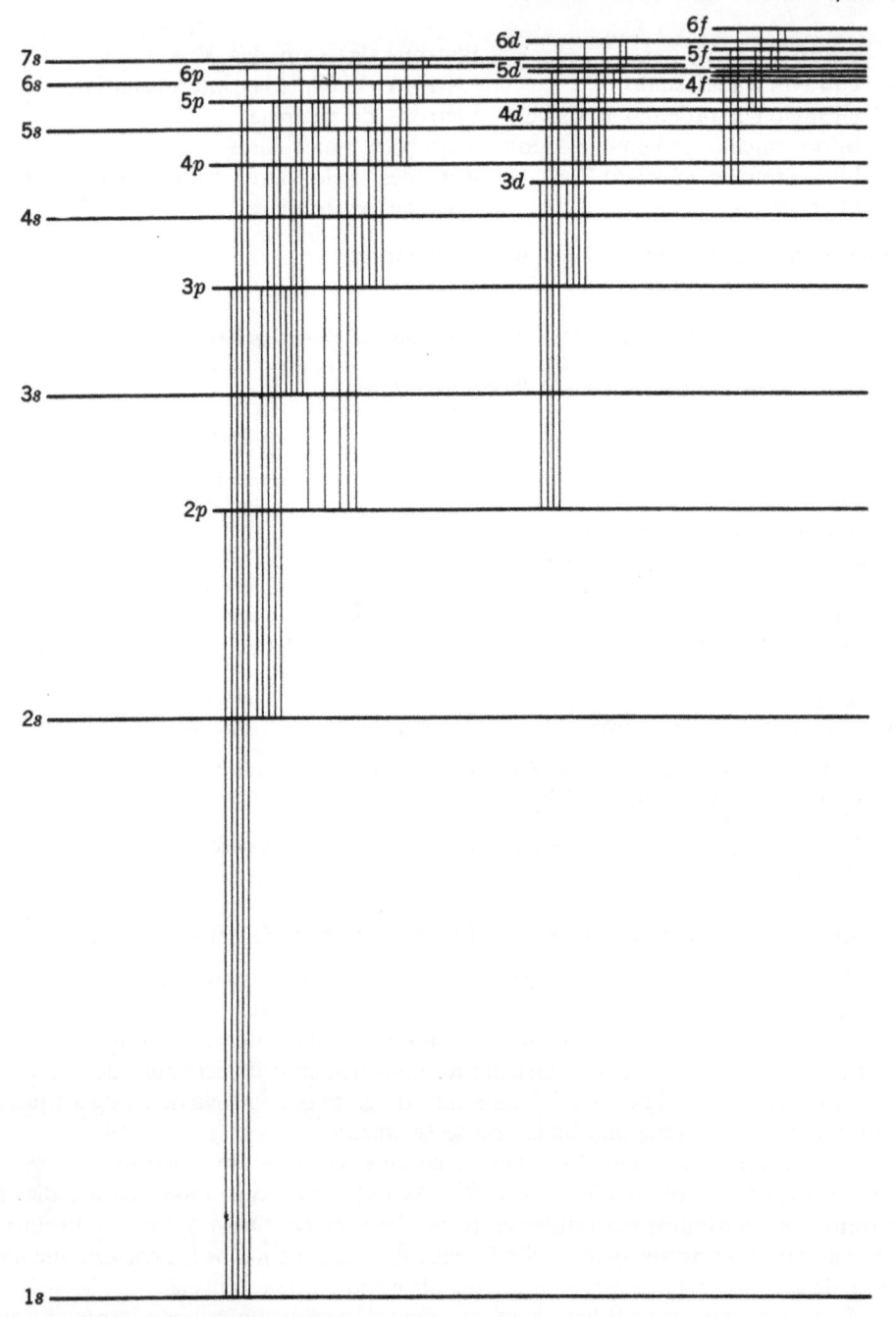

Figura 2.1 – Níveis atômicos de energia, esquema

maneiras. O elétron excitado apresenta forte tendência a voltar ao seu estado normal, o nível 3s, e, ao fazê-lo, emite um quantum de radiação (um fóton). O fóton emitido possui uma quantidade de energia bem definida e uniforme, ditada pela distância dos níveis de energia. No nosso exemplo, constitui a familiar luz amarela, característica das chamas ou lâmpadas que contêm sódio no estado vaporizado. Esse caso simples, onde o elétron externo é elevado de um nível de energia e depois volta, é conhecido como *radiação de ressonância*. A importante técnica analítica conhecida como *absorção atômica* baseia-se nesse fenômeno.

Se ao elétron se fornece mais energia do que a necessária para produzir ressonância, ele se torna mais altamente excitado e é elevado a níveis mais elevados que 3p, por exemplo, 4p. Nesse caso, pode não voltar ao 3s por um processo simples, mas pode parar nos níveis intermediários, como uma bola rolando uma escada abaixo. Essa situação não obedece apenas à definição de radiação de ressonância, mas é mais complexa. Nem todas as transições previstas são realmente possíveis — algumas são "proibidas" pelas regras de seleção da mecânica quântica. (Assim o elétron 3s do sódio não pode ser elevado ao estado 4s.)

Com uma fonte de energia mais poderosa, muitos elétrons (não apenas os mais externos) em qualquer elemento podem ser excitados em vários graus e a radiação resultante pode conter alguns milhares de comprimentos de onda discretos e reproduzíveis, especialmente nas regiões do ultravioleta e do visível. Essa é a base do método analítico da *espectroscopia de emissão*.

Se a fonte de excitação for extremamente energética, um elétron interno poderá ser removido totalmente de seu átomo. Então um elétron de um nível superior pode cair para preencher a lacuna. Como a troca de energia correspondente a essa transição é muito maior que no caso dos elétrons excitados, os fótons irradiados serão de muito maior freqüência e, correspondentemente, de menor comprimento de onda. Isso descreve a emissão de raios X de átomos sujeitos a bombardeamentos, por exemplo, por um feixe de elétrons em grande velocidade.

ESPECTROS MOLECULARES

Em uma molécula típica, em contraste com um átomo, poucos níveis de energia podem mostrar relações como as da Fig. 2.2. A molécula à qual se aplica esse diagrama apresenta um estado fundamental *singlete* chamado S_0, que representa sua condição normal, não excitada. Podem existir duas séries de estados excitados, as séries *singlete*, S_1, S_2, ... S_n e as séries *triplete*, T_1, T_2, ... T_m. Um nível *triplete* geralmente apresenta menos energia que o correspondente *singlete*. Essas duas séries se referem a uma diferença no *spin* eletrônico dos átomos em vários níveis.

É difícil efetuar uma mudança no *spin* do elétron, assim a absorção de energia radiante se restringe à elevação de um átomo de S_0 a um nível ou subnível S mais elevado. Os estados *triplete* são atingidas apenas por processos indiretos. Da mesma forma é difícil para uma molécula no estado *triplete* voltar ao nível fundamental.

A cada nível eletrônico (S ou T) se associa uma série de subníveis *vibracionais*, que correspondem à energia necessária para excitar vários modos de vibração dentro da molécula. Os subníveis relacionados a cada nível vibracional correspondem à energia de rotação dos átomos ou grupos de átomos dentro da molécula e são chamados subníveis *rotacionais*.

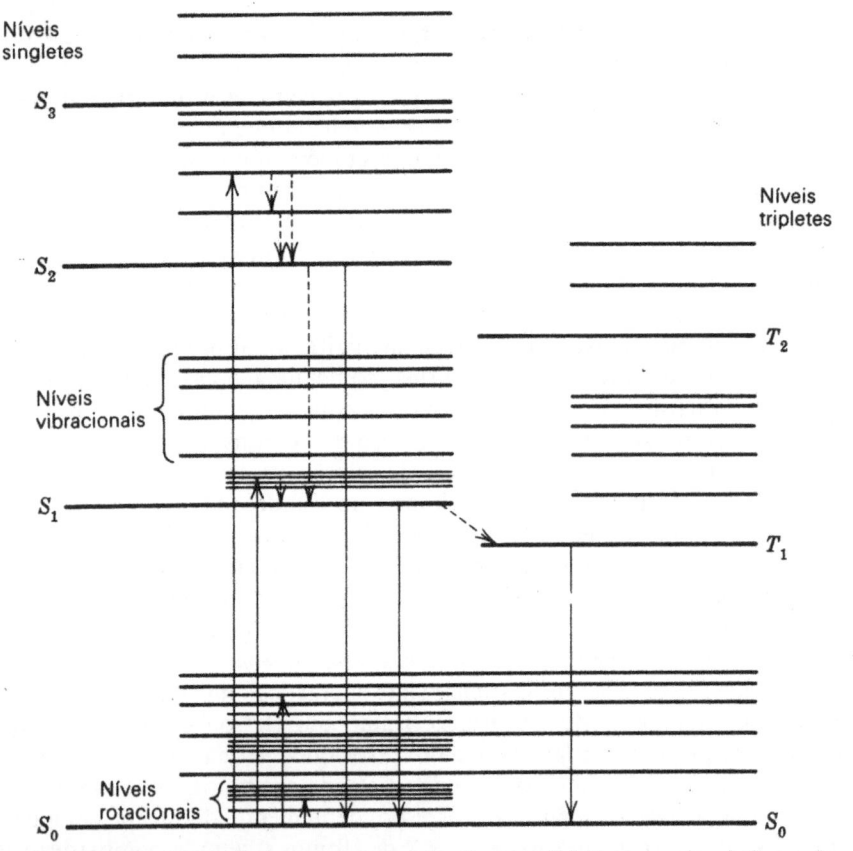

Níveis singletes

S_3

S_2

Níveis vibracionais

S_1

Níveis rotacionais

S_0

Níveis tripletes

T_2

T_1

S_0

Figura 2.2 — Esquema dos níveis de energia molecular. As setas dirigidas para cima indicam absorção de radiação; as setas dirigidas para baixo, emissão de radiação; setas pontilhadas, degradação não radiante. Os subníveis rotacionais são associados com todos os níveis vibracionais, embora apenas alguns sejam mostrados

Excelentes discussões sobre esse assunto podem ser encontradas nos livros de Barrow (ref. 1), de Jaffé e Orchin (ref. 6) e outros. Um resumo útil é dado por Jaffé e Miller (ref. 5) no *Journal of Chemical Education*.

ESPECTROS DE ABSORÇÃO

Transições dentro das moléculas são geralmente estudadas pela absorção seletiva da radiação que as atravessa e, menos freqüentemente, pelos processos de emissão como fluorescência e fosforescência. As transições entre os níveis eletrônicos ocorrem nas regiões do ultravioleta e do visível; aquelas entre os níveis vibracionais dentro do mesmo nível eletrônico, no infravermelho próximo e médio; e aquelas entre níveis rotacionais próximos, nas regiões do infravermelho afastado e de microondas.

As transições eletrônicas envolvem saltos de e para vários subníveis, de modo que o espectro de absorção no ultravioleta sempre consiste de *bandas* devido ao espalhamento da energia dos fótons necessário para excitar moléculas de todos os vários estados vibracionais e rotacionais do nível fundamental a um número relativamente elevado de estados vibracionais e rotacionais dos níveis excitados.

Os espectros de ultravioleta freqüentemente mostram *estrutura fina* correspondente às várias transições possíveis. A estrutura fina é acentuada ou aumentada em detalhes pela realização de observações na fase gasosa em vez de na líquida e também por resfriamento da amostra, por exemplo, com nitrogênio líquido. Essas técnicas especializadas não são geralmente necessárias ao trabalho analítico.

Os espectros de absorção são facilmente medidos em cada região espectral e são de grande utilidade em estudos analíticos, como se tornará amplamente evidente nos capítulos seguintes.

FLUORESCÊNCIA

A energia ganha por uma molécula que absorve um fóton não permanece nela, mas é perdida ou degradada através de vários tipos de mecanismos. Ela pode ser emitida sob a forma de radiação do mesmo comprimento de onda da energia absorvida (*fluorescência ressonante*). De maior importância na química das soluções é o caso onde uma parte da energia é degradada a calor, abaixando a energia da molécula ao nível vibracional e rotacional mais baixo, dentro do mesmo nível eletrônico (singlete). O restante da energia é então irradiado para que a molécula volte ao seu estado fundamental. Esse é o fenômeno da *fluorescência*. A radiação emitida apresenta menor energia por fóton que a radiação excitante e, portanto, possui um maior comprimento de onda.

Muitos compostos orgânicos, e alguns inorgânicos, quando irradiados com luz ultravioleta, apresentam fluorescência no espectro visível. A fluorescência é também importante no campo dos raios X, onde a irradiação de uma amostra com raios X de alta energia constitui um método conveniente de excitar espectros de raios X de baixa freqüência.

FOSFORESCÊNCIA

Em algumas moléculas é possível obter-se uma transição não-radiante a partir de um estado singlete excitado ao correspondente nível triplete, a partir do qual a energia restante é irradiada, enquanto a molécula reverte a seu estado fundamental. Entretanto o estado triplete é metaestável, o que significa que é pequena a probabilidade de a transição voltar ao estado singlete fundamental. Como resultado, a fosforescência pode persistir por um intervalo de tempo mensurável depois que a radiação excitante foi removida; ao contrário do que ocorre com a fluorescência, que não apresenta uma persistência mensurável.

ESPECTROS RAMAN

Um fenômeno que apresenta alguma relação com a fluorescência é o *efeito Raman*. Aqui também a radiação é emitida pela amostra com uma mudança do comprimento de onda da radiação excitante incidente. Mas, enquanto que para excitar uma fluorescência a amostra deve absorver a radiação primária, para produzir o efeito Raman a radiação incidente *não* deve ser absorvida apreciavelmente. A variação do comprimento de onda no efeito Raman é causada pela remoção de energia dos quanta da radiação incidente para levar as moléculas a estados vibracionais mais elevados. Assim, o quanta emergente pode ser imaginado como sendo o mesmo que entrou, mas com menor energia.

Como os níveis vibracionais são sujeitos às regras quânticas, a variação de energia no efeito Raman também é quantizada e observam-se discretos deslocamentos no comprimento de onda. Ocasionalmente há um deslocamento Raman para maiores energias. Esse efeito é maior para as moléculas que são facilmente excitadas, de modo que uma parte relativamente grande delas já possui um excesso de energia vibracional em relação ao estado fundamental. Esse excesso de energia pode ser perdido para a radiação no inverso do processo mais comum. As linhas assim produzidas no espectro são conhecidas como linhas *anti-Stokes*, em contraste com as linhas *Stokes*, que têm maior comprimento de onda que a fonte excitante.

As transições vibracionais podem ser observadas tanto na absorção no infravermelho como no efeito Raman, mas nem todas as transições possíveis são observadas em ambos. Pode se mostrar, pela teoria da mecânica quântica, que a absorção no infravermelho resultará apenas das vibrações que são acompanhadas por uma variação no *momento dipolar* da molécula, isto é, onde os centros de carga positiva são deslocados um em relação ao outro em vários graus de acordo com a vibração da molécula. Por outro lado, apenas modos vibracionais que causam uma variação na *polarizibilidade* são visíveis na espectroscopia Raman. Polarizibilidade pode ser definida como a capacidade de uma molécula se deformar por um campo elétrico, separando temporariamente os centros das cargas positiva e negativa.

Assim, para um estudo de estrutura molecular, as técnicas Raman e infravermelho se suplementam mutuamente; para fins analíticos, a escolha pode depender de fatores como conveniência e disponibilidade de equipamento.

REFRAÇÃO

Voltemos agora aos fenômenos atômicos e moleculares para tratar dos fenômenos referentes à interação da matéria com a radiação.

O *índice de refração* é uma importante propriedade da maior parte da matéria. É definido como a razão da velocidade da radiação de determinada freqüência no vácuo e em outro meio. A variação do índice de refração de uma substância em função do comprimento de onda é chamada *dispersão refrativa* ou simplesmente *dispersão*. A dispersão de uma substância através do espectro eletromagnético está intimamente relacionada com o grau de radiação absorvida. Em regiões de alta freqüência, o índice de refração diminui com o aumento do comprimento de onda (não linearmente); em regiões de alta absorbância é difícil medir o índice com precisão, mas deve apresentar um aumento brusco com o aumento do comprimento de onda. A Fig. 2.3 mostra esquematicamente o espectro de absorção e a curva de dispersão* de uma substância que é transparente a radiações visíveis. A forma da curva de dispersão em regiões de transparência é uma propriedade importante, especialmente para os sólidos, porque é essa curva que governa o planejamento de lentes e prismas.

---

*A existência de índices de refração menores que a unidade em partes dessa curva sugere valores de velocidades de radiação maiores que o valor no vácuo, violando a teoria da relatividade. Na verdade isso se deve a uma diferença na definição de velocidade. Veja Jenkins e White (ref. 7), p. 477.

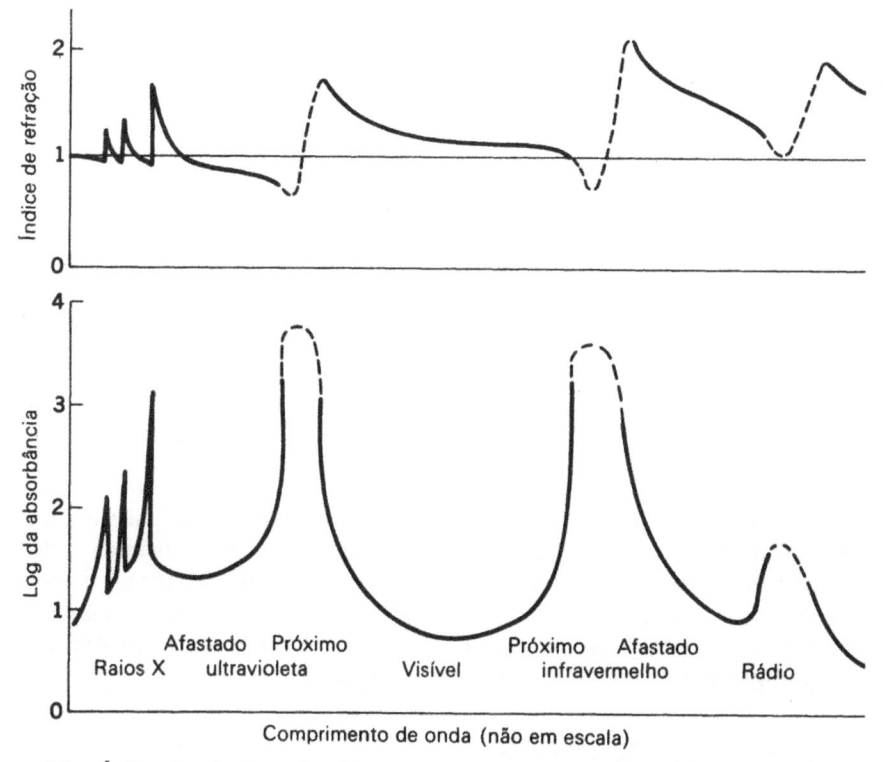

Figura 2.3 – Índice de refração e absorbância como funções de comprimento de onda para todo o espectro eletromagnético. Esquema para uma substância hipotética [Seção superior segundo Jenkins e White (ref. 7)]

POLARIZAÇÃO E ATIVIDADE ÓPTICA

Ainda uma outra propriedade algumas vezes mostrada pela matéria é a sua capacidade para polarizar a luz. Um feixe de radiação normal pode ser imaginado como um feixe de ondas com seu movimento vibratório distribuído sobre uma série de planos, cada um deles incluindo a linha de propagação. A Fig. 2.4a) mostra um corte da seção desse raio que se propaga em direção perpendicular ao plano do papel. Se esse feixe de luz passa através de um componente chamado *polarizador*, cada onda separada do feixe, por exemplo, aquela que vibra ao longo do vetor **AOA'** (Fig. 2.4b), é desdobrada em seus componentes **BOB'** e **COC'** nas direções dos eixos ortogonais X e Y característicos do polarizador. O material polarizante tem a propriedade de eliminar um desses componentes da vibração (por exemplo **COC'**) e a de deixar atravessar o outro (**BOB'**). Assim, o feixe emergente consiste de vibrações em um único plano (Fig. 2.4c) e se chama *plano-polarizado*.

Um segundo polarizador (chamado *analisador*) atravessando o feixe deixará passar, analogamente, apenas o componente da luz vibrando paralelamente ao seu eixo. Como o feixe é sempre polarizado, em uma determinada posição praticamente passará toda a radiação, mas, girando o analisador de um ângulo de 90°, nada passará. Isso é mostrado na Fig. 2.5; a radiação de uma lâmpada, tornada paralela por uma lente colimadora, passa através do polarizador A, que tem seu

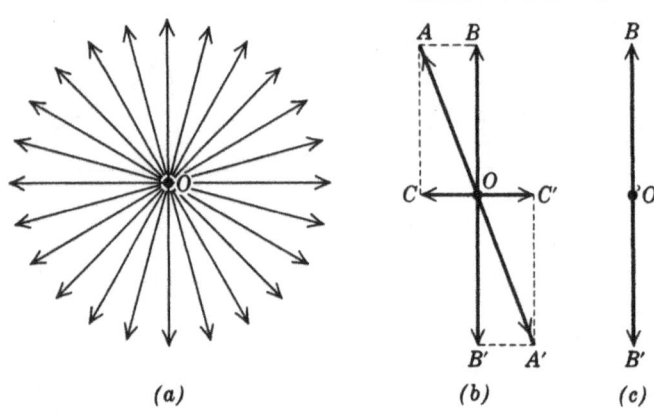

Figura 2.4 — Vetores de vibração em uma radiação eletromagnética comum e plano-polarizada

eixo vertical. O analisador B, também com um eixo vertical, não tem nenhum efeito posterior sobre o feixe, mas C, com seu eixo orientado horizontalmente, reduz a luminosidade a zero. Se C for girado em seu próprio plano, a potência da radiação transmitida variará de acordo com o seno do ângulo. Dois polarizadores colocados em série dizem-se *cruzados*, se seus eixos são mutuamente perpendiculares. Um feixe de radiação pode possuir qualquer grau de plano-polarização desde zero (simetria completa) até 100% (polarização completa).

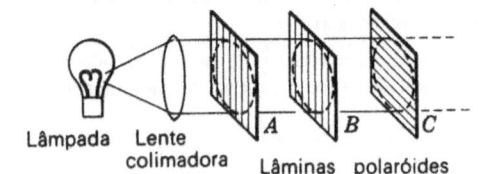

Figura 2.5 — Plano-polarização da energia radiante

    A polarização é importante em química devido à capacidade mostrada por alguns cristais e líquidos de girarem o plano da luz polarizada que os atravessa. Essa propriedade é conhecida como *atividade óptica*. Sua variação com o comprimento de onda é chamada *dispersão rotatória* e se relaciona a regiões de absorção da mesma maneira que a dispersão refrativa.

    Um número de substâncias cristalinas transparentes mostra um fenômeno chamado *dupla refração* ou *birrefringência*, que consiste no fato de que, quando um feixe de luz passa pelo cristal, é desdobrado em dois feixes de igual intensidade, que diferem entre si de um pequeno ângulo. Os dois feixes são plano-polarizados a 90° um do outro. Esse efeito de grande valor na identificação e estudos de cristais é também importante pois permite o planejamento de dispositivos úteis na obtenção e medida da luz polarizada.

    Vários componentes ópticos podem servir como polarizadores. Uma classe de polarizadores consiste em prismas construídos de cristais birrefringentes, especialmente quartzo ou calcita, cortados em determinada direção em relação a seus eixos ópticos e usados aos pares, tanto em contato como com um espaço de ar entre eles. Cada tipo de prisma duplo pode decompor um feixe de radiação não-polarizada nos componentes polarizados, X e Y. Aqueles prismas onde estamos interessados são planejados de modo a deixarem passar um componente quase sem desviá-lo, enquanto dirigem o outro para fora do eixo óptico do sistema. Essa associação de prismas geralmente recebe o nome de seus inventores; o mais conhecido é o de Nicol, mas os de Glan-Thompson e o de Rochon são algo superiores para uso em instrumentos. Para detalhes veja qualquer texto de óptica.

Outro tipo de polarizador depende dos efeitos combinados de miríades de cristais submicroscópicos embebidos em uma película de um material plástico. Aplica-se uma pressão durante a manufatura de modo que todos os pequenos cristais alinhem-se com seus eixos paralelos. O *polaróide* é o exemplo mais conhecido; é muito mais barato que um prisma de cristal, especialmente quando é necessária uma grande área, mas não se pode esperar que ele seja opticamente tão perfeito.

Os conceitos de radiações polarizadas circular e elipticamente serão considerados no Cap. 10.

FONTES PRÁTICAS DE RADIAÇÃO

De um ponto de vista puramente físico é conveniente classificar as fontes de acordo com o fato de elas produzirem espectros contínuos ou descontínuos.

Fontes contínuas (algumas vezes chamadas fontes "brancas") emitem radiações em uma larga faixa de comprimentos de onda. Elas são utilizadas no estudo dos espectros de absorção e como fontes de iluminação em outros campos como microscopia e turbidimetria.

As fontes mais comuns de radiações contínuas baseiam-se na incandescência. Qualquer substância a uma temperatura acima do zero absoluto emite radiação. A teoria dessa emissão térmica foi bastante desenvolvida em termos de um emissor ideal chamado *corpo negro*. A Fig. 2.6 mostra a maneira como é distribuída a radiação do corpo negro em função do comprimento de onda em várias temperaturas (ref. 7). Observar que o comprimento de onda correspondente à energia máxima se desloca para maiores energias e menores comprimentos de onda à medida que a temperatura se eleva. Isso significa que as fontes incandescentes são bem práticas no infravermelho e visível, mas devem ser operadas a temperaturas inconvenientemente elevadas para uma cobertura apreciável do ultravioleta.

As substâncias reais podem divergir bastante das curvas do corpo negro, pois podem apresentar menor emissão em algumas regiões de comprimento de onda para uma dada temperatura. Essas são algumas vezes chamadas "corpos cinzentos".

Na região do infravermelho, de maior importância analítica, o *filamento de Nernst* é a fonte contínua de maior uso. Consiste em uma haste ou tubo oco, de aproximadamente 2 cm de comprimento por 1 cm de diâmetro, obtido por sinterização de óxidos de elementos, tais como cério, zircônio, tório e ítrio. É mantido a alta temperatura por aquecimento elétrico e pode ser operado no ar, pois não é oxidável. Outra fonte, o Globar, é uma haste de carbeto de silício de dimensões um pouco maiores que as do filamento de Nernst. Apesar de operar-se com o Globar a temperaturas mais baixas (para evitar oxidação), ele deve ser resfriado com água devido à tendência de superaquecimento nos terminais. Apresenta maior emissão que o filamento de Nernst a comprimentos de onda maiores que cerca de 30μ. Uma

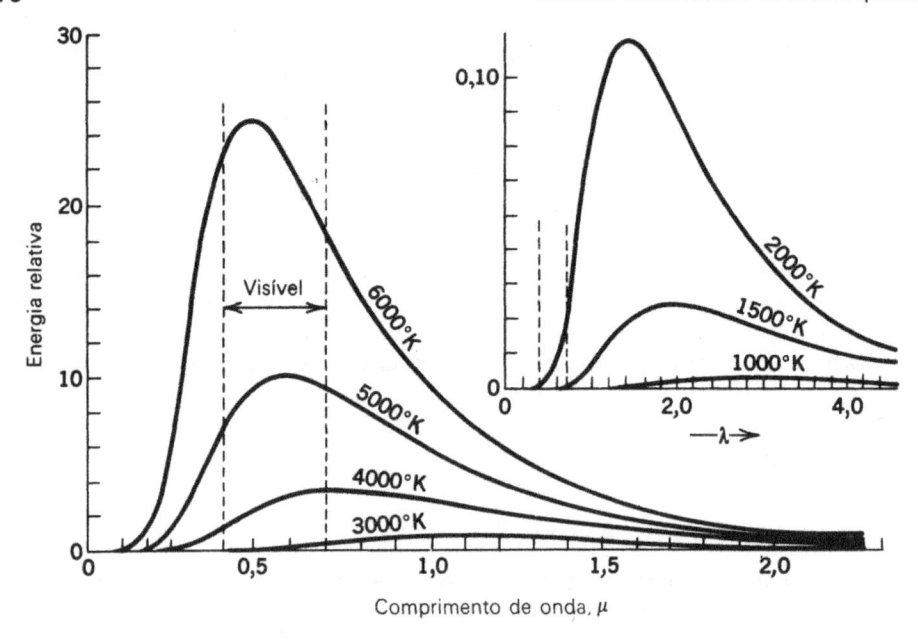

Figura 2.6 — Radiação de um corpo negro em função da temperatura (Adaptado de Jenkins e White (ref. 7) p. 432)

simples espiral de fio de *nicrômio* pode ser usada como uma fonte de infravermelho, se o intervalo de comprimento de onda e intensidade necessários não forem muito grandes.

Para as regiões do infravermelho próximo e do visível, usa-se, invariavelmente, uma lâmpada de filamento de *tungstênio* em bulbo de vidro ou sílica. Pode-se aumentar sua duração a altas temperaturas pela inclusão de uma pequena pressão de vapor de iodo, a lâmpada de *quartzo-iodo*. Aparentemente, o iodo reage com o tungstênio vaporizado para formar um composto volátil, o qual é pirolisado quando entra em contato com o filamento quente, redepositando os átomos de tungstênio no filamento, em vez de deixar que se acumulem nas paredes frias do bulbo.

Para uma fonte contínua no ultravioleta, pode-se recorrer a uma *descarga em gás* à pressão relativamente alta. Uma descarga elétrica através de um gás produz um espectro de linha típico. Em baixas pressões cada "linha" aproxima-se de um único comprimento de onda, mas à medida que se aumenta a pressão, as linhas se alargam proporcionalmente. A pressões suficientemente elevadas, as linhas próximas unem-se e resulta um espectro contínuo. A pressão necessária para um determinado grau de alargamento depende de uma maneira complexa da massa molecular do gás. Os espectros contínuos podem ser obtidos através de descargas em vários gases, por exemplo, em *xenônio* a várias atmosferas e em vapor de *mercúrio* a pressões que podem ser superiores a 100 atmosferas. São muito úteis as descargas contínuas no *hidrogênio* e *deutério*, a uma pressão vizinha de 10 torr, que ocorrem devido à completa dissociação desses gases na voltagem aplicada. Os elétrons estão continuamente caindo de várias distâncias "infinitas" em qualquer nível de energia atômica ou molecular, resultando um espectro contínuo com um limite definido de interrupção para maiores comprimentos de onda e com considerável superposição de estrutura fina (ref. 11).

Todas essas fontes gasosas são utilizáveis, desde o ultravioleta (a partir de 160 nm para uma lâmpada de hidrogênio especialmente processada) até o infravermelho próximo (ao redor de $3,5\mu$ para o xenônio), apesar de nenhuma lâmpada sozinha cobrir essa larga faixa. Uma das fontes mais intensas é a lâmpada de mercúrio com capilar de quartzo, à alta pressão, sendo, porém, raramente escolhida para instrumentos analíticos, pois requer resfriamento com água, o que é um inconveniente. Uma lâmpada de mercúrio, menos poderosa, que não exige resfriamento forçado, é útil numa faixa quase tão larga quanto essa.

A lâmpada de xenônio é, a seguir, a mais intensa e cobre a faixa espectral mais ampla, exige uma fonte especial de alimentação (assim como a lâmpada de mercúrio) e é relativamente cara. A lâmpada de arco de hidrogênio é vantajosa no uso e relativamente barata, mas sua saída contínua não se estende a comprimentos de onda mais elevados que cerca de 375 nm. A lâmpada de deutério abrange o mesmo intervalo que a de hidrogênio, produz maior intensidade, tem vida mais longa e custa o dobro.

Na região dos raios X, a radiação resulta do bombardeamento de um alvo geralmente por um feixe de elétrons. A interação entre os elétrons projéteis e os elétrons atômicos do alvo produz um espectro contínuo, pois os elétrons que chegam têm sua velocidade diminuída gradativamente por interações sucessivas. A desaceleração dessas partículas carregadas origina uma radiação caracterizada por uma banda espectral alargada com um comprimento de onda definido correspondente à energia máxima dos elétrons do feixe. Os espectros contínuos de raios X sempre mostram um número de linhas de emissão estreitas superpostas entre si resultante da queda dos elétrons atômicos excitados aos níveis fundamentais.

Do outro lado do espectro, nas regiões de microondas e de rádio, não há mecanismo conveniente para produzir simultaneamente uma série contínua de radiações. Esse inconveniente é mais do que superado pela vantagem de "varrer" toda a região de comprimento de onda por meio de um oscilador eletrônico de freqüência variável. As técnicas são tão diferentes das usadas em outras partes do espectro eletromagnético que não serão discutidas neste capítulo introdutório.

FONTES DE LINHAS

Fontes produzindo comprimentos de onda discretos são necessárias para algumas aplicações instrumentais. Nas regiões do ultravioleta e do visível, pode-se obter facilmente um espectro de linha a partir de uma descarga em arco em um gás contendo espécies monoatômicas neutras ou iônicas tais como um vapor metálico ou um gás nobre. A excitação pode ser térmica, como em uma chama, bem como elétrica, em um arco ou faísca. Podem-se encontrar elementos que forneçam linhas espaçadas através da maior parte das regiões do visível e do ultravioleta.

Linhas de emissão no infravermelho características podem ser obtidas a partir de gases poliatômicos aquecidos. Já foi mencionado o espectro de linha de raios X.

Um tipo especial de fonte de linha no visível e ultravioleta é a lâmpada de cátodo oco. Esse dispositivo é enchido com um gás nobre à pressão de poucos torr a fim de manter uma descarga de arco. O cátodo tem a forma de um cilindro oco, fechado em uma extremidade, fora da qual se obtém a radiação. O ânodo é um fio reto ao lado do cátodo. O cátodo é feito (ou revestido) com o metal cujas linhas espectrais se desejam obter. A energia do arco causa ejeção dos átomos metálicos da superfície pelo processo de "espirramento". São esses átomos ejetados que se tornam excitados e emitem seus espectros característicos. Se o potencial for mantido suficientemente baixo, apenas a radiação de ressonância será emitida com intensidade apreciável.

LASERS

Um *laser** é uma fonte de radiação monocromática altamente especializada, principalmente nas regiões do vermelho e infravermelho. O primeiro exemplo, descrito em 1960, e ainda hoje um dos melhores, consiste numa haste de rubi (Al_2O_3 com Cr_2O_3 em menor quantidade) mecânica e cuidadosamente feita, com extremidades paralelas precisas. Uma extremidade é prateada, de modo que toda luz vinda do interior do cristal seja refletida. A outra extremidade é coberta com uma fina camada de prata de modo que só uma fração (tipicamente, de 80 a 90%) da luz incidente seja refletida. Quando a haste é submetida a um intenso clarão de luz como, por exemplo, o de uma lâmpada de xenônio (Fig. 2.7), a quase totalidade dos átomos de crômio se tornam excitados e muitos deles imediatamente caem em um nível de energia metaestável (veja acima a discussão sobre fosforescência). Então, os primeiros elétrons, que voltaram do nível metaestável ao estado fundamental, irradiam fótons do correspondente comprimento de onda, 694,3 nm. Parte dessa luz é dirigida paralelamente ao eixo da haste e é refletida para trás e para frente muitas vezes. A ação *laser* resulta da presença dessa energia radiante na freqüência exatamente requerida, *estimulando* a emissão pelos átomos de crômio metaestável restantes, de modo que o fluxo radiante cresça rapidamente. Em cada reflexão escapa alguma luz da extremidade parcialmente prateada, constituindo a saída do dispositivo. A ação é tão eficiente que é emitida uma grande pulsação de luz monocromática em um período de 0,5 ms. A potência em cada pulsação pode atingir o nível de megawatt.

Os *lasers* podem ser construídos com outras substâncias sólidas ativas, especialmente com óxido de neodímio e com alguns líquidos e gases. Os *lasers* de gases são tornados energéticos por uma descarga elétrica de alta voltagem no gás, eliminando a necessidade de uma fonte externa de luz. Eles podem ser construídos

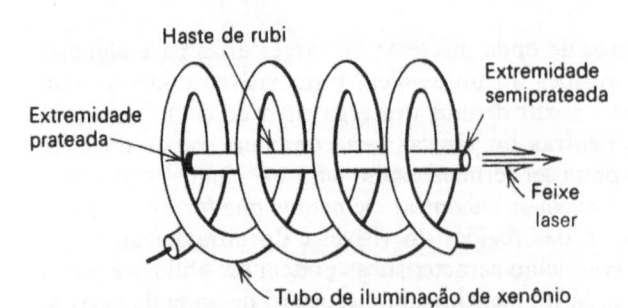

Figura 2.7 — *Laser* de rubi, esquemático; o mais simples entre vários tipos

*N. do T. — *Laser* é a abreviação de *light amplification through stimulated emission of radiation,* ou seja, amplificação da luz através de emissão estimulada de radiação.

de modo a emitirem luz continuamente bem como em pulsações, essa luz é mais próxima da monocromática, mas com menor potência que com um *laser* de rubi.

A luz de um *laser* tem várias propriedades particulares. É altamente monocromática, embora possa ser produzida apenas um número relativamente pequeno de comprimentos de onda discretos. A luz emitida é *coerente*, o que significa que as ondas originadas por todos os átomos da substância emissora estão em fase entre si (o que não é verdadeiro para as fontes de luz convencionais). Em parte, como conseqüência da coerência, o feixe de radiação *laser* colimado mostra pouquíssima tendência a dispersar-se (perder a colimação) à medida que se propaga. Isso permite a concentração de uma grande quantidade de energia em um pequeno alvo, mesmo a distância considerável.

A importância dos *lasers* para fins analíticos baseia-se no alto grau de monocromaticidade e nos elevados níveis de potência que podem ser alcançados. Os *lasers* encontram aplicações como fonte de aquecimento localizado, como excitadores na espectroscopia Raman, como fonte de iluminação em interferometria de precisão, etc.

SELEÇÃO DOS COMPRIMENTOS DE ONDA

No estudo dos espectros de absorção e análises absorciométricas, geralmente é necessário usar uma estreita banda de comprimentos de onda. Em alguns casos, uma fonte de linhas fornece a estreita banda desejada, mas mais freqüentemente é aconselhável iniciar com uma radiação de fonte contínua e escolher uma banda de comprimento de onda da mesma. Esse procedimento resulta em uma maior flexibilidade que a que seria produzida pela fonte de linhas, pois a banda escolhida pode ser tomada em qualquer posição desejada no intervalo coberto pela fonte.

Há dois métodos básicos para a seleção de comprimentos de onda: 1) o uso de filtros e 2) a dispersão geométrica por meio de um prisma ou de uma rede de difração.

FILTROS

Um filtro é um dispositivo que transmitirá radiações de alguns comprimentos de onda, mas que absorvem total ou parcialmente outros comprimentos de onda. Os filtros usados na região do visível são geralmente de vidro colorido. Pode-se usar gelatina colorida ou materiais semelhantes, menos duráveis, embora sejam mais baratos. Dispõe-se de um grande número de filtros de vidro uniformemente espaçados na região do visível. A Fig. 2.8 mostra as curvas de transmissão de uma série de filtros produzidos pela Corning Glass Works.

Também constroem-se filtros baseados no princípio de interferência. A Fig. 2.9 mostra o corte de um *filtro de interferência*. Esse dispositivo consiste em uma camada de material transparente como fluoreto de magnésio, que é coberto em cada lado por uma delgada película de prata. Cada película de prata reflete ao redor da metade e transmite a outra metade de qualquer radiação que a atinja. Parte da radiação incidente é refletida repetidamente pelas camadas de prata, mas em cada reflexão uma parte é transmitida para fora. Os vários raios emergentes para a direita reforçam mutuamente aqueles comprimentos de onda que são múltiplos exatamente *inteiros* das distâncias que separam as películas de prata. Para outros

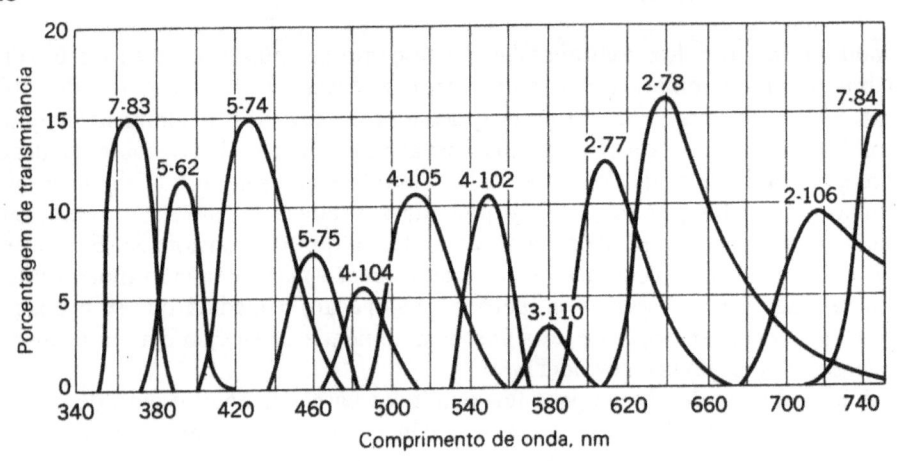

Figura 2.8 – Espectros de transmissão de alguns filtros de vidro (Corning Glass Works, Corning, N.Y.)

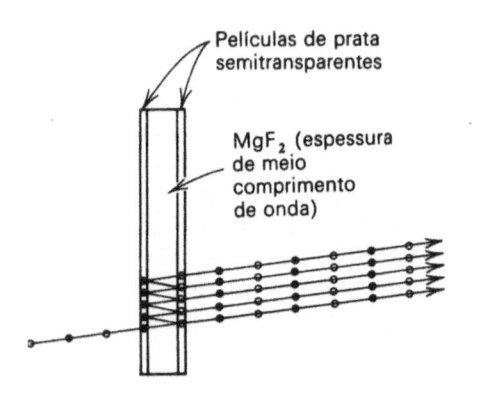

Figura 2.9 – Filtro de interferência, esquemático. Os círculos abertos representam cristas; os pretos, depressões de onda da radiação

comprimentos de onda, os feixes interferem destrutivamente de modo que não passa energia. Em um filtro de interferência comercial as camadas mostradas na figura são comprimidas entre duas placas transparentes. A Fig. 2.10 mostra as curvas de transmissão para alguns filtros de interferência. O comprimento de onda de bandas isoladas é bem mais estreito e os picos de transmitância são muito maiores que no caso dos filtros de vidro colorido.

São acessíveis filtros de um ou de outro tipo, sozinhos ou combinados, que permitem seleção de bandas de comprimento de onda em quase toda a região do espectro, desde os raios X até o infravermelho.

MONOCROMATIZADORES

Um monocromatizador é um dispositivo que permite isolar uma banda de comprimentos de onda, geralmente muito mais estreita que a obtida por um filtro. A diferença mais significativa entre os dois é que a localização da banda escolhida pode ser variada em um intervalo comparativamente grande do espectro com um monocromatizador, enquanto que um filtro permite apenas uma variação espectral pequena, se houver alguma.

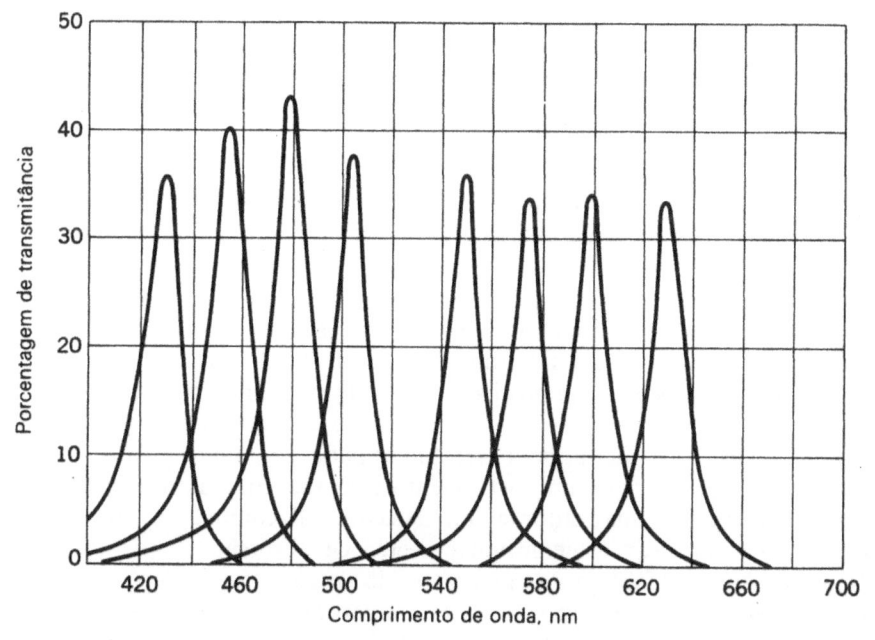

Figura 2.10 – Espectros de transmissão de alguns filtros de interferência (Bausch & Lomb, Inc., Rochester, N. Y.)

O monocromatizador é formado por um elemento de dispersão (um prisma ou uma rede de difração) junto com duas fendas estreitas que servem como aberturas de entrada e saída da radiação. A fenda da entrada define um feixe estreito da radiação que incide no elemento dispersante. A ação desse componente consiste em desviar um feixe de um ângulo que depende do comprimento de onda e "abrir em forma de leque" o feixe, como se mostra na Fig. 2.11, para os casos mais simples na região do visível. Uma fenda de saída pode ser colocada em posição tal que, em cada ponto do espectro, deixa passar uma banda estreita de comprimentos de onda. (Um monocromatizador prático geralmente requer lentes ou espelhos, ou ambos, inerentes à sua função principal).

Quanto mais estreita for a fenda de saída e quanto mais distante estiver localizada do prisma ou da rede, melhor será a resolução dos comprimentos de onda. Mesmo com uma fenda bem estreita, próxima de uma largura nula, o feixe emer-

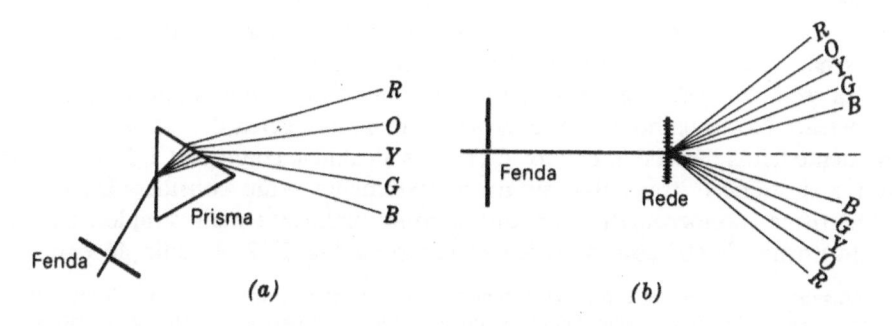

Figura 2.11 – Dispersão da luz branca por (a) um prisma e (b) uma rede de transmissão

gente terá uma largura definida e além disso, uma série de máximos de menor importância de cada lado, produzidos por difração. Isso torna necessário estabelecer um critério arbitrário para medir a separação de dois comprimentos de onda próximos, o que foi feito alguns anos atrás por Lord Rayleigh. De acôrdo com o critério de Rayleigh, dois comprimentos de onda diferindo de $\Delta\lambda$ dizem-se resolvidos quando o máximo central de um coincide com o primeiro mínimo de outro. O *poder de resolução* do monocromatizador é, portanto, definido como:

$$R = \lambda/\Delta\lambda$$

onde λ é a média dos dois comprimentos de onda.

Um *espectrógrafo* é um instrumento semelhante a um monocromatizador sem a fenda de saída. Um filme ou chapa fotográfica é montado de modo que comprimentos de onda sucessivos sejam focalizados em pontos sucessivos. Assim, uma região espectral inteira pode ser fotografada simultaneamente.

Um *espectrofotômetro* é um instrumento formado por uma fonte de radiação contínua, um monocromatizador e um detector, tal como uma cela fotelétrica adequada para observar e medir um espectro de absorção.

Com exceção da fonte e da câmara ou do detector fotelétrico, os problemas de planejamento são os mesmos para o monocromatizador, o espectrógrafo e o espectrofotômetro; assim, é conveniente discuti-los em conjunto.

DISPERSÃO POR PRISMAS

Os prismas são elementos dispersantes convenientes entre o ultravioleta próximo e as regiões do infravermelho médio, mas não são geralmente aplicáveis em outras regiões. Em princípio, qualquer meio transparente pode ser usado para constituir um prisma, mas sua utilidade é determinada por sua *dispersão*, isto é, a relação da variação de seus índices de refração com o comprimento de onda.

No ultravioleta, os únicos materiais sólidos geralmente úteis, com transparência e dispersão adequadas, são sílica e alumina*. A *sílica* pode ser usada tanto como quartzo como em forma vítrea, freqüentemente chamada "quartzo fundido". A *alumina* é usada em forma de safira artificial. Todos eles transmitem livremente desde 200 nm no ultravioleta, aproximadamente, até mais ou menos 4μ no infravermelho. A maior parte da sílica vítrea é inferior em qualidades ópticas ao melhor quartzo ou safira, mas é consideravelmente menos dispendiosa. Nos últimos anos foi feito progresso no aperfeiçoamento da transmissão da sílica, tanto no ultravioleta afastado como no infravermelho, apesar de, aparentemente, ambos os objetivos não terem sido conseguidos nas mesmas amostras.

Na região do visível, a sílica e a safira são inferiores a vidros ópticos em relação à dispersão. No trabalho em infravermelho abaixo de cerca de 3μ, os prismas são geralmente feitos de sais de haletos de metais alcalinos, como NaCl, KBr ou CsBr. (Outras substâncias transmissoras no infravermelho serão consideradas no Cap. 5.) O prisma monocromatizador, que é conceitualmente mais simples, baseia-se em um prisma de $60°$ com duas lentes, como na Fig. 2.12. A radiação entra pela

---

*Alguns cristais iônicos, como NaCl, também mostram essas propriedades no ultravioleta, mas são raramente usados nessa região. Uma desvantagem é que a intensa irradiação ultravioleta tende a produzir centros de cor no cristal do sal, reduzindo assim sua transparência com o tempo.

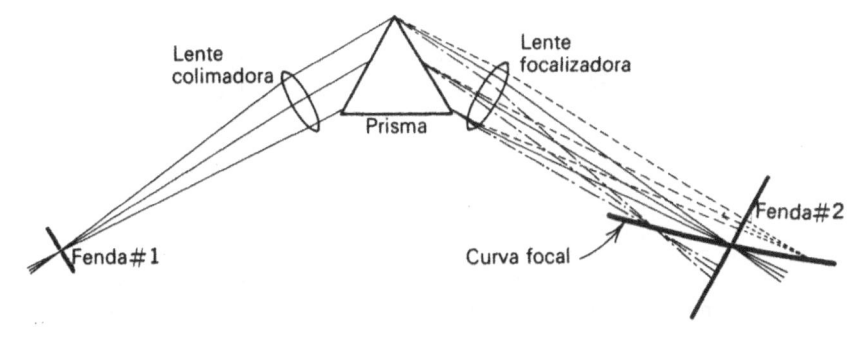

Figura 2.12 – Prisma monocromatizador simples de 60° ou espectrógrafo

fenda n.° 1, e é tornada paralela por uma lente colimadora, incidindo em ângulo oblíquo sobre uma das faces do prisma. A radiação dispersa emergente do prisma é focalizada por uma segunda lente, de maneira a centrar o comprimento de onda desejado na fenda de saída. Devido ao fato de a lente não ser acromática, comprimentos de onda sucessivos são focalizados a distâncias diferentes. O foco dos focos é chamado *curva focal*. Para mudar o comprimento de onda, a fenda pode ser movida ao longo da curva focal, mas normalmente a lente focalizadora e a fenda de saída são montadas em um braço que gira como uma unidade ao redor de um pivô debaixo do centro do prisma. Se esse instrumento deve ser usado como um espectrógrafo, a chapa fotográfica deve situar-se ao longo da curva focal.

Uma complicação aparece quando esse tipo de sistema óptico é planejado para a região do ultravioleta, devido à natureza peculiar do quartzo cristalino*. O quartzo não é apenas duplamente refringente, é também òpticamente ativo. Isso significa que um feixe de luz, passando através do quartzo, é desdobrado em dois feixes, situação intolerável em elementos ópticos de precisão, como lentes e prismas.

É possível superar essa dificuldade pelo uso criterioso das formas dextro e levorotatórias do quartzo, de modo que os efeitos rotatórios das duas formas se cancelem. Historicamente, Cornu resolveu o problema por meio de um prisma de 60° composto de duas metades de 30°, uma de cada tipo de quartzo. Mais significativa, como se verificou posteriormente, foi a invenção da montagem de Littrow para uma combinação de prisma e espelho. No planejamento de Littrow para um espectrógrafo (Fig. 2.13), a radiação penetrando através da fenda é colimada por uma lente de quartzo, depois é dispersada por um prisma de quartzo de 30° com o verso espelhado. Os raios dispersos são focalizados pela mesma lente de quartzo sobre uma chapa fotográfica, que é inclinada e ligeiramente curvada para seguir a curva focal. A passagem da radiação através da mesma óptica de quartzo, primeiro em uma direção e depois em outra, elimina todas as dificuldades devidas à polarização.

Os espectrógrafos com prisma de Littrow são raramente contruídos agora, apesar de alguns ainda estarem em uso, mas a contribuição desse planejamento foi grande porque a mesma montagem, ou pequenas variações dela, mostrou-se extremamente útil não apenas com quartzo mas também com materiais isotrópicos,

---

*De modo semelhante, mas não idêntico, essas considerações se aplicam à safira, que é altamente birefringente, mas que é raramente usada em sistemas ópticos complexos.

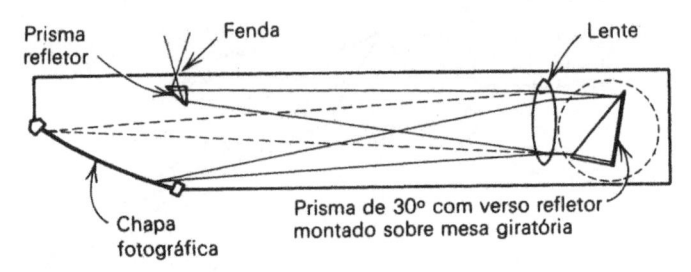

Figura 2.13 – Espectrógrafo de prisma de montagem de Littrow, esquemático. O prisma é montado sobre uma mesa que pode ser girada a fim de ajustar o intervalo de comprimento de onda na chapa fotográfica

como os prismas de cloreto de sódio usados no infravermelho. A montagem de Littrow é também um excelente dispositivo para ser usado com uma rede de reflexão plana, o que será discutido na próxima seção.

Vários outros tipos de prismas são usados ocasionalmente quando se desejam características particulares, como desvio constante, desvio nulo e autocolimação. Alguns são muito engenhosos. Para detalhes, o estudante deve dirigir-se a qualquer livro-texto sobre espectroscopia.

DISPERSÃO POR REDES

Observou-se que um feixe de radiação monocromática, ao passar através de uma placa transparente que possui um grande número de linhas paralelas bem finas riscadas sobre ela, origina vários feixes. Um deles continua em linha reta para a frente, como se a placa não estivesse riscada. Os outros feixes, como indica a Fig. 2.11b), são desviados dessa direção para a frente em ângulos que dependem da distância entre as linhas riscadas e do comprimento de onda da radiação. Isso pode ser explicado admitindo-se que cada porção clara entre as linhas, quando iluminadas por trás, age como se ela mesma fosse uma fonte de radiação que emana a partir dela em todas as direções (princípio de Huygens). Contudo, os raios vindos dessas numerosas fontes secundárias serão destruídas por interferência em várias direções. Apenas nos ângulos onde a geometria é correta, os feixes se reforçam uns aos outros. A Fig. 2.14 mostra um dos possíveis feixes desviados. O ângulo de desvio é θ, a diferença no comprimento do percurso dos feixes de áreas transparentes sucessivas é a, e a distância entre os centros de linhas adjacentes (distância da rede) é d. Assim, $a = d$ sen θ. Os diversos pequenos feixes reforçam-se uns aos outros apenas quando a diferença no comprimento do percurso é igual a um número inteiro de comprimentos de onda da radiação. Isso fornece a relação fundamental chamada *equação de rede*:

$$n\lambda = d \text{ sen } \theta \qquad (2\text{-}3)$$

onde n é qualquer número inteiro, 0, 1, 2, 3, ..., chamado *ordem*, e λ é o comprimento de onda.

Segue-se da Eq. (2-3) que, se um feixe de radiação policromática passar pela rede, será aberto em leque em uma série de espectros simetricamente localizados em cada lado da perpendicular à rede. De cada lado haverá um espectro correspondente a cada um dos primeiros valores de n. A equação também mostra que,

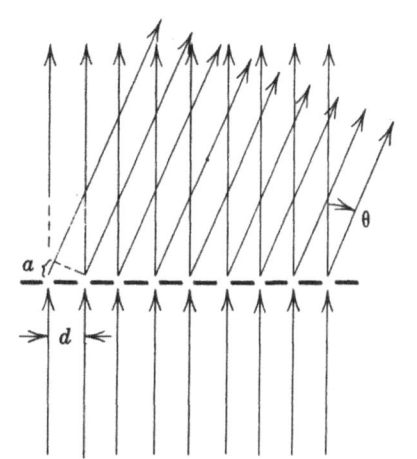

Figura 2.14 – Difração em uma rede plana

para um ângulo particular θ, haverá vários comprimentos de onda para os quais o valor de $n\lambda$ é o mesmo. Por exemplo, uma rede com 2.000 linhas por cm (espaço da rede $d = 1/_{2\,000} = 5 \times 10^{-4}$ cm) desviará de um ângulo $\theta = 6,00°$ a radiação daqueles comprimentos de onda dados por

$$\lambda = \frac{d \operatorname{sen} \theta}{n} = \frac{(5 \times 10^{-4})(\operatorname{sen} 6,00°)}{n}$$

$$= \frac{(5 \times 10^{-4})(0,1045)}{n} = \frac{0,5225 \times 10^{-4}}{n} \operatorname{cm} = \frac{522,5}{n} \operatorname{nm}$$

Os comprimentos de onda reais correspondentes a ordens sucessivas desse ângulo serão:

Ordem n	1	2	3	4	$\cdots$
Comprimento de onda λ, nm	522,5	261,2	174,2	130,6	$\cdots$

Essa relação é mostrada no diagrama da Fig. 2.15, que dá comprimentos de onda selecionados para as primeiras quatro ordens de um lado da perpendicular.

O fato de as ordens sucessivas do espectro se superporem poderia ser considerado como uma grande desvantagem, mas na prática causa pouco problema. Se o espectro deve ser observado visualmente, o problema não existirá, desde que as regiões visíveis (400 a 750 nm) das várias ordens não se superponham. Se o espectro deve ser registrado fotograficamente, a sensibilidade espectral da chapa limitará o grau de superposição, mas se pode encontrar ainda alguma superposição. A superposição pode ser reduzida ou eliminada colocando adiante da rede um prisma auxiliar de pequeno desvio, chamado *prisma dianteiro* ou *classificador de ordem*, ou pelo uso de filtros absorventes que removem uma região do espectro enquanto deixam passar outra.

A rede discutida acima é do tipo conhecido como *rede de transmissão* plana. Em instrumentos práticos que não sejam pequenos e manuais, são mais comuns as *redes de reflexão*. Nessas, as linhas são gravadas na superfície de um espelho, que tanto pode ser uma chapa de metal polido como uma placa de vidro onde se depositou uma fina película metálica.

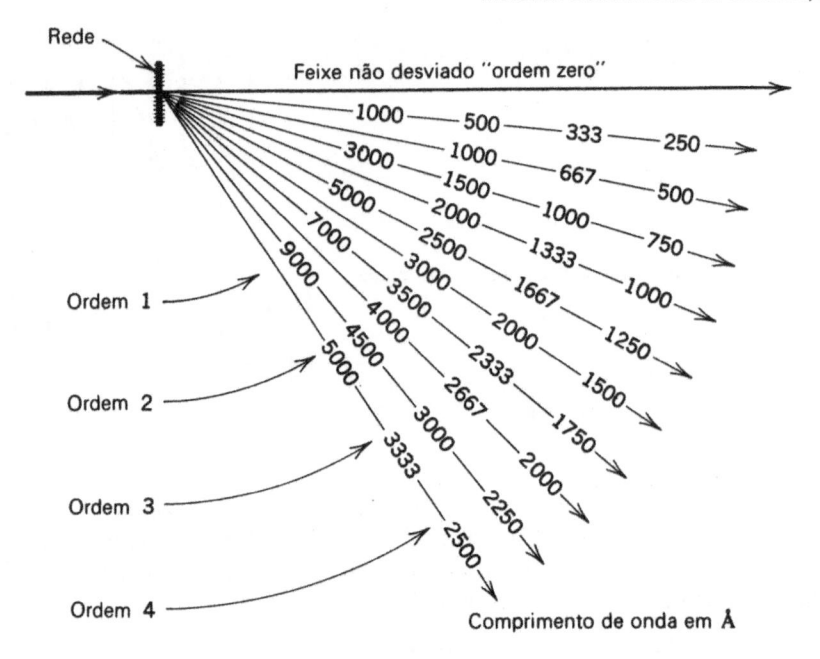

Figura 2.15 — Ordens de superposição em um espectro de rede

É possível riscar uma rede de modo a dirigir uma fração máxima de energia radiante naqueles comprimentos de onda que são difratados a um ângulo escolhido. Isso se consegue riscando com um diamante de formato especial, colocado em um ângulo especificado. A rede resultante é chamada *echelette* e dizemos ter uma determinada *luminosidade* (*blaze*) para cada ângulo. A Fig. 2.16 mostra a geometria de uma parte de uma rede de reflexão *echelette*. As faces mais largas das estrias formam um ângulo θ com a superfície da rede. Um raio que incida com o

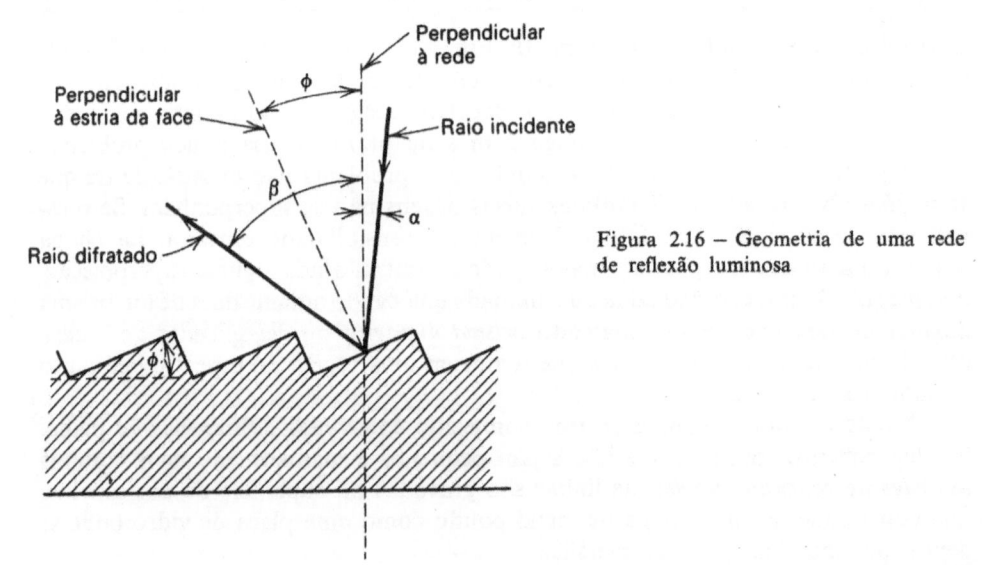

Figura 2.16 — Geometria de uma rede de reflexão luminosa

ângulo α será refletido pela face estriada de um ângulo β tal que $\alpha + \theta = \beta - \theta$. Os raios refletidos por sucessivas estrias sofrem então interferência, como já foi descrito. Devido à eficiência da reflexão especular na superfície do metal, será difratada muito mais energia nesse ângulo (β) que em qualquer outro, para um dado valor de α. A energia será apenas um pouco menor para ângulos próximos de β, de modo que a rede possa ser usada com vantagem para uma considerável extensão de comprimentos de onda em uma dada ordem. Uma rede luminosa, para um determinado comprimento de onda na primeira ordem, será também luminosa para metade desse comprimento de onda na segunda ordem, um terço na terceira ordem, etc. Haverá pouca energia na posição simétrica do outro lado da perpendicular à rede e muito pouca na "ordem zero".

Em geral, obtêm-se melhores resultados com uma rede onde a distância entre as linhas é da mesma ordem de grandeza da região do comprimento de onda que deve ser disperso. Para fins especiais, outras distâncias da redes podem se tornar úteis. Uma *echelle*, por exemplo, é uma rede com riscos de forma escalonar, poucas centenas de vezes mais largos que o comprimento de onda médio a ser estudado. Deve ser usada em uma ordem n de 100 ou próxima de, o que origina problemas difíceis com a superposição de ordens, mas fornece uma dispersão muito grande.

A manufatura de redes de precisão requer um trabalho delicado. É obtida com uma máquina extremamente precisa e delicada, denominada *máquina riscadora*, que risca finas linhas paralelas com uma ponta de diamante. Apenas os espectrógrafos de maior precisão usam redes originais, devido a seu custo. Os espectrógrafos menos dispendiosos e praticamente todos os espectrofotômetros de rede usam *redes de réplica*, que se obtêm revestindo uma rede original com um material plástico e depois retirando-o e montando-o sobre um suporte rígido. A arte de réplica atingiu um ponto tal que as redes feitas desse modo são quase de tão boa qualidade como as originais.

Há muitos modos como uma rede de difração pode ser montada no planejamento de um monocromatizador ou espectrógrafo. Os dois mais em uso atualmente exigem uma rede de reflexão plana. O primeiro deles é a montagem de Littrow, já mencionada. Seu diagrama seria idêntico ao da Fig. 2.13, com o prisma substituído pela rede, na mesa rotatória. Um espelho côncavo é mais freqüentemente usado que uma lente para colimação e focalização, devido ao fato de ser igualmente eficiente em todos os comprimentos de onda (ópticos), o que não é verdadeiro para uma lente.

A outra montagem para uma rede plana é a inventada por *Ebert*, em 1889, mas pouco usada até ser redescoberta e melhorada por Fastie (ref. 4) em 1952. Nesse planejamento (Fig. 2.17), um espelho único, largo e esférico, é utilizado tanto para produzir colimação quanto focalização, com fendas colocadas simetricamente. A seleção do comprimento de onda é conseguida girando-se a rede. *Czerny* e *Turner* (ref. 2), em 1930 sugeriram o uso de dois espelhos pequenos, esféricos, montados simetricamente, para economizar o gasto do espelho maior de Ebert, grande parte do qual não era usado e muitos instrumentos mais comuns com essa geometria possuem as melhores características dos planejamentos de Czerny-Turner e Fastie.

Há pouca escolha entre as montagens de Littrow e de Ebert modificadas. O Littrow é levemente mais compacto e economiza um espelho, mas as duas fendas

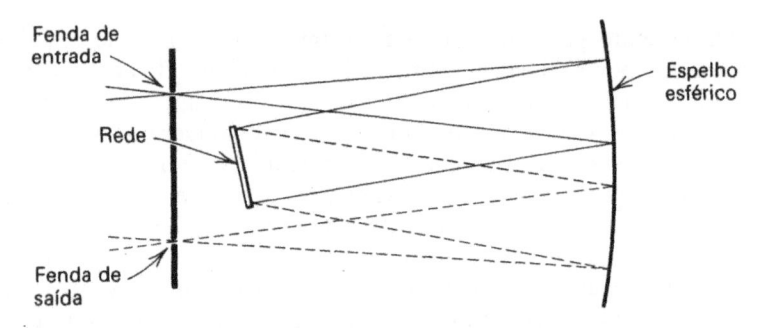

Figura 2.17 — Montagem de Ebert para uma rede de reflexão plana. O comprimento de onda é escolhido girando a rede ao redor de um eixo vertical em seu centro

devem ser bem juntas, geralmente uma acima da outra, o que bloqueia parte do planejamento.

Outra classe de instrumentos usa uma rede de reflexão, onde as linhas são riscadas sobre uma superfície esférica côncava de grande raio de curvatura. Rowland, em 1882, descobriu o seguinte importante princípio de planejamento que leva seu nome: se um círculo (*círculo de Rowland*) for desenhado tangente à rede côncava no seu centro, mas com seu diâmetro igual ao raio de curvatura da rede, então a imagem diafratada da fenda de entrada se situará no círculo, se a própria fenda estiver no círculo. Isso se aplica a todos os comprimentos de onda de todas as ordens de difração e é ilustrado pela Fig. 2.18. Vários planejamentos mecânicos foram imaginados para utilizarem esse princípio, indo desde os espectrógrafos bem grandes (11,5 m ou mais de diâmetro) até os espectrofotômetros menores, portáteis.

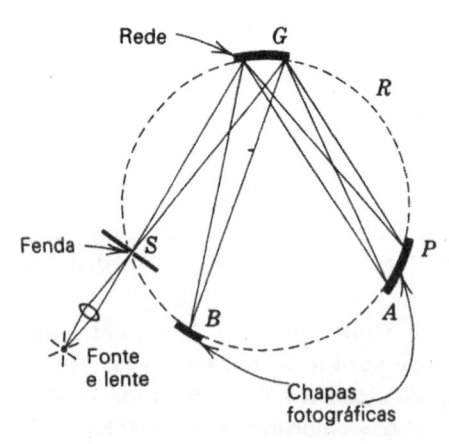

Figura 2.18 — Plano de um espectrógrafo de rede côncava, mostrando o princípio do círculo de Rowland

Os instrumentos baseados no círculo de Rowland apresentam um defeito inerente, o *astigmatismo*. Isso significa que, apesar da imagem da fenda de entrada ser nitidamente focalizada ao longo do círculo (isto, seu comprimento de onda pode ser medido com precisão), sua altura não é definida nitidamente. Isso dificulta medidas quantitativas, pois alguma luz da fenda de entrada é camuflada pelo topo e pelo fundo da fenda de saída.

CURVAS DE DISPERSÃO

A dispersão de um espectrógrafo é geralmente definida como a derivada $d\lambda/dx$, onde x é a distância medida ao longo da curva focal, isto é, na superfície da chapa fotográfica revelada. Pode ser especificada em angstroms por milímetro ou em unidades semelhantes. Em um monocromatizador ou espectrofotômetro, a quantidade correspondente é a *largura efetiva da banda* em angstroms (ou mícrons, etc.) por milímetro de largura da fenda. Isso é conveniente, especialmente em instrumentos onde a largura da fenda pode ser variada.

Um instrumento de rede produz um espectro *normal*, isto é, um espectro que se espalha uniformemente em uma escala de comprimento de onda. A dispersão ou largura da banda é então uniforme por todo o espectro. Um prisma, por outro lado, fornece um espectro desigualmente espaçado, onde os comprimentos de onda mais longos se amontoam juntos quando comparados com os mais curtos. A largura da banda para uma dada largura da fenda não é mais constante, mas difere de um comprimento de onda a outro e de um planejamento de instrumento a outro.

A Fig. 2.19 mostra as curvas de largura de banda para um certo número de monocromatizadores e espectrógrafos comerciais. Observar que, sendo iguais as demais variáveis, a pureza espectral obtida é melhor quanto menor for a razão entre a largura da banda e a largura da fenda, isto é, no gráfico, quanto mais baixo pudermos operar. Observar também que, para os instrumentos de rede, a curva é apenas uma linha horizontal. A posição relativa nesse gráfico conta apenas parte da história, é claro. Um instrumento de rede com uma largura de banda de 0,002 μ/mm pode dar uma largura de banda *real* de muito menos de 0,002μ, se a intensidade da lâmpada, a sensibilidade do detector e outras variáveis forem tais, que permitam uma fenda mais estreita que 1 mm.

DETECTORES DE RADIAÇÃO

A energia das radiações eletromagnéticas pode ser detectada e medida por meio dos efeitos químicos, da produção de calor, da produção de variações eletrônicas na matéria e por indução eletromagnética direta (na região de microondas).

DETECÇÃO FOTOQUÍMICA

Os detectores fotoquímicos são dispositivos *integradores,* no sentido de que fornecem respostas cumulativas a toda radiação incidente durante o período de tempo em que são expostos, sem considerar as variações de fluxo durante um curto espaço de tempo.

FOTOGRAFIA

As radiações suficientemente energéticas são capazes de dissociarem uma variedade de compostos químicos, incluindo os haletos de prata. Podemos escrever, por exemplo,

$$AgBr \xrightarrow{(h\nu)} Ag + Br$$

onde $(h\nu)$ sobre a seta indica a energia radiante necessária. Essa é a base de todo o campo da fotografia com prata.

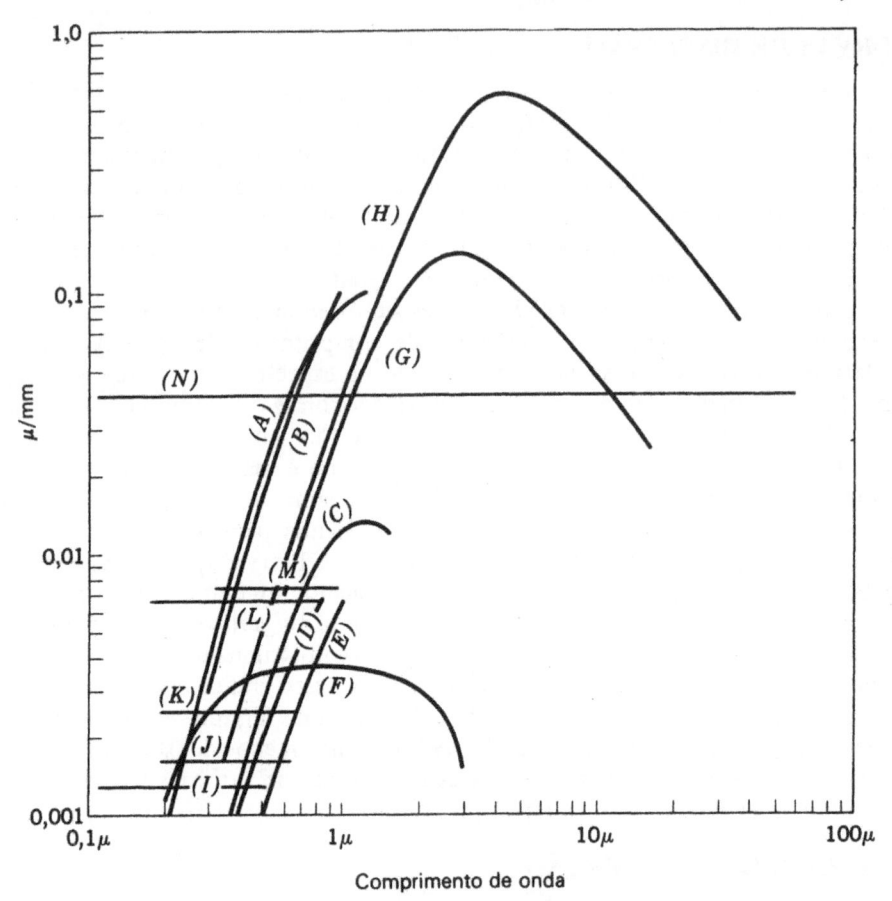

Comprimento de onda

Figura 2.19 — Curvas de largura de banda efetiva e intervalos úteis para vários espectrofotômetros e espectrógrafos. As curvas referem-se aos seguintes: A) Beckman Modelo DU com Littrow de quartzo; a curva estende-se até $0,00083\mu$/mm em $0,2\mu$, B) Beckman Modelo B, prisma de vidro de Féry; C) Modelo LEP do Laboratórie d'Électronique et de Physique Appliquées, Paris, quatro prismas de quartzo em série; a curva estende-se até $0,00058\mu$/mm em $0,3\mu$; D) Espectrógrafo Bausch & Lomb de Littrow grande de quartzo, a curva estende-se até $0,0001\mu$/mm em $0,2\mu$; E) o mesmo com óptica de vidro, a curva estende-se até $0,0003$ μ/mm em $0,35\mu$; F) Cary Modelo 14 combinando os monocromatizadores de prisma de quartzo de Littrow e de rede de 600 linhas por milímetro; G) Beckman IR-4 com prisma de NaCl estendido; H) o mesmo com prisma de CsBr, estendido; prepararam-se as curvas G e H a partir da literatura da Beckamn para a região à direita do máximo e estendida a comprimentos de onda mais curtos por comparação normalizada com dados provenientes de Harshaw Chemical Co.; essa região estendida não corresponde a nenhum instrumento comercial; I) McPherson Modelo 218 monocromador a vácuo com rede de 2.400 linhas por milímetro; J) Bausch & Lomb Spectronic-505 com rede de 1.200 linhas por milímetro; K) espectrofotômetro Durram de Fluxo Interrompido com rede de 1.180 linhas por milímetros; L) espectrofotômetro Phoenix de precisão de duplo comprimento de onda com rede de 600 linhas por milímetro; M) Bausch & Lomb Spectronic-20 com rede de 600 linhas por milímetro; N) McPherson, o mesmo que em I), com rede de 75 linhas por milímetro

Na forma usual, o sal de prata é preparado com minúsculos grãos embebidos em uma matriz de gelatina. Essa mistura, chamada *emulsão fotográfica*, é esparramada em uma fina camada para recobrir placas de vidro ou películas de acetato de celulose. O processo fotoquímico primário indicado acima produz apenas pequenos centros invisíveis de prata metálica, a *imagem latente*, na superfície daqueles grãos que foram expostos à radiação. Para se obterem quantidades mensuráveis de prata, a chapa exposta é submetida à ação de um agente químico redutor, o *revelador*. A prata da imagem latente age cataliticamente de modo que a quantidade de prata quimicamente depositada é reproduzível em relação à quantidade inicialmente libertada pela radiação.

A quantidade de prata metálica em qualquer ponto de uma chapa revelada é medida por um instrumento chamado *densitômetro*, cujo princípio está mostrado na Fig. 2.20. A radiação de uma lâmpada incandescente é focalizada na chapa

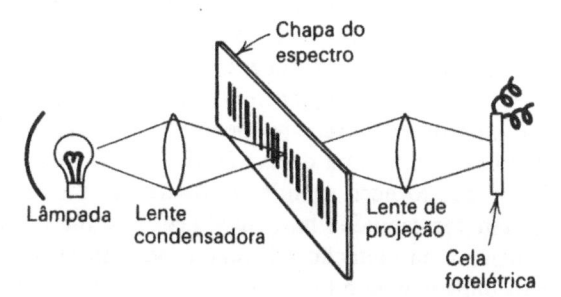

Figura 2.20 — Densitômetro para avaliação de chapas de espectro

fotográfica e novamente focalizada na superfície sensível de uma cela fotelétrica ou de uma válvula fotomultiplicadora. A saída da fotocela é então uma medida da quantidade de radiação transmitida através de qualquer ponto escolhido na chapa. Se a potência transmitida através de uma parte clara da chapa é chamada P_0 e aquela, através do depósito de prata, de P; então a densidade óptica* é definida como

$$D = \log \frac{P_0}{P} \qquad (2\text{-}4)$$

A detecção fotográfica está sujeita a sérias limitações, devido à não linearidade da emulsão fotográfica em relação à quantidade de energia radiante recebida. A relação é mostrada pela *curva H e D* (Hurter e Driffield), onde a densidade óptica é colocada em um gráfico em função do logaritmo da exposição (Fig. 2.21). *Exposição* é o termo fotográfico que designa a quantidade total de energia radiante recebida, produto da potência radiante pelo tempo. Como é mostrado na figura, a resposta fotográfica segue de perto a relação logarítmica durante um intervalo considerável (parte linear da curva), mas se achata nas duas extremidades. Isso

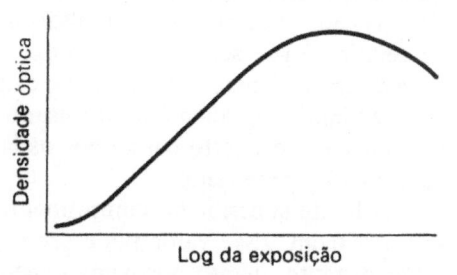

Figura 2.21 — Curva H e D (Hurter e Driffield), que caracteriza uma emulsão fotográfica

*Isso se assemelha à definição de absorbância que será introduzida no próximo capítulo; a diferença é que o *D* como aqui é usado não se refere a uma amostra química, mas a uma chapa fotográfica.

significa que o método fotográfico de medir radiação não pode ser usado para uma radiação muito fraca (com exceção de um tempo de exposição indevidamente prolongado) nem para radiações muito fortes. Na verdade, se a radiação for muito mais forte ou o tempo de exposição muito prolongado, resultará *inversão*, com destruição parcial da imagem latente.

A definição de exposição como produto da potência radiante e do tempo implica que a resposta da chapa fotográfica é proporcional a esse produto, relação conhecida como *lei da reciprocidade*. Infelizmente, isso não é sempre a pura verdade. Muitas vezes são requeridos tempos maiores que a lei poderia predizer tanto para iluminações muito fracas como para bem fortes, mesmo dentro da parte quase linear da curva *H* e *D*. Esse efeito se torna particularmente importante quando se usa uma chapa para integrar a energia em um feixe de radiação pulsante.

Como em qualquer aplicação da fotografia, a chapa exposta, ou o filme, deve ser mergulhada sucessivamente no revelador e fixador, com lavagem adequada depois de cada uma dessas fases. Para finalidades fotométricas prefere-se um revelador que forneça grande contraste. As recomendações dos fabricantes de chapas devem ser seguidas para melhores resultados. Deve-se tomar cuidado em providenciar uma agitação adequada, pois de outro modo pode ocorrer uma revelação não uniforme, conduzindo a erro nos resultados de uma medida quantitativa. Em qualquer análise onde se devem comparar quantitativamente dois depósitos de prata, o procedimento deve ser idêntico. Efeitos de diferenças de temperatura, tempo de revelação, idade das soluções, etc. são todos importantes. Também pode haver diferenças na sensibilidade das chapas, especialmente se forem de embalagens diversas, devido à diferença de idade, temperatura de conservação, etc.

A detecção fotográfica é muito útil nas regiões do visível, ultravioleta e raios X. As chapas e filmes são acessíveis com várias características, incluindo resposta espectral, sensibilidade (geralmente chamada "velocidade"), contraste (inclinação da parte linear da curva H e D) e granulação. Materiais fotográficos comuns perdem rapidamente sensibilidade abaixo de mais ou menos 250 nm no ultravioleta, quando a gelatina deixa de ser transparente e então readquirem sensibilidade na região dos raios X.

No ultravioleta, abaixo de 250 nm, as chapas podem ser sensibilizadas recobrindo-as com uma substância que fluoresça sob radiação ultravioleta; o intervalo útil pode ser ampliado por esse processo a comprimentos de onda da ordem de 50 nm. Seguindo a exposição, mas antecedendo a revelação, a chapa deve ser mergulhada num solvente adequado para remover o material fluorescente. Chapas especiais, chamadas *chapas de Schumann*, também podem ser usadas no ultravioleta afastado; utilizam uma emulsão muito delgada com uma quantidade mínima de gelatina e sua sensibilidade atinge a ordem de 1 nm. As chapas de Schumann exigem especial manipulação para evitar o desgaste da delicada emulsão.

O filme fotográfico é muito usado na região dos raios X. Para essa aplicação é geralmente recoberto em ambos os lados, a fim de aumentar o grau de absorção da radiação penetrante.

O limite superior do comprimento de onda nas emulsões comuns é cerca de 450 a 500 nm. Esse valor pode ser expandido até 650 nm (filmes pancromático) e tão distante quanto aproximadamente 1.200 nm (filme infravermelho hipersensibilizado por adição de certos corantes à emulsão.

Para maiores detalhes acerca de fotografias científicas, o leitor deve procurar as publicações da Eastman Kodak Company (ref. 3) ou livros-texto sobre fotografia.

IONIZAÇÃO DE UM GÁS

Um outro efeito da radiação energética que pode ser classificado como fotoquímico é a produção de pares de íons em um gás. Isso é muito útil na detecção e medidas na região de raios X e também é aplicável na observação de radiações nucleares, tanto de partículas como eletromagnéticas. Os instrumentos usados nessas medidas são câmaras de ionização, contadores proporcionais e contadores Geiger, que diferem entre si especialmente no sistema elétrico de coletar íons. Os detalhes desses métodos serão vistos no Cap. 16.

Vários outros processos fotoquímicos foram usados para medir radiação. Um exemplo é o *actinômetro*, onde o ácido oxálico sofre decomposição catalisada pelo íon uranilo UO_2^{++} fotoativado. A energia radiante absorvida pode ser determinada indiretamente por titulação do ácido oxálico residual (ref. 8).

FOTOVÁLVULAS A VÁCUO

De acordo com o efeito fotelétrico clássico, fótons com conteúdo de energia maior que o crítico, quando incidem em uma superfície metálica, provocam a libertação de elétrons. Esse princípio é usado em válvulas fotoemissoras a vácuo e cheias de gás. Tal válvula consiste em dois elétrodos encaixados em um envoltório transparente. O cátodo é uma lâmina de metal arranjada para receber a radiação a ser medida. É recoberta com uma substância que apresenta grande tendência para perder elétrons sob influência da energia radiante. O ânodo é simplesmente um fio que funciona como coletor de elétrons.

A resposta das fotoválvulas a vácuo ao comprimento de onda depende da substância do revestimento do cátodo. Os metais alcalinos são particularmente convenientes. O metal puro se deposita por sublimação em forma de uma camada muito fina sobre a superfície, que tem também um efeito sobre a sensibilidade. Lothian (ref. 9) fornece os seguintes limites de comprimento de onda aproximados para várias substâncias como cátodos:

Cátodo	Intervalo de comprimento de onda, nm
Sódio (camada espessa)	300–500
Potássio (camada espessa)	400–500
Prata-óxido de césio-césio	250-1.200
Prata-potássio	200–700
Antimônio-césio	200–660
Bismuto-oxigênio-prata-césio	200–750

A principal vantagem das válvulas fotoemissoras, quando comparadas a muitos dos dispositivos que mencionaremos depois, está na sua sensibilidade no ultravioleta.

Como componente de um circuito elétrico, a fotoválvula a vácuo pode ser considerada como um resistor variável, cujas variações vão de talvez 250 MΩ no escuro a um valor muito inferior da ordem de alguns megohms na luz brilhante.

Se operada com uma voltagem constante aplicada, a corrente que flui será proporcional à *potência* do feixe de radiação incidente.

Fotoválvulas a gás são semelhantes na construção, mas contêm um gás nobre à pressão de poucos décimos de torr. A ionização dos átomos do gás por fotelétrons resulta em uma amplificação de talvez dez vezes. As fotoválvulas a gás são largamente usadas para a reprodução dos sons e aplicações em relê, mas são raramente escolhidas em fotometria porque são um pouco menos estáveis e reproduzíveis que suas semelhantes a vácuo.

VÁLVULAS FOTOMULTIPLICADORAS

O fotomultiplicador é um tipo de fotoválvula a vácuo assim chamado porque se consegue uma ampliação de vários milhões de vezes dentro de uma só válvula. Isso se realiza por *emissão secundária*. Os elétrons deixam o cátodo por ação da luz, como na fotoválvula simples, mas no multiplicador esses elétrons são conduzidos a chocarem-se com uma segunda superfície sensível, um *dínodo*, com potencial mais positivo. Aqui, cada elétron por seu impacto causa a libertação de vários elétrons secundários. Esses, por sua vez, são acelerados e se chocam com outro dínodo, onde o número de elétrons é novamente acrescido de um fator semelhante. Esse processo pode ser repetido de dez a quinze vezes. A multiplicação por etapas depende da voltagem aplicada e é tipicamente de duas ou três vezes, fornecendo uma amplificação de 2^{10} a 3^{10} (para dez etapas).

Um corte transversal de um modelo de válvula fotomultiplicadora é mostrado na Fig. 2.22. O grau de amplificação é muito sensível a variações na voltagem total. O retificador que fornece essa voltagem deve, pois, ser estabilizado de modo a eliminar qualquer flutuação. Obtêm-se as voltagens apropriadas para os dínodos sucessivos mais convenientemente com resistores de queda em série como na Fig. 2.23, onde K é o fotocátodo; A, o ânodo; e os elementos numerados, os dínodos.

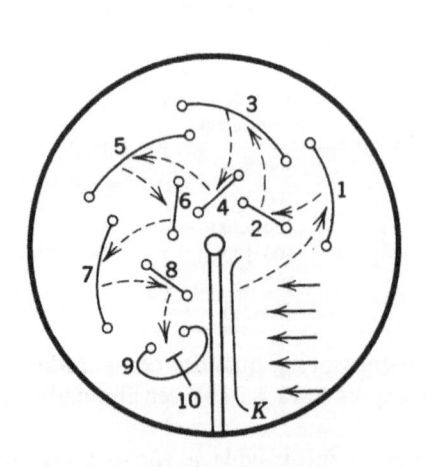

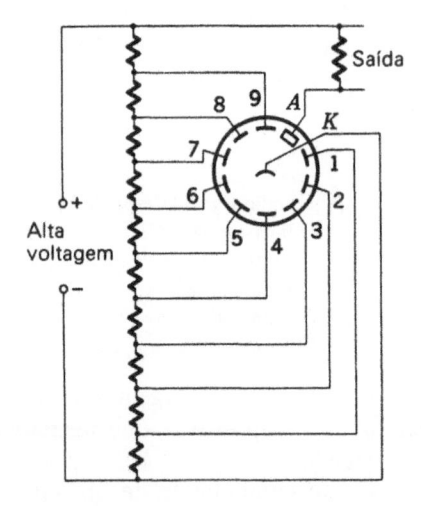

Figura 2.22 – Válvula fotomultiplicadora; corte transversal esquemático de um tipo

Figura 2.23 – Válvula fotomultiplicadora; conexões elétricas

Ao passo que uma fotoválvula comum pode ser considerada como fornecedora de vários microampères por lúmen de radiação, a válvula multiplicadora pode tolerar uma relação de microampères por *microlúmen*. Mais que alguns poucos miliampères irão danificar a válvula, assim ela pode ser usada apenas a baixas intensidades de luz, como as encontradas freqüentemente nos espectrofotômetros e fluorímetros.

FOTOCELAS SEMICONDUTORAS

Um *semicondutor* é uma substância cristalina intermediária entre os condutores metálicos, de um lado, e os isolantes não-condutores, de outro. A energia com a qual os elétrons ligantes são mantidos em orbitais fixos em cristais semicondutores é tal que eles podem ser deslocados com relativa facilidade pela radiação incidente. Estão livres para se moverem dentro do cristal. A "lacuna" que fica onde o elétron foi removido age como se fosse uma entidade própria que tem uma carga positiva. Sob a influência de um campo elétrico aplicado, os elétrons e as lacunas se movem em direções opostas, constituindo assim uma corrente elétrica.

Uma unidade projetada para utilizar esse efeito é uma *cela fotocondutora*. Algumas substâncias com as quais se podem construir essas celas são as seguintes:

Substância	Limite do comprimento de onda longo, μ
Sulfeto de cádmio	0,60
Seleneto de cádmio	0,95
Sulfeto de chumbo	4,00
Silício	1,50
Selênio	0,80

Para os comprimentos de onda mais curtos, a sensibilidade diminui gradativamente através da região do visível. Uma cela típica de sulfeto de cádmio apresenta uma resistência de mais ou menos 25 MΩ ou mais, no escuro, e talvez 500Ω em luz ambiente normal. O logaritmo da resistência é próximo de linear com o logaritmo da iluminação.

É possível preparar uma interface de contacto entre um semicondutor e um elétrodo de metal, de modo que resulte uma ação retificadora. Os elétrons conseguem passar facilmente do semicondutor para o metal, mas somente com grande dificuldade na direção oposta. Como a iluminação provoca uma concentração maior de elétrons no semicondutor, resulta um fluxo que se manifesta como um potencial negativo no elétrodo de metal, em relação à junção metálica não-retificadora. Uma fotocela que usa esse efeito é chamada *cela fotovoltaica ou barreira em camada.* Tipicamente, deposita-se uma camada de selênio ou de silício cristalino numa base metálica e depois se recobre com uma película de prata ou de outro metal nobre, tão delgada que é transparente à radiação incidente.

As celas fotovoltaicas são muito usadas em aplicações fotométricas. Produzem corrente suficiente para operarem um microamperímetro sem requererem amplificação eletrônica. A sensibilidade espectral cobre a região visível, com um máximo no verde. A curva de sensibilidade se assemelha à do olho humano.

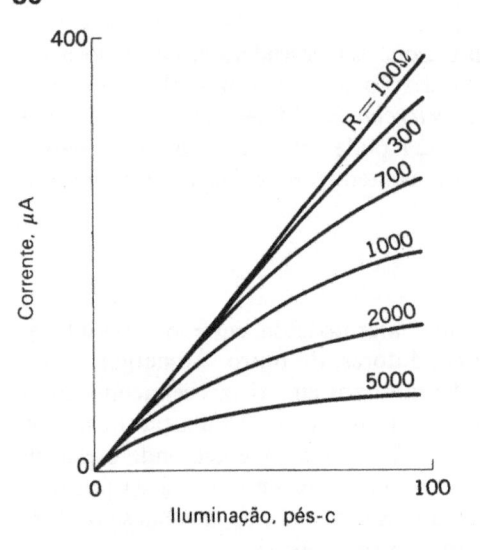

Figura 2.24 – Características de uma cela fotovoltaica típica

As curvas características das celas fotovoltaicas são geralmente colocadas em um gráfico como corrente de saída em função da iluminação (Fig. 2.24). A saída é muito afetada pela resistência do circuito externo, que deve ser mantida a mais baixa possível se se desejam sensibilidade e linearidade máximas. A voltagem do circuito aberto, medida com um potenciômetro ou voltímetro eletrônico, é quase uma função logarítmica da iluminação (Fig. 2.25). Um dispositivo relacionado, um díodo de junção fotossensível, é discutido no Cap. 26.

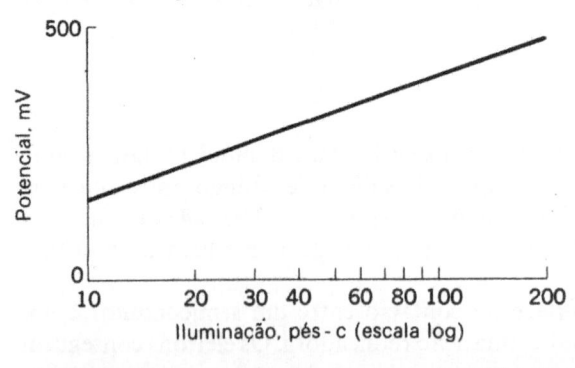

Figura 2.25 – Potencial de circuito aberto desenvolvido por uma cela fotovoltaica

Quando uma cela fotovoltaica é subitamente exposta a uma luz brilhante, a saída elétrica assume bruscamente um valor um pouco acima de seu valor de equilíbrio e então cai exponencialmente a seu nível final (Fig. 2.26). Esse efeito,

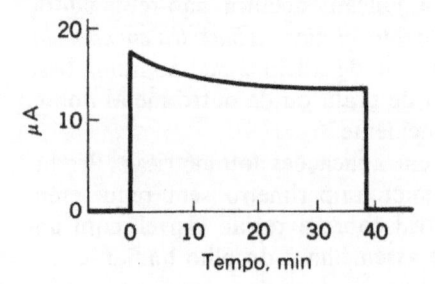

Figura 2.26 – Efeito da fadiga em uma cela fotovoltaica

conhecido como *fadiga*, pode causar erros se sua presença não for levada em conta Pode ser minimizado por cuidadosa escolha do nível ótimo de iluminação, resistência do circuito de medida, etc. É amplamente eliminado em circuitos de duas celas adequadamente planejados.

O *fototransístor* é uma unidade que combina a fotossensibilidade de um semicondutor com a capacidade de amplificação de um transístor. É usado primariamente em dispositivos de controle automático e em processadores de dados.

Muitos dispositivos semicondutores sofrem consideráveis variações com a mudança de temperatura, que não devem ser esquecidas.

DETECÇÃO ATRAVÉS DA FLUORESCÊNCIA

Muitas vezes a radiação pode ser detectada indiretamente por um processo de transformação de comprimento de onda. As duas aplicações comuns são: na fotografia, onde a sensibilização no ultravioleta por fluorescência já foi descrita antes, e na região dos raios X. Um método mais amplamente utilizado para detectar raios X (também partículas provenientes do decaimento nuclear) é a contagem de cintilações. Os raios são absorvidos por um material que fluoresce, produzindo um tênue relampejar de luz visível (uma *cintilação*) para cada fóton de raios X absorvido. Os relampeios são observados e contados por uma válvula fotomultiplicadora com seus equipamentos eletrônicos associados. Uma substância fluorescente largamente usada para essa aplicação é o iodeto de sódio cristalino, ativado por adição de uma quantidade mínima de iodeto taloso. Esse sistema de detecção é discutido com mais detalhes no Cap. 16.

DETECÇÃO TÉRMICA

Em princípio, a energia radiante em cada região pode ser medida por conversão em calor, seguida de uma medida do aumento de temperatura. De fato, esse é o único método passível de uma interpretação teórica quantitativa e por isso é usado em determinações absolutas e como um detector de referência para calibração. É raramente escolhido como um detector de trabalho, a não ser na região do infravermelho, porque outros dispositivos são mais sensíveis e convenientes.

Os detectores térmicos apresentam uma constante de tempo relativamente longa, pois cada vez que recebem um sinal e por êle são aquecidos, precisam de tempo para esfriarem de novo para estarem prontos para receberem o próximo sinal. Assim, a radiação não pode ser interceptada a uma freqüência maior que de 15 a 20 Hz. Nos intervalos do infravermelho médio e afastado não se conhece um detector para bandas largas mais conveniente.

Para um detector térmico prático, a capacidade calorífica deve ser mantida no mínimo, de modo que uma quantidade de calor bem pequena produza um aumento de temperatura mensurável. É usual deixar a radiação cair em uma pequena tira de uma chapa de metal escurecida (talvez de 0,5 por 5 mm), atrás da qual se cimenta o próprio elemento detector. Se esse detector consistir em um número de junções de pares termoelétricos, será chamado uma *termopilha;* se for um termístor ou termômetro de resistência de platina, será conhecido por *bolômetro*. A sensibilidade dos dois tipos é mais ou menos a mesma. Uma interessante descrição da fabricação desses pequenos detectores foi dada por Strong (ref. 12).

A medida da potência na região de microondas pode ser realizada com um absorvente de calor chamado *calorímetro de microondas*. Novamente, quando se relaciona a aplicações químicas, essa é uma referência-padrão para calibrar detectores práticos de outros tipos.

FOTOMETRIA

Há um número de arranjos de componentes ópticos e elétricos com os quais se pode medir a potência relativa de um feixe de radiação. A determinação absoluta da potência é muito difícil e raramente necessária em aplicações químicas. Geralmente estamos interessados na razão das potências dos dois feixes relacionados. Um exemplo importante encontra-se no detector de um espectrofotômetro. Consideremos a Fig. 2.27: P_f, a potência do feixe vindo da fonte e incidindo na cubeta*, é necessariamente maior que P, potência da radiação transmitida que se dirige para o detector.

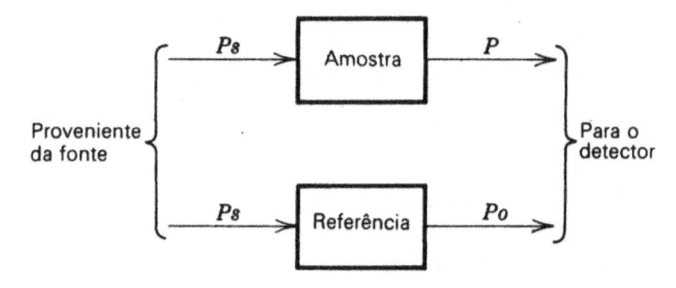

Figura 2.27 — Relações de potência em um fotômetro de feixe duplo. Admite-se que P_s, potência da fonte seja igual nas duas celas; P_0 passa pela referência; P, pela solução da amostra

Se estivermos interessados na determinação da energia absorvida pela amostra, não será suficiente relacionar P a P_f, pois se perderia potência do feixe através de mecanismos diferentes dos de absorção pela amostra. A fim de eliminar essas perdas estranhas é essencial comparar a potência emergente da cubeta da amostra com a da mesma cubeta ou de uma idêntica contendo uma substância de referência (Fig. 2.27). Podemos admitir que as potências radiantes incidentes nas duas cubetas sejam iguais, pois qualquer espectrofotômetro apresenta meios para igualá-las. O conteúdo da cubeta de referência deve assemelhar-se o quanto possível à amostra no que se refere a impurezas absorventes, índice de refração e, se as medidas forem estendidas a mais que uma estreita faixa de comprimento de onda, também à dispersão. O índice de refração é importante pois determina a quantidade de perdas por reflexão na superfície interna da cubeta.

Na prática, não precisamos medir P_f, apenas P_0 e P. A razão dessas quantidades é a *transmitância T*, portanto

$$T = \frac{P}{P_0} \tag{2-5}$$

Com detectores que forneçam uma saída proporcional à potência incidente, T pode ser determinado facilmente por medidas sucessivas ou simultâneas de P_0

Cubeta é o nome dado ao recipiente transparente para uma amostra líquida a ser inserida no fotômetro, especialmente nas regiões do ultravioleta e visível.

e P. Detectores que satisfazem esse requisito incluem a cela fotovoltaica, quando medida com um medidor de baixa resistência, a fotoválvula a vácuo e o fotomultiplicador operado a uma voltagem constante aplicada. É co. iveniente ajustar um controle de sensibilidade de modo que $P_0 = 100$, então P medirá diretamente a porcentagem de transmitância $(T\%)$.

Por outro lado, aqueles detectores onde a resposta é uma função logarítmica da potência radiante fornecem mais convenientemente a quantidade $\log T = k(P_0 - P)$, onde k é uma constante de proporcionalidade. As celas fotocondutoras e as fotovoltaicas de circuito aberto pertencem a essa classe assim como um fotomultiplicador operado à corrente constante. Veremos no próximo capítulo que há uma relação linear entre o logaritmo de T e o número de moléculas absorventes no caminho da radiação, o que sugere a conveniência de detectores logarítmicos.

O método fotométrico onde são feitas medidas sucessivas de P_0 e P é chamado sistema de *feixe único*. É inerentemente ligado a erros provenientes de flutuações na intensidade da fonte. Deve-se preferir, mesmo se mais caro, o sistema de fotometria de *feixe duplo*, do qual existem várias modificações. Em cada um, o feixe de radiação é desdobrado em dois ramos. Um ramo passa através da amostra de referência (o branco), enquanto o outro atravessa a amostra em um recipiente idêntico. O dispositivo que desdobra os feixes pode ser um espelho rotatório ou algo equivalente, que mande o feixe alternadamente através de um ramo e do outro a uma freqüência de, talvez, 10 a 50 Hz. A Fig. 2.28 mostra um fotômetro de feixe duplo representativo. Os sinais de duas fotoválvulas são comparados eletricamente de um modo que o medidor ou registrador responda à razão entre as duas potências, mas não às flutuações na voltagem da linha, que afetam igualmente ambos os feixes.

Em outras modificações do princípio do feixe duplo, os dois feixes se recombinam após a passagem através das duas amostras e caem numa única fotocela. Essas e outras modificações são detalhadas mais tarde na descrição dos instrumentos específicos.

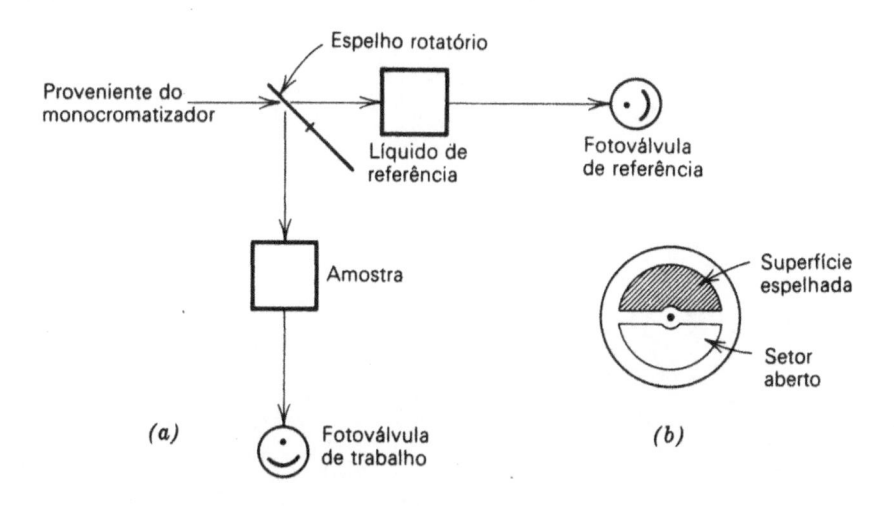

Figura 2.28 — *a)* Sistema fotométrico típico de dois feixes usando um setor espelhado giratório e duas fotoválvulas. *b)* Detalhe do setor giratório

PROBLEMAS

2-1   A definição legal de metro nos Estados Unidos (ref. 10) é 1.650.763,73 comprimentos de onda no vácuo para a transição $2p_{10}$-$5d_5$ no ^{86}Kr isotopicamente puro. Calcule para essa radiação o número de ondas em centímetros recíprocos; o comprimento de onda em angstroms, em nanometros e em mícrons; a freqüência em hertz e fresnel; e a energia por fótons em elétronvolts. Tome a velocidade da luz no vácuo como $(2,997925 \pm 0,000003) \times 10^{10}$ cm s^{-1} e a constante de Planck como $(6,625 \pm 0,0005) \times$ $\times 10^{-27}$ erg s. Forneça cada resposta com os limites apropriados de incerteza. (Se não tiver acesso a um calculador que possa manusear dígitos suficientes, arredonde os números quanto necessário e explique a extensão em que isso vicia seus cálculos).

2-2   Uma rede de transmissão para um espectrógrafo tem 15.000 linhas por polegadas. Calcule o comprimento de onda que será difratado a um ângulo θ de 25° para as primeiras duas ordens. A que ângulos a radiação de 2.537 Å aparece em cada uma das primeiras duas ordens?

REFERÊNCIAS

1. Barrow, G. M.: "Introduction to Molecular Spectroscopy", McGraw-Hill Book Company, New York, 1962.
2. Czerny, M. e A. F. Turner: *Z. Physik*, **61**: 792 (1930).
3. Kodak Plates and Films for Science and Industry, Eastman Kodak Company, Rochester, N. Y.
4. Fastie, W. G.: *J. Opt. Soc. Am.*, **42**: 641 (1952).
5. Jaffé, H. H. e A. L. Miller: *J. Chem. Educ.*, **43**: 469 (1966); G. W. Ewing e J. M. Fitzgerald. *J. Chem. Educ.*. **44**: 622 (1967).
6. Jaffé. H. H. e M. Orchin: "Theory and Applications of Ultraviolet Spectroscopy". John Wiley & Sons. Inc., New York. 1962.
7. Jenkins. F. A. e H. E. White: "Fundamentals of Optics". 3.ª ed.. McGraw-Hill Book Company. New York. 1957.
8. Leighton, W. G. e G. S. Forbes: *J. Am. Chem. Soc.*. **52**: 3139 (1930); G. W. Castellan. "Physical Chemistry". p. 667. Addison-Wesley Publishing Company. Inc., Reading. Mass.. 1964.
9. Lothian, G. F.: "Absorption Spectrophotometry", 2.ª ed., Hilger and Watts, Ltd., London, 1958.
10. *Natl. Bur. Std. Tech. News Bull.*, fevereiro e outubro de 1963.
11. Penner, S. S.: "Quantitative Molecular Spectroscopy and Gas Emissivities". Cap. 3. Addison-Wesley Publishing Company. Inc.. Reading. Mass., 1959.
12. Strong, J.: "Procedures in Experimental Physics". Cap. 8. Prentice-Hall. Inc.. Englewood Cliffs, N. J., 1938.

3 A absorção de radiação: ultravioleta e visível

Se um feixe de luz branca passar através de uma cubeta de vidro cheia com um líquido, a radiação emergente será menos intensa que a incidente. A diminuição da intensidade pode ser aproximadamente igual em todo o intervalo de comprimento de onda ou pode apresentar diferente amplitude para diferentes cores. Essa perda, como vimos anteriormente, é devida em parte a reflexões nas superfícies e em parte à dispersão por qualquer partícula em suspensão, mas, acima de tudo, é devida à *absorção* da energia radiante pelo líquido. Em soluções límpidas a dispersão pode ser reduzida a uma pequena quantidade com cuidados comuns. No estudo das suspensões coloidais a fração dispersa pode ser importante em si, como instrumento analítico (Cap. 6).

A amplitude com que a energia é absorvida pelo líquido é geralmente maior para algumas cores, que constituem a luz branca, que para outras, com o resultado de que o feixe emergente é colorido. A Tab. 3.1 dá as cores da radiação de intervalos de comprimentos de onda sucessivos, junto com seus complementos. Esses intervalos são apenas aproximados, pois diferentes observadores podem fazer leituras diversas. A cor aparente da solução é sempre o *complemento* da cor absorvida. Assim, uma solução que absorve na região do azul (de 465 a 480 nm) parecerá amarela, a que absorve na do verde, cor de púrpura, etc.

Tabela 3.1 — Cores da radiação visível

Intervalo aproximado de comprimento de onda, nm	Cor	Complemento
400–465	Violeta	Verde-amarelo
465–482	Azul	Amarelo
482–487	Azul-esverdeado	Alaranjado
487–493	Turquesa	Vermelho-alaranjado
493–498	Verde-azulado	Vermelho
498–530	Verde	Vermelho-púrpura
530-559	Verde-amarelado	Púrpura-avermelhado
559–571	Amarelo-verde	Púrpura
571–576	Amarelo-esverdeado	Violeta
576–580	Amarelo	Azul
590–587	Laranja-amarelado	Azul
587–597	Alaranjado	Azul-esverdeado
597–617	Laranja-avermelhado	Turquesa
617–780	Vermelho	Turquesa

Fonte: D. B. Judd, *in* M. G. Mellon (ed.), "Analytical Absorption Spectroscopy", p. 525, John Wiley & Sons, Inc., New York, 1950.

Referindo-nos à cor, restringimos a discussão à região visível do espectro, mas vários conceitos e métodos analíticos seguem o mesmo princípio tanto na região do ultravioleta como na do infravermelho.

Para o químico analítico, a importância das soluções coloridas consiste no fato de que a radiação absorvida é característica da substância. Uma solução contendo o íon cúprico hidratado é azul, pois esse íon absorve luz amarela e é transparente a outras cores. Assim, uma solução de um sal de cobre pode ser analisada medindo-se o grau de absorção da luz amarela em condições padronizadas. Qualquer substância solúvel colorida pode ser determinada quantitativamente dessa maneira. Além disso, muitas substâncias que são incolores ou fracamente coloridas podem ser analisadas por adição de uma substância que reaja com elas formando um composto intensamente colorido. Assim, adicionando-se amônia a uma solução de cobre forma-se uma cor muito mais intensa que a do próprio íon cúprico aquoso e, portanto, fornece um método analítico muito mais sensível.

A designação geral para análises químicas mediante medidas de absorção da radiação é *absorciometria*. *Colorimetria* pode ser aplicada apenas em relação à região visível do espectro. *Espectrofotometria* é uma divisão da absorciometria que se refere particularmente ao uso do espectrofotômetro. O termo *fotometria* é muito geral para ser muito útil ao presente contexto, pode ser interpretado como incluindo tanto métodos de espectroscopia de emissão bem como todos de absorção.

ABSORÇÃO SELETIVA

A absorção da energia radiante nas regiões do espectro visível e ultravioleta depende primeiramente do número e arranjo dos elétrons nas moléculas ou íons absorventes.

Entre as substâncias inorgânicas, a absorção seletiva pode ser esperada sempre que um nível de energia eletrônico não preenchido é coberto ou protegido por um nível de energia completo, geralmente formado por meio de covalências coordenativas com outros átomos.

Consideremos o cobre como um exemplo. O íon simples Cu^{++} nunca é encontrado em solução aquosa (embora freqüentemente escrito como tal) porque apresenta grande tendência para formar ligações coordenativas com qualquer molécula ou íon disponíveis que possuam pares de elétrons não-compartilhados. Esses pares de elétrons não-compartilhados encontram-se na água, amônia, íon cianeto, íon cloreto e em muitas outras espécies. A estrutura do íon cúprico, que é coordenado com quaisquer dessas bases de Lewis, possui apenas dezessete elétrons no terceiro nível principal de energia (M), enquanto que o quarto nível (N) contém um octeto estável. Os vários íons não apresentam cores idênticas, pois a natureza do ligante influi nas energias dos elétrons.

A absorção seletiva entre os compostos orgânicos é novamente relacionada a uma deficiência de elétrons na molécula. Compostos totalmente saturados não mostram absorção seletiva nas regiões do visível e ultravioleta. Compostos que contêm uma dupla ligação absorvem fortemente no ultravioleta afastado (195 nm para o etileno.) As duplas ligações conjugadas (isto é, duplas e simples alternadas) produzem absorção a maiores comprimentos de onda. Quando mais extenso for o sistema conjugado, mais longos serão os comprimentos de onda onde se observa a absorção.

Se o sistema se estende suficientemente longe, a absorção entra na região do visível e resulta cor. Assim, o β-caroteno, com onze duplas ligações conjugadas, absorve fortemente na região de 420 a 480 nm e é, portanto, verde-amarelado na aparência. O sistema conjugado completo em um composto é denominado seu *cromóforo*.

Os comprimentos de onda de absorção máxima de um composto fornecem um meio de identificar o cromóforo que ele contém. Em geral, os espectros são modificados pela presença de vários grupos atômicos, quando substituem-se os átomos de hidrogênio nos carbonos do sistema cromóforo por esses. Tais substituintes têm, em geral, o efeito de deslocar as bandas de absorção para comprimentos de onda mais longos e mudar seus valores de absorbância. Substituintes que produzem esses efeitos são conhecidos como *auxócromos*.

Na Tab. 3.2 são enumerados alguns compostos orgânicos contendo cromóforos representativos, junto com seus valores característicos de comprimentos de onda do máximo de absorção e de absortividade molar*.

Tabela 3.2 − Cromóforos representativos*

Composto	Cromóforo	Solvente	λ_{max} nm	Log ε**
Octeno-3	C=C	Hexano	185	3,9
			230	0,3
Acetileno	C≡C	(Vapor)	173	3,8
Acetona	C=O	Hexano	188	2,9
			279	1,2
Acetato de diazoetila	N=N	Etanol	252	3,9
			371	1,1
Butadieno	C=C—C=C	Hexano	217	4,3
Crotonaldeído	C=C—C=O	Etanol	217	4,2
			321	1,3
Dimetilglioxina	N=C—C=N	Etanol	226	4,2
Octatrienol	C=C—C=C—C=C	Etanol	265	4,7
Decatetraenol	[—C=C—]₄	Etanol	300	4,8
Vitamina A	[—C=C—]₅	Etanol	328	3,7
Benzeno		Hexano	198	3,9
			255	2,4
1,4-Benzoquinona	O= ⬡ =O	Hexano	245	5,2
			285	2,7
			435	1,2
Naftaleno		Etanol	220	5,0
			275	3;7
			314	2,5
Difenilo		Hexano	246	4,3

*Dados colhidos de várias fontes; devem ser considerados apenas como ilustração.
**Definido na Tab. 3.4.

Em compostos aromáticos, o anel benzênico é o cromóforo mais simples. Dois ou mais anéis em conjugação, como no naftaleno e difenoli, novamente deslocam a absorção para o visível. A Tab. 3.3 mostra o efeito de alguns auxócromos na absorção do benzeno.

*Essa quantidade será definida mais adiante.

Tabela 3.3 − Efeito de auxócromos no cromóforo benzênico (ref. 36)

Composto	Solvente	Banda etilênica		Banda benzenóidica	
		λ_{max}, nm	Log ε	λ_{max}, nm	Log ε
Benzeno	Cicloexano	198	3,90	255	2,36
Íon-anilínio	Ácido aq.	203	3,88	254	2,20
Clorobenzeno	Etanol	210	3,88	257	2,23
Tiofenol	Hexano	236	4,00	269	2,85
Fenol	Água	210,5	3,79	270	3,16
Anilina	Água	230	3,93	280	3,16
Íon fenolato	Base aq.	235	3,97	287	3,42

O anel quinóidico, como o da benzoquinona, $O\!=\!C\begin{smallmatrix}C=C\\ \\C=C\end{smallmatrix}C\!=\!O$ é um

cromóforo muito mais efetivo que o anel benzênico. Um exemplo que contrasta os dois tipos é a fenolftaleína, que apresenta as seguintes estruturas em soluções ácidas e básicas, respectivamente:

Molécula incolor
(em solução ácida)

Ânion vermelho
(em solução básica)

Na forma incolor, a conjugação não se estende fora dos anéis aromáticos individuais (exceto que um anel está conjugado a um grupo carbonila). Na forma vermelha, contudo, um anel foi convertido na quinona correspondente, o que provoca extensão da conjugação de modo a incluir o átomo de carbono central e, através dele, os outros dois anéis. Assim concluímos que o ânion inteiro constitui um cromóforo, enquanto que em solução ácida, a molécula contém três cromóforos menores separados e quase idênticos, os anéis benzênicos.

O grau de absorção de uma substância é convenientemente colocado em um gráfico como uma função do comprimento de onda ou freqüência e esse gráfico é chamado *espectro de absorção*.

DETERMINAÇÃO DA ESTRUTURA

Os espectros de absorção no ultravioleta e no visível constituem um instrumento valioso na identificação de compostos orgânicos insaturados e na elucidação de suas estruturas. A relação detalhada da estrutura molecular com as bandas de absorção é muito extensa para ser adequadamente tratada neste texto, mas daremos alguns exemplos para ilustrar a utilidade do método.

Uma informação relativa a um composto de estrutura desconhecida pode algumas vezes ser obtida através da comparação direta de seu espectro de absorção com os de compostos-modelo de estrutura conhecida. Por exemplo, na pesquisa do canabidiol (ref. 1) (uma substância isolada do cânhamo selvagem de Minnesota, EUA), as evidências químicas indicaram que sua estrutura poderia ser tanto A como B (na Fig. 3.1), mas não permitiam decidir entre as duas. Os espectros de

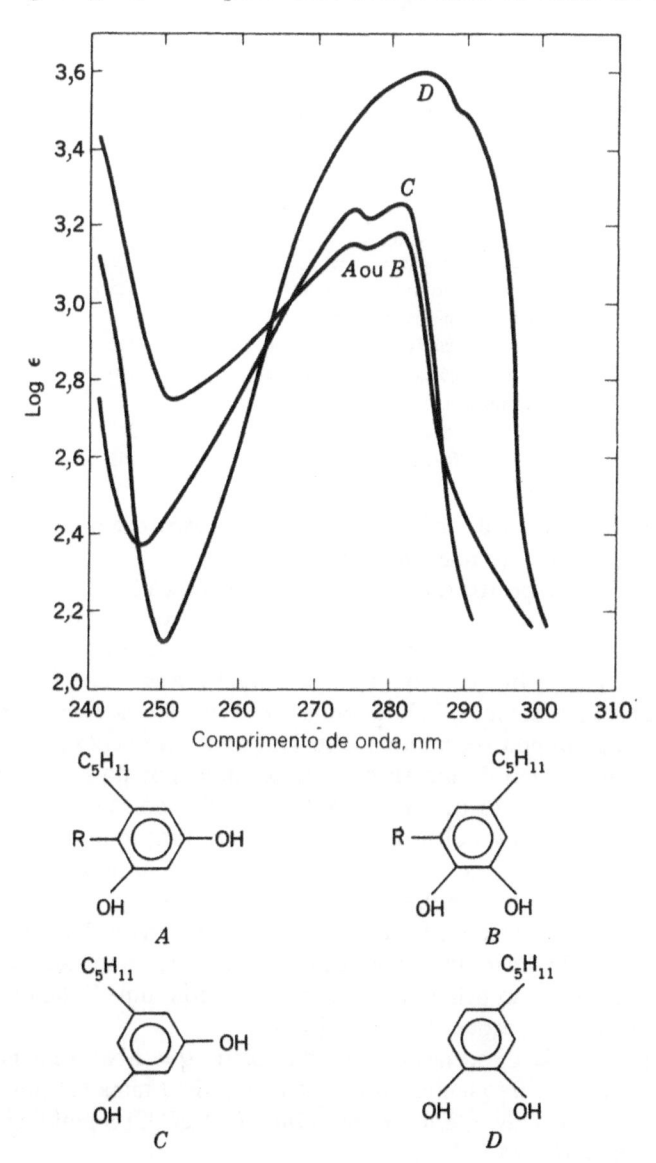

Figura 3.1 − Espectro de absorção do canabidiol comparado com o de certos fenóis (Journal of the American Chemical Society)

absorção no ultravioleta foram determinados para o canabidiol e para os compostos--modelo 5-amilresorcinol e 4-amilcatecol (C e D, respectivamente, na Fig. 3.1). Verificou-se que o espectro da substância desconhecida se assemelhava muito a C, ao passo que diferia muito de D. Essa observação constitui forte evidência em favor de A e não de B para a estrutura do canabidiol.

Uma relação particularmente proveitosa (ref. 46) é a relativa a cetonas insaturadas de fórmula geral:

$$R\!-\!\underset{\underset{O}{\|}}{C}\!-\!\underset{\underset{x}{|}}{C}\!=\!\underset{\underset{y}{|}}{C}\!-\!z$$

Encontrou-se que o comprimento de onda do máximo de absorção depende do número de substituintes nas posições marcadas x, y e z e da presença de estruturas cíclicas:

Estrutura	λ_{max}, nm
Monossubstituídos, x ou y	225
Dissubstituídos, x, y ou y, z:	
dupla ligação não exocíclica	235
dupla ligação em um exociclo	240
Trissubstituídos x, y, z:	
dupla ligação não exocíclica	247
dupla ligação em um exociclo	252

Um grande número de informações e numerosos exemplos ao longo dessas linhas podem ser encontradas na literatura.

A variação do espectro de absorção de um indicador ácido-base em função de pH fornece um excelente método para determinar o valor do pK do indicador. Na Fig. 3.2 são mostradas as curvas de absorção do vermelho de fenol em vários valores de pH. Vemos que com o aumento do pH a absorção a λ610 nm aumenta, enquanto a absorção menor a λ430 diminui. Observe que as várias curvas se cruzam muito próximo a um ponto comum a λ de 495; esse é um *ponto isoabsortivo* ou *isosbéstico* e é característico de um sistema constituído por dois cromóforos que são interconvertíveis, de modo que a quantidade total é constante.

Se agora colocarmos a absorbância a λ615 em função do pH, obteremos uma curva em forma de "S" (Fig. 3.3). A parte horizontal da esquerda corresponde à forma ácida do indicador, enquanto que a parte superior da direita corresponde à quase completa conversão à forma básica. Como o pK é definido como o valor de pH, onde metade do indicador está na forma básica e metade na forma ácida, esse ponto é determinado pela interseção da curva com uma linha horizontal média entre os segmentos da esquerda e da direita.

As constantes de dissociação dos compostos que absorvem no ultravioleta, em vez de no visível, freqüentemente podem ser determinadas por procedimento semelhante. Exemplos são a teobromina (λ240 nm) (ref. 39), a teofilina (λ240) (ref. 39) e o benzotriazol (λ274) (ref. 12).

É instrutivo colocar, nesses casos, os valores em três dimensões (ver Fig. 3.4). Essa apresentação constitui um *estereoespectrograma;* os três eixos referem-se a

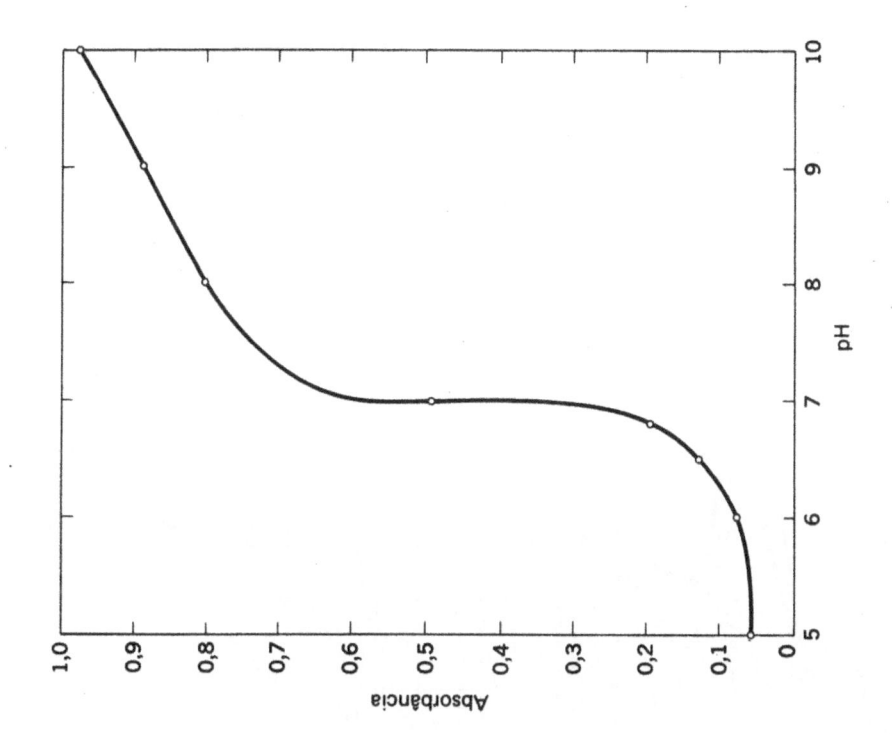

Figura 3.3 — Vermelho de fenol; absorbância a 615 nm em função do pH

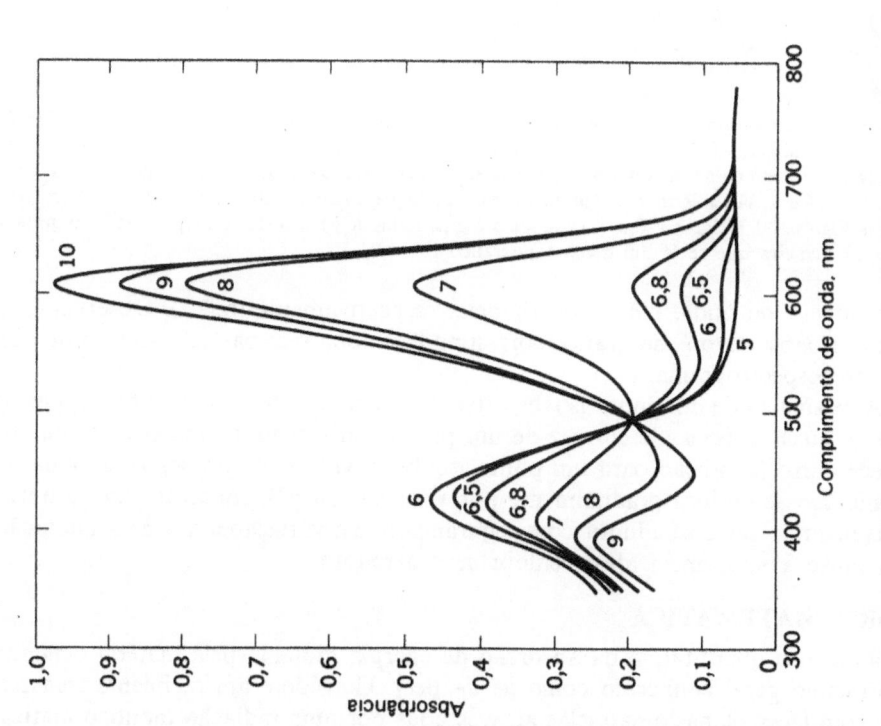

Figura 3.2 — Vermelho de fenol; curvas de absorbância para vários valores de pH

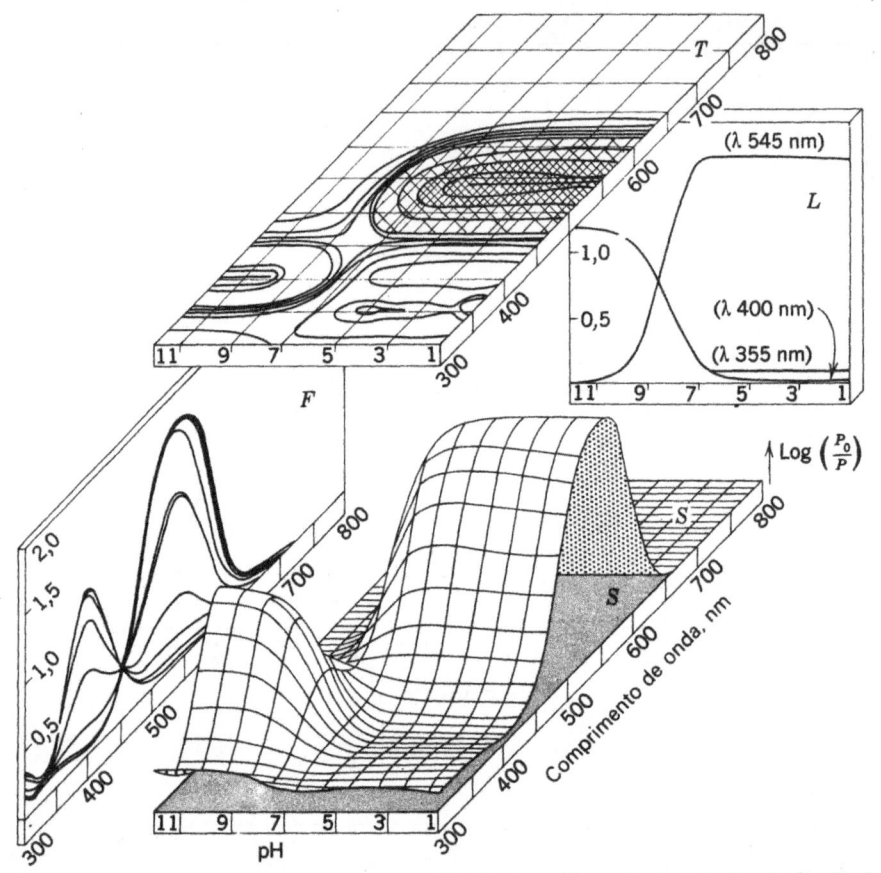

Figura 3.4 – Estereoespectrograma de benzenoazodifenilamina. [A partir do trabalho do Dr. H. Jaffé, citado por Archibald (ref. 2)] O estereoespectrograma S representa um gráfico tridimensional da absorbância (eixo vertical) como uma função do pH (eixo esquerda-direita) e do comprimento de onda (eixo oblíquo). F, T e L são três modos bidimensionais de representação dos mesmos dados. F corresponde à Fig. 3.2; L à Fig. 3.3. Em T, cada linha é uma linha de isoabsorbância e pode-se ler o gráfico da mesma maneira que se lê um mapa topográfico

comprimento de onda, pH e absorbância, respectivamente (ref. 2). Observar que o ponto isoabsortivo F no gráfico corresponde à linha reta paralela ao eixo do pH no estereoespectrograma.

A existência de um ponto isoabsortivo evidencia que há um equilíbrio químico entre as duas espécies. Se em vez de um pico de absorção desaparecer, enquanto aparece outro (condição para um ponto isoabsortivo), o comprimento de onda de um máximo se desloca gradualmente por variação do pH, concentração ou outra variável, então pode-se admitir com segurança que a variação é devida à interação física entre a substância absorvente e seus arredores.

TEORIA MATEMÁTICA

O tratamento quantitativo da absorção de energia radiante pela matéria depende do princípio geral conhecido como *lei de Beer*. Considere um recipiente transparente com faces planas e paralelas atravessadas por uma radiação monocromática.

As perdas por reflexão nas superfícies e absorção pela substância do próprio recipiente serão negligenciadas no momento. Suponhamos que o recipiente seja enchido com um líquido absorvente (tanto sozinho como dissolvido em um solvente não absorvente). É claro que a potência da radiação será menor quanto mais ela penetrar no líquido e quanto maior for a concentração do material absorvente. Em linhas mais gerais, o feixe da radiação diminui sua potência proporcionalmente ao número de moléculas absorventes* no caminho do feixe. O enunciado quantitativo dessa relação é a lei de Beer**: *Incrementos sucessivos no número de moléculas de igual poder de absorção situadas no percurso de um feixe de radiação monocromática absorvem iguais frações da energia radiante que os atravessa.* Em termos de cálculo*** podemos escrever:

$$\frac{dP}{dn} = -kP \tag{3-1}$$

onde dP é a potência absorvida ao nível de potência P por um incremento dn no número de moléculas absorventes e k é uma constante de proporcionalidade. O rearranjo seguido por integração entre os limites fornece:

$$\int_{P_0}^{P} \frac{dP}{P} = -k \int_{0}^{N} dn$$

$$\ln \frac{P}{P_0} = -kN \tag{3-2}$$

onde P e P_0 já foram definidos e N é o número de moléculas absorventes atravessadas por um feixe de $1\,cm^2$ de seção transversal. Para um feixe de área de seção transversal $s\,cm^2$, o membro da direita da Eq. (3-2) deve ser multiplicado por s:

$$\ln \frac{P}{P_0} = -kNs \tag{3-3}$$

A quantidade Ns é uma medida do número de partículas que são efetivas na absorção da radiação. Uma medida mais útil, contudo, é o produto da concentração c e do comprimento de percurso b, de modo que podemos escrever:

$$\ln \frac{P}{P_0} = -kbc \tag{3-4}$$

Por conveniência, substituiremos k por outra constante a, que inclui o fator de conversão dos logaritmos naturais em decimais:

$$\log \frac{P_0}{P} = A = abc \tag{3-5}$$

---

*Moléculas apenas se a substância absorvente for molecular, íons se for ionizada, etc.

**Essa relação é algumas vezes conhecida como lei de Beer-Lambert ou de Bouguer-Beer, pois as contribuições ao seu desenvolvimento foram dadas por Lambert e Bouguer (e por outros). Para uma interessante discussão da lei, veja os trabalhos de Liebhafsky e Pfeiffer (ref. 25) e de Hughes (ref. 22).

***A lei de Beer é freqüentemente expressa em termos de intensidades em vez de potências radiantes, com a letra I no lugar de P. Seguimos os conceitos introduzidos no Cap. 2 e na ref. 22.

Observe que a razão P_0/P foi invertida para eliminar o sinal negativo. O valor do log P_0/P é tão importante que recebe um símbolo especial, A, é chamado *absorbância*. A representação mais simples da lei de Beer é, pois, $A = abc$.

Como a potência transmitida P pode variar entre os limites 0 e P_0, o logaritmo da razão, teoricamente, pode variar de zero (logaritmo de 1) a infinito. Na prática, contudo, absorbâncias maiores que 2 ou 3 raramente são utilizáveis e o intervalo que dará precisão analítica adequada é bem mais limitado e os valores exatos permissíveis são determinados, em parte, pelo tipo de instrumento de medida empregado.

ABSORTIVIDADE

A constante a da Eq. (3-5) é chamada *absortividade*. Para um dado comprimento de onda é característica de uma determinada combinação de soluto e solvente. Suas unidades dependem das que se escolheram para b e c (b é geralmente em centímetros) e o símbolo varia de acordo, conforme indicado na Tab. 3.4. Para referência, incluem-se outros símbolos e nomes que prevaleceram no passado. A presente notação é a proposta pelo *Joint Committee on Nomenclature in Applied Spectroscopy*, estabelecido pela *Society for Applied Spectroscopy* e pela *American Society for Testing and Materials*, a partir de seu relatório publicado em 1952 (ref. 22). Compare também os trabalhos de Brode (ref. 7) e Gibson (ref. 15).

Tabela 3.4 — Unidades e símbolos para uso com a lei de Beer

Símbolo aceito	Definição*	Nome aceito	Obsoleto ou alternativa	
			Símbolo	Nome
T	P/P_0	Transmitância	....	Transmissão
A	$\log P_0/P$	Absorbância	D, E	Densidade óptica, extinção
a	A/bc	Absortividade	k	Coeficiente de extinção, índice de absorbância
ε	AM/bc	Absortividade molar	a_M	Coeficiente de extinção molar (molecular), índice de absorbância molar
b	....	Comprimento do percurso	l, d	

*As definições de P e P_0 são dadas no texto (Cap. 2). As unidades de c são gramas por litro; de b, centímetros; M é a massa molecular. Um símbolo antes muito usado era E^1_{1cm}, que pode ser definido como A/bc', onde c' é a concentração em porcentagem por peso e $b = 1$ cm.

É importante observar cuidadosamente que a *absortividade* é uma propriedade da substância (propriedade intensiva), enquanto que a *absorbância* é uma propriedade de uma determinada amostra (propriedade extensiva) e variará, portanto, com a concentração e espessura do recipiente.

A porcentagem de transmitância, $T = 100P/P_0$, é uma quantidade conveniente se a radiação transmitida for de maior interesse que a natureza química do material absorvente. Os filtros coloridos para colorimetria ou fotografia são geralmente avaliados em termos de porcentagem de transmitância. A absorbância A ou a absortividade a é útil como uma medida do grau de absorção da radiação por substâncias coloridas. O símbolo a é usado se a natureza da substância absorvente e, portanto, sua massa molecular forem desconhecidos. É preferível usar a absortividade molar, se desejarmos comparar quantitativamente a absorção de várias substâncias conhecidas.

A lei de Beer indica que a absortividade é uma constante independente da concentração, comprimentos do percurso e intensidade da radiação incidente. A lei não faz nenhuma referência ao efeito da temperatura, comprimento de onda ou natureza do solvente. Na prática, encontrou-se que a temperatura provoca apenas efeitos secundários, a menos que a variação ocorra em um intervalo anormalmente grande. A concentração da solução varia um pouco com a temperatura porque varia o volume. Também, se o soluto absorvente estiver em estado de equilíbrio com seus íons, com outros compostos, com seus tautómeros ou com um sólido não dissolvido (solução saturada) esperar-se-á uma maior ou menor variação com a temperatura. Por outro lado, algumas substâncias mostram absorção muito diferente se esfriadas à temperatura do nitrogênio líquido. Para trabalhos analíticos práticos, os efeitos da temperatura podem ser desprezados, especialmente quando a absorção de uma substância desconhecida é comparada diretamente com um padrão, desde que ambos estejam à mesma temperatura. Nos casos em que for necessário um controle mais preciso da temperatura, esse fato deverá ser mencionado no procedimento.

De um modo geral, não se pode prever o efeito da variação do solvente na absorção de um determinado soluto. O analista se limita geralmente a um determinado solvente ou classe de solventes em que a substância é solúvel, de modo que o efeito de variação do solvente não influirá. Uma outra restrição se aplica particularmente a trabalhos no ultravioleta, onde vários solventes comuns não são mais transparentes. Água, álcool, éter e hidrocarbonetos saturados são satisfatórios, mas o benzeno e seus derivados, clorofórmio, tetracloreto de carbono, dissulfeto de carbono, acetona e muitos outros não são utilizáveis, a não ser na região imediatamente próxima ao visível. A Tab. 3.5 dá os valores aproximados da transmissão no ultravioleta para um número de solventes úteis.

Mesmo à temperatura constante e num solvente determinado a absortividade algumas vezes não é verdadeiramente constante, mas pode desviar-se para valores maiores ou menores. Se a absorbância A for colocada em um gráfico em função da concentração, deverá resultar uma linha reta a partir da origem, de acordo com a previsão da Eq. (3-5) (curva 1, Fig. 3.5). Os desvios da lei são denominados positivos ou negativos, conforme a curva observada seja côncava para cima ou para baixo. Deve-se compreender que a obediência à lei de Beer não é necessária para que o sistema absorvente seja útil para análises quantitativas. Uma vez que a curva correspondente à Fig. 3.5 tenha sido estabelecida para a substância em condições específicas, ela pode ser usada como uma curva de calibração. A concentração de uma amostra desconhecida pode ser lida na curva, assim que sua absorbância tenha sido encontrada por observação.

Em geral, a lei de Beer parece ser seguida razoavelmente próximo para radiação de qualquer comprimento de onda, mas a absorbância varia com a variação do comprimento de onda. A largura da banda dos comprimentos de onda usados também pode afetar o valor aparente da absortividade. Um exemplo específico tornará isso claro. A Fig. 3.6 mostra o espectro de absorção do íon permanganato em solução aquosa. Referência à Tab. 3.1 mostra que uma substância absorvendo

Tabela 3.5 — Limites de transmissão no ultravioleta
de solventes comuns*

180–195 *nm*	265–275 *nm*
Ácido sulfúrico (96%)	Tetracloreto de carbono
Água	Dimetilssulfóxido
Acetonitrilo	Dimetilformamida
200–210 *nm*	Ácido acético
Ciclopentano	280–290 *nm*
n-Hexano	Benzeno
Glicerol	Tolueno
2,2,4-Trimetilpentano	*m*-Xileno
Metanol	*Acima de* 300 *nm*
210–220 *nm*	Piridina
Álcool *n*-butílico	Acetona
Álcool isopropílico	Dissulfeto de carbono
Cicloexano	
Éter etílico	
245–260 *nm*	
Clorofórmio	
Acetato de etila	
Formiato de metila	

*Os limites de transição foram tomados arbitrariamente no ponto onde $A = 0,50$ para $b = 10$ mm; dentro de cada grupo, os solventes são arranjados em ordem aproximada de limite de comprimento de onda crescente. Dados fornecidos por Matheson Coleman & Bell, Cincinnati, Ohio.

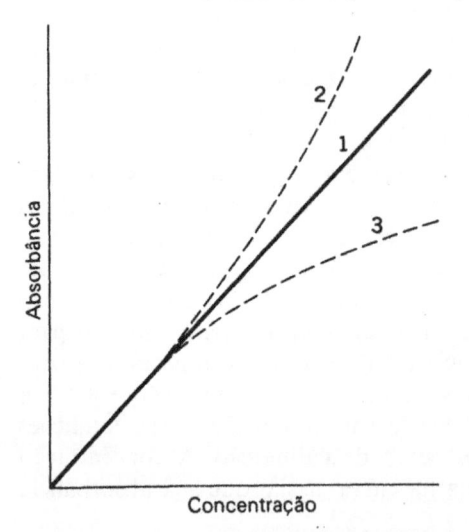

Figura 3.5 — 1) Lei de Beer obedecida, 2) desvio positivo e 3) desvio negativo

como essa, no intervalo de 480 a 570 nm, aproximadamente, deve parecer vermelho--púrpura, o que sabemos ser correto. Se se fizesse uma medida de absorção nessa solução, usando a radiação passada por um filtro de vidro verde, com limites de transmissão aproximadamente nos comprimentos de onda indicados como *A* a *F*, poder-se-ia calcular a média dos efeitos dos picos e depressões da curva de absorção, de modo que o valor da absortividade molar assim determinado poderia

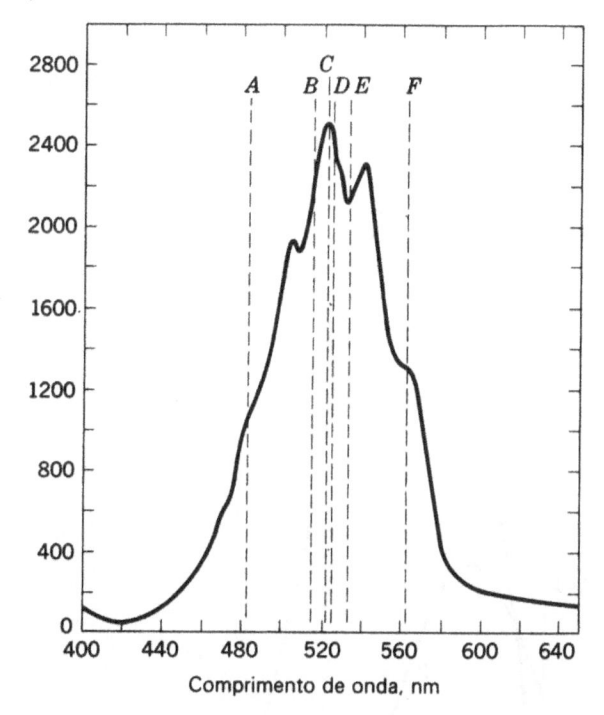

Figura 3.6 — Espectro de absorção do permanganato de potássio em solução aquosa

ser da ordem de 1.700 a 1.800. Contudo, se por algum meio o intervalo do comprimento de onda da luz fosse limitado à região de *B* a *E*, o valor encontrado seria a média dos verdadeiros valores nesse espaço, talvez 2.300. Se a largura da banda do comprimento de onda fosse ainda mais reduzida à região de *C* a *D*, a absortividade molar se aproximaria de seu verdadeiro valor nesse comprimento de onda, 2.500.

A partir dessa linha de raciocínio segue-se que, se se desejar determinar as curvas de absorção verdadeiras, será necessário usar um instrumento capaz de isolar bandas de luz de comprimento de onda muito estreito. Esse instrumento é o espectrofotômetro.

DESVIOS DA LEI DE ABSORÇÃO

A forma de uma curva de absorção pode variar muitas vezes com mudanças na concentração da solução e, a menos que se tomem precauções, resultarão desvios aparentes da lei de Beer. O fenômeno pode ser devido à interação das moléculas do soluto entre si ou com o solvente. A polimerização, por exemplo, apresenta esse efeito se as moléculas monômeras e polímeras tiverem curvas de absorção diferentes. Um exemplo é a solução de álcool benzílico em tetracloreto de carbono, observada na região do infravermelho próximo (ref. 13). Esse composto existe em um equilíbrio polimérico:

$$4C_6H_5CH_2OH \rightleftharpoons (C_6H_5CH_2OH)_4$$

A dissociação do polímero aumenta com a diluição. O monômero absorve de 2,750 a 2,765μ, enquanto que o polímero absorve a 3,000μ. Assim, uma observação a 2,750μ mostrará um desvio negativo (a absortividade diminui com o aumento da concentração) enquanto que a 3,000μ resultará um desvio positivo.

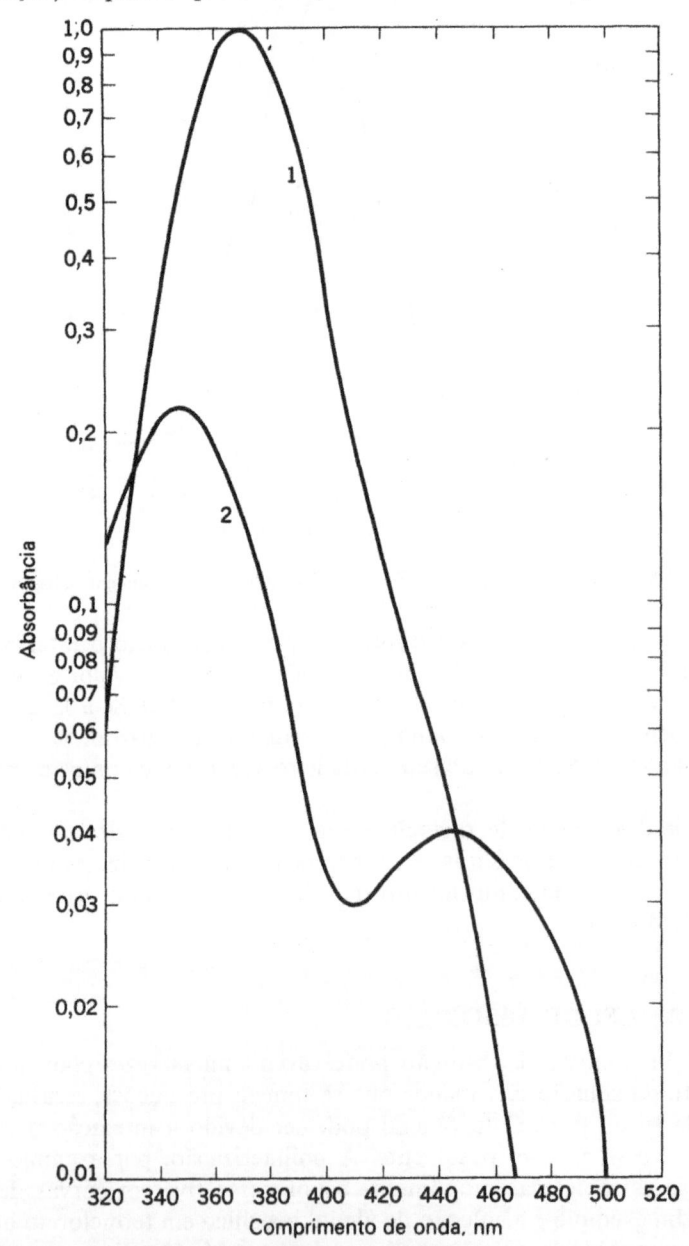

Figura 3.7 — Espectros de absorção de 1) K_2CrO_4 em KOH 0,05N e 2) $K_2Cr_2O_7$ em H_2SO_4 3,5N. Ambos correspondem a 0,01071mg de Cr(VI) por ml; percurso óptico = 10,0 mm. Valores de 1 do National Bureau of Standards e para 2 usado um espectrofôtometro Beckman DU. Por conveniência, coloca-se absorbância em escala logarítmica

Outro exemplo, mais familiar, é a mudança de cor do íon dicromato por diluição com água. O efeito pode ser previsto a partir do equilíbrio.

$$Cr_2O_7^{--} + H_2O \rightleftharpoons 2HCrO_4^- \rightleftharpoons 2H^+ + 2CrO_4^{--}$$

As curvas de absorção para $K_2Cr_2O_7$ e K_2CrO_4 (concentrações iguais em termos de mg do Cr^{VI} por ml) são mostrados na Fig. 3.7.

Quando uma solução de dicromato for diluída progressivamente com água, as curvas de absorbância-concentração a comprimentos de onda determinados se assemelharão (qualitativamente) às curvas contínuas da Fig. 3.8. As linhas pontilhadas em cada caso mostram a absorbância que seria obtida se a diluição fosse feita com acidez ou basicidade constante, em vez de por simples adição de água.

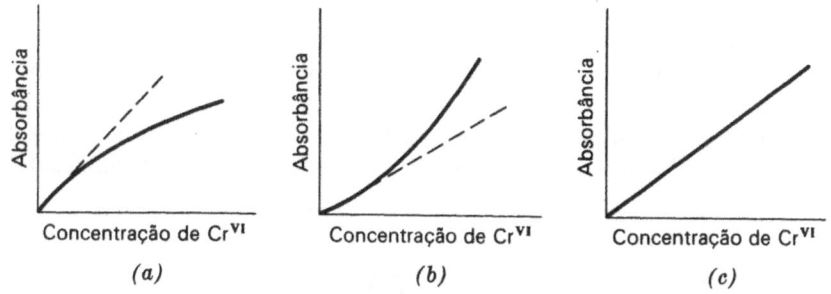

Figura 3.8 – Indicação qualitativa da lei de Beer colocando valores do sistema cromato-dicromato após diluição com água: *a*) a λ372nm, *b*) a λ348nm e *c*) no ponto isosbéstico, λ446nm

Os desvios negativos podem ser esperados sempre que a iluminação não é monocromática. Isso é evidente se considerarmos um caso extremo. Suponhamos agora que se esteja examinando uma série de soluções de cromato de potássio (em um pH básico constante). Na concentração zero todas as cores são transmitidas igualmente. Em concentrações elevadas, quase todo azul será absorvido, mas a luz de comprimentos de onda acima de 500 nm pode ser livremente transmitida como antes. Para metade dessa concentração, metade da luz azul passará junto com todos os comprimentos de onda maiores. Um raciocínio rápido mostrará que a absorbância total, em todos os comprimentos de onda do visível, não pode ser linear com a concentração. Uma prova matemática disso é facilmente deduzida (ref. 27).

Foi publicado recentemente (ref. 20) um interessante estudo experimental do efeito da variação da largura da fenda, incluindo uma comparação com uma banda bem estreita de comprimentos de onda de um *laser*. Os autores examinaram a absorbância de um corante que apresenta um máximo nítido a 635 nm tanto em relação à água como padrão quanto diferencialmente em relação a soluções-padrão. O espectrofotômetro utilizado exigiu uma largura da fenda de 1,48 mm para uma análise diferencial com uma lâmpada de tungstênio e de 0,08 mm com o *laser* a 632,8 nm. As curvas de absorbância-concentração mostraram-se lineares até onde foram determinadas, ao redor de 1,4 de absorbância, com o *laser*, mas apresentaram acentuado desvio negativo com a lâmpada de tungstênio. O *laser* seria uma fonte espectrofotométrica ideal, se não fosse limitado a uns poucos comprimentos de onda discretos, pois combina uma estreita largura de banda a um nível de energia relativamente elevado.

ADITIVIDADE DAS ABSORBÂNCIAS

Em nossa discussão da lei de Beer, mostramos [Eq. (3-3)] que a absorbância é proporcional ao número de partículas que são efetivas na absorção de radiações em um determinado comprimento de onda. Isso é facilmente ampliado para incluir a presença de mais de uma espécie absorvente na mesma solução. Podemos escrever

$$A = \sum_i A_i = b \sum_i a_i c_i \qquad (3\text{-}6)$$

o que significa que a absorbância é uma propriedade aditiva. Essa relação presume, é claro, que não haja interação química entre os solutos.

Essa aditividade pode ser útil de várias maneiras. Permite subtrair de uma absorbância observada a contribuição devida ao solvente ou reagentes, o uso familiar de um "branco". Também permite subtrair do espectro de uma substância desconhecida a absorbância devida a um cromóforo que se sabe que a substância contém com a finalidade de identificar um segundo cromóforo. Por exemplo, na Fig. 3.9, a curva *a* é o espectro de absorção observado do 4-nitrobenzoato do esteróide 7-deidrocolesterol. Para identificar esse éster, o espectro conhecido *b* de

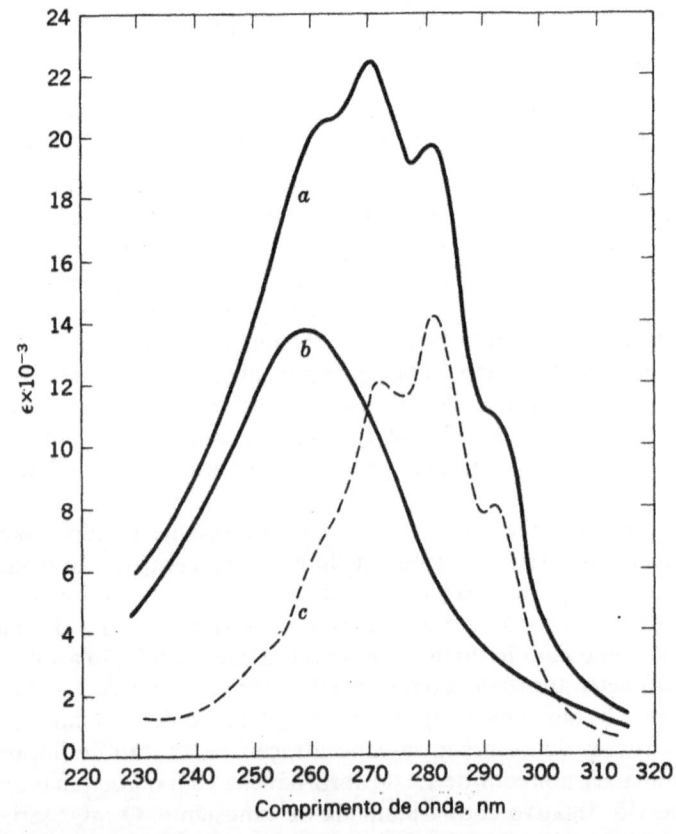

Figura 3.9 – Espectros de absorção no ultravioleta de *a*) 4-nitrobenzoato de 7-deidrocolesterila, *b*) 4-nitrobenzoato de cicloexila e *c*) 7-deidrocolesterol, determinado por subtração; solvente, *n*-hexano (Journal of the American Chemical Society)

outro éster do mesmo ácido (4-nitrobenzoato de cicloexila) é subtraído ponto por ponto da curva a. Encontrou-se que a curva resultante c é essencialmente idêntica ao espectro determinado com o próprio esterol livre (ref. 21).

A aditividade da absorbância é também importante em análises múltiplas, ou seja, na determinação simultânea de duas ou mais substâncias absorventes na mesma solução. O necessário para análises múltiplas é apenas que as curvas de absorção para os componentes individuais não se aproximem a ponto de coincidirem. Algum recobrimento parcial é permitido, mas, quanto maior o recobrimento, menor será a precisão da análise. A relação pode ser compreendida comparando-a com a Fig. 3.10. As curvas 1 e 2 são os espectros de absorção dos componentes puros. A curva 3 é o espectro de uma mistura. Admite-se que nenhuma outra substância presente absorve nessa região.

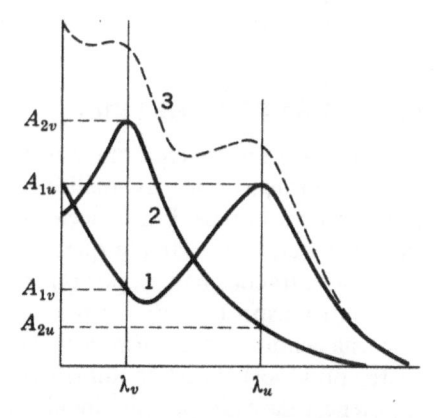

Figura 3.10 — Análise de dois componentes com um espectrofotômetro; exemplo hipotético

Observar que o máximo da curva 3 em geral não aparecerá exatamente nos mesmos comprimentos de onda dos máximos correspondentes às curvas 1 e 2. Veremos que as duas substâncias contribuem para absorção nos dois comprimentos de onda, λ_u e λ_v. Se c_1 e c_2 representarem as concentrações dos dois componentes na mistura e A_{1u} representar a absorbância da substância 1 no comprimento de onda λ_u, etc., como mostra a figura; então a absorbância da curva 3 em λ_v será dada por:

$$A_{3v} = A_{2v} + A_{1v} = a_{2v}bc_2 + a_{1v}bc_1$$

e em λ_u por

$$A_{3u} = A_{2u} + A_{1u} = a_{2u}bc_2 + a_{1u}bc_1$$

Como A_{3v} e A_{3u} são determinadas por observação experimental da mistura e os a são obtidos de uma vez e para todos antecipadamente, então as equações acima podem ser resolvidas simultaneamente para c_1 e c_2. Para maior precisão, a_{1v} e a_{2u} devem ser tão baixos quanto possível, enquanto que a_{1u} e a_{2v} devem ser altos. Um exemplo que mostra as possibilidades do método é a determinação simultânea de molibdênio, titânio e vanádio através dos complexos coloridos que formam por tratamento com peróxido de hidrogênio (ref. 43). As curvas-padrão são reproduzidas na Fig. 3.11.

Essas análises de multicomponentes adquiriram sua máxima importância no campo da absorção no infravermelho, a ser considerada no Cap. 5.

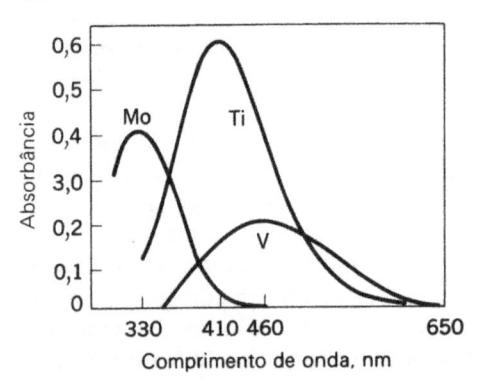

Metal	Absorbâncias, A		
	330 nm	410 nm	460 nm
Mo	0,416	0,048	0,002
Ti	0,130	0,608	0,410
V	0,000	0,148	0,200

Figura 3.11 — Espectros comparativos dos produtos da reação de peróxido de hidrogênio com molibdênio, titânio e vanádio. Concentração, 4 mg de metal por 100 ml (Analytical Chemistry)

EXATIDÃO FOTOMÉTRICA

Mesmo para um sistema que não mostre desvios quanto à lei de Beer, o intervalo de concentração onde as análises fotométricas são úteis limita-se tanto a valores altos como a baixos. Em concentrações elevadas do material absorvente, atravessa tão pouca energia radiante que a sensibilidade do fotômetro torna-se inadequada. Em concentrações baixas, por outro lado, o erro inerente à leitura do galvanômetro ou a outro dispositivo indicativo torna-se grande em comparação com a quantidade que está sendo medida. Em vários instrumentos fotelétricos a deflexão do galvanômetro ou a posição de equilíbrio de um potenciômetro é diretamente proporcional à potência da radiação que incide na fotocela. Isso significa que a menor variação detectável na potência ΔP será constante, independentemente do valor absoluto da potência. Para maior precisão na medida da absorbância A, contudo, o incremento ΔA, que corresponde à variação de potência ΔP, deve ser uma fração tão pequena quanto possível da absorbância real A; em outras palavras, a quantidade $\Delta A/A$ deve ser um mínimo. Para determinar a transmitância para a qual $\Delta A/A$ será um mínimo, é necessário diferenciar a lei de Beer duas vezes e igualar a segunda diferencial a zero. É conveniente reescrever a lei na forma:

$$A = \log P_0 - \log P \tag{3-7}$$

Então

$$dA = 0 - (\log e)\frac{1}{P}\,dP$$

donde

$$\frac{1}{A}\,dA = -\frac{0,4343}{A}\,\frac{1}{P}\,dP = -\frac{0,4343}{A}\,\frac{1}{P_0 10^{-A}}\,dP$$

Substituindo as diferenciais por incrementos infinitos,

$$\frac{\Delta A}{A} = -\frac{0,4343\,\Delta P}{P_0}\left(\frac{1}{A\,10^{-A}}\right)$$

Diferenciando novamente (lembrar que ΔP é uma constante),

$$\frac{d(\Delta A/A)}{dA} = -\frac{0{,}4343\Delta P}{P_0}\left(\frac{10^4 \ln 10}{A} - \frac{10^4}{A^2}\right) \tag{3-8}$$

A condição para o valor mínimo de $\Delta A/A$ é que o membro da direita da Eq. (3-8) seja zero. Isso significa que o fator dentro do parênteses deve ser zero, ou

$$\frac{10^4 \ln 10}{A} = \frac{10^4}{A^2}$$

donde

$$A = \frac{1}{\ln 10} = 0{,}4343 \tag{3-9}$$

Isso significa que o melhor valor para a absorbância é 0,4343, o que corresponde a uma transmitância $T = 36{,}8\%$. O erro relativo em uma análise com um erro de 1% na medida fotométrica, por variação da transmitância ou absorbância, é mostrado graficamente na Fig. 3.12. A situação poderia talvez ser visualizada mais facilmente, especialmente para aqueles que seguem o cálculo com dificuldade, com o auxílio da Fig. 3-13, onde a lei de Beer é colocada em um gráfico na forma $P/P_0 = 10^{-abc}$. Um valor arbitrário de $\Delta T = 1\%$ é colocado em um gráfico em três posições, a 10%, 37% e 90% de T. A incerteza correspondente, em porcentagem de concentração, é maior em valor absoluto no ponto 10% de T, o que resulta em uma baixa precisão. No outro extremo, 90% de T, a incerteza é muito menor, mas representa uma grande fração da concentração total, o que novamente fornece baixa precisão. É evidente que deve existir um ponto intermediário em que as duas tendências se igualam e o erro é mínimo. Esse ponto corresponde ao 37%.

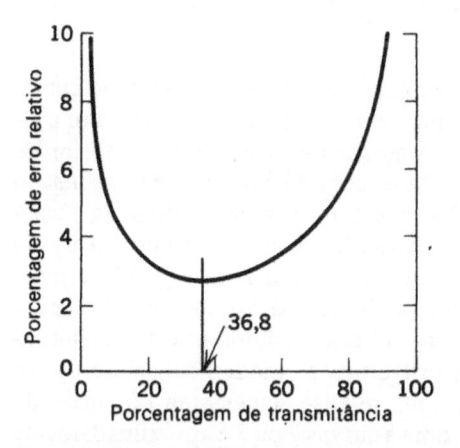
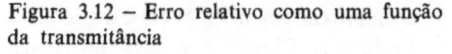
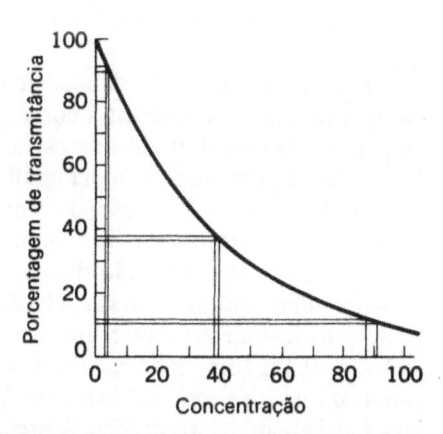

Figura 3.12 – Erro relativo como uma função da transmitância

Figura 3.13 – Lei de Beer, colocada como transmitância em função da concentração

É aparente na Fig. 3.12 que, apesar do erro ser mínimo a 37% de T, isso não será muito importante num intervalo de transmitância entre 15 e 65% (absorbância 0,8 a 0,2).

O gráfico de calibração de uma análise fotométrica pode ser representado tanto pela curva exponencial da Fig. 3.13 como pela linha reta da Fig. 3.5. Esta tem a vantagem de mostrar a região onde se segue a lei de Beer, mas não fornece nenhuma indicação da precisão relativa nos vários níveis de absorbância. Outro método de apresentação gráfica foi ´sugerido, (refs. 3 e 33)* e dá alguns aspectos adicionais. A Fig. 3.14 mostra a curva obtida relacionando-se a porcentagem de transmitância e em função do logaritmo da concentração. Se se abrange um intervalo suficientemente grande de concentrações, sempre resulta uma curva em S, algumas vezes chamada *curva de Ringbom*. Se o sistema segue a lei de Beer, o ponto de inflexão ocorre a uma transmitância de 37%; se não, a inflexão ocorre em outro valor, mas a forma geral da curva é a mesma. A curva geralmente apresenta uma considerável região em que é praticamente reta. A extensão dessa parte reta indica diretamente o intervalo ótimo de concentrações para uma determinada análise fotométrica.

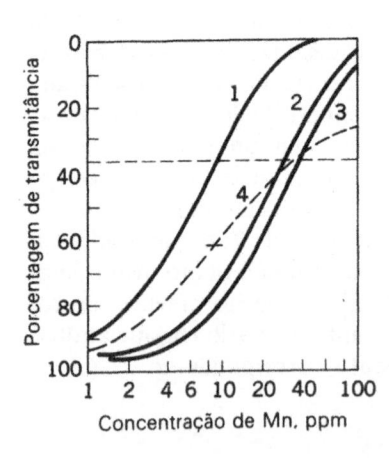

Figura 3.14 – Curvas-padrão para o permanganato. As curvas contínuas são determinadas com um espectrofotômetro a comprimentos de onda de 1) 526nm, 2) 480nm e 3) 580nm. A curva pontilhada 4) contém valores obtidos com um fotômetro de filtro com um filtro centrado a 430nm. Compare com a Fig. 3.6 (Analytical Chemistry)

Além disso, a precisão da análise pode ser calculada pela inclinação da curva, pois, quanto mais íngreme for a curva, tanto mais sensível será o teste. Por um procedimento diferencial, pode-se mostrar que, se o erro fotométrico absoluto for de 1%, o erro relativo percentual na análise será dado por 230/S, onde S é a inclinação considerada como a variação de transmitância em porcentagem (lida na escala de ordenada), correspondendo a uma variação de dez vezes na concentração. O erro relativo na determinação do permanganato pela curva 1 da Fig. 3.14 é mostrado por uma aplicação dessa relação como sendo aproximadamente 2,8% para 1% de erro fotométrico absoluto. Se o erro na leitura do fotômetro (reprodutibilidade) for 0,2% (um valor razoável com os instrumentos modernos), então o erro relativo da análise será ao redor de 0,6%. Uma análise semelhante por meio da curva 4 seria bem menos precisa. A precisão com as curvas 2 ou 3 é aproximadamente a mesma que com a curva 1, mas o intervalo de concentrações utilizáveis é deslocado para valores maiores. Uma comparação detalhada das Figs. 3-6 e 3-14 mostrará os motivos disso.

*Tanto Ringbom como Ayres apresentam os valores fotométricos em *porcentagem de absorbância*, definida como 100 – porcentagem de *T*. Na presente discussão, essa foi recalculada em forma mais familiar, a transmitância.

O intervalo de concentrações convenientes para análises com precisão adequada, como indicado pela porção reta do gráfico de T em função de $\log c$, pode ser muito pequeno para aplicação a substâncias desconhecidas. Há vários métodos pelos quais esse intervalo útil pode ser estendido na direção de maiores concentrações. O mais óbvio é simplesmente a diluição quantitativa da solução para levá-la aos limites exigidos. Essa aproximação, se levada muito longe, pode falhar em suas próprias finalidades, pois os erros volumétricos acumulados parcialmente destroem a vantagem da precisão fotométrica. De modo semelhante, uma solução mais diluída pode ser preparada tomando uma pequena amostra, limitando-se assim a precisão à sensibilidade da balança disponível. Esses métodos geralmente são suficientes para permitir o uso de métodos absorciométricos, sensíveis a amostras ricas no constituinte desejado.

Referências à Fig. 3.14 mostram que as análises também podem ser feitas com concentrações maiores, escolhendo-se outros comprimentos de onda. O intervalo útil para o permanganato é cerca de 6 a 60 ppm de manganês a 580 nm, comparado com 2 a 20 ppm a 526 nm.

FOTOMETRIA DE PRECISÃO

O procedimento-padrão para análise absorciométrica, como previamente descrito, exige dois ajustes preliminares: 1) a escala deve ser ajustada para a leitura do zero sem nenhuma luz atingindo a fotocela (lâmpada desligada ou obturador fechado) e 2) outro ajuste deve garantir que a escala marque 100 com o solvente puro no feixe de radiação. (Aqui e no que se segue, admitiremos uma escala de transmitância linear com 100 divisões. A discussão se aplica igualmente a um circuito fotométrico de deflexão ou de tipo nulo.) Para completar uma análise com um sistema que se sabe seguir a lei de Beer, devemos fazer duas leituras de transmitância; uma para o padrão e outra para a amostra. É aconselhável, especialmente se se suspeitar de um desvio da lei, manter as concentrações do padrão e da amostra bem próximas.

Esse procedimento-padrão deixa muito a desejar em relação à precisão, especialmente quando se opera próximo aos limites da escala, isto é, com soluções de transmitância relativa muito baixas ou muito elevadas em relação ao solvente. Consideremos, por exemplo, uma análise onde a solução-padrão apresente 10% de transmitância e a solução da amostra, 7%. As duas leituras a serem comparadas devem ser feitas usando apenas 10% da escala do instrumento. Pode-se obter um aumento de dez vezes na precisão, com uma expansão de 10% na escala inteira, acertando-se a leitura 100 com a solução-padrão no feixe de luz, em vez de só com o solvente. Essa operação é mostrada esquematicamente na Fig. 3.15, onde as linhas horizontais representam a escala de um fotômetro com 100 divisões. A escala superior mostra a posição do padrão ($T = 10,0\%$) e da amostra ($T = 7,0\%$) pelo

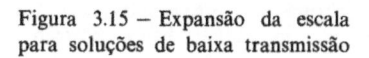

Figura 3.15 – Expansão da escala para soluções de baixa transmissão

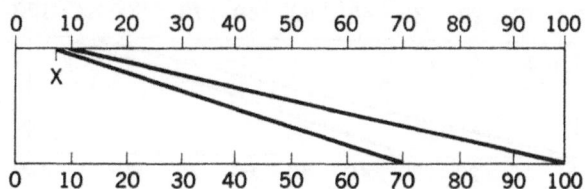

método convencional e a escala inferior mostra que a transmitância da amostra torna-se 70,0% quando o fotômetro marca 100% para o padrão.

O cálculo da concentração da amostra não envolve complicações em relação ao método convencional, o que se mostra a seguir. Escrevamos a lei de Beer duas vezes, indicando a solução da amostra pelo índice x e a do padrão pelo índice s (o índice 0 refere-se ao solvente):

$$\log P_0 - \log P_s = abc_s \qquad (a)$$
$$\log P_0 - \log P_x = abc_x \qquad (b)$$

Subtraindo a Eq. (b) da Eq. (a) temos

$$\log P_x - \log P_s = \log \frac{P_x}{P_s} = ab(c_s - c_x) \qquad (3\text{-}10)$$

É conveniente chamar a quantidade $\log P_x/P_s$ de *absorbância relativa* e P_s/P_x de *transmitância relativa*. A Eq. (3-10) mostra que, no intervalo em que a lei de Beer é seguida, a absorbância relativa é proporcional à diferença de concentração entre a amostra e o padrão.

Esse procedimento, muitas vezes conhecido como fotometria *diferencial* ou *relativa* (ref. 19) encontra grande aplicação. Bastian (ref. 6), por exemplo, obteve excelentes resultados na determinação de cobre em latão ou bronze, por um procedimento desse tipo, usando a própria cor do íon cúprico hidratado. Escolheu-se $\lambda 870$ nm porque outros íons comuns (Ni^{++}, Co^{++}, Fe^{++}, $Cr_2O_7^{--}$) não interferem apreciavelmente nesse comprimento de onda. Amostras no intervalo de 1,5 a 1,8% foram determinadas com uma exatidão melhor que três partes por 1.000 em relação a uma referência-padrão de 1,500%.

Devemos notar que essa precisão é comparável favoravelmente com procedimentos gravimétricos e volumétricos padrões enquanto que métodos colorimétricos "comuns" são raramente melhores que 50 partes por 1.000.

ANÁLISES DE TRAÇOS

Uma situação semelhante ocorre com soluções altamente diluídas (ref. 29). A Fig. 3.16 ilustra esse caso, em que um padrão apresenta 90% de transmitância e a amostra, 93%. Nos procedimentos normais (escala superior), novamente apenas 10% da escala é usada. Nesse caso, a expansão da escala é conseguida estabelecendo o zero com uma solução-padrão no caminho da luz em vez de um obturador opaco. O aumento da precisão no exemplo citado é novamente de dez vezes.

Alguns tipos de fotômetros não têm condições de compensar o zero como exigido por esse processo. Em geral, isso se consegue com um instrumento equipado tanto com controles de sensibilidade como de corrente no escuro. O zero é estabelecido por esse controle (cujo nome é impróprio, pois a escuridão é agora subs-

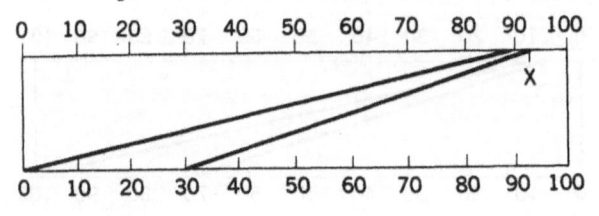

Figura 3.16 — Expansão da escala para soluções de baixa absorção

tituída por um nível finito de iluminação) e o ponto 100 é estabelecido pelo controle de sensibilidade. Em alguns instrumentos, isso pode ser inconveniente, porque, estabelecendo-se o ponto no fim da escala, pode variar a posição estabelecida para o zero e vice-versa, de modo que se deve aplicar um procedimento de aproximação sucessiva.

Pode-se mostrar que, para esse método de fotometria, a absorbância segue uma série exponencial:

$$A = -\log T_2 - \left(\frac{0{,}4343}{100}\right)\left(\frac{1-T_2}{T_2}\right) R + \left(\frac{0{,}4343}{2 \times 10^4}\right)\left(\frac{1-T_2}{T_2}\right) R^2 - \cdots \quad (3\text{-}11)$$

em que R indica a leitura da escala correspondente à absorbância A e T_2 é a transmitância da solução de referência, que foi usada para estabelecer o zero da escala. Essa é a equação de uma linha reta, se o termo R^2 for desprezado, e mostra apenas uma pequena curvatura, se êsse termo for incluído. Os termos superiores são totalmente desprezíveis.

MÉTODO DE PRECISÃO MÁXIMA

A precisão máxima de que a fotometria é capaz pode ser conseguida por um quarto procedimento que combina características dos dois métodos precedentes (ref. 29). Os dois limites da escala são estabelecidos com soluções de referência-padrão — uma mais levemente concentrada, outra mais levemente diluída que a amostra. Quanto mais próximas estiverem as três concentrações, tanto maior será a precisão. A Fig. 3.17 ilustra esse caso. Nesse procedimento também a absorbância segue uma série exponencial:

$$A = -\log T_2 - \left(\frac{0{,}4343}{100}\right)\left(\frac{T_1-T_2}{T_2}\right) R + \left(\frac{0{,}4343}{2 \times 10^4}\right)\left(\frac{T_1-T_2}{T_2}\right)^2 R_2 - \cdots \quad (3\text{-}12)$$

onde T_1 é a transmitância da solução de referência usada no estabelecimento do ponto 100 da escala e os outros símbolos mantêm seus significados anteriores.

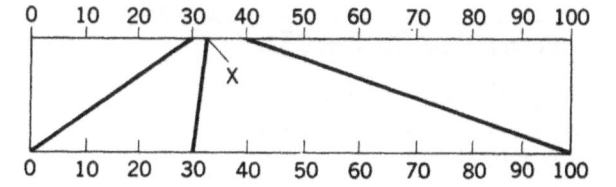

Figura 3.17 — Expansão da escala; método de precisão máxima

Veremos que esse procedimento conduz a uma estreita equiparação da amostra com os dois padrões. Se os padrões forem escolhidos suficientemente próximos, a fonte limitante de erro deixará de ser o fotômetro e se tornará a exatidão na preparação das soluções-padrão.

Para recapitular, podemos distinguir quatro métodos para executar uma análise fotométrica: caso I, procedimento convencional quando o zero é estabelecido com a fotocela no escuro, 100 com o solvente puro; caso II, para soluções de elevada absorbância, onde o ponto 100 é estabelecido com a solução de referência; caso III, para soluções de elevada transmitância onde o zero é estabelecido com a solução de referência; e caso IV, onde ambos os limites da escala são estabelecidos com soluções de referência. Os casos II e III são ambos derivados do caso IV e podem fornecer precisão equivalente, dentro dos seus respectivos limites de utilização.

Com qualquer desses métodos de alta precisão, deve-se tomar cuidado com fontes potenciais de erros que podem ser desprezados nos procedimentos convencionais. Isso é particularmente verdadeiro para o caso devido à má combinação das cubetas (ref. 4). Em alguns instrumentos fotométricos também deve ser considerada a não-combinação das fotocelas.

Qualquer pessoa interessada em conhecer mais sobre esses princípios de precisão fotométrica deve estudar o excelente artigo crítico de O'Laughlin e Banks (ref. 28). Esses autores salientam que o uso do espectrofotômetro com o ponto zero estabelecido por comparação da amostra com uma solução de referência de concentração conhecida é o método mais eficiente para aumentar a precisão relativa. Isso se deve à anulação de erros sistemáticos e se aplica a qualquer nível de concentrações.

APARELHOS

Os instrumentos para a medida da absorção seletiva da radiação por soluções são conhecidos como *colorímetros, absorciômetros* ou *espectrofotômetros*. O termo colorímetro é geralmente restrito aos instrumentos visuais e fotelétricos mais simples para a região visível. O termo absorciômetro inclui a classe dos colorímetros, mas não pode ser aplicado a outras regiões espectrais. Os espectrofotômetros diferem dos absorciômetros simples apenas no fato de usarem bandas de comprimento de onda muito mais estreitas, como as produzidas por um monocromatizador. Essas classes de instrumentos diferem apenas em grau e as diferenças não são delineadas rigidamente.

Todas as formas devem ter certos característicos ou componentes em comum, como indicado na seguinte tabela ilustrativa. Alguns dos instrumentos mais simples podem omitir um ou mais itens, e a seqüência na qual a radiação passa de um item para outro não é sempre a mesma.

1. FONTE DE RADIAÇÃO

Lâmpada incandescente
Lâmpada de arco de H_2 ou D_2
Luz natural

2. CONTROLE DE INTENSIDADE

Diafragma de íris
Fenda variável
Reostato no circuito da lâmpada

3. CONTROLE DE COMPRIMENTO DE ONDA

Filtro de cor
Monocromatizador

4. RECIPIENTE DA AMOSTRA

Tubos de ensaio
Cubeta

5. RECEPTOR

Chapa fotográfica
Fotoválvula ou fotomultiplicador
Fotocela
Bolômetro ou termopilha
Olho

6. INDICADOR

Galvanômetro
Potenciômetro
Registrador de pena
Osciloscópio

A classificação dos absorciômetros em instrumentos de feixe único ou duplo já foi discutida. Os tipos de feixe duplo devem ter dois detectores combinados ou então a radiação pode ser dirigida alternadamente sobre os dois caminhos para um único receptor.

COMPARADORES VISUAIS

Antes de termos comumente ao nosso dispor instrumentos fotelétricos, as análises colorimétricas eram feitas por processos de simples comparação visual. Muitos desses métodos ainda prevalecem por o aparelho ser mais barato e de precisão conveniente para muitas finalidades. Uma exatidão absoluta de $\pm 5\%$ pode ser esperada, embora possa ser freqüentemente melhorada por cuidadosa atenção com os detalhes.

O aparelho requerido para os métodos de comparação visual pode ser bastante simples. Uma cela de comparação comum é o *tubo de Nessler*, um tubo cilíndrico de vidro de talvez uns 30 cm de comprimento, com a parte inferior fechada por um vidro plano e com uma marca gravada a uma determinada altura do fundo. Uma série de soluções-padrão é colocada nos tubos de Nessler até a altura exata da marca. A amostra, preparada nas mesmas condições, é colocada em outro tubo e comparada com os padrões olhando-se através das soluções na direção de uma fonte de luz difusa uniforme. A amostra pode então ser comparada com dois padrões: um levemente mais escuro e outro levemente mais claro, calculando-se as concentrações.

Outro procedimento visual envolve uma variação na profundidade do líquido através do qual a luz deve passar para alcançar o olho, de modo que a intensidade da cor se igualará à do padrão. A observação pode ser feita com um *comparador de Duboscq*. Nesse instrumento as soluções da amostra e do padrão são colocadas em celas de fundo de vidro montadas em um suporte que permite movê-las verticalmente por um dispositivo de coroa e pinhão munido de uma escala em milímetros. Cilindros de vidro fixos com extremidades polidas penetram nas celas por cima; suas extremidades superiores conduzem a um sistema óptico especial e à ocular. A luz de baixo passa através do fundo das celas, atravessa os líquidos e os cilindros e é combinada na ocular de modo que o campo de observação seja dividido em duas partes, cada uma iluminada pela luz passando através de uma das celas. A posição das celas é ajustada até que a intensidade do campo seja uniforme. Da posição das escalas de profundidade e da concentração do padrão, a da amostra pode ser calculada pela equação

$$c = \frac{c'b'}{b} \tag{3-13}$$

onde as placas se referem ao padrão. Observar que, como ambas as cubetas contêm a mesma substância e são igualmente iluminadas, os valores de a, P e P_0 são os mesmos em ambos os lados, e, portanto, não entram na equação. Com essas restrições, a Eq. (3-13) deriva diretamente da lei de Beer.

FOTÔMETROS DE FILTRO USANDO CELAS FOTOVOLTAICAS

O fotômetro fotelétrico mais simples (Fig. 3.18) consiste em uma pequena lâmpada incandescente com um refletor côncavo, um diafragma ajustável, um filtro de vidro colorido e uma cubeta — todos constituindo o sistema óptico — uma única fotocela para receber a radiação e um galvanômetro ligado diretamente. A corrente de saída da cela é diretamente proporcional à potência radiante incidente a um determinado comprimento de onda. O procedimento normal para determinar a absorbância de uma solução consiste em ajustar o diafragma de modo que a leitura do medidor seja a máxima total (100) com o solvente puro na cubeta. A amostra é inserida sem mudar o diafragma; o medidor marcará então a porcentagem de transmitância, a partir da qual se calcula a absorbância.

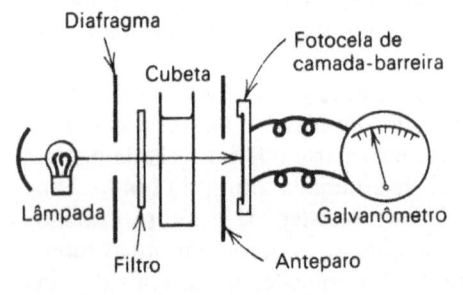

Figura 3.18 — Fotômetro fotelétrico de cela única, esquemático

Esse arranjo simples possui o defeito de a leitura variar com qualquer flutuação na intensidade da fonte de luz. Esse efeito pode ser evitado pelo fornecimento de corrente para a lâmpada por uma bateria ou através de um transformador especialmente planejado para manter uma voltagem constante. Um recurso melhor consiste em usar duas fotocelas em um circuito de feixe duplo de tal modo que as flutuações sendo observadas igualmente pelas duas celas sejam canceladas, enquanto que o efeito da amostra se limita a apenas uma das celas.

Há vários caminhos pelos quais duas celas fotovoltaicas idênticas podem ser ligadas com resultados satisfatórios. Dois circuitos usados em fotômetros comerciais

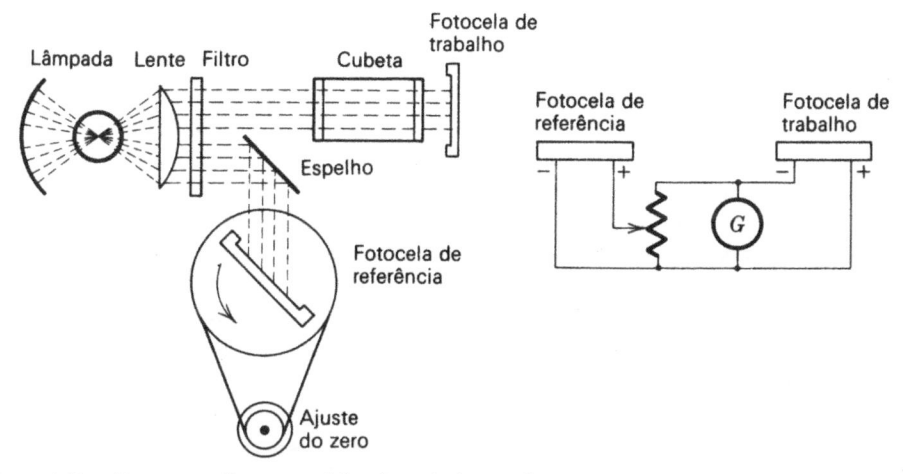

Figura 3.19 – Representação esquemática do colorímetro Lumetron Modelo 402 (Photovolt Corporation, New York)

são mostrados nas Figs. 3.19 e 3.20. Em cada um, as duas fotocelas são iluminadas por uma só lâmpada. A radiação passa através de um filtro e é então dividida em duas porções: uma atravessa a cubeta para iluminar a fotocela de "trabalho"; a outra incide diretamente na fotocela-"padrão". A quantidade de luz que atinge a cela-padrão deve ser controlada pelo zero ou marcação comparativa. No instrumento Lumetron isso se consegue por rotação da própria fotocela ao redor de um eixo vertical, enquanto que no Klett-Summerson, o feixe é limitado por um par de janelas móveis. As conexões elétricas são um pouco diferentes, mas a operação é a mesma em ambos. A cubeta é antes enchida com solvente puro, o botão divisor da voltagem é colocado em 100 e a quantidade da potência radiante que incide na cela de referência é ajustada ao zero do galvanômetro. O solvente é então substituído pela solução absorvente e o galvanômetro é novamente conduzido ao zero por meios do divisor de voltagem. O mostrador marcará então a porcentagem de transmitância se a escala for linear. Alguns instrumentos desse tipo possuem uma escala logarítmica para ler absorbâncias e alguns têm tanto a escala linear quanto a logarítmica gravadas no mesmo mostrador.

FOTÔMETROS DE FILTRO USANDO FOTOVÁLVULAS A VÁCUO

A maior parte dos instrumentos dessa classe são planejados para fins especiais, tais como o contrôle contínuo de correntes de líquidos ou gases escoando. Um

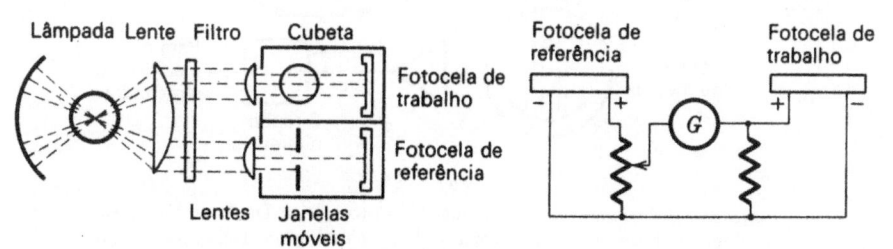

Figura 3.20 – Representação esquemática do colorímetro fotelétrico Klett-Summerson (Klett Manufacturing Co., New York)

exemplo desses instrumentos é o Analisador Fotométrico Du Pont 400*. Ele consiste em uma série de blocos de montagem de modo a poderem ser montados em várias configurações, duas das quais são mostradas na Fig. 3.21. Em (*a*) a radiação passa através da amostra antes de ser dividida em dois feixes. Os feixes são filtrados separadamente de modo que o feixe de "referência" corresponda a comprimentos de onda não-absorvidos pelo material analisado, enquanto o feixe de "medida" compõe-se de comprimentos de onda que são absorvidos por essa substância. Na configuração mostrada em (*b*), que é mais convencional, o feixe é filtrado antes da divisão. Nos dois casos, o sistema eletrônico mostra em um medidor ou registrador a *diferença* entre os logaritmos das correntes que passam pelas duas fotocelas, o que permite calibração em unidades de absorbância ou diretamente em termos de concentração.

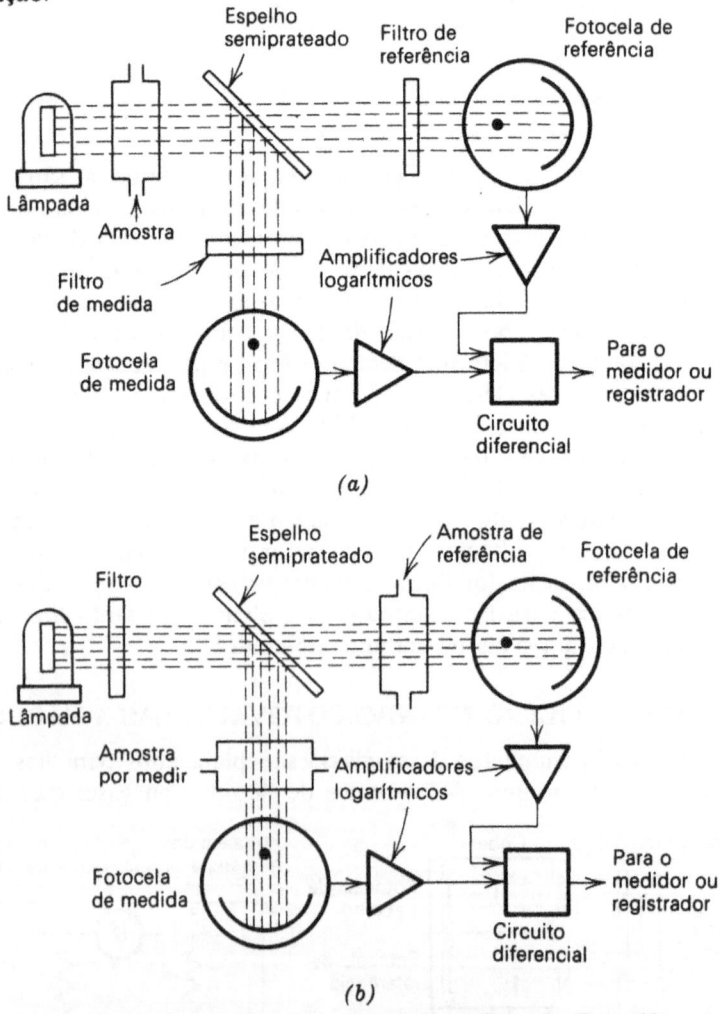

Figura 3.21 — Representação esquemática do Analisador Fotométrico Du Pont 400, mostrado em dois modelos (E. I. du Pont de Nemours and Company, Inc., Wilmington, Delamare, EUA)

*E. I. du Pont de Nemours and Co., Inc., Wilmington, Delamare, EUA.

Os fotômetros de filtros para uso de laboratório são raramente planejados para usarem válvulas fotomultiplicadoras, pois seu custo, junto com aquele da fonte de alta voltagem requerida, coloca o instrumento em uma faixa de preço que usualmente justifica a inclusão de um monocromatizador. Um fotômetro de múltiplas finalidades desse tipo, o Nefluoro-Fotômetro, foi antigamente fabricado pela Fisher Scientific Company, Pittsburgh, Pensilvânia e, apesar de não ser mais produzido, ainda está em uso. É um instrumento de feixe duplo usando iluminação constante (não-interceptada) e um zero óptico obtido por rotação relativa de um par de discos Polaróide. São necessários dois fotomultiplicadores combinados. As lâmpadas e partes ópticas intercambiáveis permitem seu uso como fluorímetro ou nefelômetro tão bem como um absorciômetro.

ESPECTROFOTÔMETROS

A principal limitação dos fotômetros de filtro é a largura da banda de comprimentos de onda que deve ser usada. Como foi indicado previamente, há duas desvantagens: 1) não podem ser determinadas curvas de absorção verdadeira e 2) a lei de Beer não é seguida, o que significa que a absortividade aparente varia, não apenas com a concentração mas também de um fotômetro para outro. Para evitar essas dificuldades, é necessário substituir os filtros por um monocromatizador capaz de isolar uma banda de comprimentos de onda muito mais estreita.

Um espectrofotômetro largamente usado no intervalo do visível, de 340 a 625 nm (mas capaz de expansão até 950 nm por mudança da fotoválvula), é o Spectronic-20*. Este é um instrumento de um feixe único com uma rede de reflexão de seiscentas linhas por milímetro (Fig. 3.22). Deve-se notar que a rede plana é colocada em um feixe de luz mais convergente do que colimado. Isso significa que o grau de monocromaticidade é menor que o máximo que pode ser conseguido com a mesma rede e representa um compromisso entre precisão e custo.

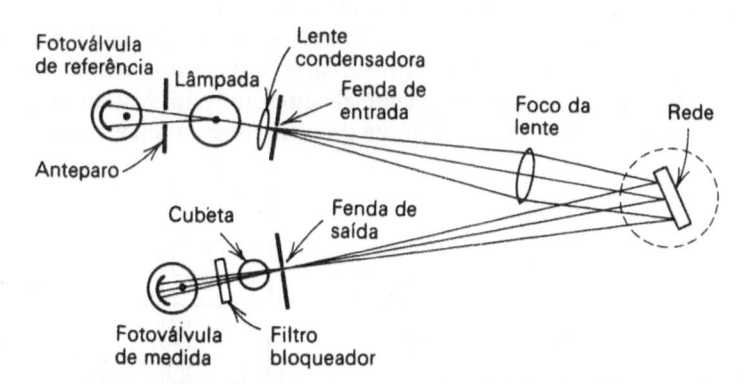

Figura 3.22 – Diagrama óptico do espectrofotômetro Bausch & Lomb Spectronic-20. A rede é girada por um botão do painel mediante uma engrenagem dentada e de um pinhão. O filtro bloqueador é usado apenas com a fotoválvula no infravermelho, para evitar ordens de superposição. Em outro modelo do instrumento são suprimidas a fotoválvula de referência e a máscara (Bausch & Lomb, Inc., Rochester, N. Y.)

*Bausch & Lomb, Inc., Rochester, Nova Iorque.

O detector é uma fotoválvula a vácuo, cujo sinal é passado através de um amplificador especial compensado a fim de reduzir os efeitos da não-linearidade e de desvios. Tanto a transmitância como a absorbância são indicadas em um grande painel graduado. Há apenas três controles: seleção de comprimento de onda, ajuste do zero e ajuste do 100%. As deflexões espúrias causadas por flutuações da lâmpada são efetivamente eliminadas por um regulador magnético ou eletrônico. Este envolve uma fotoválvula auxiliar que controla a lâmpada diretamente. O Spectronic--20 é um instrumento relativamente barato e de fácil manuseio e é várias vezes usado, por conveniência, onde um fotômetro de filtro serviria igualmente bem. O monocromatizador deixa passar uma banda de comprimento de onda de 20 nm de largura.

ESPECTROFOTÔMETROS DE ULTRAVIOLETA

Os espectrofotômetros para ultravioleta e visível geralmente abrangem de 165 a 205 nm. O limite superior nunca é menor que cerca de 650 nm e pode se estender a 1.000 nm ou mais. Até 1963, muito poucos instrumentos podiam ser usados abaixo de 210 nm, limite imposto principalmente pela própria absorção do quartzo natural. O aparecimento de instrumentos com partes ópticas de sílica vítrea especialmente manufaturada abriu grandes possibilidades de observação nessa região de duplas ligações isoladas e alguns outros cromóforos menos com os quais se tem menos familiaridade.

O primeiro espectrofotômetro ultravioleta com detecção fotelétrica que apareceu no mercado americano foi o Beckman Modelo DU*. Esse instrumento, introduzido em 1941, contribuiu grandemente para nosso conhecimento da região ultravioleta, tanto com fins teóricos como analíticos. Foi um pouco modificado nos anos seguintes, aumentando sua sensibilidade e a conveniência de seu manuseio, mas é essencialmente o mesmo instrumento e de grande uso até hoje.

O sistema óptico do Beckman DU é mostrado na Fig. 3.23. Ele parece seguir o planejamento clássico de Littrow. Há lâmpadas de tungstênio e hidrogênio ou deutério intercambiáveis e também fotoválvulas intercambiáveis a fim de cobrir todo o intervalo. Dispõe-se, opcionalmente, de um fotomultiplicador, o que aumenta cerca de dez vezes a sensibilidade do limite do ultravioleta a mais ou menos 625 nm.

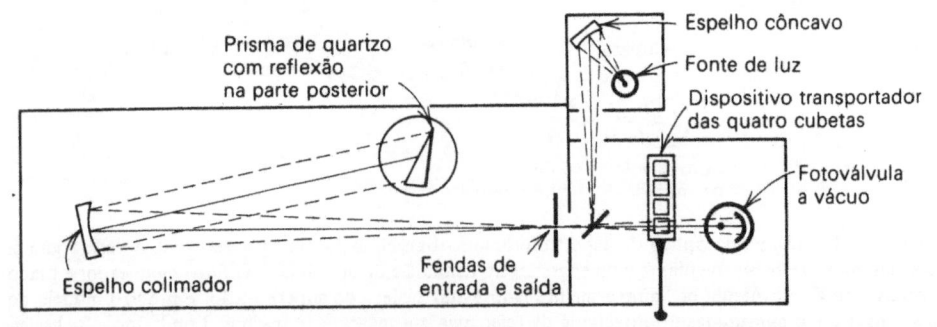

Figura 3.23 — Sistema óptico do espectrofotômetro Beckman Modelo DU (Beckman Instruments, Inc., Fullerton, Califórnia)

*Beckman Instruments, Inc., Fullerton, Califórnia.

A operação do DU será descrita em detalhes devido à importante posição desse instrumento e porque ele representa os espectrofotômetros manuais, em geral.

O DU contém três controles elétricos (dois adicionais no dispositivo fotomultiplicador). Esses três são denominados *sensibilidade, corrente no escuro* e *transmitância.* Cada um tem que ser manuseado para levar a agulha do galvanômetro a zero e isso se faz ajustando o potencial da grade da primeira válvula amplificadora de modo a compensar o fluxo de elétrons através da fotoválvula em diferentes condições de iluminação, mantendo assim constante a leitura do medidor. Um diagrama do circuito é mostrado na Fig. 3.24.

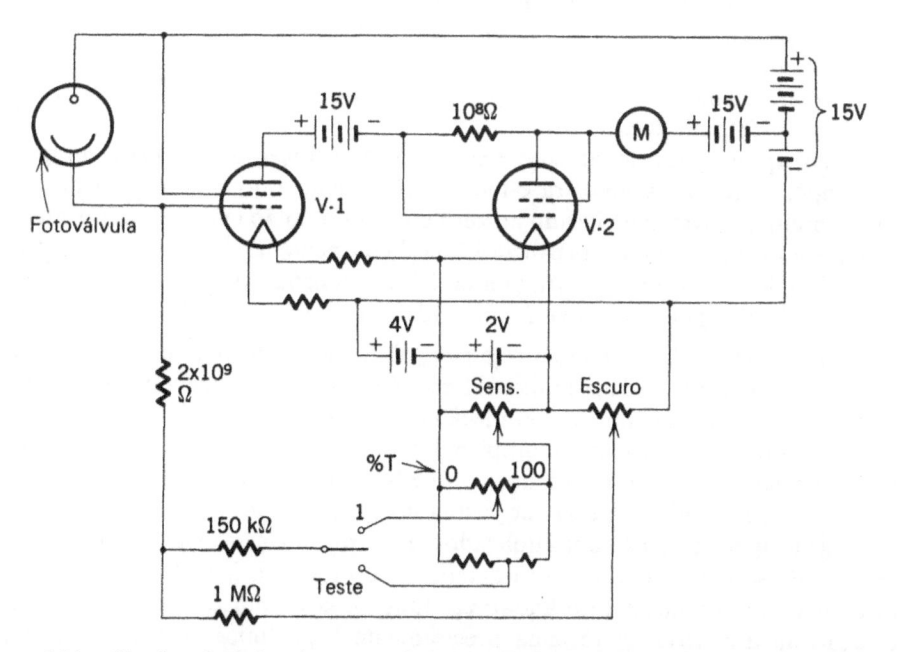

Figura 3.24 — Circuito eletrônico do espectrofotômetro Beckman DU, ligeiramente simplificado. O ponto "zero" do medidor corresponde realmente a uma corrente pequena, mas finita, a corrente de placa da válvula V-2 (Beckman Instruments, Inc., Fullerton, Califórnia)

As medidas do zero, como se usam no DU, podem dar maior precisão que a obtida por medida direta a um preço comparativo. Há várias razões para isso. Uma é a que o amplificador precisa apenas ser sensível, não concomitantemente linear, pois é sempre conduzido ao mesmo nível de sinal quando se faz uma medida. Outra, é a que a escala de transmitância pode ser maior e, portanto, pode ser lida com maior precisão; no DU ela possui aproximadamente 22 cm de comprimento, duas vezes mais comprida que a escala de medida de um espectrofotômetro de leitura direta comparável.

No procedimento normal para determinação da absorbância de uma solução, o operador realiza as seguintes etapas:

1. Uma solução da substância em solvente transparente é colocada em uma cubeta e uma porção do mesmo solvente numa segunda cubeta idêntica.

2. Com a fotoválvula no escuro (obturador fechado) zera-se o galvanômetro por meio do controle de corrente no escuro. Isso é para compensar a pequena corrente que sempre flui no circuito da fotoválvula, mesmo na ausência de radiação.

3. O comprimento de onda é escolhido por meio de um mostrador apropriado, que produz uma rotação do prisma.

4. A fotoválvula adequada e a fonte são escolhidas para o comprimento de onda que interessa.

5. A cubeta do solvente é colocada na posição de medida e o obturador aberto.

6. O interruptor de funcionamento é colocado na posição "teste" (equivalente elétrico de colocar o mostrador de transmitância a 100%) e o medidor é zerado pelo ajustamento dos controles da sensibilidade e da fenda. (A posição ótima desses dois controles representa um compromisso entre alta sensibilidade e comparativamente baixa precisão, de um lado, e baixa sensibilidade e maior precisão fotométrica, de outro.)

7. O interruptor de funcionamento é colocado na posição de medida e, ao mesmo tempo, a cubeta da amostra é movida para dentro do feixe de radiação.

8. O ponteiro é novamente levado ao zero girando o botão cursor da transmitância e a transmitância ou absorbância é lida diretamente no mostrador e registrada.

9. O procedimento acima, a partir da etapa 3, é repetido para todo comprimento de onda desejado; a etapa 2 é testada ocasionalmente.

Uma variação importante do espectrofotômetro manual convencional, tal como o DU, foi introduzida por Gilford (refs. 16 e 45)*. Não são envolvidas mudanças básicas nos dispositivos ópticos ou mecânicos, mas se usa um sistema fotométrico diferente. O detector é um fotomultiplicador operado a *corrente* constante, em vez de a *voltagem* constante, como nos fotômetros convencionais. Isso se consegue através de um circuito especial de retroalimentação, que ajusta eletronicamente a voltagem aplicada ao fotomultiplicador, em uma relação inversa à iluminação. Operado dessa maneira, a curva característica do fotomultiplicador, registrada em um gráfico como potencial do ânodo em função da iluminação, é muito próxima de logarítmica e pode ser tornada precisamente logarítmica por um simples sistema eletrônico de compensação. A vantagem é que a saída se torna diretamente legível em absorbância e precisamente assim (dentro de 1% ou melhor) até uma absorbância de 3 ou mesmo mais alta, correspondendo a 0,1% de T ou menos. Ainda mais, a estabilidade do sistema, tanto a curto como a longo prazo, é excepcionalmente boa, de modo que estudos cinéticos podem ser seguidos por horas ou dias sem desvio objecionável do zero. Esse aparelho tem maior utilidade no trabalho em bioquímica. O princípio parece não ter sido aplicado a espectrofotômetros de varredura de comprimento de onda automática, embora fôsse possível adaptá-lo para tal serviço sem muita modificação.

ESPECTROFOTÔMETROS REGISTRADORES

Como exemplo de um excelente instrumento registrador para as regiões do ultravioleta, visível e infravermelho próximo descreveremos o *Cary Modelo* 14**. O sistema óptico (Fig. 3.25) inclui dois monocromatizadores; o primeiro com um prisma

*Gilford Instrument Laboratories, Oberlin, Ohio.
**Cary Instruments Division of Varian Associates, Monróvia, Califórnia.

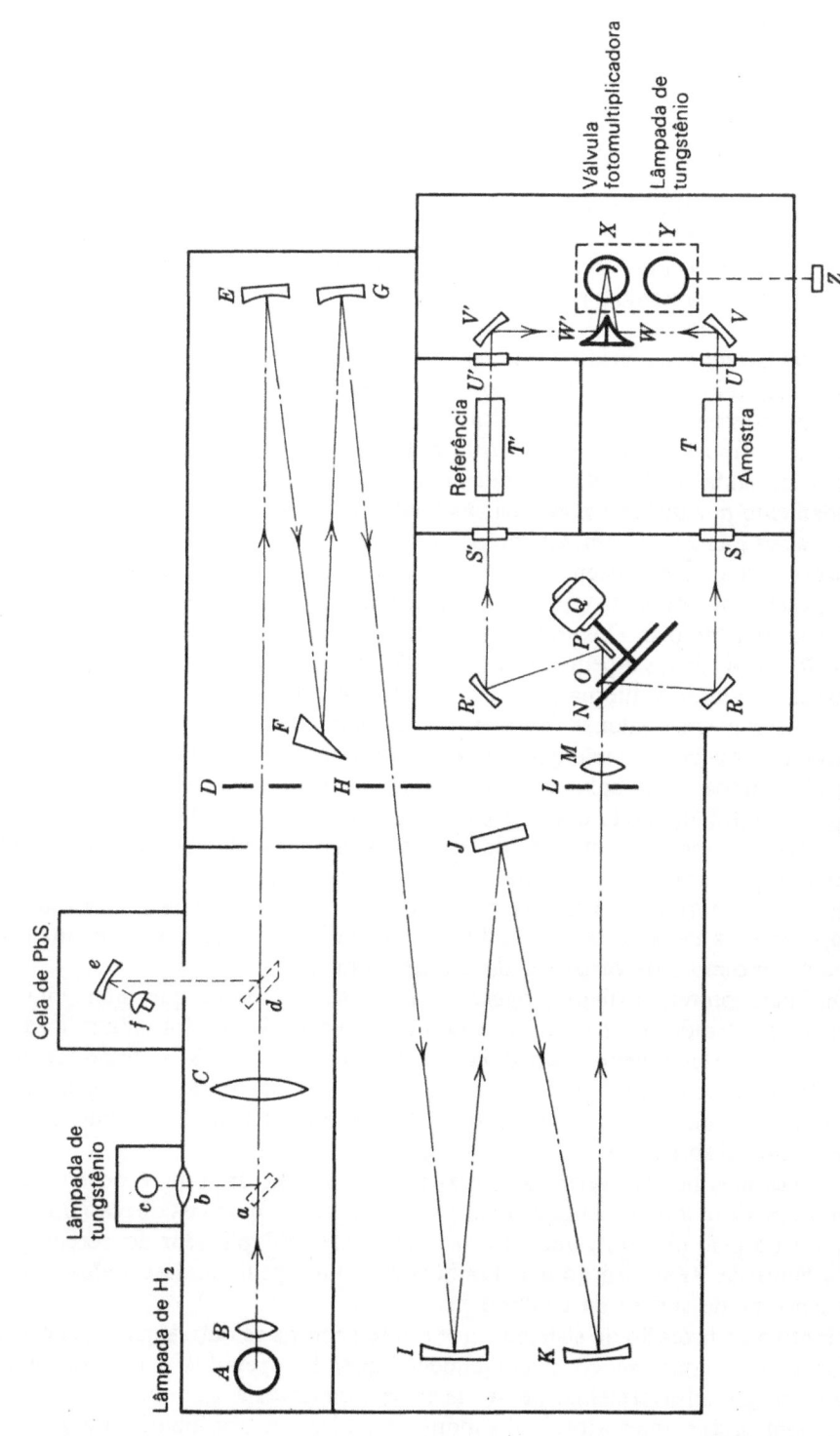

Figura 3.25 – Sistema óptico do espectrofotómetro Cary Modelo 14 (Cary Instruments Division of Varian Associates, Monróvia, Califórnia)

de sílica vítrea e o segundo com uma rede de reflexão plana (600 linhas por milímetro), ambos na configuração de Czerny-Turner. Uma combinação de coroa e pinhão, movimentada por um motor de velocidade constante, garante que os dois monocromatizadores correspondem cuidadosamente um ao outro e fornecem uma varredura que é linear no comprimento de onda em quase todo o intervalo, de 186 nm a 2,65μ.

A dispersão produzida pelo prisma evita a superposição de ordens espectrais na rede e a presença da rede faz com que a dispersão seja mais próxima à linearidade do que seria no caso com o prisma sozinho. A curva de dispersão recíproca, como mostra a Fig. 2.19, apresenta forma intermediária entre curvas típicas de instrumentos de prismas e de rede.

A operação do instrumento pode ser seguida na Fig. 3-25. A radiação da lâmpada de hidrogênio A ou de tungstênio c, como selecionada pelo espelho móvel a, entra no monocromatizador duplo através da fenda de entrada D. É dispersada pelo prisma F tipo Littrow de 30° e pela rede J; H é uma fenda intermediária e L, a fenda de saída. Todas as três fendas têm largura variável e são operadas sincronizadamente por um servossistema; as fendas D e L são sempre iguais em largura, ao passo que H é levemente maior para permitir diminuição para pequenas imprecisões residuais no sistema óptico. A radiação monocromática da fenda de saída L penetra no fotômetro, onde encontra um disco N rotatório interceptor e um espelho semicircular O, também rotatório, que orienta alternadamente via espelhos R, V e W ou via espelhos P, R', V' e W', para o detector fotomultiplicador X. O espelho rotatório alterna a radiação entre os dois feixes a uma freqüência de 30 cps. Como em qualquer fotômetro convencional de feixe duplo, um feixe passa através da cubeta de referência T' e o outro, através de uma cubeta idêntica T contendo a amostra. As pulsações da luz nos dois percursos estão defasadas uma em relação à outra, de modo que a fotoválvula recebe radiação apenas de um feixe por vez. Isso apresenta vantagem de variações na sensibilidade características das fotomultiplicadoras não precisarem ser compensadas. Essa característica é especialmente importante no infravermelho próximo, onde se evita a necessidade de comparar dois detectores fotocondutores de sulfeto de chumbo e mantém a comparação mesmo sob variações da temperatura.

Fotointerruptores auxiliares, operados pelo mesmo motor que intercepta o feixe de luz, são ligados eletronicamente de modo que a saída do fotomultiplicador é testada sincronizadamente e dividida em dois sinais elétricos correspondentes aos dois feixes ópticos. Os sinais são recebidos por um comparador e o registrador embutido fornece um gráfico de razão, quer diretamente (transmitância) quer como seu logaritmo (absorbância).

Para medidas no infravermelho próximo, as posições da fonte e do detector são invertidas, de modo que a radiação atravessa o sistema óptico na direção oposta. A troca é feita pelo pistão Z, que não só retira o fotomultiplicador do percurso e coloca a lâmpada Y em posição mas também gira um espelho d, desviando o feixe para o detector de sulfeto de chumbo f.

O motivo da inversão do sistema é que o interceptor e as outras partes na caixa do fotômetro se aquecem consideravelmente quando operados e elas próprias irradiam energia infravermelha. Se se deixasse essa energia cair diretamente no detector, sem passar antes através do monocromatizador, ocasionaria um grande erro. Veremos no Cap. 5 que praticamente em todos os espectrofotômetros de infravermelho, o fotômetro precede o monocromatizador por esse motivo. No ultravioleta, outro caminho é preferível, pois a intensa irradiação em todos os comprimentos de onda nessa região causa decomposição fotoquímica em muitas substâncias.

ESPECTROFOTÔMETROS DE DUPLO COMPRIMENTO DE ONDA

É possível idealizar um instrumento de modo que dois feixes de radiação de diferentes comprimentos de onda atravessem uma cubeta simultânea ou alternativamente com a freqüência de um interceptador. E, em princípio, isso permite uma análise simultânea para dois componentes e isso foi feito para situações especiais envolvendo controles de fluxo contínuos.

Os espectrofotômetros de duplo comprimento de onda foram construídos segundo outras bases, seguindo as idéias originais de B. Chance (refs. 10 e 32). Fundamentalmente, são planejados para duas finalidades: 1) estudo de cinética, onde é exigida a razão de concentrações de duas espécies absorventes e 2) medida de pequenas concentrações de uma substância absorvente em presença de turvação (ref. 11).

Um exemplo é o espectrofotômetro de duplo comprimento de onda Aminco--Chance*. A Fig. 3.26 mostra um esquema desse instrumento. A radiação de uma fonte comum passa através de um monocromatizador Czerny-Turner equipado com duas redes, ajustáveis separadamente, e dispostas de tal forma que cada rede disperse metade do feixe de radiação sem interceptar o outro. (O monocromatizador de duplo comprimento de onda é algumas vezes chamado *duocromatizador*.) Os dois meios-feixe se recombinam após deixarem o monocromatizador e passam através de uma única cubeta para uma válvula fotomultiplicadora montada próximo à cubeta de modo a interceptar a maior parte possível da radiação. Um interceptador mecânico passa alternadamente pelos dois feixes e um dispositivo interruptor sincronizado diferencia os sinais elétricos correspondentes aos dois feixes. Então um elemento de computação analógica embutido determina a razão entre os dois e a apresenta a um medidor ou registrador.

A vantagem de usar esse sistema quando temos amostras turvas vem do fato de que o percurso óptico através da amostra é efetivamente mais longo que a espessura interna da cubeta, porque os raios sofrem reflexões múltiplas na superfície das partículas suspensas. O comprimento do percurso efetivo difere bastante de uma amostra a outra; assim, tem muito valor a passagem dos feixes de medida e de referência através da mesma amostra. O feixe de medida deve estar no comprimento de onda adequado ao espectro de absorção da substância pesquisada. O feixe de referência deve ser fixado a um comprimento de onda onde nenhum componente variável absorve, mas tão próximo quanto possível ao comprimento de onda de medida, porque o grau de dispersão de uma suspensão é função do comprimento de onda; um assunto que será considerado posteriormente no Cap. 6.

O cancelamento usual de variáveis estranhas é tão efetivo nesse arranjo, que, sob condições favoráveis, pode-se detectar uma variação de 0,0002 na absorbância de uma amostra com absorbância aparente de 2.

*American Instrument Co., Inc., Silver Spring, Maryland.

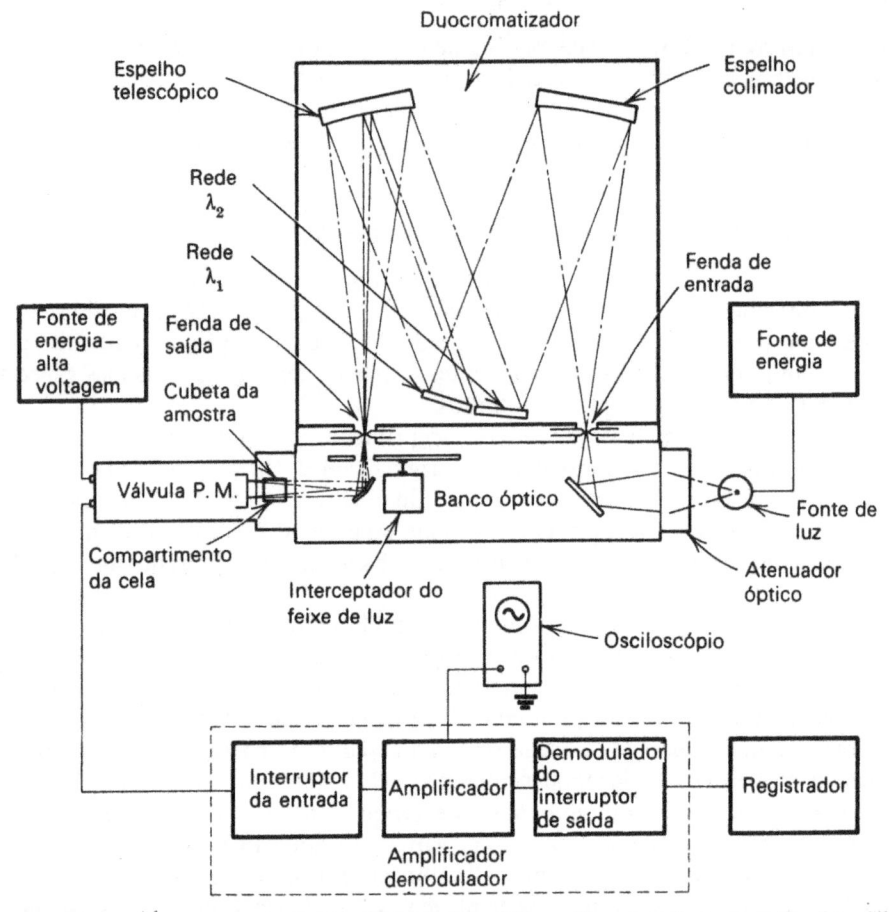

Figura 3.26 — Espectrofotômetro de feixe duplo Aminco-Chance (American Instrument Co., Inc., Silver Spring, Mayland)

Para estudos cinéticos em soluções não turvas freqüentemente é interessante usar a referência no comprimento de onda de um ponto isosbéstico, pois a absorção aí não mostra variação durante o curso da reação. Se se estudar uma reação rápida, a saída poderá ser mostrada em um oscilógrafo ou osciloscópio equipado com um dispositivo de memória (osciloscópio de armazenagem) para fotografia subseqüente.

Consideremos agora exemplos práticos de espectrofotometria aplicada.

IDENTIFICAÇÃO DE UM COMPLEXO

Muitas análises colorimétricas, especialmente para metais, dependem da formação de íons, ou moléculas, complexos coloridos. Freqüentemente é importante conhecer a razão molar do metal para o reagente no complexo. Isso pode ser conseguido através de valores fotométricos por três processos diferentes: 1) método da *razão molar* introduzido por Yoe e Jones (ref. 47), 2) método das *variações contínuas* atribuído a Job e modificado por Vosburgh e Cooper (ref. 42) e 3) método da *razão de inclinação* de Harvey e Manning (ref. 18).

No método da razão molar, medem-se as absorbâncias para uma série de soluções que contêm quantidades variáveis de um constituinte e uma quantidade constante do outro. Constrói-se um gráfico da absorbância em função da razão dos moles de reagentes para moles do íon metálico. Espera-se obter uma linha reta a partir da origem até o ponto em que estejam presentes quantidades equivalentes dos constituintes. A curva se tornará então horizontal, pois um dos constituintes foi totalmente usado e a adição de mais do outro constituinte não pode produzir mais complexo absorvente. Se o próprio constituinte que estiver em excesso absorver no mesmo comprimento de onda, a curva após o ponto de equivalência mostrará uma inclinação que é positiva, mas de pequeno valor em relação àquela antes da equivalência. A Fig. 3.27 mostra os resultados de uma experiência desse tipo em relação ao complexo de difenilcarbazona com íons mercúrios (ref. 14).

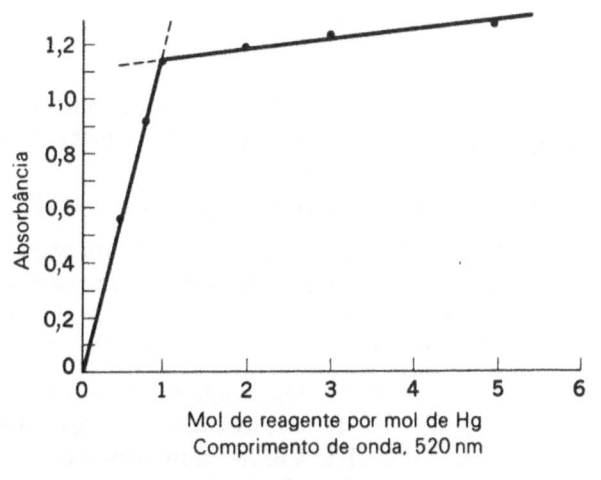

Figura 3.27 — Gráfico de Yoe-Jones para o complexo de mercúrio-difenil-carbazona (Analytical Chemistry)

O método das variações contínuas requer uma série de soluções de frações molares variáveis dos dois constituintes de modo que sua *soma* seja mantida constante. A diferença entre a absorbância medida e a calculada, a partir dos constituintes misturados na suposição de que não ocorra reação entre eles, é colocada em um gráfico em função da fração molar de um dos constituintes. A curva resultante mostrará um máximo (ou mínimo) na fração molar correspondente àquela existente no complexo. Um exemplo é mostrado na Fig. 3.28 para o complexo mercúrio-difenilcarbazona (ref. 14).

A agudez da interrupção nas curvas de ambos esses métodos de identificação de um complexo depende da grandeza da constante de estabilidade. De fato, o grau de curvatura freqüentemente fornece um meio conveniente para a medida dessa constante.

O gráfico de Job, mesmo quando mostra uma grande curvatura na região de seu máximo, geralmente se aproxima dos pontos da fração molar zero e unitária de maneira linear. A razão da inclinação dessas duas porções lineares igualará a razão dos componentes no complexo. Isso é conhecido como método da razão de inclinação.

Em um sistema que forma dois ou mais complexos, o método da razão de inclinação não é mais válido e os outros dois métodos darão resultados aproveitá-

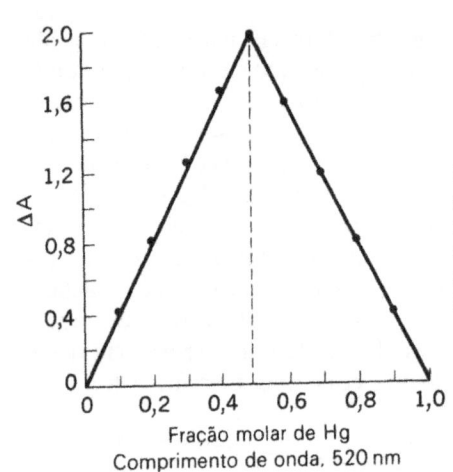

Figura 3.28 — Gráfico de variações contínuas para o complexo mercúrio-difenilcarbazona. A coordenada vertical ΔA representa a *diferença* entre a absorbância da solução misturada e a soma das absorbâncias que os reagentes teriam tido se não tivessem reagido (Analytical Chemistry)

veis apenas se uma das constantes de estabilidade for alta e se vários complexos absorverem a comprimentos de onda suficientemente distintos.

A QUÍMICA DAS ANÁLISES ABSORCIOMÉTRICAS

Forneceremos alguns procedimentos analíticos para ilustrar a variedade possível na aplicação dos métodos fotométricos previamente descritos. Eles não são considerados guias de laboratório, pois vários detalhes operacionais são omitidos.

Por conveniência, os exemplos são classificados em cinco grupos:

I. Ultravioleta: auto-absorção
II. Ultravioleta: absorção desenvolvida
III. Visível: auto-absorção
IV. Visível: absorção desenvolvida
V. Visível: métodos indiretos

Em vários exemplos o analista tem grande escolha do tipo de aparelho a ser usado. Assim, pode-se determinar cobre, em vários graus de precisão, pelo método colorimétrico com amônia, com tubos de Nessler, com um comparador Duboscq, com um fotômetro de filtro ou com o mais complicado espectrofotômetro. Nos exemplos que se seguem, o instrumento fotométrico não é especificado, a menos que se deseje um processo particular.

CLASSE I. ANÁLISE DE ABSORÇÃO DIRETA NO ULTRAVIOLETA

A. A porcentagem de acetona em misturas com éteres, álcoois e monoolefinas de baixo massa molecular pode ser determinada por medida da absorção de uma alíquota, diluída com isooctano, a 280 nm (ref. 5). Um espectrofotômetro foi usado no trabalho citado, mas como o máximo de absorção é relativamente largo, pode indiscutivelmente ser substituído por um fotômetro de filtro ultravioleta. Obteve-se uma precisão de $\pm 0,3$ a $0,4\%$ baseada no volume total.

B. A concentração de ozona em uma atmosfera urbana (*smog*) foi estimada medindo-se sua absorbância ao redor de 260 nm (ref. 31). Construiu-se um espectrofotômetro especial para registrar automaticamente o espectro de absorção de 254 a 365 nm em intervalos de 15 m. A ozona é mensurável no intervalo de cerca de duas a cem partes em 10^8.

C. O ácido benzóico pode ser determinado em resinas alquídicas saponificadas por medidas de sua absorbância a 273 nm após a purificação por extração com solvente (ref. 38).

D. Doze dos metais lantanídeos foram determinados simultaneamente com um espectrofotômetro registrador (ref. 37). Os íons lantanídeos são caracterizados por numerosas bandas de absorção bem definidas em comprimentos de onda isolados através da região do visível e ultravioleta. Assim, será possível selecionar comprimentos de onda para análises múltiplas de modo que se observa pouca superposição e não é necessário resolver uma laboriosa série de equações simultâneas.

CLASSE II. MISCELÂNEA DE MÉTODOS NO ULTRAVIOLETA

A. O telúrio pode ser determinado por meio da absorção característica de seu iodeto complexo, presumivelmente $[TeI_6]^{--}$, a 335 nm (ref. 23). A amostra contendo telúrio tetravalente é tratada com ácido clorídrico e iodeto de potássio e a absorbância determinada dentro de 20 m. Bismuto e selênio interferem, mas podem facilmente ser removidos antes da análise. Fe^{3+}, Cu^{++} e outras substâncias que podem oxidar iodeto a iodo livre devem estar ausentes.

B. Descreveu-se um método indireto para a determinação de cálcio no soro sanguíneo, baseado na oxidação da quantidade equivalente de oxalato por sulfato cérico em excesso e na medida espectrofotométrica do íon cérico residual (ref. 44). Em uma porção de 1 ml de soro o cálcio é separado como o oxalato, redissolvido em ácido sulfúrico e tratado com solução diluída de sulfato cérico que também contém íon ceroso (como um catalisador). O excesso de íon cérico é medido a 315 nm.

CLASSE III. ANÁLISES POR ABSORÇÃO DIRETA NO VISÍVEL

Para a maior parte, os métodos nessa classe são tão óbvios que descrições detalhadas nesse ponto não serviriam para nenhuma finalidade. Em acréscimo aos sais daqueles metais que fornecem íons coloridos, várias substâncias orgânicas são analisadas facilmente por suas cores naturais. A determinação clínica da hemoglobina no sangue é um exemplo.

CLASSE IV. MÉTODOS QUE REQUEREM O DESENVOLVIMENTO DE UMA COR VISÍVEL

Há um número extremamente grande de métodos que se englobam nesta classe. Os seguintes são representativos:

A. O cobalto é determinado como um complexo vermelho com sal nitroso –R (ref. 35). A amostra é dissolvida em ácido e tratada com uma solução aquosa no reagente. Acrescenta-se suficiente acetato de sódio para levar o pH próximo a

5,5. A solução é então diluída ao volume e determina-se a absorbância utilizando um filtro verde.

B. O cobre reage com difeniltiocarbazona (ditizona), que é verde, para fornecer um produto vermelho-violeta (ref. 35). A amostra pode conter menos que 0,005 mg de cobre em um volume de 5 ml de ácido 0,1 N. É agitada com uma solução a 0,001% de ditizona em tetracloreto de carbono, em um pequeno funil de separação. A camada não aquosa contém uma mistura de ditizonato de cobre e excesso de ditizona. É observada em um fotômetro fotelétrico no intervalo de 500 a 550 nm ou de 600 a 650 nm. A curva de referência deve ser construída com soluções de cobre comparáveis tratados com ditizona do mesmo frasco, pois o reagente não mantém sua concentração além de algumas semanas. Isso é conhecido como procedimento da *cor mista*, pois a solução contém o complexo vermelho-violeta e o excesso de reagente verde. Se a medida fotométrica for feita entre 500 e 550 nm, que é no verde, a absorbância será uma medida do complexo, que absorve no verde, enquanto o reagente o transmite. Se a solução for examinada de 600 a 650 nm, a absorbância mede o excesso de reagente. Ambos podem ser usados para análise. A ditizona fornece cores semelhantes com íons de Mn, Fe, Co, Ni, Cu, Zn, Pd, Ag, Cd, In, Sn, Pt, Au, Hg, Tl e Pb. Apesar disso, consegue-se uma considerável seletividade através de controle rígido do pH em que se faz a extração com tetracloreto de carbono (ou clorofórmio). Amplos detalhes são dados por Sandell (ref. 35).

C. O crômio e o manganês em amostras de aço podem ser oxidados a dicromato e a permanganato e determinados simultaneamente como tais (ref. 26). A amostra de aço é dissolvida em ácido, acrescenta-se ácido fosfórico para complexar o ferro e adicionam-se algumas gotas de solução de nitrato de prata como catalisador da oxidação. Adiciona-se o persulfato de potássio para oxidar o crômio e a maior parte do manganês. Uma pequena quantidade de periodato de potássio, seguida de aquecimento, assegura a oxidação completa do manganês. A absorbância da solução é determinada em um espectrofotômetro tanto a 440 como a 545 nm. As concentrações de manganês e crômio de aço são então calculadas por equações simultâneas apropriadas.

CLASSE V. MISCELÂNEA DE MÉTODOS COLORIMÉTRICOS INDIRETOS

A. O arsênio é determinado pela cor do *azul de molibdênio* produzida por redução do arsenomolibdato de amônio (ref. 35). O arsênio na amostra não deve exceder 0,03 g. Ele é reduzido ao estado trivalente e destilado como cloreto de modo a separá-lo das substâncias não-voláteis que poderiam interferir. O destilado é então evaporado à secagem com ácido nítrico para oxidar o arsênio a As^V. É então tratado com uma solução contendo sulfato de hidrazina e molibdato de amônio e aquecido para completar a formação da cor azul. A medida fotométrica é feita através de um filtro vermelho. Essa reação pode ser aplicada à determinação do fosfato, silicato e germanato bem como do arsenato.

B. O alumínio pode ser precipitado quantitativamente como um sal complexo com 8-hidroxiquinolina (oxina) a partir de uma solução alcalina de tartarato por adição do reagente gota a gota (ref. 35). O precipitado filtrado é lavado e então dissolvido em ácido clorídrico, adicionam-se ácido sulfanílico e nitrato de sódio, e a solução é deixada em repouso durante poucos minutos. Tornando a solução alcalina com hidróxido de sódio, obtém-se uma cor amarelo-vermelha que pode ser medida fotometricamente. Alguns outros metais fornecem precipitados com a oxina e, portanto, pode haver interferência, a menos que se controle cuidadosamente o pH.

TITULAÇÕES FOTOMÉTRICAS

Na titrimetria convencional o ponto de equivalência de uma reação é determinado por observação visual de uma mudança de cor, tanto se inerente a um dos reagentes (por exemplo, permanganato) ou se produzido por um indicador. Em condições favoráveis, uma precisão de alguns décimos de 1% é facilmente conseguida por pessoas com visão normal. Bons resultados, contudo, são difíceis ou impossíveis de obter em casos onde a variação de cor é gradativa ou onde as cores das duas formas não contratam nitidamente.

Essas dificuldades podem ser sobrepujadas conduzindo a titulação em uma cubeta de um espectrofotômetro ou fotômetro de filtro. Um comprimento de onda ótimo (ou filtro) é selecionado e o ajuste do zero é feito antecipadamente seguido de uma leitura fotométrica a cada incremento de adição a partir de uma bureta. Espectrofotômetros ou colorímetros convencionais geralmente exigem alguma modificação estrutural para permitirem a inserção de um recipiente de titulação do tamanho conveniente bem como a extremidade da bureta e algum tipo de agitador. Um desses instrumentos, um espectrofotômetro Beckman Modelo B modificado, foi descrito por Goddu e Hume (ref. 17).

Um número de instrumentos automáticos ou semi-automáticos, que podem executar todas as etapas de uma titulação com um mínimo de atenção do operador, é encontrado comercialmente. Em alguns, os resultados são registrados por uma pena e em outros, a torneira da bureta é fechada eletricamente no ponto final. Esses tituladores fotométricos podem ser extremamente convenientes e econômicos, particularmente para titulações em série.

Um arranjo adequado para um titulador fotométrico feito para estudantes é sugerido na Fig. 3.29. Esse esquema é especialmente usado para seguir titulações com indicadores, caso em que os filtros mostrados podem ser substituídos por tubos de ensaio contendo respectivamente o mesmo indicador em cada uma das suas formas coloridas. Por meio de espelhos, dois feixes de radiação provenientes de uma única lâmpada são dirigidos através do béquer de titulação e dos filtros para duas fotocelas. Estas devem ser ligadas a um circuito em equilíbrio. Os filtros permitem que em uma fotocela se veja apenas a primeira forma colorida do indicador; na outra, a segunda forma. O galvanômetro mostrará brusca deflexão no ponto final. A teoria de um titulador desse tipo, chamado *dicromático*, pode ser encontrada na literatura (ref. 34).

A curva de titulação fotométrica usual é representada como um gráfico da absorbância em função do volume de reagente adicionado. Se as substâncias absorventes (titulante, substância titulada ou ambos) seguirem a lei de Beer, a curva de titulação consistirá idealmente de duas linhas retas, que se interceptam no ponto

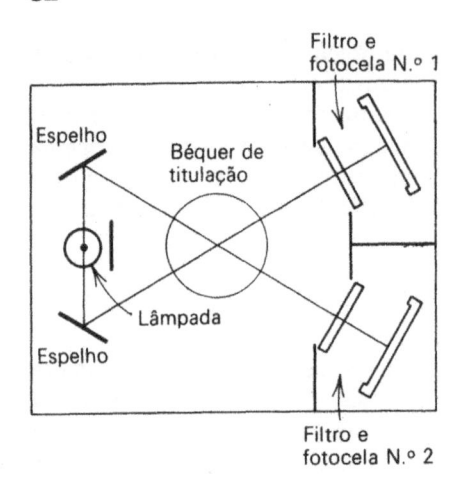

Figura 3.29 – Sugestão de um titulador fotométrico

de equivalência. A interseção provavelmente mostra algum grau de curvatura, devido a que a reação é incompleta no ponto de equivalência. Isso geralmente não tem grande conseqüência, porque os segmentos da curva mais afastados da equivalência são praticamente retos e podem ser extrapolados para uma interseção.

Como a absorbância depende da concentração, é necessário levar em conta o efeito da diluição. A absorbância poderia variar em conseqüência do solvente adicionado mesmo se ele não contivesse reagente. O erro de diluição pode ser eliminado de uma ou duas maneiras: tanto pelo uso de um reagente muito mais concentrado que a solução titulada, de modo que o volume adicionado poderia ser negligenciado, como por um simples fator aritmético de correção.

$$A' = A\frac{V + v}{V}$$

onde A = absorbância medida
A' = valor corrigido
V = volume original da solução
v = volume de titulante adicionado

Um excelente exemplo de titulação fotométrica é mostrado na Fig. 3.30, que mostra a curva de titulação de uma mistura de m- e p-nitrofenol titulados com hidróxido de sódio (ref. 17). A absorbância foi medida a 545 nm, comprimento de onda em que os ânions dos dois isômeros absorvem, mas em que os ácidos correspondentes não absorvem. A absortividade no isômero m- é maior que a do isômero p-. O isômero p- é neutralizado primeiro porque ele é o mais forte dos dois ácidos fracos. O ponto final corresponde à interseção de duas linhas retas e apresenta um erro menor que 1% nessa experiência. Seria impossível determinar esses dois ácidos um na presença do outro por observação visual, com ou sem indicador, pois a mudança de cor correspondente ao primeiro ponto de equivalência seria bem gradativa. Por razão semelhante, a análise seria impraticável também por técnicas potenciométricas (pH-metro).

Esse método é excelente para um ácido fraco que absorva em comprimento de onda diferente de seu ânion ou quando tanto o ácido como o ânion não absorvem. Devem ser consideradas tanto a constante de ionização como a concentração do

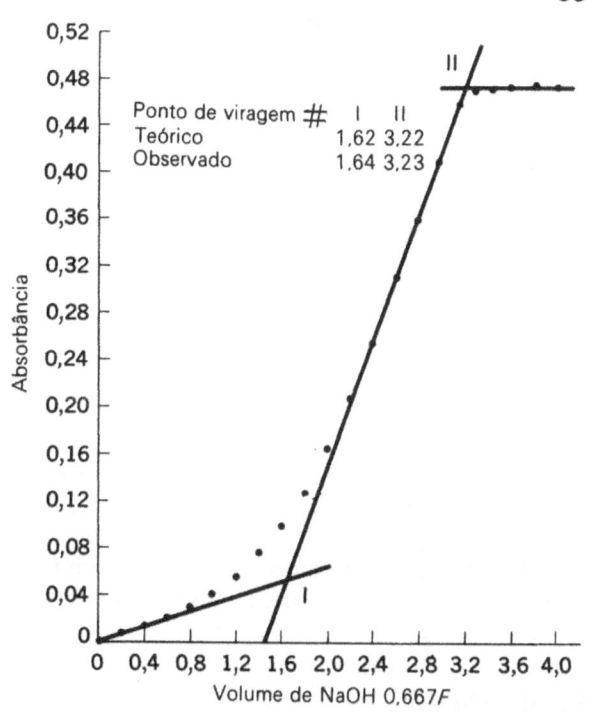

Figura 3.30 — Titulação fotométrica de uma mistura de 50 ml de *p*-nitrofenol 0,0219 *F* e 50 ml de *m*-nitrofenol 0,0213 *F* com hidróxido de sódio 0,667 *F*; comprimento de onda, 545 nm (Analytical Chemistry)

ácido na determinação de quão fraco pode ser o ácido a ser titulado. Resultados satisfatórios serão obtidos (ref. 40) se CK_a, produto da concentração molar e da constante de ionização do ácido, for maior que cerca de 10^{-12}.

Os ácidos fortes não podem ser titulados dessa maneira porque estão sempre ionizados. Eles podem, contudo, ser determinados seguindo fotometricamente a absorbância de um indicador adicionado. O indicador é, geralmente, um ácido fraco de modo que o ácido livre e seu ânion absorvem em diferentes comprimentos de onda. Entretanto o indicador não é selecionado na mesma base que para a titulação visual. Para trabalho visual, é desejável que o pK_a do indicador coincida com o pH do sistema de titulação em seu ponto de equivalência. Em um sistema fotométrico, por outro lado, quando se fazem medidas na região de absorção do ânion indicador, é desejável escolher um indicador que tenha um valor de pK_a tão pequeno que não comece a ser neutralizado até que o ácido forte tenha reagido quase completamente. O ponto de equivalência pode ser encontrado pela interseção de dois segmentos de linhas retas, como em *a* na Fig. 3.31. A interseção *b* corresponde a uma titulação completa do indicador; assim, esse sistema pode ser considerado como sendo a titulação de uma mistura de um ácido forte e de um fraco.

Foram relatadas várias titulações fotométricas incluindo não apenas neutralização mas também reações de redox e de formação de complexos (ref. 30). De fato, a titulação de vários metais pelo EDTA e complexogênios semelhantes é uma das mais proveitosas aplicações da titrimetria fotométrica. A Fig. 3.32 mostra um exemplo em que bismuto e cobre são determinados sucessivamente em uma única titulação (ref. 41). Fizeram-se medidas a 745 nm, onde o complexo Cu-EDTA absorve fortemente, mas não o complexo Bi-EDTA.

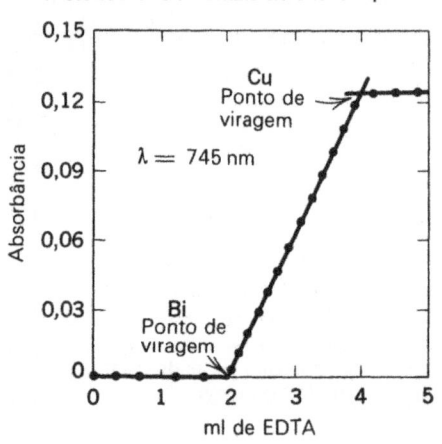

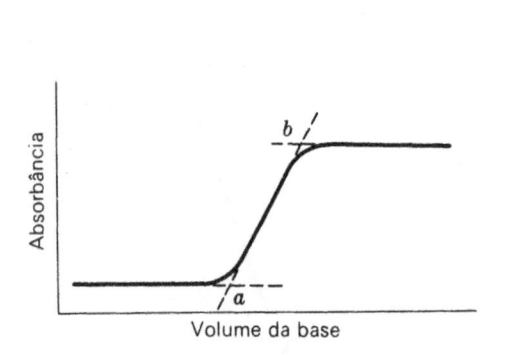

Figura 3.31 – Curva da titulação fotométrica; ácido titulado por base, com adição de indicador

Figura 3.32 – Titulação fotométrica de uma mistura bismuto-cobre com solução de EDTA 0,1 F (Analytical Chemistry)

As titulações de precipitação representam outra aplicação importante da determinação do ponto final fotométrico, mas sua discussão será deixada para o Cap. 6.

PROBLEMAS

3-1   Uma determinada amostra de uma solução de uma substância colorida, que se sabe seguir a lei de Beer, mostra 80% de transmitância quando medida numa cela de 1 cm de comprimento. *a*) Calcular a porcentagem de transmitância para uma solução de concentração duas vezes maior na mesma cela. *b*) Qual deve ser o comprimento da cela para dar a mesma transmitância (80%) para uma solução de concentração duas vezes maior que a original? *c*) Calcular a porcentagem de transmitância da solução original quando contida em uma cela de 0,5 cm de comprimento. *d*) Se a concentração original foi de 0,005% (peso por volume), qual o valor da absortividade *a*?

3-2   Na construção da curva de referência para uma análise com um colorímetro fotelétrico, obtiveram-se os seguintes valores:

Concentração mg/litro	P_0	P
0,00	98,0	98,0
1,00	97,0	77,2
2,00	100,0	63,5
3,00	99,5	50,0
4,00	100,0	41,3
5,00	100,0	33,5
6,00	100,0	27,9
7,00	99,0	23,4
8,00	98,2	20,3
9,00	100,0	18,1
10,00	100,0	16,4

a) Calcular as absorbâncias e colocá-las em um gráfico em função da concentração. Esses valores indicam um desvio positivo, negativo da lei de Beer ou nenhum? *b*) Coloque em um gráfico as porcentagens de transmitância em função do logaritmo da concentração. Usando o método de Ringbom, conclua aproximadamente qual o intervalo de concentrações que dão precisão adequada nessa análise.

3-3 A vitamina D_2 (calciferol) quando medida a um comprimento de onda de 264 nm, seu máximo, usando álcool como solvente, segue a lei de Beer em um grande intervalo de concentrações, com absortividade molar $\varepsilon = 18.200$. *a*) Se a fórmula-massa for 397, qual será o valor de *a*? *b*) Que intervalo de concentrações, expresso em porcentagem, pode ser usado para a análise se se desejar manter a absorbância *A* entre os limites de 0,4 a 0,9? Admitir *b* = 1 cm.

3-4 Uma amostra de um fio de nicrômio (NiCr) pesando 0,5000 g foi dissolvida em ácido e por tratamento conveniente o crômio da amostra foi transformado em íon dicromato. Então o volume foi levado a 250 ml. Uma porção de 5 ml foi transferida para uma cubeta para exame fotométrico. 1,0000 g de $K_2Cr_2O_7$ puro foi dissolvido em água acidulada e o volume levado a 250 ml (solução *A*). Dez mililitros de *A* diluídos com 10 ml de água deram a solução *B*. Dez mililitros de *A* diluídos a um volume de 100 ml com água deram a solução *C*. De cada uma dessas, colocaram-se 5 ml em uma cubeta do fotômero. Obtiveram-se os seguintes resultados:

Amostra	Absorbância
A	0,895
B	0,450
C	0,090
Desconhecida	0,140

Qual é a porcentagem de crômio no nicrômio?

3-5 Deve-se determinar o conteúdo em crômio de uma rocha de silicato. Reduz-se a amostra a um pó fino e pesa-se uma porção de 0,5000 g para análise. Por tratamento conveniente a substância é decomposta e o crômio é convertido em Na_2CrO_4. O volume da solução filtrada é levado a 50,00 ml com H_2SO_4 0,2 N adicionando-se em seguida 2 ml de difenilcarbazida a 0,25%, reagente que fornece uma cor vermelho-violeta com crômio hexavalente. Dispõe-se de uma solução-padrão que contém 15,00 mg de $K_2Cr_2O_7$ puro por litro. Uma alíquota de 5,00 ml do padrão é tratada com 2 ml da solução de difenilcarbazida e diluída a 50,00 ml com H_2SO_4 0,2 N. As absorbâncias das duas soluções finais são determinadas em um fotômetro de filtro e são:

$$\text{Padrão} \qquad A_p = 0,354$$
$$\text{Amostra} \qquad A_x = 0,272$$

a) Qual é a quantidade de crômio na rocha, expressa em porcentagem de Cr_2O_3? *b*) Suponha que comparemos diretamente as mesmas soluções entre si no fotômetro de filtro pelo método relativo. Descreva como isso seria feito e como o cálculo seria executado. Seria necessário qualquer outro valor adicional e, se fosse o caso, qual? *c*) Suponha que as mesmas soluções sejam comparadas num comparador Duboscq. Descreva como isso seria feito. Calcule a leitura da escala para a amostra supondo que o padrão foi fixado a 20,0 mm.

3-6 Para cada uma das seguintes situações, preveja em qual a lei de Beer mostrará um desvio aparente negativo, um desvio positivo ou praticamente nenhum. *a*) A substância absorvente é a forma não-dissociada de um ácido fraco. *b*) A entidade absorvente é o cátion em equilíbrio com o ácido fraco. *c*) Um metal está sendo determinado através de um reagente que desenvolve uma cor, medida com um colorímetro fotelétrico com o filtro de vidro apropriado. *d*) No mesmo sistema de *c* é adicionada uma quantidade insuficiente do reagente para reagir completamente com as três amostras mais concentradas, entre as dez examinadas.

3-7 Deseja-se determinar o volume de um tanque de água de forma irregular. Para consegui-lo, adiciona-se 1,000 kg de um corante solúvel, o tanque é enchido até a borda e a água é cuidadosamente misturada por um sistema de bomba circuladora. Retira-se, então, uma amostra e analisa-se seu conteúdo em corante. Uma porção de 0,1.000 g do corante original foi dissolvido e diluído a 500 ml (solução *A*). Uma parte desse foi diluída posteriormente com igual volume de água (solução *B*). Um fotômetro de filtro com duas fotocelas, ajustado na absorbância zero com a solução *B* na cubeta, mostrou absorbância de 0,863 para a água do tanque e 0,750 para a solução *A*. Calcular a capacidade do tanque em litros.

3-8   Arme equações simultâneas para análise de misturas de molibdênio, titânio e vanádio pelo método do peróxido, usando os valores da Fig. 3.11 e a tabela associada. Em uma experiência, uma solução-teste foi tratada com excesso de peróxido e ácido perclórico e diluída a 50,00 ml. Obtiveram-se as seguintes absorbâncias:

λ, nm	330	410	460
A	0,248	0,857	0,718

Calcular em miligramas as quantidades dos três elementos presentes na amostra.

3-9   A cafeína, $C_8H_{10}O_2N_4 \cdot H_2O$ (fórmula-massa = 212,1) mostrou absorbância média $A = 0,510$ para uma concentração de 1,000 mg em 100 ml a 272 nm. Uma amostra de 2,500 g de uma determinada marca de café solúvel foi misturada com água a um volume de 500 ml e transferiu-se uma alíquota de 25 ml para um Erlenmeyer contendo 25 ml de ácido sulfúrico 0,1 N. Este foi submetido a um tratamento indicado para clarificação e seu volume completado a 500 ml. Uma parte dessa solução tratada mostrou uma absorbância de 0,415 a 272 nm. a) Calcular a absortividade molar. b) Calcular o número de gramas de cafeína por quilo de café solúvel. Admitir $b = 1$ cm.

3-10   Deseja-se determinar a solubilidade do cromato de bário (a 30°C) pela cor produzida por difenilcarbazida em uma solução saturada. Um excesso de cromato de bário sólido é agitado com água em um banho à temperatura constante durante um tempo suficientemente longo para garantir que se atingiu o equilíbrio. Uma alíquota de 10 ml do líquido sobrenadante é transferida para um frasco volumétrico de 25 ml e tratada com 1 ml de ácido sulfúrico 5 N e 1 ml de uma solução a 0,25% do reagente e diluída até a marca. Determina-se então a absorbância através de um filtro verde (540 nm). Uma solução-padrão contendo 0,800 ppm de crômio (no estado hexavalente) também é medida. Os resultados são: $A_{padrão} = 0,440$, $A_{amostra} = 0,200$. Na literatura está indicado que a lei de Beer é seguida com precisão suficiente até pelo menos 10 ppm. Calcular a solubilidade do cromato de bário em gramas por 100 g de água.

3-11   Em um artigo recente, relataram-se os seguintes fatos: a) Tanto arsênio quanto antimônio podem ser oxidados do estado trivalente ao pentavalente por bromo; o arsênio mais facilmente que o antimônio. b) Sb^{III} forma um complexo com íon cloreto (em HCl 6 N) que absorve no ultravioleta a 326 nm enquanto que Sb^V, As^{III} e As^V não absorvem. c) Bromato de potássio e brometo de potássio dissolvidos juntos em água formam uma solução estável que liberta bromo quantitativamente, quando é titulada em solução ácida, de acordo com a reação $BrO_3^- + 5Br^- + 6H^+ \longrightarrow 3Br_2 + 3H_2O$. d) Bromo livre, na presença de excesso de íon-brometo, absorve fortemente no ultravioleta, incluindo a vizinhança de 326 nm, embora seu máximo se localiza em um comprimento de onda mais curto. O brometo sozinho não mostra essa absorção.

Com base nas declarações acima, mostre como arsênio e antimônio trivalentes podem ser determinados em mistura em solução de ácido clorídrico por titulação com solução padrão de bromato-brometo. A absorbância da solução deve ser determinada a 326 nm após cada adição de reagente. Sugestão: deverá resultar uma curva com duas interrupções correspondentes aos dois elementos procurados.

3-12   A água foi determinada por titulação espectrofotométrica em um solvente constituído por ácidos acético e sulfúrico anidros (ref. 8). O reagente é o anídrico acético $(AcO)_2O$. A titulação é seguida pela absorção da radiação a 257 nm devida ao $(AcO)_2O$. Esboce uma curva de titulação que se poderia obter e explique sua forma.

3-13   Foi relatado (ref. 9) um método de determinação espectrofotométrica de impureza de clorato (ClO_3^-) em perclorato de amônio (NH_4ClO_4) para uso em foguetes. É baseado na redução de clorato a cloro livre: $ClO_3^- + 5Cl^- + 6H^+ \longrightarrow 3Cl_2 + 3H_2O$. O cloro reage então com a benzidina (I) fornecendo um produto colorido (II) com um máximo de absorção a 438 nm.

$$H_2N-\!\!\bigcirc\!\!-\!\!\bigcirc\!\!-NH_2 + Cl_2 \rightarrow$$

(I)

$$\left[H_2N=\!\!\bigcirc\!\!=\!\!\bigcirc\!\!=NH_2 \right]^{++} + 2Cl^-$$

(II)

As experiências com soluções-padrão de $KClO_3$ mostraram seguir, nas condições experimentais descritas (em cubetas de 10,0 mm), a relação de linha reta seguinte:

$$A = (1,17 \times 10^3)C - 0,186$$

onde C é a concentração formal de $KClO_3$. *a*) Explique porque (II) dá uma solução colorida e (I), incolor. *b*) Que cor apresenta a solução de (II) e que filtro de cor será conveniente para sua determinação num fotômetro de filtro? *c*) O sistema obedece à lei de Beer? *d*) Na equação atribuiu-se o termo "–0,186" a uma impureza redutora nos reagentes. Explique por que se esperava que isso fornecesse um termo negativo. *e*) Uma amostra de 6,000 g de NH_4ClO_4 comercial foi dissolvida em água tratada com HCl e benzidina e diluída a 100,0 ml. Uma porção dessa solução foi examinada em uma cubeta de 10,0 mm a 438 *nm*. Encontrou-se que a absorbância é de 0,450. Calcule a concentração de clorato de amônio no perclorato de amônio em porcentagem de moles.

REFERÊNCIAS

1. Adams, R.; C. K. Cain e H. Wolff: *J. Am. Chem. Soc.* **62**: 732 (1940).
2. Archibald, R. M.: *Chem. Eng. News*, **30**: 4474 (1952).
3. Ayres, G. H.: *Anal. Chem.*, **21**: 652 (1949).
4. Banks, C. V.; P. G. Grimes e R. I. Bystroff: *Anal. Chim. Acta*, **15**: 367 (1956).
5. Barthauer, G. L.; F. V. Jones e A. V. Metler: *Ind. Eng. Chem., Anal. Edition*, **18**: 354 (1946).
6. Bastian, R.: *Anal. Chem.*, **21**: 972 (1949).
7. Brode, W. R.: *J. Opt. Soc. Am.*, **39**: 1022 (1949).
8. Bruckestein, S.: *Ana. Chem.*, **31**: 1757 (1959).
9. Burns, E. A.: *Anal. Chem.*, **32**: 1800 (1960).
10. Chance, B.: *Rev. Sci. Instr.*, **22**: 634 (1951).
11. Cowles, J. C.: *J. Opt. Soc. Am.*, **55**: 690 (1965).
12. Fagel, Jr.; J. E. e G. W. Ewing: *J. Am. Chem. Soc.*, **73**: 4360 (1951).
13. Fox, J. J. e A. E. Martin: *Trans. Faraday Soc.*, **36**: 897 (1940).
14. Gerlach, J. L. e R. G. Frazier: *Anal. Chem.*, **30**: 1142 (1958).
15. Gibson, K. S.: Spectrophotometry, *Natl. Bur. Std. Circ.*, 484, 1949.
16. Gilford, S. R.; D. E. Gregg; O. W. Shadle; T. B. Ferguson e L. A. Marzetta: *Rev. Sci. Instr.*, **24**: 696 (1953).
17. Goddu, R. F. e D. N. Hume: *Anal. Chem.*, **26**: 1679, 1740 (1954).
18. Harvey, A. E. e D. L. Manning: *J. Am. Chem. Soc.*, **72**: 4488 (1950); **74**: 4744 (1952).
19. Hiskey, C. F.: *Anal. Chem.*, **21**: 1440 (1949).
20. Houle, M. J. e K. Grossaint: *Anal. Chem.*, **38**: 768 (1966).
21. Huber, W.; G. W. Ewing e J. Kriger: *J. Am. Chem. Soc.*, **67**: 609 (1945).
22. Hughes, H. K. *et al.*: *Anal. Chem.*, **24**: 1349 (1952).
23. Johnson, R. A. e F. P. Kwan: *Anal. Chem.*, **23**: 651 (1951).
24. Judd, D. B.: Measurement and Specification of Color, em M. G. Mellon (ed.), "Analytical Absorption Spectroscopy", John Wiley & Sons, Inc., New York, 1950.
25. Liebhafsky, H. A. e H. G. Pfeiffer: *J. Chem. Educ.*, **30**: 450 (1953).
26. Lingane, J. J. e J. W. Collat: *Anal. Chem.*, **22**: 166 (1950).
27. Meites, L. e H. C. Thomas: "Advanced Analytical Chemistry", p. 255, McGraw-Hill Book Company, New York, 1958.
28. O'Laughlin, J. W. e C. V. Banks: Differential Spectrophotometry, em G. L. Clark (ed.), "The Encyclopedia of Spectroscopy", p. 19, Reinhold Book Corporation, New York, 1960.
29. Reilley, C. N. e C. M. Crawford: *Anal. Chem.*, **27**: 716 (1955).
30. Reilley, C. N.; R. W. Schmid e F. S. Sadek: *J. Chem. Educ.*, **36**: 555, 619 (1959).
31. Renzetti, N. A.: *Anal. Chem.*, **29**: 869 (1957).
32. Rikmenspoel, R.: *Rev. Sci. Instr.*, **36**: 497 (1965).
33. Ringbom, A.: *Z. anal. Chem.*, **115**: 332 (1939).
34. Ringbom, A.; B. Skrifvars e E. Still: *Anal. Chem.*, **39**: 1217 (1967).
35. Sandell, E. B.: "Colorimetric Determination of Traces of Metals", 3.ª ed., Interscience Publishers (Divisão de John Wiley & Sons, Inc.), New York, 1959.

36. Silverstein, R. M. e G. C. Bassler: "Spectrometric Identification of Organic Compounds", 2.ª ed., p. 165, John Wiley & Sons, Inc., New York, 1967.
37. Stewart, D. C. e D. Kato: *Anal. Chem.*, **30**: 164 (1958).
38. Swann, M. H.; M. L. Adams e D. J. Weil: *Anal. Chem.*, **28**: 72 (1956).
39. Turner, Jr., A. e A. Osol: *J. Am. Pharm. Assoc., Sci. Ed.*, **38**: 158 (1949).
40. Underwood, A. L.: Photometric Titrations, em C. N. Reilley (ed.), "Advances in Analytical Chemistry and Instrumentation", vol. 3, p. 31 e segs., Interscience Publishers (Divisão de John Wiley & Sons, Inc.), New York, 1964.
41. Underwood, A. L.: *Anal. Chem.*, **26**: 1322 (1954).
42. Vosburgh, W. C. e G. R. Cooper: *J. Am. Chem. Soc.*, **63**: 437 (1941).
43. Weissler, A.: *Ind. Eng. Chem., Anal. Edition*, **17**: 695 (1945).
44. Weybrew, J. A.; G. Matrone e H. M. Baxley: *Anal. Chem.*, **20**: 759 (1948).
45. Wood, W. A. e S. R. Gilford: *Anal. Biochem.*, **2**: 589 (1961).
46. Woodward, R. B.: *J. Am. Chem. Soc.*, **63**: 1123 (1941); **64**: 72, 76 (1942).
47. Yoe, J. H. e A. L. Jones: *Ind. Eng. Chem., Anal. Edition*, **16**: 111 (1944).

4 Fluorimetria e fosforimetria

Mostrou-se na Fig. 2.2 que tanto a fluorescência como a fosforescência constituem mecanismos possíveis através dos quais moléculas excitadas podem perder energia. Durante o processo de excitação, a maior parte das moléculas afetadas adquire energia vibracional e também eletrônica. Sua principal tendência é passar para estados vibracionais inferiores através de colisões. Se essa perda de energia cessar em um nível eletrônico excitado, as moléculas estarão aptas a voltarem diretamente a seu estado fundamental pela radiação de um quantum de energia (fluorescência), menos comumente elas se deslocam a um nível *triplete* metaestável antes de emitir a radiação (fosforescência).

Nos dois casos, a molécula pode parar em qualquer estado vibracional do nível fundamental e os espectros de fluorescência e fosforescência consistem geralmente em várias linhas, principalmente na região visível. Na presença de um solvente as linhas são alargadas e fundidas junto, dando um espectro estruturado com a mesma aparência geral de um espectro de absorção ultravioleta ou visível. O final de onda curta de um espectro de fluorescência normalmente se superpõe pelo menos de leve ao final de onda longa do espectro de absorção que origina a excitação. Essa superposição não ocorre na fosforescência.

Entre as moléculas orgânicas, apresentam fluorescência as que têm estruturas grandes, rígidas, multicíclicas. A rigidez é algumas vezes rompida por complexação com um metal de transição e, nesse caso, a fluorescência provavelmente fornece uma ferramenta analítica sensível e, muitas vezes, específica para o metal. É importante prevenirmo-nos contra fotólise que pode ocorrer pelo uso de radiações primárias muito energéticas (isto é, comprimento de onda no ultravioleta muito curto).

A fluorescência é mais comum e tem maior aplicação em análise do que a fosforescência; assim, a consideraremos primeiro e com mais detalhes.

FLUORESCÊNCIA

A radiação fluorescente é emitida igualmente em todas as direções pela amostra irradiada. Em alguns instrumentos, é observada na direção oposta à fonte primária; em outros, a um ângulo que geralmente é de 90°. O tratamento matemático é muito mais complicado que no caso da simples absorção que conduz à lei de Beer. Por um lado, a quantidade de radiação primária absorvida varia exponencialmente através da massa da solução, de acordo com a lei de absorção. Por outro, a luz fluorescente está sempre sujeita à absorção pela solução, mesmo se em pequena escala, e a espessura da solução através da qual ela passa não é constante, pois a radiação não se origina em um único ponto. As equações completas são muito mais complexas para serem incluídas nessa discussão, mas podem ser encontradas na literatura.

O caso mais simples é aquele onde está presente na solução uma única espécie absorvente e fluorescente. Para esse caso, a equação é

$$F = P_0 K (1 - 10^{-A}), \tag{4-1}$$

onde F é a potência da luz fluorescente que atinge o detector e P_0 é a potência da radiação ultravioleta incidente. K, uma constante para um dado sistema e instrumento, é o fator de conversão da energia absorvida em fração de fluorescência não-absorvida que atinge o detector. A é a absorbância da solução no comprimento de onda primário.

Essa expressão pode ser transformada por aplicação de uma série exponencial a uma forma mais útil:

$$F = P_0 K \left[2{,}30A - \frac{(2{,}30A)^2}{2!} + \frac{(2{,}30A)^3}{3!} - \cdots \right] \qquad (4\text{-}2)$$

Isso significa que em baixas concentrações (A menor que mais ou menos 10^{-2}), onde o quadrado e os termos superiores tornam-se desprezíveis, F é linear com A e assim com a concentração c:

$$F = 2{,}30 P_0 K A = P_0 K' abc, \qquad (4\text{-}3)$$

onde $K' = 2{,}30K$

a = absortividade

b = comprimento do percurso na direção primária

Em maiores concentrações F diminui, originando uma curva que se assemelha ao desvio negativo da lei de Beer.

Duas conclusões importantes podem ser deduzidas da Eq. (4-3). 1. Como esta equação somente é válida para pequenos valores de A (menores que cerca de 0,01, que corresponde aproximadamente a 98% de transmissão), ela nos dá uma indicação de por que a fluorescência é mais útil em um nível de concentração muito mais baixo que é a absorciometria. A fotocela observando a fluorescência de uma solução diluída recebe luz fraca contra um fundo escuro, ao passo que para observar a absorbância da mesma solução é necessário medir a remoção de pequena fração da radiação, que equivale a uma medida de precisão da diferença entre dois números grandes. 2. P_0 é maior para a radiação primária, que é selecionada por um filtro em vez de por um monocromatizador (para uma dada fonte), devido a ter passado uma banda de comprimento de onda mais larga. Isso justifica a maior sensibilidade do fluorímetro de filtro em relação ao espectrofluorímetro.

FLUORÍMETROS

Os instrumentos que medem a fluorescência são chamados *fluorímetros* (algumas vezes *fluorômetros* ou *fluofotômetros*). São comparáveis aos absorciômetros onde a amostra está sujeita à irradiação e mede-se a potência da radiação que deixa a amostra. Na maioria dos instrumentos, a iluminação é feita perpendicularmente à direção de observação (Fig. 4.1a). A disposição em ângulo reto não é particularmente favorável, a não ser pela conveniência no arranjo das partes. Um ângulo menor, como na Fig. 4.1b, será vantajoso se a solução for turva ou absorver apreciavelmente no comprimento de onda da luz emitida (possivelmente devido à presença, de outras substâncias), pois a radiação fluorescente observada nessa geometria originou-se nas camadas superficiais da amostra, onde a absorção do ultravioleta primário é máxima e atravessou apenas uma espessura mínima de solução. A construção alinhada como na Fig. 4.1c apresenta vantagens quando

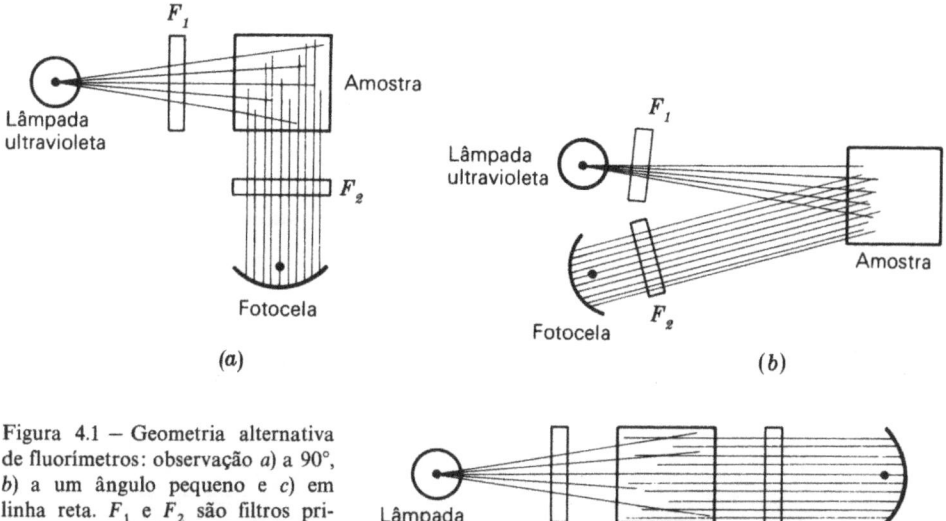

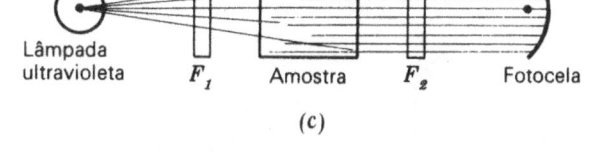

Figura 4.1 – Geometria alternativa de fluorímetros: observação *a*) a 90°, *b*) a um ângulo pequeno e *c*) em linha reta. F_1 e F_2 são filtros primários e secundários, cada um dos quais ou ambos podem ser substituídos por monocromatizadores

se devem tirar deduções teóricas (rendimento quântico, por exemplo) dessas observações, porque as equações envolvem poucas aproximações (ref. 4).

FLUORÍMETROS DE FILTRO

O arranjo básico para um fluorímetro de filtro de feixe simples de 90° é mostrado na Fig. 4.2, exemplificado pelo fluorômetro Farrand Modelo A-2*. O filtro primário F_1, que transmitirá radiação ultravioleta, mas não visível, é inserido entre a lâmpada e a amostra. Um filtro secundário F_2, que transmite luz visível e absorve ultravioleta, é colocado entre a amostra e a válvula fotomultiplicadora. As relações entre os filtros ficam claras se observarmos a Fig. 4.5, que ilustra uma aplicação particular a ser descrita posteriormente.

Como em qualquer fotômetro de feixe único, a voltagem tanto fornecida à lâmpada quanto à fotoválvula deve ser estabilizada para manter a sensibilidade constante durante uma análise. O princípio do feixe duplo pode ser introduzido de duas maneiras: a fotocela de referência pode controlar a lâmpada ultravioleta diretamente ou pode receber luz fluorescente de um padrão, algumas vezes chamado *gerador de fluorescência.* Nos dois arranjos, elimina-se o efeito da variação do brilho da lâmpada que é resultante das flutuações da linha de voltagem. Deve-se preferir, contudo, o uso do padrão fluorescente, pois ele também torna mínimo o efeito de variações de temperatura e de variações na sensibilidade e linearidade que devem ser esperadas a comprimentos de onda bem diferentes.

É preferível usar como referência uma solução-padrão da substância analisada, mas a purificação necessária para remoção de substâncias interferentes pode tornar-se um problema maior. Soluções ácidas de quinina fluorescem com brilho e são

*Farrand Optical Co., Inc., Bronx, N. Y.

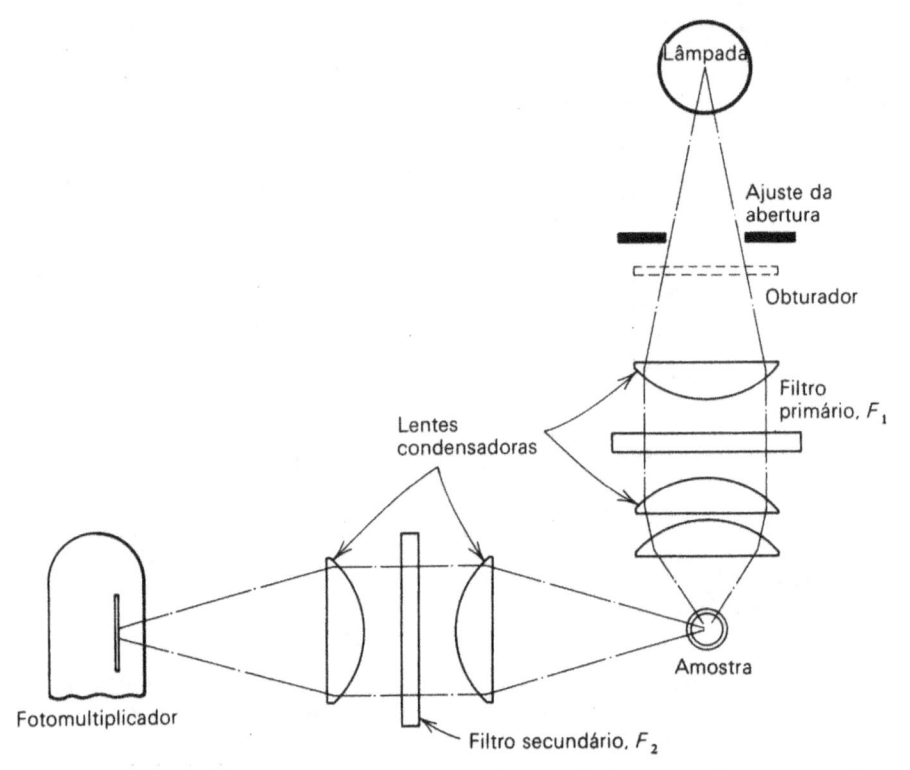

Figura 4.2 – Sistema óptico do Fluorômetro Farrand Modelo A-2 (Farrand Optical Co., Inc., Bronx, N. Y.)

bem estáveis, de modo que soluções de referência dessa substância, a várias diluições, são freqüentemente usadas como padrões secundários. Padrões altamente estáveis podem ser feitos de vidro de urânio comercial.

Um exemplo de um fluorímetro de feixe duplo é fluorômetro de Razão de Beckman* (Fig. 4.3). Esse instrumento usa uma lâmpada de vapor de mercúrio especialmente planejada (Fig. 4.3b) com dois ânodos nos lados opostos de uma estrutura central que associa um cátodo simétrico e uma blindagem de luz. A lâmpada opera em corrente alternada, ligada de maneira que os dois ânodos recebam a descarga e assim produzam radiação, em meio-ciclos alternados da voltagem excitadora. Isso tem o mesmo efeito de um interceptador rotativo, de modo que a amostra e o padrão recebem radiação idêntica pulsando a 60 Hz e separados por um pequeno intervalo escuro. Os dois feixes passam através de filtros primários e a radiação fluorescente das duas cubetas converge através de um filtro secundário comum para o único fotomultiplicador, que então recebe uma série de pulsações (Fig. 4.3c). Os circuitos eletrônicos eliminam essa pulsação e utilizam o valor da pulsação de referência para ajustar·as voltagens do dínodo no fotomultiplicador a fim de manter um nível de referência constante, não necessariamente 100%. Então a pulsação da amostra produzirá uma deflexão no medidor que poderá ser lida diretamente em unidades de concentração. A Beckman fornece uma série

*Beckman Instruments, Inc., Fullerton, Califórnia.

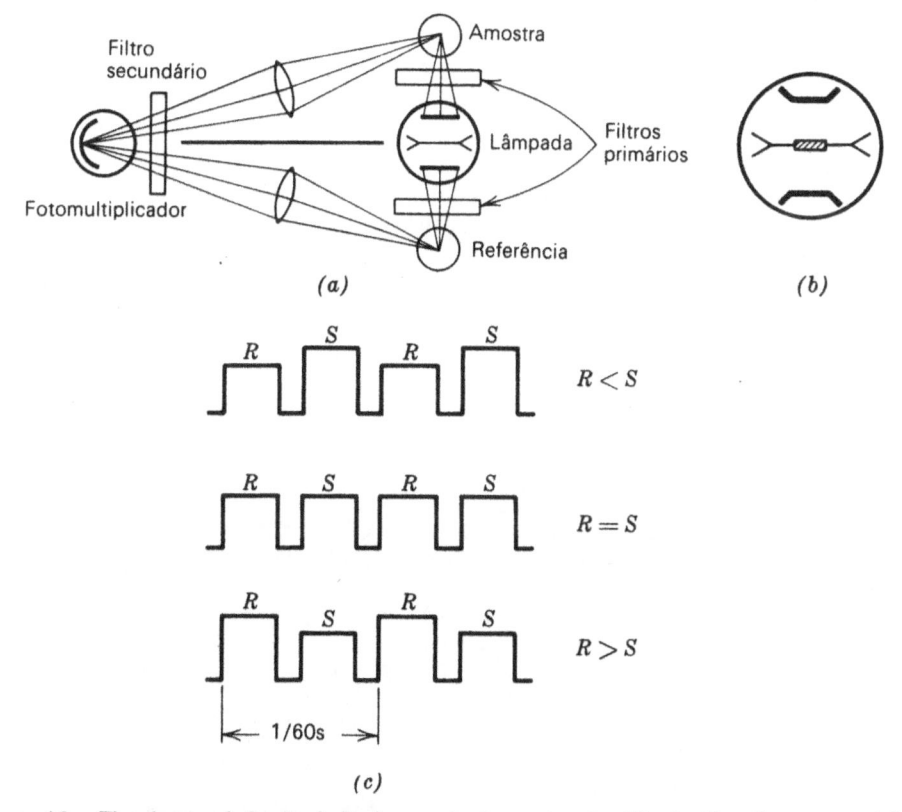

Figura 4.3 — Fluorômetro de Razão da Beckman: *a*) esboço, algo simplificado; *b*) seção transversal da lâmpada; *c*) formas de ondas, onde *R* e *S* representam respectivamente as energias dos feixes de referência e da amostra (Beckman Instruments, Inc., Fullerton, Califórnia)

de vidros de urânio graduados, tipo padrão, para serem usados quando soluções--padrão da substância-problema não são acessíveis.

ESPECTROFLUORÍMETROS

Esses instrumentos pertencem a duas classes: aqueles que consistem em um acessório fluorescente para um espectrofotômetro e aqueles que são instrumentos independentes, geralmente com dois monocromatizadores. Os acessórios iluminam a amostra a um ângulo de 90°, com ultravioleta proveniente de uma lâmpada de mercúrio ou xenônio via um filtro ou um monocromatizador pequeno de abertura larga. A luz fluorescente é analisada pelo espectrofotômetro que pode ser varrido manual ou automaticamente. Mesmo quando o espectrofotômetro for do tipo de feixe duplo, ele apenas pode funcionar como fluorímetro de feixe único.

Um espectrofluorímetro planejado para tal uso deve ser mais eficiente em sua função do que um espectrofotômetro adaptado. Idealmente, esse instrumento deveria ser de feixe duplo com registrador de razão capaz de varrer a radiação primária ou secundária (ou ambas), à vontade do operador, ter um ângulo de observação ajustável de 180° a quase 0° (como na Fig. 4.1) e ter um controle automático do feixe primário a fim de manter constante a energia incidente na amostra e se deveria providenciar a regulagem da temperatura tanto da amostra como do padrão. Não há espectrofluorímetro no mercado com todas essas características, embora cada uma seja disponível nos produtos de um ou mais fabricantes.

Talvez o mais largamente encontrado seja o espectrofotofluorômetro Aminco--Bowman* (Fig. 4.4), um instrumento de feixe único englobando dois monocromatizadores de rede Czerny-Turner, com uma geometria de 90° da amostra. É providenciada a regulagem da temperatura.

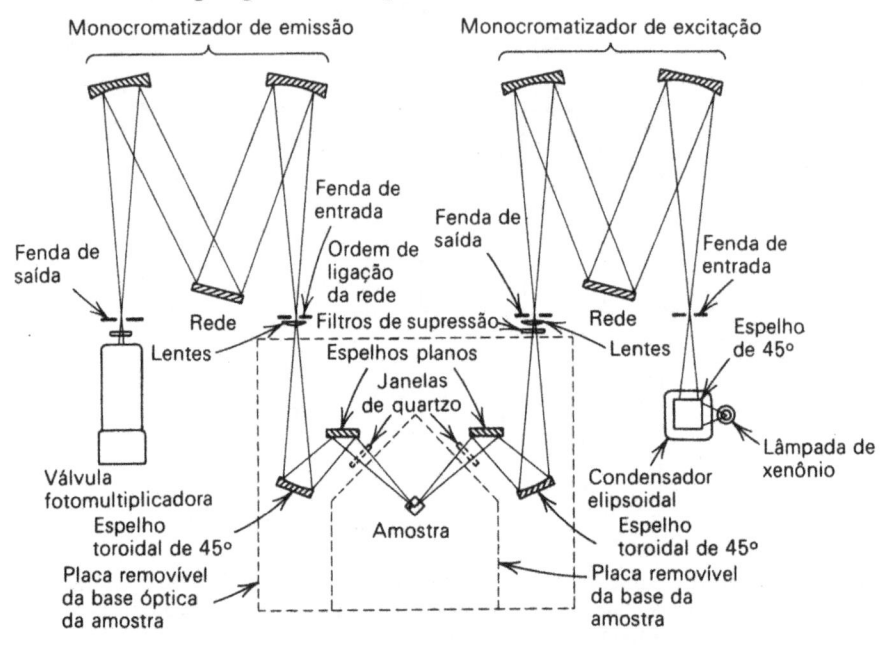

Figura 4.4 — Espectrofotofluorômetro Aminco-Bowman, esquemático (American Instrument Co., Inc., Silver Spring, Maryland)

A operação com qualquer espectrofluorímetro geralmente obedece essa seqüência. Por observações preliminares grosseiras, escolhe-se um comprimento de onda conveniente no espectro de emissão e ajusta-se o segundo monocromatizador nesse ponto. Um espectro de excitação pode então ser determinado por varredura com o primeiro monocromatizador. De modo semelhante, um espectro de emissão pode ser obtido por varredura do segundo monocromatizador com o primeiro, ajustado a um valor conveniente. Com muitas substâncias, o espectro não difere muito por variação do comprimento de onda selecionado para *outro* monocromatizador, enquanto estiver num ponto de alta sensibilidade.

Os espectrofluorímetros são úteis para o estabelecimento de condições para análises e para estudar interferências, assim como para executarem análises. Para maior precisão nessa última função, os resultados devem ser comparados com padrões obtidos no mesmo instrumento. Encontrou-se que espectros supostamente comparáveis, medidos em diferentes instrumentos, freqüentemente fornecem resultados variáveis, especialmente devido a mudanças do comprimento de onda

*American Instrument Co., Inc., Silver Spring, Maryland.

com a potência das fontes de luz, sensibilidade absoluta dos detectores e eficiência dos monocromatizadores. Os espectros observados representam uma combinação das propriedades espectrais da própria substância com artefatos gerados pelo instrumento. Essas variações são particularmente embaraçosas quando se deseja medir a eficiência quântica do processo fluorescente. É possível calibrar um espectrofluorímetro por comparações cuidadosas envolvendo uma fonte de luz-padrão e um par termoelétrico ou uma válvula fotomultiplicadora calibrada. As correções assim derivadas podem ser de valor considerável – um fator variando da unidade até tão alta quanto cinqüenta em um determinado caso (ref. 10). Muito do tédio desses métodos pode ser eliminado pelo uso de um material fluorescente como padrão de comparação. O quelato de alumínio do corante *Pontachrome Blue-black R* (sal de sódio do ácido 2,2'-diidroxi-1,1'-azonaftaleno-4-sulfônico) mostrou-se particularmente conveniente (ref. 1).

A aplicação das técnicas de calibração descritas nessa referência devem eliminar de longe os registros de espectros de fluorescência "não-corrigidos".

Fornece-se um acessório opcional para o instrumento Aminco-Bowman, que permite correção para a saída espectral variável da lâmpada e resposta do fotomultiplicador e outros componentes; ele é essencialmente um computador analógico para fins específicos, incluindo um par termoelétrico calibrado que controla o feixe primário assim que este deixa o primeiro monocromatizador.

O espectrofluorímetro Turner modelo 210* engloba correções para todos esses fatores variáveis, através de uma complexa e engenhosa aplicação do princípio de feixe duplo (ref. 7).

SUPRESSÃO *(QUENCHING)***

É o nome dado a qualquer redução na intensidade da fluorescência devida aos efeitos específicos de constituintes da própria solução. A supressão pode ocorrer simplesmente como resultado da absorção parcial da luz fluorescente por algum componente da solução. Se a substância em si for responsável por essa absorção, o fenômeno será conhecido como *auto-supressão*. A supressão também pode ser devida à possibilidade de transferência da energia por colisão de moléculas excitadas da substância fluorescente com moléculas do solvente ou de outros solutos, resultando um mecanismo paralelo mas não-radiante para voltar ao estado fundamental.

APLICAÇÕES

A fluorescência visível ocorre principalmente em duas classes de substâncias: 1) uma grande variedade de minerais e "fósforos" inorgânicos e 2) compostos orgânicos e organometálicos que apresentam grande absorção no ultravioleta.

Na primeira dessas classes, mencionaremos apenas um método para a determinação de sais de urânio que for aplicado extensivamente no campo da pesquisa nuclear (ref. 3). A amostra é oxidada por evaporação com um ácido nítrico, seguida de fusão com fluoreto de sódio até formar um "fundido" que contém os fluoretos

---

*G. K. Turner Associates, Palo Alto, Califórnia.
**N. do T. – O termo *quenching* no sentido aqui empregado não possui um equivalente perfeito em português e, portanto, traduziu-se por supressão.

de sódio e urânio. Este solidifica a um vidro após esfriamento. O vidro é examinado diretamente em um fluorímetro especialmente planejado. A sensibilidade é da ordem de 5×10^{-9} g de urânio para 1 g de amostra sólida.

Um exemplo de uma análise fluorimétrica em química inorgânica é a determinação do rutênio em presença de outros metais do grupo da platina (ref. 8). O íon complexo de rutênio(II) com 5-metil-1,10-fenantrolina fluoresce fortemente a pH 6. Qualquer outro elemento do grupo da platina pode estar presente em quantidade de pelo menos 30 μg/ml, sem interferir na determinação do rutênio no intervalo de 0,3 μg/ml a 2,0 μg/ml. A precisão da determinação com o instrumento usado pelos autores foi de aproximadamente $\pm 2\%$. O paládio forma um precipitado com o reagente, que pode ser removido por centrifugação. O ferro não deve estar presente, pois forma um complexo que, embora não fluorescente, absorve fortemente energia. Cério, manganês, prata e íons cromato também mostram graus variáveis de interferência. O método possui a grande vantagem de não ser necessário separar o rutênio por destilação do tetróxido, que é uma exigência de métodos anteriores a esse elemento.

A Fig. 4.5 mostra os espectros de excitação e fluorescência do complexo, íon tris-(5-metil-1,10-fenantrolina)-Ru(II), junto com os espectros de transmissão de um par de filtros de vidro Corning que seriam apropriados para um fluorímetro de filtro angular. Dispõe-se de filtros de interferência que permitem fluorimetria alinhada, por exemplo, Multi-Films n.° 90-1-500, como primário e n.° 90-2-580, como secundário (Bausch & Lomb, Inc., Rochester, Nova Iorque).

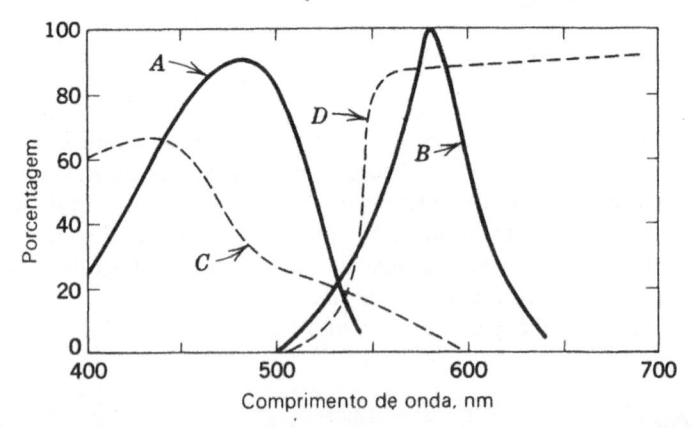

Figura 4.5 — Íon complexo tris-(5-metil-1,10-fenantrolina)-Ru(II): A) Espectro de excitação (não-corrigido); B) Espectro de emissão fluorescente correspondente à excitação a 450 nm; C) Filtro Corning n.° 5-59; D) Filtro Corning n.° 3-68. A escala vertical representa energia radiante relativa de A e B, porcentagem de transmissão para C e D (Redesenhado do Veening e Brandt (ref. 8) e do catálogo da Corning Glass Works, Corning, N. Y.)

Como outro exemplo, podemos mencionar a determinação de pequenas quantidades de alumínio em ligas (ref. 9). O alumínio no intervalo de 0,2 a 25 μg em um volume de 50 ml pode ser determinado com uma sensibilidade de 1 parte em 10 (ref. 8). O reagente é o corante *Pontachrome Blue-black RM*, a um pH de 4,8. O método é superior às velhas técnicas em velocidade e em sensibilidade; é livre de interferências.

Entre os compostos fluorescentes, a dependência do pH de uma solução é muitas vezes acentuada e os procedimentos geralmente necessitam de cuidadoso tamponamento. A quantidade de fluorescência é também dependente da temperatura em um grau maior do que é usual em espectroscopia de absorção. Outro risco na fluorimetria é a facilidade de contaminação com substâncias fluorescentes provenientes de aparelhos de laboratório de borracha e de plástico, e até mesmo de rolhas de garrafas de baquelite (ref. 5)!

A tiamina (vitamina B_1) é geralmente ensaiada pela fluorescência azul de seu produto de oxidação, tiocrômio (ref. 2). A amostra é tratada com fosfatase, uma enzima que hidrolisa os ésteres fosfóricos da tiamina que geralmente existem em substâncias alimentícias. A fosfatase e outras substâncias insolúveis são retiradas por filtração e o filtrado diluído a um volume conhecido. São retiradas duas alíquotas iguais, uma para análise, outra para branco. À primeira adiciona-se um agente oxidante (ferricianeto de potássio) e a ambos, iguais quantidades de hidróxido de sódio e álcool isobutílico. Após agitação e remoção subseqüente da camada aquosa, a solução alcoólica é examinada no fluorímetro. O procedimento completo, incluindo um branco, é repetido com uma solução-padrão de tiamina.

Se estiverem presentes outras substâncias coloridas ou fluorescentes, consegue-se uma purificação passando a solução (depois do tratamento com fosfatase) através de uma coluna de adsorvente. A tiamina é absorvida preferencialmente, enquanto os contaminantes passam. A tiamina é então eluída com uma solução acidulada de cloreto de potássio, acerta-se o volume e trata-se como acima.

A riboflavina também pode ser determinada por um método de fluorescência (ref. 2). A energia fluorescente depende em larga escala das condições exatas e da natureza e quantidade das impurezas. Para ter certeza de que as impurezas tenham o mesmo efeito sobre o padrão e a amostra, usa-se o método do incremento-padrão, isto é, a fluorescência de uma parte do padrão é medida na mesma solução com a amostra. O procedimento também se beneficia do fato de a riboflavina poder ser facilmente oxidada a uma substância não fluorescente, a qual por sua vez é facilmente reduzida para regenerar a vitamina, quantitativamente.

A amostra (um gênero alimentício) é extraída com ácido; a solução é tratada de modo a precipitar os sais que podem interferir e oxidada com permanganato diluído. A fluorescência residual é determinada como um branco. Um pequeno excesso de ditionito de sódio sólido ($Na_2S_2O_4$) é adicionado como agente redutor, após o que se determina novamente a fluorescência. Um volume conhecido do padrão é então adicionado e novamente se mede a fluorescência. Os resultados são calculados de acordo com o seguinte esquema:

Solução	Designação
10 ml de amostra oxidada + 1 ml de água	A
Idem + ditionito	B
Idem + 1 ml de padrão	C

Assim, como a energia fluorescente F é proporcional à concentração do material fluorescente

$$\frac{F_B - F_A}{F_C - F_A} = \frac{m_x}{m_x + m_{padrão}}$$

onde m_x e $m_{padrão}$ são, respectivamente, as massas de riboflavina da amostra e do padrão na cubeta.

FOSFORIMETRIA

Poucos compostos mostram fosforescência apreciável à temperatura ambiente, mas muitos mostram o fenômeno quando esfriados com nitrogênio líquido. A redução da temperatura parece intensificar a probabilidade de transições de estados *singlete* excitados a estados *triplete* metaestáveis, condição exigida para a fosforescência, e também diminuir mecanismos competitivos para retorno não-radiante ao estado fundamental.

Os compostos que fosforescem provavelmente fluorescem também e um fosforímetro deve ser capaz de distinguir entre os dois. Isso pode ser conseguido por meio de um interceptador rotatório (ver Fig. 4.6) introduzindo um atraso definido entre os tempos durante os quais a amostra é irradiada e observada. Um espectrofosforímetro versátil foi descrito por Winefordner e Latz (ref. 11) e existe um instrumento comercial*. Aspectos teóricos do planejamento de um interceptador ótimo foram discutidos em um interessante trabalho de O'Haver e Winefordner (ref. 6).

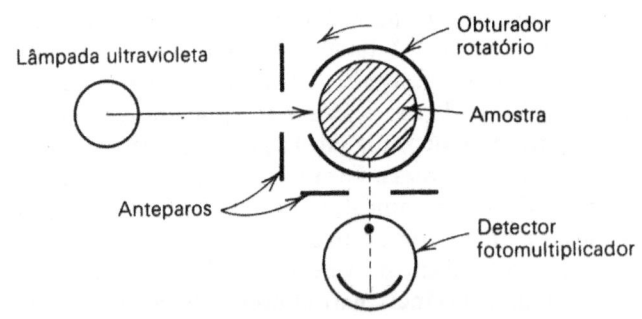

Figura 4.6 – Esquema de um fosforímetro de feixe único. Os filtros ou monocromatizadores podem estar localizados no feixe primário ou secundário ou em ambos

A fosforimetria não encontrou muitas aplicações analíticas práticas até hoje, mas tem grande potencialidade. Um grande número de compostos orgânicos com sistemas de anéis conjugados fosforescem intensamente e o método poderia oferecer excelentes possibilidades para análises de traços. O assunto foi discutido com alguns detalhes por Winefordner e Latz (ref. 11), que fornecem referências aos trabalhos prévios. Eles desenvolveram um procedimento simples e rápido para a determinação fosforimétrica da aspirina no soro sangüíneo e no plasma, onde a presença de salicilato livre não interfere.

Os melhores solventes para usar em fosforimetria são aqueles que se solidificam em vidros na temperatura do nitrogênio líquido, em vez de atingirem um estado cristalino. Isso elimina a tendência de segregar o soluto dando soluções sólidas. Um solvente particularmente importante é EPA, uma mistura de éter etílico, isopentano e etanol na razão de volume 5:5:2.

*American Instrument Co., Inc., Silver Spring, Maryland.

PROBLEMAS

4-1 Uma amostra de 2 g de carne de porco deve ser analisada em seu conteúdo de vitamina B_1 pelo processo do tiocromo. É extraído com ácido clorídrico, tratado com fosfatase e diluído a 100 ml. Uma alíquota de 15 ml é purificada por adsorção e eluição e durante o processo é diluída a 25 ml. Desses, retiram-se duas porções de 5 ml, uma das quais é tratada com ferricianeto e o volume de ambas é levado a 10 ml para exame fluorimétrico. Uma solução-padrão de tiamina contendo 0,2 µg por ml é tratada da mesma maneira, exceto que a porção introduzida na coluna de adsorção é levada a seu volume original após eluição (isto é, não é diluída). Das duas alíquotas de 5 ml, uma é oxidada e ambas são levadas a um volume final de 10 ml para medida da fluorescência. Registraram-se as seguintes observações:

Solução	Energia relativa da fluorescência
A (padrão, oxidada)	62,4
B (padrão, branco)	7,0
C (amostra, oxidada)	52,0
D (amostra, branco)	8,0

Calcular o conteúdo de vitamina B_1 da carne de porco em termos de microgramas por grama.

4-2 Uma amostra de 2 g de ração para aves domésticas é extraída com ácido e o extrato é purificado e diluído a 100 ml. Uma alíquota de 50 ml é oxidada com permanganato e o excesso deste é removido por redução com peróxido de hidrogênio. A solução é levada a 100 ml, dos quais 10 ml são transferidos para uma cubeta, adiciona-se 1 ml de água e mede-se a fluorescência ($F = 2,2$). Poucos mg de ditionito de sódio são adicionados à cubeta e agitados cuidadosamente. A fluorescência é aumentada para $F = 65,0$. Outra alíquota de 10 ml da solução oxidada é introduzida em uma cubeta idêntica e adiciona-se 1 ml de solução de riboflavina-padrão (0,5 µg), seguida pelo ditionito. A fluorescência observada é $F = 86,0$. Calcular o conteúdo de riboflavina na ração, em microgramas por grama.

REFERÊNCIAS

1. Argauer, R. J. e C. E. White: *Anal. Chem.*, **36**: 368 (Correção p. 1022) (1964).
2. Association of Vitamin Chemists, Inc., "Methods of Vitamin Assay". 3.ª ed., Interscience Publishers (Divisão de John Wiley & Sons. Inc.), New York. 1966.
3. Byrne, J. T.: *Anal. Chem.*, **29**: 1408 (1957).
4. Fletcher, M. H.: *Anal. Chem.*, **35**: 278, 288 (1963).
5. Kordan, H. A.: *Science*, **149**: 1382 (1965).
6. O'Haver, T. C. e J. D. Winefordner: *Ana. Chem.*, **38**: 602 (1966).
7. Turner, G. K.: *Science*, **146**: 183 (1964).
8. Veening, H. e W. W. Brandt: *Anal. Chem.*, **32**: 1426 (1960).
9. Weissler, A. e C. E. White: *Ind. Eng. Chem., Anal. Edition*, **18**: 530 (1946).
10. White, C. E.; M. Ho e E. Q. Weimer: *Anal. Chem.*, **32**: 438 (1960).
11. Winefordner, J. D. e H. W. Latz: *Anal. Chem.*, **35**: 1517 (1963).

REFERÊNCIAS GERAIS

Conrad, A. L.: Fluorimetry, em I. M. Kolthoff e P. J. Elving (eds.), "Treatise on Analytical Chemistry", pt. I, vol. 5, Cap. 59, Interscience Publishers (Divisão de John Wiley & Sons, Inc.), New York, 1964.
West, W.: Fluorescence and Phosphorescence, em W. West (ed.), "Chemical Applications of Spectroscopy", Cap. 6, sendo o vol. IX de A. Weissberger (ed.), "Technique of Organic Chemistry", Interscience Publishers (Divisão de John Wiley & Sons, Inc.), New York, 1956.
White, C. E. e A. Weissler: *Anal. Chem.*, **38**: 155R (1966).

5 A absorção da radiação: infravermelho

Enquanto a absorção das radiações no ultravioleta e no visível é convenientemente considerada como uma unidade, é preferível tratar separadamente os fenômenos correspondentes na região do infravermelho. Há duas razões importantes para isso: primeiro, as técnicas ópticas são suficientemente divergentes para que não seja disponível nenhum espectrofotômetro que cubra ao mesmo tempo e sem modificação tanto os intervalos do infravermelho como os do visível-ultravioleta; segundo, a absorção no infravermelho baseia-se em um mecanismo físico diferente do da radiação visível e ultravioleta.

Foi indicado no Cap. 2 que a absorção da radiação infravermelha depende do aumento da energia de vibração ou de rotação associado com uma ligação covalente, desde que esse aumento resulte numa variação do momento dipolar da molécula. Isso significa que quase todas as moléculas contendo ligações covalentes mostrarão algum grau de absorção seletiva no infravermelho. As únicas exceções são os elementos diatômicos, como H_2, N_2 e O_2 porque apenas nesse caso não há nenhum modo de vibração ou de rotação que produza um momento dipolar. Mesmo essas espécies simples mostram pequena absorção no infravermelho em altas pressões, aparentemente devida a distorções durante as colisões.

Os espectros no infravermelho de compostos covalentes poliatômicos são com freqüência excepcionalmente complexos, consistindo em numerosas bandas de absorção agudas, mesmo quando a amostra absorvente é um líquido puro. Isso contrasta fortemente com os espectros usuais de ultravioleta e visível que, quase invariavelmente, se relacionam com amostras em forma de soluções líquidas diluídas. A diferença se deve à natureza da interação entre as moléculas absorventes e suas vizinhanças. Essa interação tem grande efeito nas transições eletrônicas que ocorrem dentro de um cromóforo alargando as linhas de absorção no ultravioleta e visível, de modo que elas tendem a se unirem em regiões de absorção largas. Essa tendência não é observada apenas na fase gasosa e, em alguma extensão, em solventes não-polares.

No infravermelho, por outro lado, a freqüência e absortividade devidas a uma determinada ligação mostram apenas pequenas alterações quando se muda a sua vizinhança (o que inclui o resto da própria molécula). As linhas não são tão alargadas que se possam unir.

Algumas vezes ocorrem exceções a essa generalização. Por exemplo, uma molécula de cadeia longa em fase líquida tem liberdade para assumir um número limitado de configurações devido à rotação livre ao redor de muitas ligações C-C. Os espectros dessas várias formas serão quase, mas não totalmente, idênticos, de modo que aparecerá um alargamento nas bandas de absorção. Assim, quando possível, é preferível examinar compostos desse tipo em fase sólida.

Um espectro de absorção no infravermelho típico é o do isopropilbenzeno (sem solvente), reproduzido na Fig. 5.1 (ref. 1). A Fig. 5.2 mostra a variação no aspecto do espectro de um composto de cadeia longa, ácido esteárico, como aparece em solução e como uma película sólida à temperatura ambiente e novamente

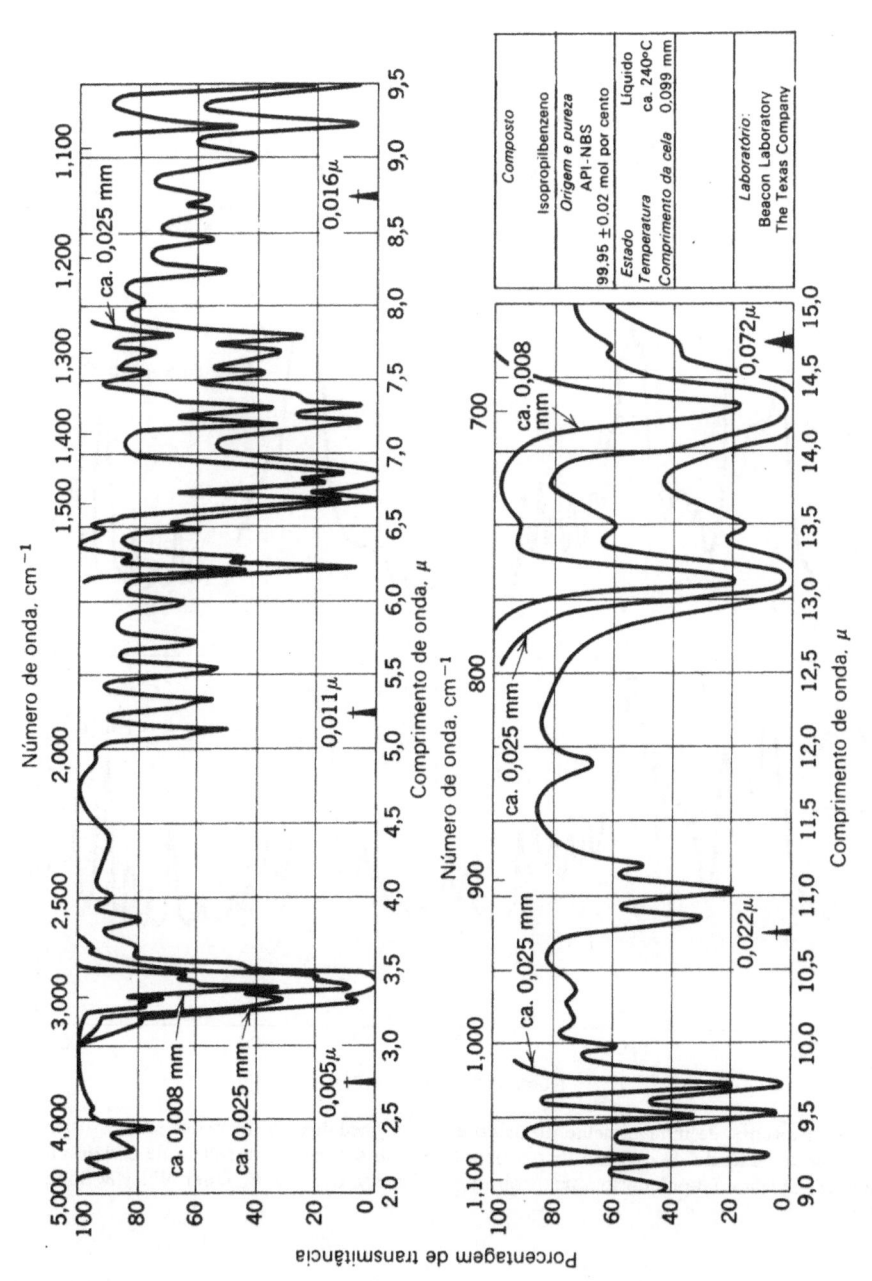

Figura 5.1 – Reprodução do espectro de infravermelho do isopropilbenzeno, recopiado da referência 1; os triângulos pretos indicam a largura das bandas espectrais em vários pontos

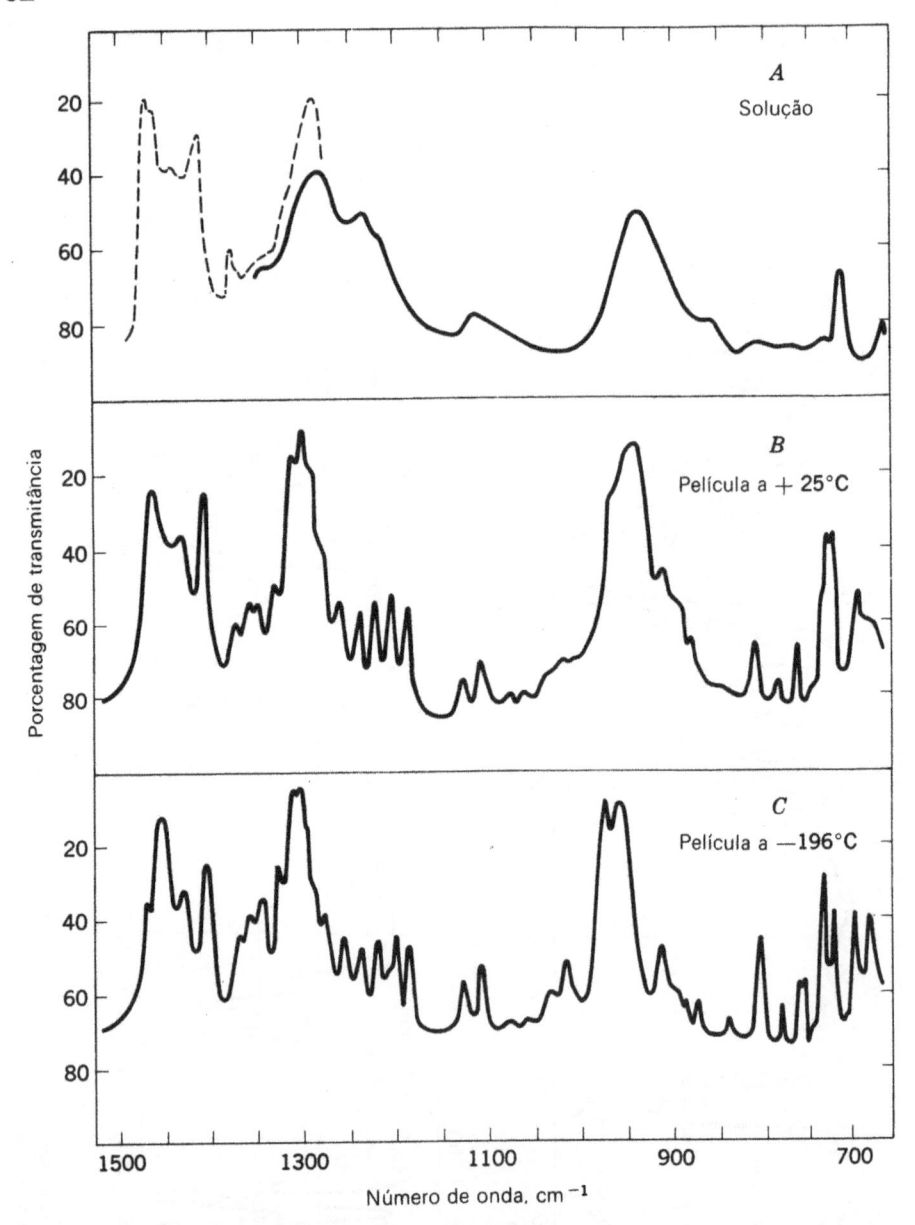

Figura 5.2 — Espectros de infravermelho do ácido esteárico medidos em diferentes estados físicos: *A*) em solução de tetracloreto de carbono (curva ponteada); em solução de dissulfeto de carbono (curva contínua); *B*) película do β-polimorfo à temperatura ambiente; e *C*) a -196°C (John Wiley & Sons, Inc., New York)

à temperatura do nitrogênio líquido (ref. 17). Ajustaram-se a concentração da solução e a espessura da película de modo a darem sinais convenientes no registrador. Observar que, a solução, em comparação com o sólido à temperatura ambiente mostra considerável alargamento dos picos e perda de detalhes através de uma grande parte do intervalo, enquanto que uma drástica redução de temperatura tem o efeito oposto.

Geralmente os espectros de infravermelho são colocados num gráfico em função da porcentagem de transmitância, como na Fig. 5.1, em vez de em absorbância. Isso faz com que as bandas de absorção apareçam na curva como depressões e não como máximos, como é comum nos espectros ultravioleta e visível. Esse método, porém, não é usado universalmente e a Fig. 5.2 mostra um formato inverso. Deve-se lamentar que se seguem convenções diferentes nos dois campos, mas como ambos são profundamente ligados, há pouca probabilidade de mudá-los. A variável independente em espectrogramas de infravermelho é muitas vezes o comprimento de onda em mícrons e, outras vezes, o número de onda em centímetros recíprocos. Alguns pesquisadores na área estão convencidos de que o tratamento de número de onda é preferível devido à sua proporcionalidade com a freqüência e, portanto, de mais fácil relacionamento com as vibrações dentro da molécula. Por outro lado, alguns preferem usar comprimentos de onda lineares porque na região do NaCl a parte de "impressões digitais" altamente detalhada (ao redor de cinco a quinze μ), é alargada convenientemente e não acumulada de um lado só. As duas apresentações são comparadas na Fig. 5.3.

CORRELAÇÕES ESTRUTURAIS

Como muitos estudos no infravermelho se relacionam com compostos orgânicos, seguimos o exemplo, apenas enfatizando que princípios semelhantes se aplicam a qualquer substância contendo ligações covalentes.

É possível, por exame cuidadoso de um grande número de espectros de compostos conhecidos, correlacionar máximos de absorção vibracionais específicos com os grupos atômicos responsáveis pela absorção. Essas relações empíricas constituem poderoso instrumento para a identificação de um composto covalente.

Podemos fazer algumas generalizações amplas. É útil distinguir tipos de vibrações como "estiramento", "distorção", "flexão", etc. Os comprimentos de onda mais curtos no infravermelho, ao redor de $4,0\,\mu$ a $0,7\,\mu$, incluem principalmente vibrações de estiramento das ligações entre o hidrogênio e átomos mais pesados; isso engloba a região do infravermelho próximo e é especialmente útil na identificação de grupos funcionais que contêm hidrogênio. A região de $4,0\,\mu$ a $6,5\,\mu$ contêm vibrações de ligações duplas e triplas. Acima desse comprimento de onda são encontradas as distorções "esqueletais" e flexões, incluindo a flexão do C—H, etc.

As absorções na região do infravermelho afastado, abaixo de cerca de $25\,\mu$, correspondem a vibrações envolvendo átomos pesados e grupos de átomos, incluindo ligações de carbono com fósforo, silício, metais pesados e também ligações de metais pesados com oxigênio e muitas outras. Também se situam nessa região algumas freqüências distorcionais fracas, como as de deformação de anéis de quatro membros, bem como vibrações "torcionais" do grupo metila e de outros grupos e a maioria das bandas puramente rotacionais.

A Tab. 5.1 fornece uma indicação das regiões no infravermelho correspondentes a tipos de ligação que ocorrem freqüentemente. São disponíveis relações muito mais extensas e detalhadas, levando em consideração as vizinhanças intramole-

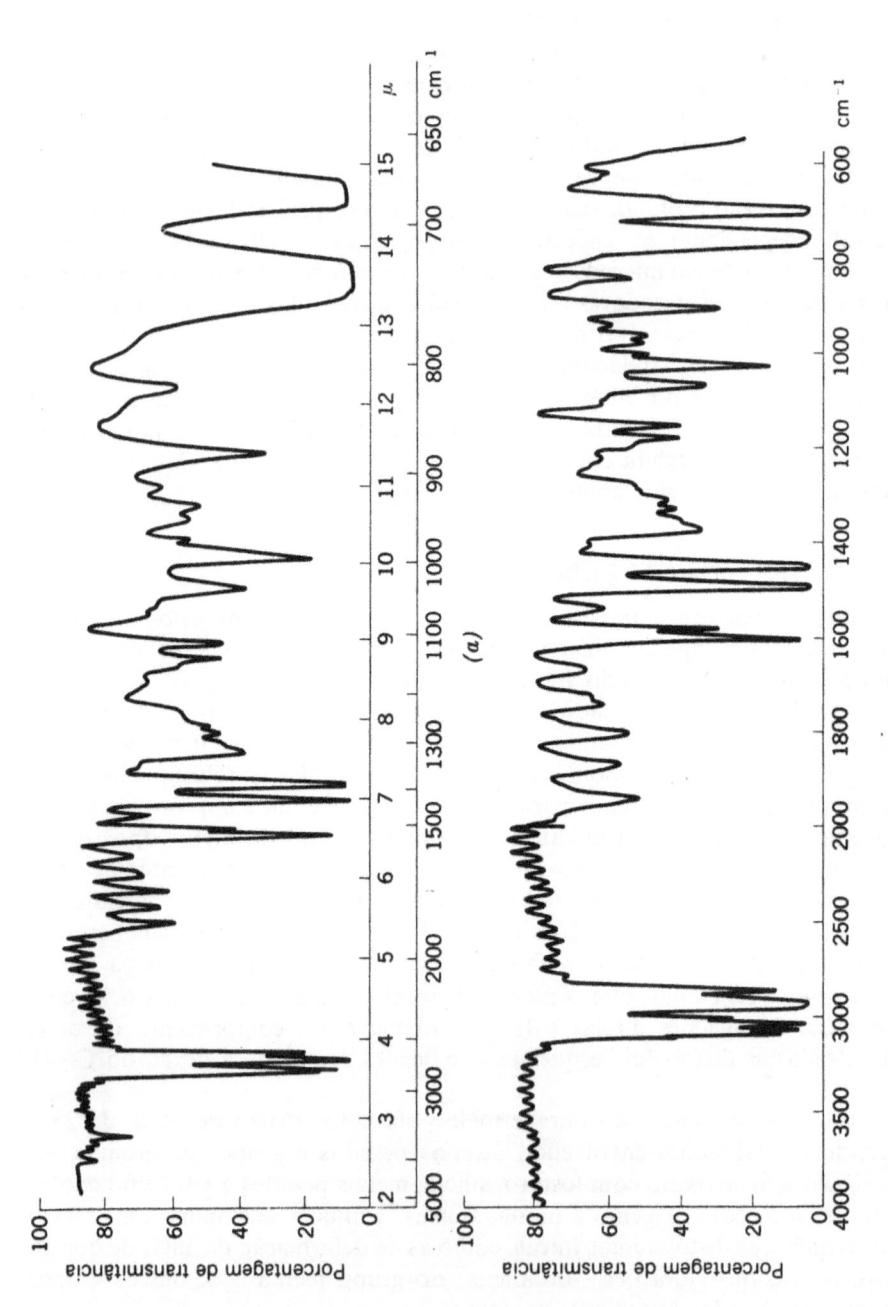

Figura 5.3 – Espectro de infravermelho de uma película de poliestireno, *a*) em escala linear de comprimentos de onda e *b*) linear em número de onda com uma mudança na escala a 2000cm⁻¹ (Perkin-Elmer Corporation, South Norwalk, Connecticut)

Tabela 5.1 — Posições no infravermelho de várias vibrações de ligação*

Ligação	Tipo	Força relativa**	Comprimento de onda, μ	Número de onda, cm^{-1}
C—H	Estiramento	s	3,0–3,7	2700–3300
C—H	Estiramento (2v)***	m	1,6–1,8	5600–6300
C—H	Estiramento (3v)***	w	1,1–1,2	8300–9000
C—H	Estiramento (C)****	m	2,0–2,4	4200–5000
C—H	Flexão, no plano	m–s	6,8–7,7	1300–1500
C—H	Flexão fora do plano	w	12,0–12,5	800–830
C—H	Balanço	w	11,1–16,7	600–900
O—H	Estiramento	s	2,7–3,3	3000–3700
O—H	Estiramento (2v)	s	1,4–1,5	6700–7100
O—H	Deformação	m–w	6,9–8,3	1200–1500
N—H	Estiramento	m	2,7–3,3	3000–3700
N—H	Estiramento (2v)	s	1,4–1,6	6300–7100
N—H	Estiramento (3v)	w	1,0–1,1	9000–10000
N—H	Estiramento (C)	w	1,9–2,1	4800–5300
N—H	Deformação'	s–m	6,1–6,7	1500–1700
N—H	Balanço	s–m	11,1–14,3	700–900
C—C	Estiramento	m–w	8,3–12,5	800–1200
C—O	Estiramento	m–s	7,7–11,1	900–1300
C—N	Estiramento	m–s	7,7–11,1	900–1300
C=C	Estiramento	m	5,9–6,3	1600–1700
C=O	Estiramento	s	5,4–6,1	1600–1900
C=O	Estiramento (2v)	m	2,8–3,0	3300–3600
C=O	Estiramento (3v)	w	1,9–2,0	5000–5300
C=N	Estiramento	m–s	5,9–6,3	1600–1700
C≡C	Estiramento	m–w	4,2–4,8	2100–2400
C≡N	Estiramento	m	4,2–4,8	2100–2400
C—F		s	7,4–10	1000–1350
C—Cl		s	13–14	710–770
C—Br		s	15–20	500–670
C—I		s	17–21	480–600
Carbonatos		s	6,9–7,1	1400–1450
Carbonatos		m	11,4–11,6	860–880
Sulfatos		s	8,9–9,3	1080–1120
Sulfatos		m	14,7–16,4	610–680
Nitratos		s	7,2–7,4	1350–1390
Nitratos		m	11,9–12,3	820–840
Fosfatos		w	9,0–10,0	1000–1100
Silicatos		...	9,0–11,1	900–1100

*Apenas aproximado; vibrações fundamentais a não ser especificação em contrário; coletados de várias fontes da literatura.
**s = forte; m = média; w = fraca.
***(2v) significa segundo harmônico ou primeiro sobretom, etc.
****(C) significa freqüência de combinação.

culares de cada ligação. Elas foram reunidas em uma tabela conveniente por Goddu (ref. 9), na região de 1,0 μ a 3,1 μ e por Colthup (ref. 5), na região de 2,5 μ a 25 μ. Bentley (ref. 4) organizou uma tabela que se estende até 33 μ. Todas essas tabelas são reproduzidas no "Handbook of Analytical Chemistry" de Meites. A maioria dos principais fabricantes de espectrofotômetros para infravermelho publica tabelas correspondentes aos intervalos e dispersões de seus próprios instrumentos. A Beckman Instruments fornece esses valores até 300μ. Pode-se encontrar a discussão detalhada dessas relações em numerosos textos e monografias destinados a auxiliarem na determinação das estruturas dos compostos orgânicos (refs. 3, 6, 9, 22 e 23).

Deve-se ressaltar que há várias situações onde a absorção no infravermelho é alterada mais ou menos fortemente pelas condições onde é observada. Essas variações na localização das bandas de absorção tornam necessário usar tabelas empíricas e gráficos com muita cautela, quando se deve determinar a estrutura de uma substância desconhecida.

As causas dessas alterações podem se localizar no aparelho espectrofotométrico – devido a variáveis como largura da fenda e velocidade de varredura – e serão consideradas posteriormente. O espectro, porém, pode ser alterado significativamente por fatores ligados diretamente à amostra. Os efeitos do solvente e da temperatura já foram mencionados previamente.

Outro tipo de interação é exemplificado pelo efeito da ponte de hidrogênio na freqüência de absorção de um grupo carbonila. A freqüência correspondente ao modo de estiramento da ligação $C=O$ em um composto dissolvido em um solvente não-polar é diminuída em uma considerável quantidade devido à formação de pontes de hidrogênio com alguma substância hidroxílica adicionada, ou por uma mudança para um solvente hidroxílico. A absorção carbonílica também pode-se alterar por sua vizinhança na própria molécula; a absorção da ligação $C=O$ é bem diferente em um ácido carboxílico onde pode ocorrer uma ponte de hidrogênio intermolecular (formação de um dímero), quando comparada a um éster onde não há possibilidade de formação dessa ponte. O ânion é afetado pela ressonância, que torna os dois átomos de oxigênio equivalentes entre si, de modo que o caráter de dupla ligação da carbonila é ainda mais profundamente modificado. A seguinte tabela mostra valores representativos para as vibrações de estiramento da carbonila para alguns compostos alifáticos (ref. 6).

Cetona	$5,81–5,85 \mu$	$1.720-1.710 \ cm^{-1}$
Ácido carboxílico manômero	$5,65–5,71$	$1.770-1.750$
Ácido carboxílico dímero	$5,81–5,85$	$1.720-1.710$
Éster	$5,73–5,80$	$1.745-1.725$
Sal, assimétrico*	$6,21–6,45$	$1.610-1.550$
Sal, simétrico*	próximo de 7,14	próximo de 1.410

*O ânion de um ácido carboxílico mostra dois tipos de vibração de estiramento:

Simétrico　　　　　　　　　Assimétrico

Essa discussão da absorção da carbonila é apresentada como um exemplo resumido dos tipos de considerações estruturais que podem ter grande significado para o químico orgânico, assim como para o analista.

Uma conseqüência da complexidade dos espectros de infravermelho é que se torna altamente improvável que dois compostos diferentes apresentem curvas idênticas. Assim, um espectro de infravermelho de um composto puro representa um método seguro de identificação, desde que o analista tenha em mãos uma grande compilação ou "atlas" dos espectros de compostos conhecidos. São disponíveis vários desses atlas (refs. 1 e 19).

Os espectros infravermelhos de amostras gasosas a pressões relativamente baixas mostram grande quantidade de detalhes e a melhor relação teórica com as freqüências naturais "verdadeiras" da molécula não-perturbada. Eles não são usados extensivamente em trabalho analítico devido à sua complexidade e porque outros meios de exame são geralmente mais convenientes.

Voltemos agora nossa atenção aos aspectos instrumentais da espectroscopia de infravermelho.

MATERIAIS DE CONSTRUÇÃO

Não há sólidos que sejam transparentes através de toda a região do infravermelho de interesse químico. Alguns dos melhores estão catalogados na Tab. 5.2, junto com os comprimentos de onda limites correspondendo arbitrariamente aos pontos onde uma espessura de 2 mm transmitirá 10% da radiação incidente. Uma substância ainda pode ser útil para alguma finalidade além desse ponto de corte, por

Tabela 5.2 — Substâncias sólidas transmissoras no infravermelho

Substância	Comprimento de onda-limite, µ*		Prismas	
	Curto	Longo	Beckman**	Perkin-Elmer***
Vidro de borossilicato	0,40	2,6		
Sílica vítrea	0,20	4,4		0,17–3,5
Calcita	0,30	5,1		
Safita	0,18	6,1		
LiF	0,13	8,5	1,0–6,0	0,5–6,5
CaF₂	0,15	12,0	0,5–9,0	0,5–9,5
Si	1,30	13,0		
BaF₂	0,16	15,0		
Ge	1,90	23,0		
NaCl	0,22	25,0	1,0–16,0	1,0–15,5
AgCl	0,40	28,0		
KBr	0,24	40,0	10,0–25,0	11,0–25,0
KI	0,35	42,0		
CsBr	0,23	53,0	11,0–35,0	15,0–38,0
CsI	0,26	70,0		

*Tomaram-se os comprimentos de onda máximos e mínimos de uma tabulação muito maior fornecida por Holter *et al.* (ref. 15); eles representam os comprimentos de onda onde uma amostra de 2 mm de espessura apresenta uma transmissão de 10%.

**Dados tomados da literatura da Beckman Instruments, Inc., referindo-se a substituições-padrão para seu espectrofotômetro IR-4.

***Dados da Perkin-Elmer Corporation, referentes a seu Modelo 221, exceto os dados para a sílica vítrea, que se referem ao Modelo 450 com prisma especialmente selecionado.

exemplo, como material para uma janela onde se pode usar uma peça mais delgada que 2 mm ou onde se encontram níveis de energia relativamente elevados. Por outro lado, como material para um prisma, esses valores são muito otimistas, pois a base de um prisma raramente será menos espessa que 20 mm ou 30 mm.

Alguns dos sais devem-se proteger da unidade atmosférica para que suas superfícies não se tornem obscurecidas. Em adição, muitos são moles e facilmente arranhados. A fluorita CaF_2 é uma exceção, pois é dura e não é afetada pela umidade.

No infravermelho afastado, fora do alcance do prisma de brometo de césio, a óptica deve ser completamente refletiva, incluindo redes de reflexão de preferência a prismas. Mesmo na região do infravermelho médio, é prática universal substituir as lentes por espelhos côncavos, devido serem livres de aberrações cromáticas e porque podem-se construí-los com materiais mais duráveis que sais. Geralmente é necessário passar a radiação através de uma substância sólida em dois lugares, a cela de absorção* e uma janela no detector. Esta pode ser bastante delgada, pois não cobre uma grande área. As janelas das celas de absorção são feitas de sais, abaixo de seus pontos de corte. No infravermelho afastado, aparecem dificuldades. Podem-se fazer as janelas de polietileno, um polímero contendo apenas ligações simples C—C e C—H, que é, portanto, razoavelmente transparente no infravermelho afastado. O quartzo começa a transmitir novamente abaixo de 45 μ e pode-se usá-lo, então, para janelas e celas.

FONTES

As fontes contínuas no infravermelho, como vimos, são principalmente incandescentes. A lâmpada de filamento de *tungstênio* é a fonte comum de instrumentos para o infravermelho próximo; o *Globar*, o *filamento de Nernst* e o aquecedor de *Nicrômio* são comuns no intervalo médio. No infravermelho afastado, a altas pressões, prefere-se o *arco de mercúrio*. A Beckman aplicou a lâmpada de quartzo--mercúrio de uma única maneira em seu espectrofotômetro para infravermelho afastado (IR-11). Em comprimentos de onda mais curtos, onde o quartzo absorve, o envoltório de quartzo aquecido emite radiações, enquanto a comprimentos de onda maiores o quartzo transmite a energia do próprio plasma de mercúrio. O ponto de interseção cai entre 50 μ e 100 μ.

DETECTORES

O máximo em sensibilidade e velocidade da resposta (que determina a velocidade de interceptação permissível) em detectores de infravermelho parece ser apresentado por certos dispositivos fotocondutores (ref. 8), mas esses apresentam desvantagens práticas. Quando operados à temperatura ambiente, apresentam intervalo muito restrito, geralmente limitado ao infravermelho próximo. O intervalo é aumentado por resfriamento drástico. Uma unidade de germânio especialmente tratada mostrou-se útil em toda a região do NaCl, se esfriada a 30K. Obviamente, tal detector só poderá ser aplicado em instalações anormalmente elaboradas.

Nos espectrofotômetros comerciais, usam-se regularmente fotocondutores de sulfeto de chumbo nos instrumentos limitados ao infravermelho próximo. Outros detectores dependem do aumento de temperatura de um receptor de pequeno ta-

*Na região do infravermelho a cubeta chama-se geralmente cela de absorção.

manho enegrecido. Em alguns poucos projetos, o aumento da temperatura é medido por um bolômetro, mas mais comumente por um par termoelétrico ou por um sistema pneumático operando via variações na pressão de um gás. O par termoelétrico foi previamente discutido.

Detectores pneumáticos podem ser seletivos ou gerais. Um detector seletivo é enchido com um gás absorvente (CO_2, H_2O, hidrocarbonetos, etc.), o que o torna sensível para a análise do gás correspondente em misturas (das quais falaremos mais tarde). Para não ser seletivo, o gás com o qual se enche o detector é planejado para não absorver a radiação diretamente, mas deve ser aquecido por um receptor sólido absorvente imerso no gás.

O principal exemplo de um detector pneumático não-seletivo é a *cela de Golay**, que é embutida em diversos espectrofotômetros comerciais. A radiação a se medir é absorvida por uma película enegrecida localizada no centro de uma pequena câmara de gás. O aumento de pressão resultante no gás causa a saliência de um fino espelho flexível. O espelho convexo faz parte de um sistema óptico pelo qual a luz proveniente de um pequeno bulbo incandescente é focalizada numa fotoválvula. O sinal recebido pela fotoválvula é então modulado de acordo com a energia do feixe radiante incidente na cela do gás.

O detector de Golay é mais conveniente para medidas de radiação interceptada a uma freqüência de 10 Hz a 15 Hz. Ele tem aproximadamente a mesma sensibilidade de um detector de par termoelétrico na região do infravermelho médio, mas tem maior intervalo de utilidade. É uniformemente sensível no ultravioleta, visível e infravermelho, até um comprimento de onda de 7,5 mm em microondas, desde que se selecionem janelas de materiais apropriados. É mais caro e volumoso e um pouco menos conveniente que muitos outros detectores.

FOTÔMETROS NÃO-DISPERSIVOS

Não é praticável tentar uma análise no infravermelho com um fotômetro de filtro simples, como se faz tão freqüentemente no visível, porque as bandas de absorção de muitas substâncias são muito mais estreitas e mais próximas de modo a não poderem ser diferenciadas pelos filtros disponíveis. O equivalente mais próximo de um fotômetro de filtro é o *analisador infravermelho de gás*, que depende das propriedades de detectores pneumáticos seletivos. A Fig. 5.4 mostra um arranjo possível (ref. 11). D e D' são dois recipientes idênticos, cada um contendo uma amostra de gás que está sendo determinado, geralmente diluído com argônio para reduzir o calor específico. Os recipientes estão separados por dois diafragmas eletricamente isolados, um dos quais é atravessado por um furo. O diafragma intato está livre para curvar-se ligeiramente em resposta a qualquer variação de pressão nas duas faces, variando então a capacitância elétrica entre ele e o diafragma perfurado. A pressão em D e D' depende da temperatura, a qual por sua vez depende da quantidade de radiação absorvida. Assim, a pressão em D varia inversamente com a quantidade de substância procurada que está na cela da amostra. A cela de referência é geralmente enchida com nitrogênio seco e fechada. Em muitas aplicações simples a "cela de filtro" não é necessária, mas pode-se usá-la se for necessário dessensibi-

*Inventado pelo dr. Marcel J. E. Golay e fabricada por The Eppley Laboratories Inc., Newport, Rhode Island.

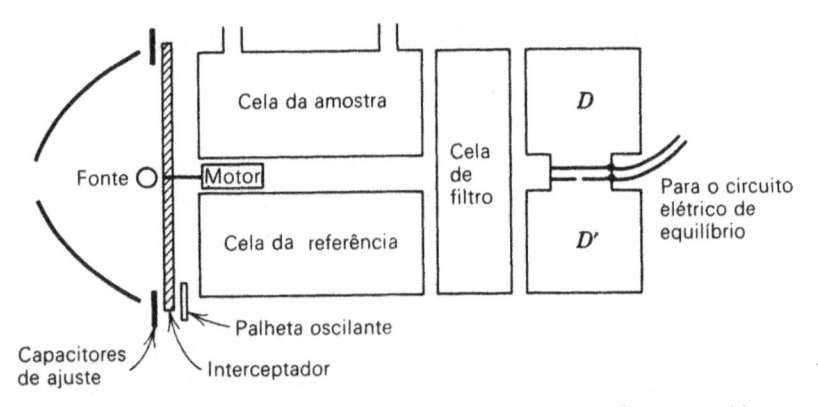

Figura 5.4 – Fotômetro infravermelho não-dispersivo com filtração positiva

lizar o instrumento em relação a qualquer gás componente que tenha bandas de absorção que se superponham às da substância procurada. É necessário um interceptador acionado por um motor porque o detector diferencial é um dispositivo dinâmico, isto é, responde a variações rápidas mais efetivamente do que a mudanças graduais. O interceptador é planejado para interromper os dois feixes simultâneamente. O capacitor formado pelos dois diafragmas é incorporado a um circuito eletrônico de alta freqüência que fornece energia a um pequeno servomotor para movimentar uma palheta oscilante através do feixe de referência para o ponto onde ambos os feixes transmitem a mesma energia para o detector. A quantidade dessa compensação é indicada em um medidor ou registro num gráfico móvel.

Os fotômetros desse tipo têm grande uso industrial, ligados diretamente ao controle de uma corrente. Sensibilidades da ordem de décimos ou centésimos de moles por cento são típicas.

Beebe e Liston (ref. 2) descreveram um fotômetro de feixe único semelhante mas com um engenhoso arranjo dos dois detectores seletivos emparelhados que se projetou originalmente para medir CO e CO_2 em submarinos.

ESPECTROFOTOMETROS

Os primeiros espectrofotômetros de infravermelho eram instrumentos manuais, do mesmo modo que o Beckman DU nos comprimentos de onda mais curtos. Os espectrofotômetros manuais no infravermelho são raramente usados hoje e apenas para fins especiais, como o de contrôle do efluente de um cromatógrafo para um constituinte de características de absorção conhecidas.

Dispõem-se de espectrofotômetros de varredura automática em uma abundância desconcertante. Há pelo menos 27 modelos construídos nos Estados Unidos e seis importados assiduamente. Podem-se dividi-los em duas classes principais: modelos de baixo custo para trabalhos de identificação de rotina e instrumentos de pesquisa equipados com vários aperfeiçoamentos, tais como: precisão, resolução e expansão de comprimento de onda maiores; maior versatilidade na maneira de apresentação do espectro, ou em relação aos tipos de suportes das amostras. Muitos deles usam o princípio de feixe duplo.

Um número surpreendente de espectrofotômetros de infravermelhos de vários fabricantes e de ambas as classes de preços apresentam quase que o mesmo esboço óptico. As diferenças residem nas tolerâncias de precisão de vários componentes ópticos e mecânicos e se refletem primariamente nas especificações do comprimento de onda, precisão fotométrica e no poder de resolução e, secundariamente, na variedade de dispositivos automáticos para conveniência do operador.

Um dos sistemas ópticos mais comum é mostrado na Fig. 5-5a. A energia da fonte N, que pode ser um filamento de Nernst ou um fio de nicrômio, é refletida por dois grupos de espelhos formando dois feixes simétricos, um dos quais passa através da cela da amostra e o outro através de um branco ou cela de referência. Os dois feixes são refletidos por uma série de espelhos posteriores, de modo que ambos são focalizados na fenda S_1. C é um disco interceptador circular acionado por um motor metade espelhado, metade aberto (cf. Fig. 2.28b), que permite aos dois feixes atingirem a fenda em períodos de tempo alternados. A fenda S é a fenda de entrada para um monocromatizador de Littrow com um prisma de 60° e um espelho. A banda do comprimento de onda selecionado passa através da fenda de saída S_2 e é focalizada sobre o par termoelétrico do detector D.

O detector recebe uma onda quadrada correspondente em aplitude à diferença da potência dos dois feixes. Esse sinal de c.a. após amplificação aciona um servo-motor que controla a posição de um atenuador A, que iguala a potência do feixe de referência à do feixe da amostra, um zero óptico. Simultaneamente, o motor movimenta a pena no registrador embutido.

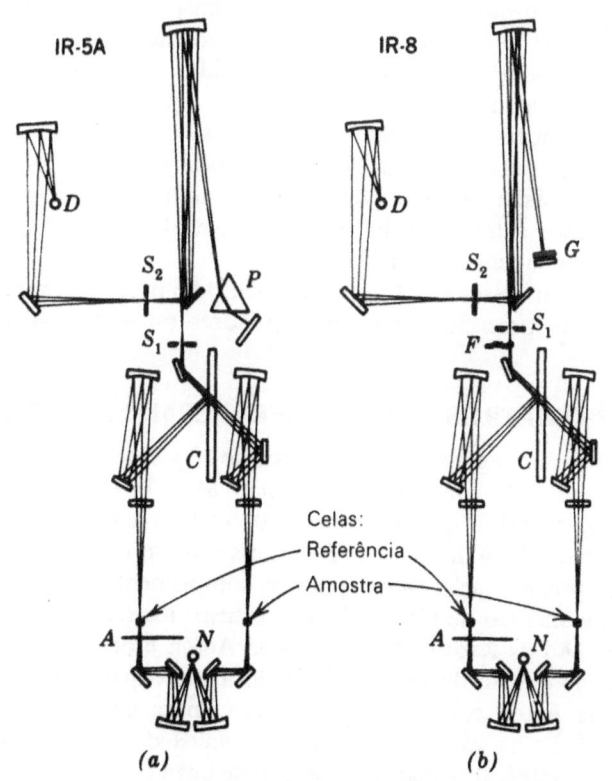

Figura 5.5 − Sistemas ópticos de dois espectrofotômetros de infravermelho da Beckman: *a*) instrumento de prisma (IR-5A); *b*) modelo de rede (IR-8) (Beckman Instruments, Inc., Fullerton, Califórnia)

Pode-se modificar a mesma seqüência para usar um par de redes de difração montadas costa com costa (Fig. 5.5b). A primeira rede tem 300 linhas por milímetro, riscadas a 3 μ, e está em posição, girando lentamente enquanto o espectrofotômetro vai varrendo a região de 2 μ a cerca de 5 μ. Quando se atinge 5 μ, a mesa da rede gira bruscamente para colocar a segunda grade (100 linhas por milímetro, riscadas a 7,5 μ) em posição e se reinicia a varredura cobrindo o intervalo de 5 μ a 16 μ. As duas redes são operadas na primeira ordem. São necessários quatro filtros F para eliminar as ordens superiores; eles são colocados em seqüência pelo mecanismo dirigente, no comprimento de onda exigido, atrás da fenda de entrada. Os espectros produzidos por alguns dos instrumentos de rede mais baratos mostram um intervalo entre as regiões varridas pelas duas redes, um pequeno defeito que não aparece nos espectros dos instrumentos de prisma nem nos espectrofotômetros de rede mais elaborados onde se pára o movimento do papel ou do suporte da pena durante o deslocamento de uma rede para a outra.

Tantos os espectros de rede como os de prisma podem ser lineares quer em comprimento de onda quer em número de onda, de acordo com o planejamento da coroa e pinhão que constituem a ligação mecânica entre o motor de varredura e a mesa da rede ou do prisma. Isto é, sem dúvida, mais simples no caso de comprimento de onda linear com dispersão por rede. Do ponto de vista do operador, contudo, um é tão conveniente para se usar como o outro.

A Tab. 5.3 fornece valores comparativos da sensibilidade precisão para alguns espectrofotômetros de infravermelho representativos de vários preços, como uma indicação do que se pode esperar. Os valores obtidos da literatura dos fabricantes foram mudados em alguns casos de um modo de representação para outro a fim de facilitar a comparação. Os valores de resolução são aproximações que se referem a mais ou menos a metade do intervalo para cada instrumento.

[Para uma discussão detalhada da resolução no infravermelho, seu significado e como é medida, ver o trabalho de Sloane e Cavenah (ref. 21).] Os preços foram arredondados e são apenas ilustrativos.

É evidente a partir dessa tabela que o aumento do preço é explicado pelo maior intervalo abrangido, precisão e resolução maiores ou a uma associação desses fatores.

ESPECTROFOTÔMETROS PARA O INFRAVERMELHO AFASTADO

Os instrumentos para a região abaixo de cerca de 50 μ são muito pouco numerosos e mais variados no planejamento. O Beckman Modelo IR-11 cobre o intervalo de 12,5 μ a 300 μ, o Perkin-Elmer Modelo 301 cobre de 15 μ a 400 μ e o FIR-64 da Acton* se estende de 40 μ a 600 μ. Todos esses usam como fontes lâmpadas de mercúrio de alta pressão, pelo menos para os comprimentos de onda mais longos, e um detector pneumático de Golay. Tanto os instrumentos da Beckman como os da Perkin-Elmer são de feixe duplo, mas o da Acton é de feixe único. Todos são providos de caixas que se devem purgar com ar seco para diminuir a absorção atmosférica; o da Acton é instalado em uma câmara evacuável.

Devem-se trocar as várias redes em intervalos de comprimentos de ondas sucessivos; para os intervalos mais longos, a rede deve ter de duas a três linhas por

*Acton Laboratories, Inc., Acton, Massachusets.

Tabela 5.3 – Alguns espectrofotômetros de infravermelho: especificações parciais

Fabricante, modelo	Lista de preços em US$	Tipo e intervalo	Precisão no comprimento de onda	Reprodutibilidade do comprimento de onda	Difusão máxima da luz	Reprodutibilidade de transmissão	Resolução
Beckman Microspec	$ 2.900	Filtro em cunha 2,5–14,5 μ	1%	$\not<$0,5%	4,0%	2,0%	<1,8%
Perkin-Elmer 137B	5.300	Prisma de NaCl 2,5–15 μ	0,03 μ	0,01 μ	0,1%	0,5%	
Beckman IR-8	6.500	Redes duplas 2,5–16 μ	0,008 μ (<5 μ) 0,015 μ (>5 μ)	0,005 μ (<5 μ) 0,01 μ (>5 μ)	1,5%	1,0%	0,2%
Perkin-Elmer 21	11.000	Prisma de NaCl 0,7–15,5 μ	0,015 μ	0,005 μ	2,0%	0,5%	1,7%
Beckman IR-4	13.500	Prismas duplos (NaCl) 1–16 μ	0,015 μ	0,008 μ	0,1%	0,2%	0,10%
Perkin-Elmer 421	18.000	Redes duplas 2,5–18 μ	0,010 μ (a 10 μ)	0,005 μ (a 10 μ)	0,1%	0,5%	0,13%
Beckman IR-11	35.000	Quatro redes 12,5–300 μ	1 μ (a 100 μ)	0,5 μ (a 100 μ)	0,4% (a 50 μ) 4,0% (a 150 μ)	1,0%	1,5–0,25%

milímetro. Precisamos de filtros para eliminar as radiações de fundo e as ordens não desejadas. Há dois tipos de filtros convenientes para aplicações no infravermelho afastado, ambos dependendo de reflexão seletiva em vez de transmissão. Um desses usa o fenômeno de "Reststrahlen", bandas estreitas de alta reflexão em substâncias cristalinas correspondendo aos índices de refração máximos associados a áreas de alta absorção (ref. 15). O outro tipo consiste em uma *base de dispersão* que pode ser uma película metálica depositada sobre uma placa de vidro de fundo áspero ou uma rede com linhas horizontais em vez de paralelas às fendas verticais. O espalhamento é muito efetivo na redução de quantidade de radiações de alta freqüência que passam através do sistema óptico, mas praticamente sem efeito prejudicial nas ondas largas de interesse.

No infravermelho afastado, é particularmente importante interceptar a radiação antes de sua passagem através da amostra e do monocromatizador, porque a radiação térmica espontânea da amostra e dos elementos ópticos pode não ser desprezível. A interceptação associada a um amplificador sintonizado permite ao detector responder apenas à radiação da própria fonte.

Mostrou-se praticável determinar os espectros no infravermelho afastado por meio de uma adaptação especial da *interferometria*. A principal vantagem está no fato de não necessitarmos mais de fendas, o que significa que o detector pode observar um feixe mais poderoso. Isso permite tanto um tempo menor para obter um determinado espectro como uma maior sensibilidade para o mesmo intervalo de tempo. Esse instrumento, cobrindo o intervalo extremamente largo de 20 μ a 1.000 μ é fornecido pela Beckman (Modelo FS-620). A Block* constrói um espectrofotômetro, semelhante em princípio, limitado ao infravermelho médio e próximo. Esses instrumentos são muito complexos para serem descritos aqui, particularmente por serem tão novos que não desempenharam até agora nenhum papel no trabalho analítico. São descritos na literatura.

CALIBRAÇÃO E PADRONIZAÇÃO

A calibração de um espectrofotômetro em relação ao comprimento de onda e à transmitância pode variar gradualmente com o uso contínuo em virtude de desgaste mecânico, obscurecimento das superfícies ópticas ou por envelhecimento de componentes, de modo que as verificações periódicas são altamente recomendáveis.

Teoricamente pode-se calibrar a escala de comprimento de onda ou de número de onda pode ser pela geometria de dispersão de uma rede de distância conhecida ou por um prisma de índice de refração conhecida, mas isso é impraticável como procedimento de rotina. A verificação mais comum na região do cloreto de sódio é obter o espectro de uma folha delgada de poliestireno como um padrão secundário. Os fabricantes de aparelhos de infravermelho geralmente fornecem amostras preparadas para essa finalidade, além de um espectro-padrão para comparação. O espectro (Fig. 5.3) mostra bandas de absorção facilmente reconhecíveis distribuídas pelo intervalo.

Outra verificação conveniente do comprimento de onda é conseguida comutando a operação para feixe único e varrendo o espectro sem a presença da amostra.

*Block Engineering Co., Inc., Cambridge, Massachusets.

Nessas condições, ver-se-á claramente a absorção do vapor de água e do dióxido de carbono atmosférico (Fig. 5.6) e, como seus comprimentos de onda são conhecidos com precisão, pode-se facilmente conferir a escala em vários pontos. Esse espectro mostra claramente uma das maiores vantagens de um espectrofotômetro de feixe duplo — a anulação da absorção atmosférica. Se se deve usar o espectrofotômetro para medidas quantitativas, a linearidade de sua escala fotométrica também deve-se verificar ocasionalmente. Pode-se fazer isso grosseiramente medindo o espectro do poliestireno ou a transmitância aparente de uma série de espessuras de um líquido como benzeno, em comprimentos de onda selecionados. Um processo mais preciso (e mais caro) consiste no uso de discos de calibração. São discos opacos com setores cortados em ângulo conhecido planejados para serem colocados na posição da amostra e girados a uma velocidade comparativamente maior que a do interceptador do feixe. Os setores são pré-calibrados em termos de porcentagem de transmitância (ou absorbância).

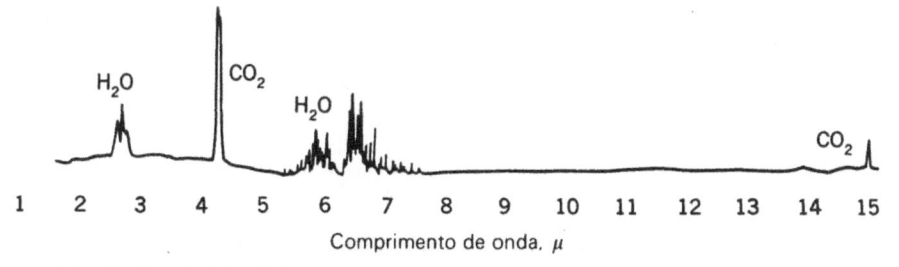

Figura 5.6 — Gráfico de feixe único sem amostra, mostrando as bandas de absorção devidas à água e ao dióxido de carbono da atmosfera (Plenum Publishing Corp., New York)

ANÁLISE QUANTITATIVA

A lei de Beer, como foi apresentada no Cap. 3, se aplica igualmente na região do infravermelho do espectro:

$$A = \log \frac{P_0}{P} = abc \qquad (5\text{-}1)$$

No infravermelho próximo, cubetas de 1 a 10 mm e soluções diluídas constituem o normal e não ocorrem problemas especiais pelo uso dessa relação. Abaixo dessa região, porém, o comprimento do percurso b é geralmente muito menor e a concentração é maior devido à falta de solventes convenientes para o infravermelho, um assunto que será considerado mais tarde. A grande concentração é adequada para causar desvios da lei, devido às interações moleculares. Além disso, freqüentemente, é difícil conseguir uma medida fotométrica precisa por causa da superposição das bandas de absorção. Consideraremos cada um desses itens separadamente.

Pode-se medir o comprimento do percurso por vários métodos. Nos projetos de algumas celas, podem-se efetuar essas medidas com um microscópio micrométrico. Numa cela de paredes planas paralelas, as franjas de interferência resultantes de reflexões internas múltiplas podem-se registrar facilmente pelo espectrofotômetro indicando a transmissão aparente através da cela vazia em relação ao ar no percurso de referência (ref. 6). O traçado resultante se assemelha ao da Fig. 5.7. Pode-se calcular o valor de b pela equação:

$$b = \frac{n}{2(\lambda_1^{-1} - \lambda_2^{-1})} \tag{5-2}$$

onde n é o número de franjas entre os números de onda λ_1^{-1} e λ_2^{-1}.

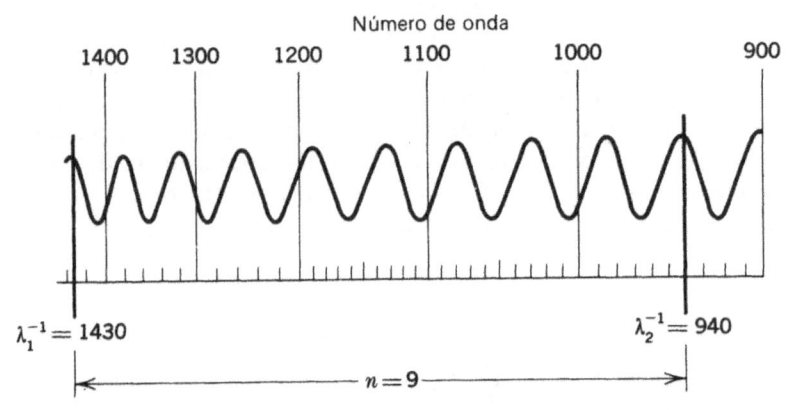

Figura 5.7 — Franjas típicas usadas no cálculo do comprimento do percurso (Allyn and Bacon. Inc., Boston)

Algumas celas não têm paredes suficientemente planas para fornecerem franjas de interferência nítidas. Para determinar o comprimento de percurso efetivo ou médio nessas celas, é necessário usar a lei de Beer "às avessas", medindo a absorbância de uma solução de absortividade e concentrações conhecidas.

Podem-se verificar os desvios da lei de Beer devidos à concentração elevada apenas por calibração cuidadosa com uma série de soluções de concentrações conhecidas. Um gráfico da absorbância em função da concentração não deve ser apenas uma curva, ele deve interceptar o eixo de concentração zero a um valor infinito, correspondendo à *absorção de fundo*. Pode-se encontrar essa quantidade por extrapolação e subtraí-la de todos os valores de absorbância aparente, se se desejar um valor real de absortividade.

A determinação experimental da absorbância freqüentemente apresenta dificuldades devidas à absorção de fundo é às bandas de superposição de outras substâncias presentes. Suponha que se deseje encontrar a absorbância correspondente à primeira banda mostrada na Fig. 5-8. Desenha-se uma *linha de base* unindo os ombros da banda, então podem-se medir as quantidades P_0 e P como indicado e calcular a absorbância. Contudo, em uma absorção como a segunda da mesma figura, a própria localização da linha de base oferece muitas dúvidas; são sugeridas algumas possibilidades. Nessa situação, que ocorre freqüentemente, o único procedimento consiste em padronizar um modo particular de traçar a linha. Pode-se melhorar a exatidão de um resultado pela análise de várias bandas de absorção do mesmo espectro; os resultados concordantes serviriam ainda para provar a conveniência do método.

A importância presente e futura das análises espectrofotométricas no infravermelho consiste mais e mais na identificação qualitativa de substâncias, puras

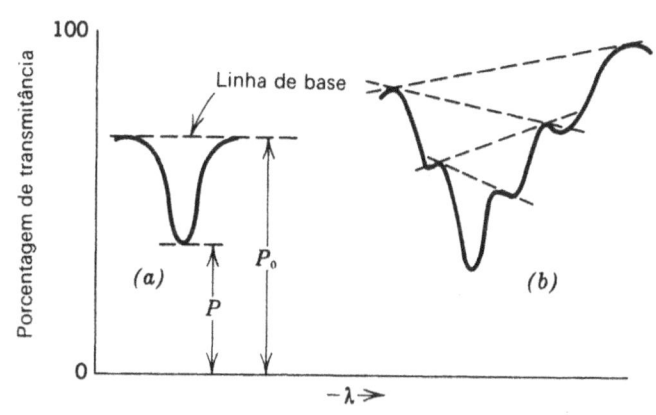

Figura 5.8 – Espectros hipotéticos de absorção no infravermelho: *a*) ilustrando a técnica de uso da medida da linha de base; *b*) mostrando a incerteza de onde desenhar a linha de base

ou em mistura, e como um instrumento no estabelecimento de estruturas. Os aspectos quantitativos perderam importância em parte devido a dificuldades que lhes são inerentes e especialmente porque se descobriram processos quantitativos mais rápidos e mais convenientes, especialmente a cromatografia de gás. Um procedimento típico de análise para uma mistura suficientemente volátil é a separação dos componentes em um cromatógrafo de gás que nos fornece o número e a quantidade relativa de cada um, seguido pela identificação qualitativa de cada componente por meio da espectrofotometria no infravermelho.

SPECTROFOTÔMETROS DE VARREDURA RÁPIDA

Os espectrofotômetros convencionais, que se destinam a mostrar todos os detalhes de um espectro complexo, devem-se operar em baixa velocidade de varredura devido à limitada velocidade de resposta do detector e do registrador. Também se devem conservar as fendas tão estreitas quanto possível para que se obtenha uma boa resolução.

Se se desejar obter um espectro à alta velocidade (uns poucos segundos), dever-se-á sacrificar a resolução. O Beckman IR-102 é um instrumento dessa classe especificamente planejado para receber o efluente de um cromatógrafo de gás sem isolamento prévio e para identificar as substâncias à medida que elas são eluídas. A Fig. 5.9 mostra uma comparação de espectros do mesmo composto obtidos no IR-102 e no IR-5A (instrumento da Fig. 5.5). O IR-102 é um instrumento de feixe único; assim, a absorção de fundo se superpõe ao espectro desejado. A resposta é linear em comprimento de onda em três segmentos com espaços insignificantes entre eles. Os comprimentos de onda são selecionados através de uma série de três filtros de interferência em forma de cunha montados em seqüência sobre um disco giratório, e cada cunha separa os comprimentos de onda correspondentes a uma das regiões do espectrograma registrado. Esse arranjo substitui os prismas e as redes convencionais. A Fig. 5.10 mostra o diagrama esquemático.

Os espectros produzidos pelo IR-102 não são tão precisos quanto os produzidos por instrumentos de menor velocidade de varredura de modo que para identificação deve-se consultar uma lista de espectros de compostos conhecidos determinados com o mesmo instrumento.

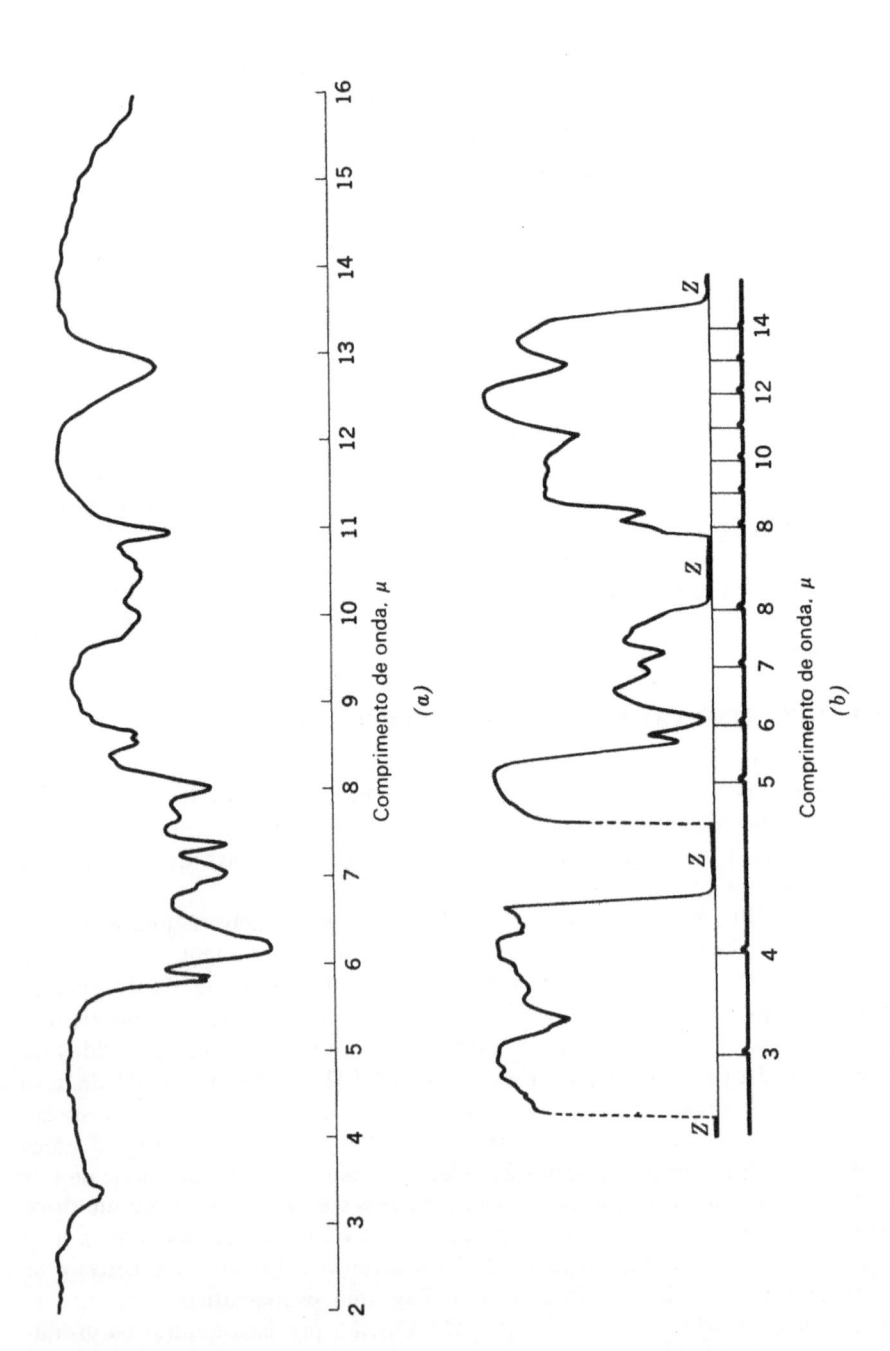

Figura 5.9 – Efeito da velocidade de varredura na resolução. Absorção do nitrato de *n*-propil determinada *a*) em um Beckman IR-5A e *b*) no Beckman IR-102 com varredura rápida. Em (*b*) as áreas marcadas com Z indicam conferência do zero do instrumento e não absorções intensas (Beckman Instruments, Inc., Fullerton. Califórnia)

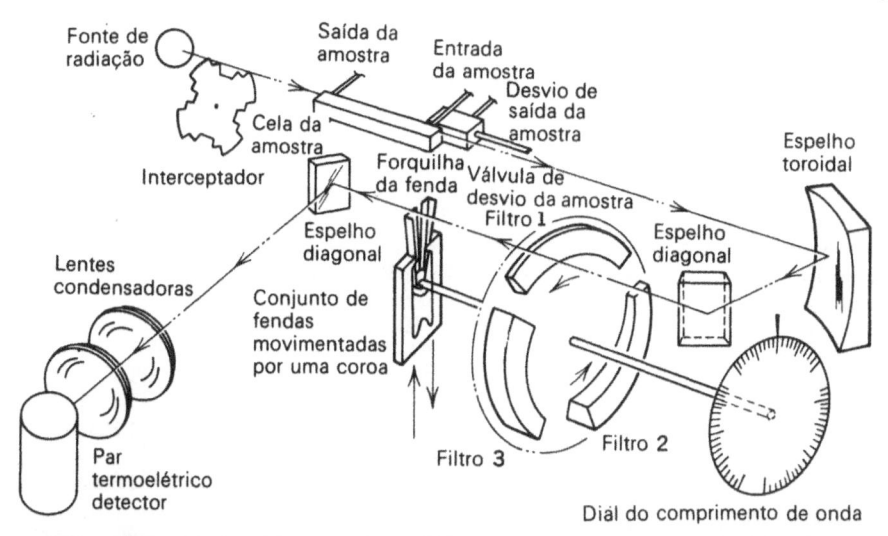

Figura 5.10 – Sistema óptico do espectrofotômetro de varredura rápida Beckman IR-102. Os filtros 1, 2 e 3 são cunhas de interferência especialmente planejadas que agem como seletores de comprimentos de onda (Beckman Instruments, Inc., Fullerton, Califórnia)

PREPARAÇÃO DAS AMOSTRAS

Podem-se examinar as amostras gasosas em um espectrofotômetro de infravermelho, sem outra preparação prévia além da remoção do vapor de água. Podem-se exigir longos comprimentos de percurso. O IR-102 contém celas de 10, 20 e 30 cm de comprimento. Alguns outros modelos podem aceitar celas de passagem múltiplas onde o feixe é refletido para trás e para frente em um comprimento total de talvez 10 m.

Os líquidos geralmente são manuseados puros, isto é sem solvente, em camadas delgadas, principalmente porque não há solventes disponíveis, para líquidos, que sejam por si próprios totalmente livres de absorção. O tetracloreto de carbono é satisfatório em um intervalo considerável, mas dissolve apenas um número limitado de substâncias. Podem-se usar clorofórmio, cicloexano e outros líquidos em regiões de comprimentos de onda restritos e em camadas muito delgadas. A Fig. 5.11 mostra uma tabela das regiões onde podem-se usar vários solventes. O grau de absorção que pode ser tolerado no solvente será, é claro, função da sensibilidade do espectrofotômetro. Pode ser eliminado, ao menos em boa aproximação, pelo método comum de colocar um branco no feixe de referência.

São disponíveis vários modelos de celas de absorção para líquidos, desde algumas baratas que são desprezadas assim que se tornam sujas até celas que podem-se desmontar para limpeza e celas munidas de um parafuso de passo com o qual se ajusta a espessura. A *cela de cavidade* é uma forma conveniente, que é construída fazendo-se um furo de lados paralelos em um único bloco de cloreto de sódio ou de outro sal. A face interna não pode ser polida, de modo que não se pode medir a espessura pelo método das franjas de interferência, mas pode-se medi-la pela absorbância de um líquido conhecido como, por exemplo, o benzeno.

Uma cela desmontável é mostrada na Fig. 5.12. Consiste em um par de placas de sal separadas por um calço ou gaxeta de metal ou, algumas vezes, de Teflon e

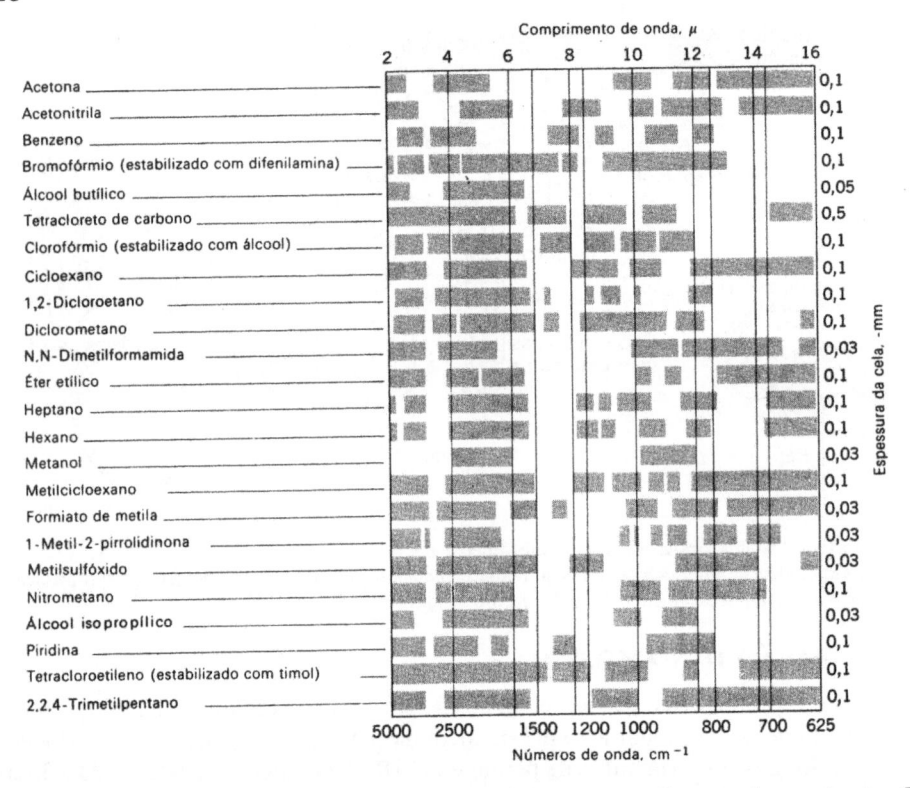

Figura 5.11 — Tabela mostrando as regiões de transmissão no infravermelho para alguns solventes. Os retângulos representam as áreas de transmissão (Eastman Kodak Co., Rochester, N. Y.)

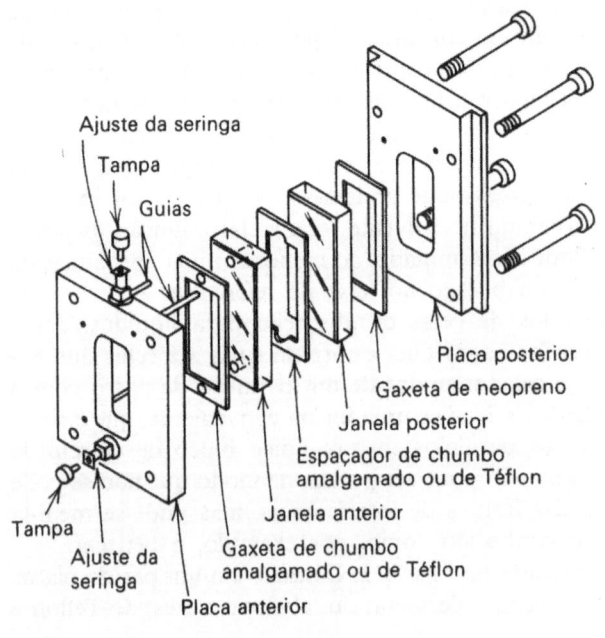

Figura 5.12 — Cela para amostra líquida em um espectrofotômetro de infravermelho (Beckman Instruments, Inc., Fullerton, Califórnia)

o conjunto todo é mantido unido como um sanduíche por grampos de metal. Dois orifícios são perfurados através da estrutura de metal e de uma das placas de sal para encher e para esvaziar. Geralmente pode-se usar uma cela muitas vezes antes de se tornar necessário desmontá-la e limpar ou repolir suas placas. Geralmente as celas são enchidas, esvaziadas e levadas com o auxílio de uma seringa hipodérmica (sem agulha) cuja ponta se encaixa no furo da estrutura da cela.

Os líquidos de elevada viscosidade são muitas vezes simplesmente intercalados como uma camada entre duas placas de sal, pois não é fácil introduzir líquidos viscosos em celas pré-montadas.

Podem-se preparar as amostras sólidas de elevada viscosidade para análises por adição a uma placa prensada ou a uma pastilha de brometo de potássio ou (menos comumente) iodeto de potássio ou brometo de césio. Uma quantidade pesada da amostra pulverizada é cuidadosamente misturada (como em um moinho de bola) com uma quantidade pesada do sal em pó altamente purificado e seco. Depois a mistura é submetida a uma pressão de várias toneladas em um molde evacuado a fim de produzir uma placa ou disco altamente transparente que se pode inserir em um suporte especial do espectrofotômetro. O disco tem geralmente 1 cm de diâmetro e talvez 0,5 mm de espessura. Para fins quantitativos, exige-se a espessura exata; algumas vezes pode-se determinar pelas dimensões do molde ou medi-la com um calibrador micrométrico.

Há riscos no uso da técnica da pastilha de brometo de potássio. Se o tamanho da partícula não for suficientemente pequeno, resultará espalhamento excessivo. Algumas substâncias termossensíveis (esteróides, por exemplo) podem mostrar sinais de decomposição parcial, provavelmente devido ao calor gerado ao triturar os cristais do sal. A técnica foi considerada nos detalhes críticos em um trabalho de Hannah (ref. 12).

Também podem-se examinar as amostras sólidas em forma de uma camada delgada depositada por sublimação ou evaporação de um solvente na superfície de uma placa de sal. Um outro procedimento muito recomendado é chamado *emulsão*. A amostra pulverizada é misturada a fim de formar uma pasta com um pouco de um óleo pesado (geralmente se usa Nujol medicinal). O óleo apresenta apenas umas poucas bandas de absorção isoladas, especificamente 3,5, 6,9 e 7,2 μ. Se essas bandas interferem, pode-se fazer a emulsão com Fluorolube, uma substância fluorcarbonada que não absorve a comprimentos de onda menores que cerca de 7,7 μ. A emulsão é intercalada entre placas de sal para a medida.

Uma vantagem tanto da emulsão como da pastilha é que o espalhamento da radiação é reduzido a um mínimo, o que constitui uma fonte de perturbação quando se usa apenas uma amostra pulverizada.

REFLEXÃO TOTAL ATENUADA

É bem conhecido que, quando um feixe de radiação encontra uma superfície entre dois meios, aproximando-se pelo meio de maior índice de refração, haverá reflexão total se o ângulo de incidência for maior que um certo ângulo crítico, cujo valor depende dos dois índices de refração. Nem sempre observado, embora previsto pela teoria eletromagnética, é o fato de na reflexão total uma parte da energia da radiação realmente atravessar os limites da superfície e voltar. Isso é sugerido pelo ultra-simplificado esquema da Fig. 5.13. Se o meio menos denso absorver no com-

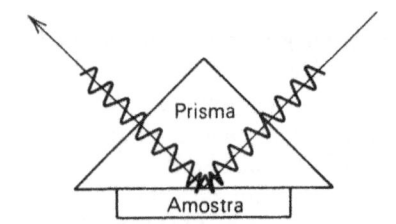

Figura 5.13 – Representação esquemática da reflexão interna total de um feixe de radiação, mostrando certo grau de penetração no substrato (Wilks Scientific Corporation, South Norwalk, Connecticut)

primento de onda da radiação, então o feixe refletido conterá menos energia que o incidente e uma varredura do comprimento de onda produzirá um espectro de absorção.

Em princípio, isso se aplica a qualquer região espectral, mas verificou-se que é mais útil no infravermelho, onde geralmente são exigidas camadas de amostra muito delgadas. A distância em que a radiação parece penetrar na reflexão interna depende do comprimento de onda, mas é da ordem de $5\,\mu$ ou menos na região do cloreto de sódio. O fenômeno recebe uma porção de nomes, incluindo refletância total atenuada (RTA), refletância interna frustrada (RIF) e, quando se usam várias refletâncias, refletância interna múltipla (RIM) ou refletância interna múltipla frustrada (RIMF); usaremos a abreviação RTA.

Imaginaram-se alguns suportes para amostra para usarem a RTA em análises no infravermelho, a maior parte planejada para caber no compartimento da amostra de espectrofotômetros convencionais; alguns são mostrados na Fig. 5.14. Em (a) temos um arranjo para reflexão simples na superfície da amostra, em um ângulo variável. Mudando a posição do prisma inferior (b), que tem superfícies prateadas e, portanto, reflete em qualquer ângulo, também se pode variar o ângulo de incidência na amostra ainda conservando o feixe de entrada e o de saída na mesma linha reta. O desenho (c) mostra um dispositivo de reflexão múltipla linear (ref. 13), especialmente conveniente para amostras sólidas, que são presas em contato óptico com as duas superfícies de uma lâmina de um sólido transparente de elevado índice e de vários centímetros de comprimento. A Fig. 5.14d representa um prisma alongado com os lados paralelos planos arranjados de tal modo que a radiação entra e sai pela mesma extremidade (ref. 14), pode-se envolver esse tipo por uma amostra líquida, como se vê, ou pode-se prendê-lo entre sólidos.

Os espectros de RTA não são idênticos aos obtidos convencionalmente, mas são muito semelhantes. A distorção se torna maior à medida que o ângulo de incidência se aproxima do ângulo crítico. Entretanto, quanto mais longe do ângulo crítico menor é a absorção e assim precisa-se introduzir um grande número de reflexões.

Encontrou-se que a RTA é muito útil com substâncias opacas que se devem observar no estado sólido. As aplicações incluem estudos de borracha e de outras substâncias poliméricas, películas de superfícies adsorvidas e revestimentos, como, por exemplo, tintas.

ABSORÇÃO DE MICROONDAS

Pode-se considerar a absorção na região de microondas (ref. 10) como uma extensão do infravermelho afastado, pois os fenômenos que originam os espectros de absorção são principalmente transições rotacionais em moléculas possuindo

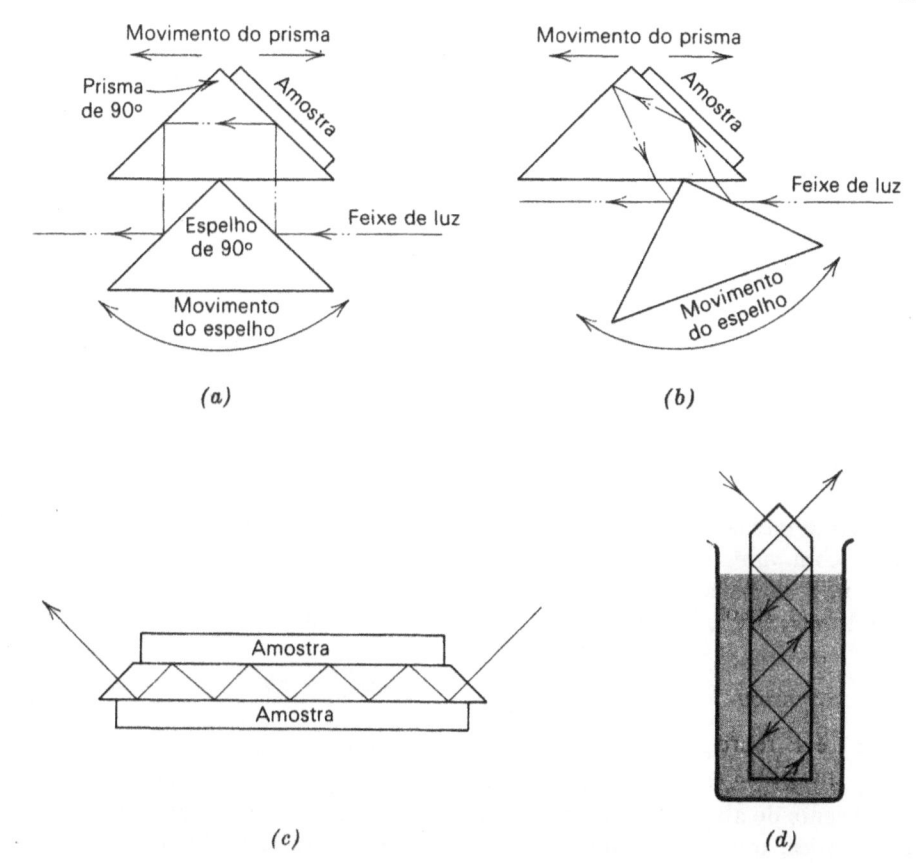

(a)   *(b)*

(c)   *(d)*

Figura 5.14 — Aparelho RTA: (*a* e *b*) um arranjo onde os feixes de entrada e saída estão na mesma linha reta; o prisma inferior e a face esquerda do superior devem ser prateados; o movimento das partes como indicado permitirá variar o ângulo de reflexão na amostra; *c*) um dispositivo para reflexões múltiplas; *d*) um cilindro de imersão que permite reflexões múltiplas com a massa de uma amostra de líquido (de *a* a *c*, Wilks Scientific Corporation, South Norwalk, Connecticut; *d*, Analytical Chemistry)

um momento dipolar permanente. Também se podem observar as absorções sob condições apropriadas em moléculas que possuem momentos magnéticos, como O_2, NO_2, ClO_2 e em radicais livres. A região espectral de microondas mais útil para a espectroscopia química situa-se aproximadamente entre 8 e 40 GHz [1GHz (gigahertz) = 10^9 Hz]. Como veremos em capítulo posterior, essa faixa inclui as freqüências úteis na ressonância magnética de *spin* eletrônico (RSE), de modo que os dois métodos apresentam algumas características comuns, embora não sejam baseados nos mesmos mecanismos moleculares.

Não há absorção de microondas que seja característica de tipos de ligações específicas ou de grupos funcionais, como acontece muitas vezes nos espectros ópticos e infravermelhos. Podem-se executar análises quantitativas apenas por comparação com espectros conhecidos. A região de microondas é excelente como um complemento do infravermelho na identificação de compostos relativamente pouco covalentes pela aproximação das "impressões digitais". Isso se deve em parte ao grande número de freqüências acessíveis. Se se puderem determinar as bandas de absorção das com uma separação de 200 kHz, um número razoável, isto fornecerá um total de 160.000 espaços ou "canais" na região de 8 a 40 GHz $[(40-8) \times 10^9 2 \times$ $\times 10^5 = 1{,}6 \times 10^5]$. Por comparação, se admitirmos que se consegue uma resolução média de $1 \, cm^{-1}$ na região do infravermelho desde o visível até $50 \, \mu$, serão obtidos apenas 10.000 espaços. Certamente, há muitas freqüências que não aparecem em quaisquer espectros conhecidos, assim, esses números podem ser algumas vezes enganadores, todavia, em princípio, pode-se examinar num absorciômetro de microondas um número extremamente grande de compostos com pequena probabilidade de superposição. Podem-se estudar apenas amostras gasosas, ainda que a pressão de vapor não necessite ser alta; 10^{-1} a 10^{-3} torr é o intervalo de pressão usual (refs. 7 e 10).

A principal limitação se origina de interações entre os níveis de energia rotacional associados a várias ligações dentro da molécula. Se há mais que três ou quatro rotores presentes, várias interações podem fazer com que o espectro se apresente como uma grande quantidade de linhas próximas, poucas, se algumas forem suficientemente intensas para serem úteis. Assim, não se podem estudar as moléculas grandes com vantagem, a menos que estruturas cíclicas inibam rotação ao redor de algumas ligações.

A lei de absorção quantitativa (lei de Lambert) pode ser expressa na forma

$$P = P_0 \cdot 10^{-\alpha b} \quad \text{ou} \quad \log \frac{P_0}{P} = \alpha b \qquad (5\text{-}3)$$

onde P_0 e P representam, respectivamente, a potência radiante (microonda) incidente e que passa através da cela de absorção que tem um comprimento efetivo b. O coeficiente de absorção α corresponde à absorbância A, como geralmente se usa região óptica, tomado por unidade do comprimento da cela de absorção. Idealmente, é uma função apenas do número de moléculas absorventes por unidade de comprimento do percurso e assim se pode relacionar com a pressão parcial da substância em uma mistura de gases.

O grau em que tal relação é válida depende do modo como se mede e usa o coeficiente de absorção. A baixas pressões e níveis de energia, onde os efeitos de saturação não são evidentes, a pressão é proporcional a α_{max}, altura do máximo de absorção. Porém, a absorções elevadas, o valor de α_{max} se torna constante e um aumento de pressão resulta no alargamento da linha medida a meia altura. Pode-se mostrar que acima desse ponto a absorção integrada é quase proporcional à pressão:

$$\int \alpha(v) \, dv \, Kp \qquad (5\text{-}4)$$

onde v = freqüência
p = pressão
K = constante de proporcionalidade

A Fig. 5.15 mostra as curvas de absorção de uma banda típica a várias pressões.

Se se acondicionar à amostra um gás não-reagente, que não absorve na mesma freqüência, verificar-se-á que o valor da absorção integrada é proporcional à fração molar do gás absorvente. Assim, essa integral (a área sob a curva) é um instrumento analítico quantitativo válido. É necessário ter certeza de que o nível de energia não é muito alto, a fim de que nem a amostra absorvente nem o detector-retificador

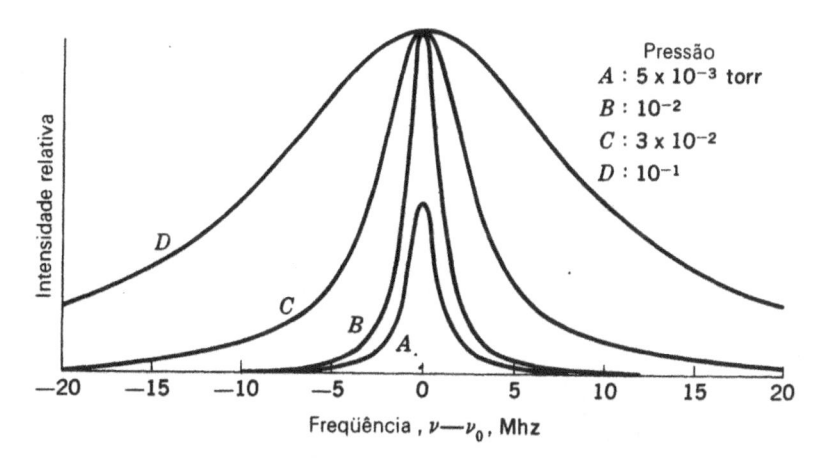

Figura 5.15 — Variação das curvas de absorção de microondas com a variação da pressão. Observar que a intensidade do pico permanece constante para um grande intervalo de pressão (John Wiley & Sons, Inc., New York)

de cristal se tornem saturados. Também se deve controlar a temperatura. Com o devido cuidado esperam-se desvios-padrão da ordem de 3 a 5% (lembrar que a amostra deve ser apenas uns poucos micromoles).

Deve-se ressaltar em relação a esse método que tanto a teoria como as técnicas de absorciometria de microondas ainda são recentes. Há motivos para crer que em relação ao melhor valor conseguido até agora, de modo que a razão sinal-ruído se pode aumentar drasticamente se pode aumentar consideravelmente sua precisão como um instrumento analítico.

INSTRUMENTAÇÃO PARA MICROONDA

Os detalhes da teoria e construção dos aparelhos não podem-se discutir aqui por falta de espaço; foram revistos recentemente (ref. 7). Foram construídos espectrofotômetros que são comparáveis aos instrumentos de feixe único e duplo utilizados nos intervalos espectrais mais comuns. A fonte tanto pode ser um clístron como um oscilador de onda invertida, que se pode movimentar por meio de um considerável intervalo de freqüência, gerando radiação essencialmente monocromática em cada ponto. O interceptador do feixe é substituído por um sistema eletrônico de modulação baseado no efeito *Stark* ou (menos comumente) *Zeeman*. Um retificador de cristal serve como detector da radiação.

Há dois espectrômetros de microondas no mercado americano*. Dois espectros típicos obtidos com um deles são reproduzidos na Fig. 5.16.

---

*Construído por Hewlett-Packard, Palo Alto, Califórnia, e pela Divisão Tracerlab do Laboratory for Electronics, Inc., Waltham, Massachusetts.

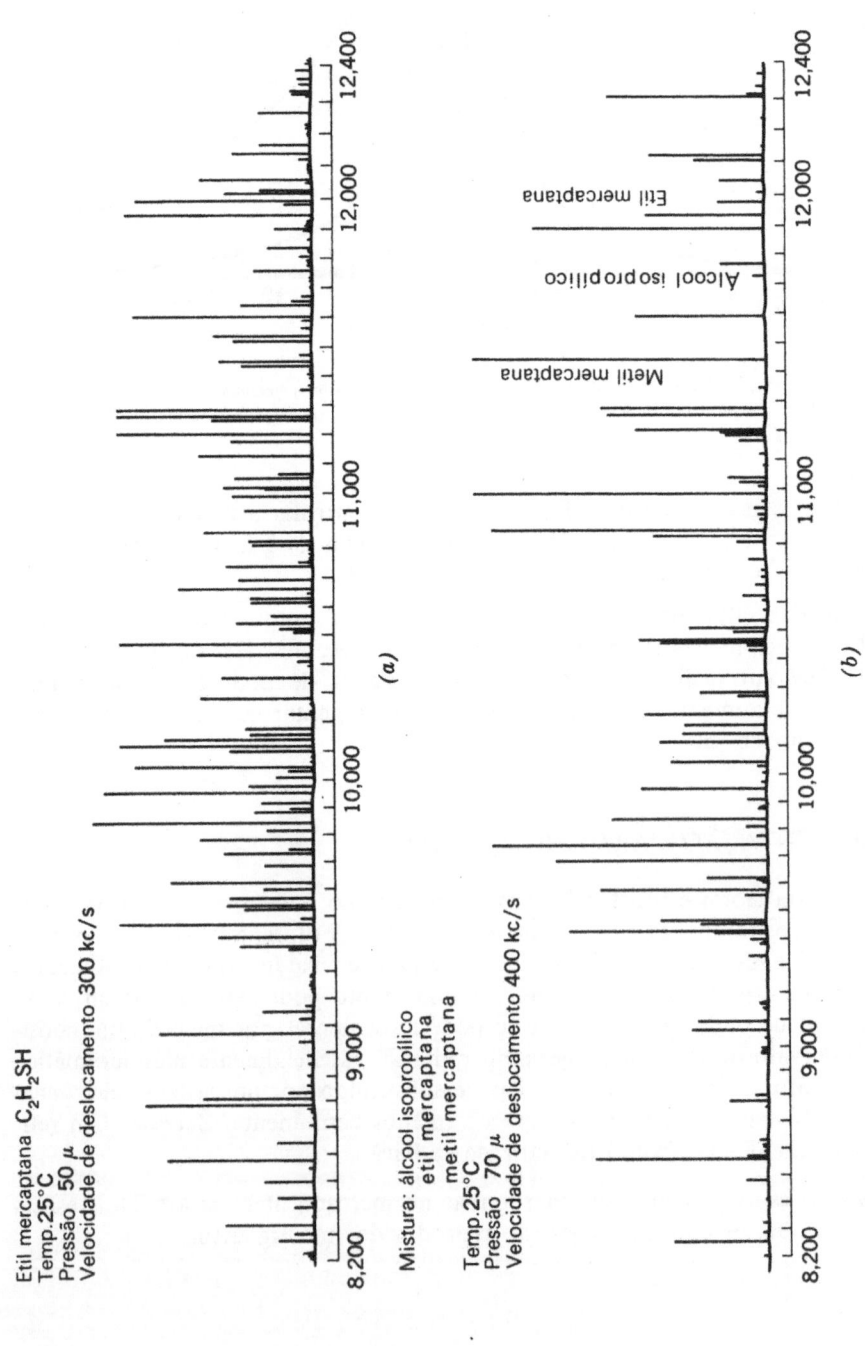

Etil mercaptana C_2H_2SH
Temp. 25°C
Pressão 50 μ
Velocidade de deslocamento 300 kc/s

(a)

Mistura: álcool isopropílico
etil mercaptana
metil mercaptana
Temp. 25°C
Pressão 70 μ
Velocidade de deslocamento 400 kc/s

(b)

Figura 5.16 – *a*) Espectro de microonda da etilmercaptana. *b*) Espectro de microonda de uma mistura de três substâncias (Hewlett-Packard, Palo Alto, Califórnia)

PROBLEMAS

5-1 Uma amostra de brometo de etila que se supõe conter traços de água, etanol e benzeno foi examinada em um espectrofotômetro de infravermelho. Obtiveram-se as seguintes absorbâncias relativas pelo método da linha de base: a $2,65\,\mu$, $A = 0,110$; a $2,75\,\mu$, $A = 0,220$; a $14,7\,\mu$, $A = 0,008$. O instrumento usado, celas, etc. duplicam exatamente aqueles para os quais foram registrados os valores de referência (refs. 18 e 24). Calcular as quantidades de água e etanol em partes por milhão e de benzeno em porcentagem.

5-2 Uma corrente de gás a alta temperatura em uma fábrica de "gás de água" contém como constituintes principais H_2, CO, CO_2 e H_2O, com possível pequena quantidade ($0,5\%$ ou menos em volume) de CH_4. Deseja-se sensibilizar um analisador infravermelho não-dispersivo para controlar o conteúdo de metano. O gás é esfriado antes de ser introduzido no analisador de modo que o excesso de água condensa e é removido. Procure os espectros dessas substâncias em um atlas e descreva em detalhes o que deveria-se colocar em cada compartimento do analisador da Fig. 5.4.

5-3 Determine (em milímetros) o compartimento da cela que produz as franjas de interferência mostradas na Fig. 5.7. Em qual número de onda a espessura dessa cela será exatamente igual a 10 comprimentos de onda?

5-4 As seguintes observações foram registradas (ref. 6) para a absorbância aparente da cicloexanona em solução de cicloexano a $5,83\,\mu$ (espessura de cela de 0,096 mm):

Concentração g/l	Absorbância
5	0,190
10	0,244
15	0,293
20	0,345
25	0,390
30	0,444
35	0,487
40	0,532
45	0,562
50	0,585

Construa um gráfico com esses valores: a) Em qual intervalo a lei de Beer é seguida, depois de feitas as correções de fundo necessárias? b) Calcule o valor de ε, absortividade molar.

REFERÊNCIAS

1. American Petroleum Institute: Catalog of Infrared Spectrograms, *API Res. Proj.* 44, Texas A & M University, College Station, Tex.
2. Beebe, C. H. e M. D. Liston: *Instr. Soc. Am. Trans.*, **2**: 331 (1963).
3. Bellamy, L. J.: "The Infrared Spectra of Complex Molecules", 2.ª ed., Methuen & Co., Ltd., London, e John Wiley & Sons, Inc., New York, 1958.
4. Bentley, F. F. e E. E. Wolfarth: *Spectrochim. Acta*, **15**: 165 (1959).
5. Colthup, N. B.: *J. Opt. Soc. Am.*, **40**: 397 (1950).
6. Conley, R. T.: "Infrared Spectroscopy", Allyn and Bacon, Inc., Boston, 1966.
7. Ewing, G. W.: *J. Chem. Educ.*, **43**: A683 (1966).
8. Gebbie, H. A.: *Proc. Second Intern. Conf. Quantum Electronics*, McGraw-Hill Book Company, New York, 1961.
9. Goddu, R. F. e D. A. Delker: *Anal. Chem.*, **32**: 140 (1960).
10. Gordy, W.: Microwave and Radio Frequency Spectroscopy, em W. West (ed.) "Chemical Applications of Spectroscopy", p. 169, sendo o vol. IX de A. Weissberger (ed.), "Technique of Organic Chemistry", Interscience Publishers (Divisão de John Wiley & Sons, Inc.), New York, 1956.
11. Gray, W. T.: *Instr. Soc. Am. J.*, **2**: 189 (1955).

12. Hannah, R. W.: *Instr. News*, uma publicação da Perkin-Elmer Corporation, South Norwalk, Conn., **14** (3-4): 7 (1963).

13. Hansen, W. N. e J. A. Horton: *Anal. Chem.*, **36**: 783 (1964).

14. Harrick, N. J.: *Anal. Chem.*, **36**: 188 (1964).

15. Holter, M. R.; S. Nudelman; G. H. Suits; W. L. Wolfe e G. J. Zissis: "Fundamentals of Infrared Technology". The Macmillan Company, New York, 1962.

16. Hurley, W. J.: *J. Chem. Educ.*, **43**: 236 (1966).

17. Jones, R. N. e C. Sandorfy: The Application of Infrared and Raman Spectrometry to the Elucidation of Molecular Structure, em W. West (ed.), "Chemical Applications of Spectroscopy", p. 308, sendo o vol. IX de A. Weissberger (ed.), "Technique of Organic Chemistry", Interscience Publishers (Divisão de John Wiley & Sons, Inc.), New York, 1956.

18. McCrory, G. A. e R. T. Scheddel: *Anal. Chem.*, **30**: 1162 (1958).

19. *Sadtler Standard Spectra*, um serviço de assinaturas continuamente atualizado, Sadtler Research Laboratory, Inc., Philadelphia.

20. Silverstein, R. M. e G. C. Bassler: "Spectrometric Identification of Organic Compounds", 2.ª ed., John Wiley & Sons, Inc., New York, 1967.

21. Sloane, H. J. e R. Cabenah: The Analyzer, uma publicação da Beckman Instruments, Inc., Fullerton, Califórnia, **6** (1): 15 (1965).

22. Sugden, T. M. e C. N. Kennedy: "Microwave Spectroscopy of Gases", D. Van Nostrand Company, Inc., Princeton, N. J., 1965.

23. Szymanski, H. A.: "Infrared: Theory and Practice of Infrared Spectroscopy", Plenum Publishing Corp., New York, 1964.

24. Williams, V. Z.: *Anal. Chem.*, **29**: 1551 (1957).

6 O espalhamento da radiação

O vocábulo "espalhamento", referente à interação da energia radiante com a matéria, engloba uma variedade de fenômenos. A palavra sempre implica uma variação mais ou menos desordenada na direção da propagação. O mecanismo envolvido depende do comprimento de onda de radiação, do tamanho e da forma das partículas responsáveis pelo espalhamento e, algumas vezes, de seu arranjo especial. A radiação espalhada pode ter a mesma freqüência do feixe primário ou sua freqüência pode ser modificada; esse caso (efeito Raman) será considerado depois da discussão sobre o espalhamento sem variação de freqüência.

Foi mostrado por Lord Rayleigh, em 1871, que a radiação incidindo sobre uma partícula transparente de pequena dimensão em comparação ao comprimento de onda induz um dipolo elétrico oscilando a uma freqüência forçada igual à da radiação incidente. Esse dipolo oscilante atua então como uma fonte, irradiando com a mesma freqüência em todas as direções, embora não necessariamente com igual potência. Deve-se distinguir isso do espalhamento causado por uma *reflexão* na superfície da partícula, o que exige uma grande superfície em comparação ao comprimento de onda.

Se as partículas estiverem dispostas de um modo regular no espaço, então a radiação espalhada apresentará efeitos de interferência. A difração de raios X por um cristal é um exemplo disso, o que será discutido em um capítulo posterior.

ESPALHAMENTO DE RAYLEIGH

Do ponto de vista do químico analítico, os sistemas de maior interesse consistem em suspensões de partículas sólidas ou líquidas em líquidos (suspensões coloidais ou emulsões). O tamanho das partículas pode ser ou não suficientemente pequeno para permitir o uso da teoria de Rayleigh. A teoria eletromagnética do espalhamento foi desenvolvida por Mie (refs. 1, 10 e 16) para abranger todos os casos, mas é muito complexa para ser usada diretamente. O espalhamento por partículas relativamente grandes é chamado espalhamento de *Tyndall*.

As medidas são quase sempre feitas com luz visível. A amostra é iluminada por um feixe intenso de potência P_0 (Fig. 6.1). Pode-se então medir a potência transmitida P_t como em espectrofotometria ou pode-se determinar a potência a um determinado ângulo (como P_{90} a 90°). A razão P_t/P_0 diminui com o aumento do número de partículas em suspensão, enquanto razões do tipo P_{90}/P_0 aumentarão.

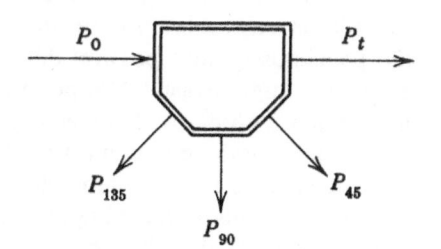

Figura 6.1 — Relações de energia em espalhamento de luz. P_0 é a energia do feixe incidente; P_t, do feixe transmitido; P_{45}, P_{90} e P_{135} são as energias dispersas nos ângulos indicados

Para suspensões muito diluídas, as medidas a um determinado ângulo são muito mais sensíveis que as medidas em linha reta, pois envolvem observação da luz enfraquecida e espalhada contra um fundo preto em vez da comparação entre duas grandes quantidades de valores quase iguais; um caso especial de um princípio importante de larga generalidade.

As medidas em linha reta são chamadas *turbidimetria* e podem-se realizá-las com qualquer espectrofotômetro-padrão ou fotômetro de filtro. As medidas a um determinado ângulo geralmente são restritas a 90° e para isso se usam cubetas padronizadas com a mesma configuração daquela para um fluorímetro convencional que é freqüentemente usado para esse fim. Essa técnica é chamada *nefelometria*.

O tratamento matemático rigoroso dessas técnicas não é fácil. Pode-se obter turbidimetricamente uma quantidade correspondente à absorbância e podemos escrever

$$S = \log \frac{P_0}{P_t} = kbc \qquad (6\text{-}1)$$

onde $S = $ "turbidância"
  $k = $ constante de proporcionalidade (pode-se chamar *coeficiente de turbidez*)
  $b = $ comprimento do percurso
  $c = $ concentração em gramas por litro.

(A função turbidez τ, algumas vezes relatada, é igual a $2,303k$.) Essa espressão só é válida para suspensões muito diluídas, pois à medida que c aumenta, mais e mais da luz espalhada chega à fotocela de medida por espalhamento múltiplo. Contudo, como mencionamos previamente, as suspensões muito diluídas conduzem a incertezas em relação às medidas fotométricas, pois P_t é quase igual a P_0. Além disso, essa expressão perde a validade a menos que as partículas sejam muito menores que o comprimento de onda, pois com partículas maiores uma fração crescente da luz espalhada se propaga para frente e pode alcançar o detector.

Pode ser mostrado pela teoria de Rayleigh-Mie que o espalhamento por partículas *pequenas* é proporcional ao inverso da quarta potência do comprimento de onda; isso explica o azul do céu e a vermelhidão do por do Sol, onde o espalhamento se deve predominantemente a partículas de dimensões moleculares. Nos sistemas químicos, o expoente do comprimento de onda pode variar de −4 a −2, devido principalmente a partículas maiores e, parcialmente, à não-uniformidade do tamanho da partícula.

DIFICULDADES NAS MEDIDAS (ref. 6)

Em nefelometria o ângulo de observação de 90° não é necessariamente ótimo. Em alguns casos observou-se um grande aumento na sensibilidade para ângulos tão pequenos quanto possível de serem conseguidos fisicamente, a apenas alguns graus do "ângulo raso". Há, porém, problemas instrumentais envolvidos que tornam difícil a obtenção das medidas de precisão. Se se usar uma cubeta cilíndrica, a superfície curva agirá como uma lente para decolimar o feixe primário e colimar parcialmente os raios de feixe de saída provenientes de uma considerável região da cubeta, de modo que o ângulo de espalhamento é incerto e depende dos índices de refração tanto do solvente como das partículas dispersas. Por outro lado, cubetas prismáticas, tanto quadradas quanto multifacetadas (como a da Fig. 6.1), permitem observar apenas determinados ângulos. Não é praticável deduzir uma equação teórica relacionando a luz dispersa a um determinado ângulo com a concentração e outras variáveis. O melhor que se pode fazer é escrever como relação de trabalho

$$P_{90} = K_{90} c P_0 \qquad (6\text{-}2)$$

onde K_{90} é uma constante empírica para o sistema e especifica que devem-se fazer as medidas sob condições idênticas. (Equações semelhantes se aplicam para outros ângulos.)

Conservar condições idênticas não é tão difícil como possa parecer, especialmente a constância de tamanho das partículas. Os sóis mais freqüentemente estudados são formados por precipitação e as partículas resultantes tendem a variar largamente de acordo com as variações de concentração dos reagentes, temperatura, agitação e presença de substâncias não-reativas, que possam afetar a nucleação ou o crescimento dos retículos cristalinos, etc. Assim, é importante controlar as condições experimentais com o máximo cuidado.

Entretanto, se essas precauções forem tomadas, disporemos de uma variedade considerável de procedimentos analíticos de grande sensibilidade e, geralmente, de precisão adequada. Por exemplo, pode-se detectar o fósforo numa concentração de 1 parte em mais do que 300 milhões de partes de água em forma de um precipitado obtido com reagente de estriquinina-molibdato. Pode-se detectar uma parte de amônia em 160 milhões de partes de água com um complexo de cloreto mercúrico (reagente de Nessler).

Um grande número de reações comuns de precipitação podem-se usar para dar suspensões que serão estáveis pelo menos o tempo suficiente para a execução das medidas. Frequentemente isso se consegue por adição de um colóide protetor como gelatina ou de um agente peptizante iônico.

Um exemplo de análise por turbidimetria é a determinação de enxofre por conversão em sulfato de bário em condições onde se forma uma suspensão coloidal. Essa suspensão resulta da agitação de uma solução diluída de sulfato, contendo cloreto de sódio e ácido clorídrico, com excesso de cloreto de bário sólido. O método é válido para concentrações da ordem de poucas partes por milhão, mas é necessário um grande controle de todas as variáveis a fim de se obterem resultados válidos. Assim, a quantidade e o tamanho dos grãos de cloreto de bário cristalino e a eficiência e duração da agitação devem ser uniformes para amostras e padrões.

GASES

A nefelometria é um instrumento importante na medida de fumaças, névoas e outros aerosóis. As equações teóricas geralmente fornecem melhores resultados para suspensões em meio líquido, porque as partículas são geralmente menores e mais separadas.

MASSAS MOLECULARES (ref. 16)

Debye mostrou que pode-se usar o espalhamento com vantagem para determinar a massa molecular média de um polímero em solução. A equação de Debye exige o conhecimento da turbidez, concentração, índice de refração, comprimento de onda, derivada do índice em relação à concentração e do segundo coeficiente virial que é uma medida de quanto uma solução se afasta da ideal. Está sujeita à restrição de que as moléculas devem ser pequenas em comparação com o comprimento de onda; os detalhes fogem de nossa finalidade presente.

DETERMINAÇÃO DO TAMANHO DAS PARTÍCULAS

Pode-se determinar o diâmetro das partículas dispersas com boa precisão, desde que elas sejam menores que de um vigésimo do comprimento de onda, por meio das equações deduzidas por Gaus a partir da teoria básica de Rayleigh. São necessários a distribuição da luz dispersa em um determinado ângulo bem como muitos dos fatores previamente mencionados.

INSTRUMENTAÇÃO: TURBIDÍMETROS*

Podem-se usar os tubos de Nessler com boa precisão em análises turbidimétricas, como um colorímetro Duboscq, quer diretamente quer modificados por iluminação lateral como um nefelômetro.

Para medidas turbidimétricas, pode-se usar qualquer fotômetro de filtro ou espectrofotômetro mas com sensibilidade e precisão severamente limitadas. Se o solvente e as partículas dispersas forem ambos incolores, dever-se-á selecionar um comprimento de onda no azul ou no ultravioleta próximo para se obter sensibilidade máxima. Todavia, se forem coloridos, o comprimento de onda ótimo é melhor determinado por tentativa e erro.

Um turbidímetro com propriedades pouco comuns é o Du Pont Modelo 430. É um instrumento de feixe duplo que para ser operado depende do grau relativo de polarização da luz transmitida e dispersa. Se uma suspensão for iluminada com luz plano-polarizada, verificar-se-á que o feixe transmitido será despolarizado na proporção da concentração das partículas em suspensão. O feixe, no 430 (Fig. 6.2), após qualquer filtração de comprimento de onda que possa ser necessária, é passado através de um polarizador e depois pela amostra. A luz transmitida é dividida em dois feixes por um espelho semiprateado. Um deles passa através de um polarizador com o eixo paralelo ao do polarizador primário; o outro, através de um

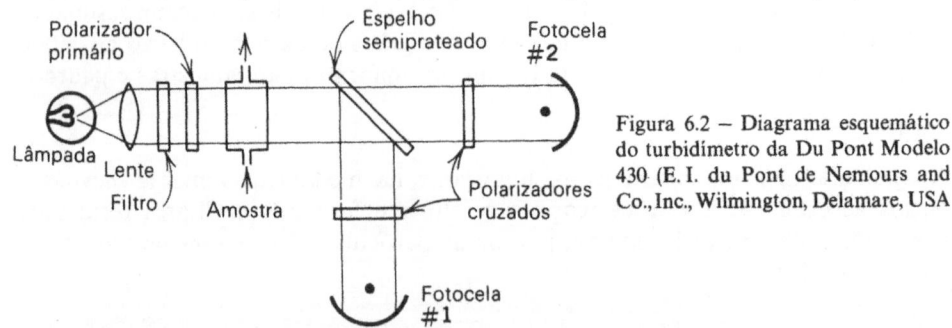

Figura 6.2 – Diagrama esquemático do turbidímetro da Du Pont Modelo 430 (E. I. du Pont de Nemours and Co., Inc., Wilmington, Delamare, USA

*Pode-se medir a concentração dos sólidos suspensos em um líquido pela absorção de energia *sônica*, um método comparável à turbidimetria, porém sem envolver radiação eletromagnética. A Divisão Powertron da Giannini Controls Corporation, Plainview, Nova Iorque, fabrica um instrumento baseado nesse princípio, que pode medir suspensões cuja concentração varia de alguns décimos a 1%, com precisão plenamente adequada para várias finalidades industriais.

polarizador semelhante cruzado com o polarizador primário. A resposta da foto-cela n.° 1 é *diminuída* pelo espalhamento, enquanto a da n.° 2 é *aumentada*. A parte eletrônica do instrumento automaticamente determina a razão entre os dois sinais, que é diretamente proporcional à concentração da substância suspensa na amostra. Esse instrumento é insensível à cor do solvente ou das partículas, ou a flutuações da lâmpada, mas não se pode usá-lo com soluções que contenham substâncias opticamente ativas.

NEFELÔMETROS

Vários fabricantes fornecem equipamentos para esse campo. Hach*, por exemplo, apresenta vários modelos de feixe único para vários intervalos e aplicações. O mais sensível (de 0 a 2 UJT**, escala total) usa duas fotocelas nos lados opostos de um suporte de amostra iluminado verticalmente. O segundo modelo opera com um único princípio, onde o feixe de luz se choca com uma superfície livre do líquido que escoa suavemente do topo de um recipiente que pode ser uma parte de um sis-tema de escoamento de uma fábrica; uma parte da luz é refratada dentro da massa do líquido e perdida de vista, outra parte é refletida especularmente numa armadilha para luz e a fotocela receberá apenas aquela parte da luz dispersa pela matéria distribuída no líquido a um pequeno ângulo sólido para trás. O intervalo mais sensível é de 0 a 5 UJT, escala total, e o menos sensível se estende a 4.000 UJT. A Hach também tem um turbidímetro que mede a transmissão através de uma cor-rente líquida em escoamento que pode ter de 1 a 2 mm de espessura; a escala vai no máximo a 10.000 UJT.

FOTÔMETROS DE LUZ DISPERSA

Vários fabricantes possuem aparelhos nessa área, primitivamente planejados para trabalho com soluções de polímeros de alta massa molecular. Um dos mais conhe-cidos é o Brice-Phoenix***. Ele apresenta um alto grau de versatilidade com escolha de cubetas (incluindo a semi-octogonal diagramada na Fig. 6.1), vários ângulos de observação, dispositivos de medidas de polarização que fornecem informações sobre as formas das partículas, etc.

TITULAÇÕES TURBIDIMÉTRICAS (refs. 4 e 15)

As reações em que o ponto de equivalência é revelado pelo aparecimento ou pela dissolução de um precipitado fizeram parte do domínio do analista por muito tempo. Gay-Lussac em 1832 introduziu um método de determinar prata por ti-tulação com cloreto ao ponto em que não se forma mais precipitado, apesar de ser demorado, e que fornece excelentes resultados. Os procedimentos devidos a Mohr, Volhard e Fajans podem-se encontrar em qualquer livro-texto de análise quanti-tativa.

*Hach Chemical Company, Ames, Iowa.
**A unidade UJT se refere a uma escala arbitrária chamada *unidade Jackson de turbidez*, onde o zero corresponde à claridade total e 100 originalmente significava uma "névoa apenas perceptível".

Podem-se realizar esses e outros procedimentos semelhantes numa cubeta de um turbidímetro fotelétrico ou nefelômetro com menor esforço visual e, sem dúvida, em vários casos com maior sensibilidade.

Pode-se esperar que as titulações da forma A + B → C, onde C é insolúvel, forneçam uma curva de turbidância ou de intensidade de dispersão que consiste na intersecção de duas linhas retas (curva 1 da Fig. 6.3), enquanto a quantidade do precipitado aumenta até um máximo, e depois permanece constante. Meehan e Chiu (ref. 9), todavia, esclareceram que isso só seria verdadeiro se o *número* de partículas aumentasse linearmente até o ponto de equivalência e se todas mantivessem o mesmo tamanho. Isso talvez não seja o caso, mas, provavelmente, o reagente adicionado formará algumas partículas novas e ao mesmo tempo se adicionará aos núcleos formados previamente (a última tendência é a mais provável). Nessa situação, a previsão das formas das curvas de titulação se torna altamente complexa. Se as partículas se tornam muito grandes, resultará um ponto de equivalência fracamente ou nada definido (curvas 2 e 3 da Fig. 6.3). Um fator de complicação é que, a menos que a suspensão seja muito diluída, as partículas continuarão a crescer entre a adição de incrementos do titulante, de modo que devem-se deixar intervalos de tempo excessivamente longos entre as adições (6 ou 7 minutos).

O método é usado no intervalo de 10^{-5} a 10^{-6} formal com um erro médio relativo de $\pm 5\%$.

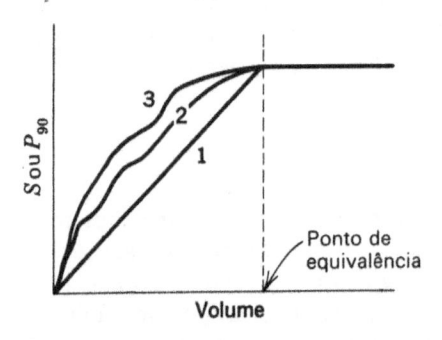

Figura 6.3 – Curvas de titulação turbidimétricas; a curva 1 é ideal, as curvas 2 e 3 podem resultar de precipitados com partículas de vários tamanhos, agitação fraca, etc.

Bobtelsky e colaboradores (refs. 2 e 3) tiveram sucesso na execução de algumas centenas de titulações turbidimétricas a concentrações um pouco mais elevadas, geralmente 10^{-3} a 10^{-4} formal. Não fizeram nenhuma tentativa para controlar o tamanho das partículas e conduziram a titulação a uma velocidade normal. As curvas não podem fornecer valores significativos de turbidez em si, mas o procedimento de Bobtelsky fornece resultados reproduzíveis e úteis. Como não se pode admitir uma relação entre a quantidade real de precipitado e absorbância aparente, Bobtelsky é cuidadoso não usando o termo turbidimetria, chama seu método *heterometria* e seu fotômetro simplificado de um *heterômetro*.

TITULAÇÕES DE FASES

Outra técnica que foi conhecida em princípio durante certo tempo e apenas recentemente instrumentada (ref. 13) é a titulação da mistura de dois líquidos com um terceiro miscível com um, mas não com o outro. A adição de uma quantidade suficiente do terceiro líquido causará a separação de fase que é visível como turbidez.

A fim de interpretar os resultados, deve-se conhecer o diagrama de fase dos três componentes ou então a amostra deve-se titular a amostra por comparação com misturas conhecidas. A Fig. 6.4 ilustra o método para a titulação de misturas água-piridina com clorofórmio. Pode-se utilizar o método para titular misturas de clorofórmio-piridina com água, ou o inverso, e titula-se uma mistura turva de clorofórmio e água com piridina até o ponto em que se torna clara.

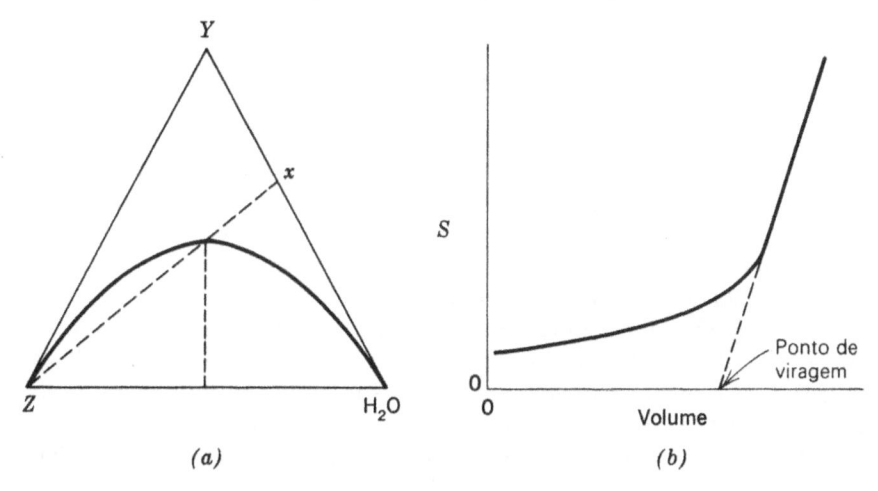

(a)   (b)

Figura 6.4 — Titulação de fases. *a*) Diagrama de fase representativo para o sistema ternário H_2O—Y—Z, onde Z pode ser clorofórmio e Y pode ser piridina, que é completamente miscível tanto com clorofórmio como com água. *b*) Curva de titulação resultante da titulação de uma solução de piridina-água de composição *x* com clorofórmio

DISPERSÃO DE RAMAN (refs. 5, 7, 8 e 14)

Mesmo um líquido que é isento de substância suspensa dispersa luz, a maior parte da qual segue a teoria de Rayleigh, em que as "partículas" dispersantes são as moléculas. Como as partículas são geralmente bem menores que o comprimento de onda da luz visível usada, a teoria é rigorosamente seguida. A intensidade é naturalmente baixa em comparação com a dispersão de Tyndall das suspensões coloidais mais familiar.

Simultaneamente, pode haver dispersão devida ao efeito Raman, onde ocorre uma variação de freqüência, como mencionado no Cap. 2. Esse efeito aparece em substâncias em que a polarizabilidade molecular varia com a vibração da molécula. Assim, o espalhamento de Raman se relaciona a alguns modos vibracionais que não são evidentes nos espectros de infravermelho. A intensidade dos espalhamentos de Rayleigh e Raman varia com o inverso da quarta potência do comprimento de onda.

Enquanto que a turbidimetria e a nefelometria podem ser estudadas com bandas de comprimento de onda relativamente amplas ou mesmo com luz branca, as medidas de Raman exigem uma fonte tão próxima da monocromática quanto possível de modo que se detectarão pequenos deslocamentos. Antigamente, a fonte monocromática exigida era invariavelmente um arco de mercúrio de elevada corrente c.c. com um filtro para isolar uma única linha, geralmente a 4.358 Å.

Poucos anos atrás, contudo, tornou-se evidente que o *laser* deslocaria quaisquer outras fontes no trabalho com Raman. [Veja, por exemplo, uma publicação preliminar de Porto (ref. 12]. Atualmente, o desenvolvimento do *laser* se processa com rapidez. Assim, não se chegou a operações satisfatórias na região do azul, mas um *laser* a gás hélio-neônio com radiação a 6.328 Å no vermelho é satisfatório para a excitação Raman. As vantagens de uma banda de comprimento de onda extremamente estreita à energia moderadamente alta superam as desvantagens de comprimentos de onda mais longos, mesmo com a sua dependência da quarta potência. Uma grande vantagem é que a luz vermelha provoca provavelmente menos fluorescência na amostra (ou impurezas) que a linha violeta do mercúrio; mesmo um vestígio de fluorescência camuflará completamente a radiação Raman.

O mais antigo trabalho com Raman foi efetuado com um espectrógrafo com prisma de vidro de grande poder de concentração de luz. Freqüentemente, eram necessárias exposições fotográficas de várias horas de duração. Mais recentemente, foram construídos espectrômetros de Raman fotelétricos, onde os fracos sinais Raman são ampliados por válvulas fotomultiplicadoras sensíveis, em vez de serem integrados fotograficamente durante longos períodos. Há, atualmente, vários espectrômetros de Raman fabricados nos Estados Unidos, todos munidos de excitadores *laser*. Um exemplo esquemático é o da Fig. 6.5. Não há dúvida de que as aplicações analíticas do efeito Raman tanto em pesquisa como em rotina estão no caminho adequado para alcançarem uma posição de maior importância.

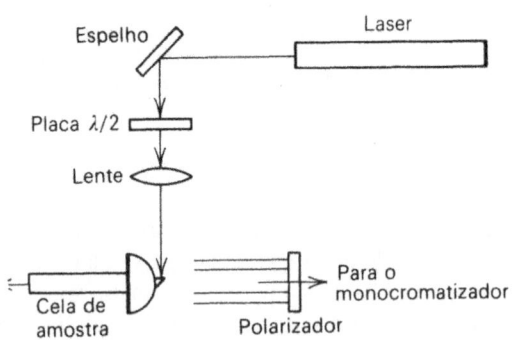

Figura 6.5 – Sistema de excitação *laser* do Cary para espectrometria Raman. O feixe *laser* é refletido por um pequeno prisma (1 mm^2) sobre uma lente hemisférica. A cela tubular da amostra está cimentada do lado plano da lente de modo que o feixe *laser* passa através dela e fora da extremidade afastada. A luz espalhada de Raman é amplamente conservada no interior do tubo por reflexão total e pode escapar principalmente através da lente hemisférica que a dirige para a entrada óptica de um monocromatizador de alta resolução. A placa de meia-onda e o polarizador são úteis nos estudos de fenômenos de despolarização (Cary Instruments Division of Varian Associates, Monróvia, Califórnia)

A Fig. 6.6 mostra uma comparação dos espectros Raman e infravermelho do 1,4-dioxano. É fácil separar as linhas ativas em um só dos métodos, assim como as que podem-se ver em ambos.

APLICAÇÕES DA ESPECTROSCOPIA RAMAN

A informação requerida de um espectrômetro Raman é o deslocamento na freqüência (ou número de onda) entre a radiação primária e a espalhada. Como o

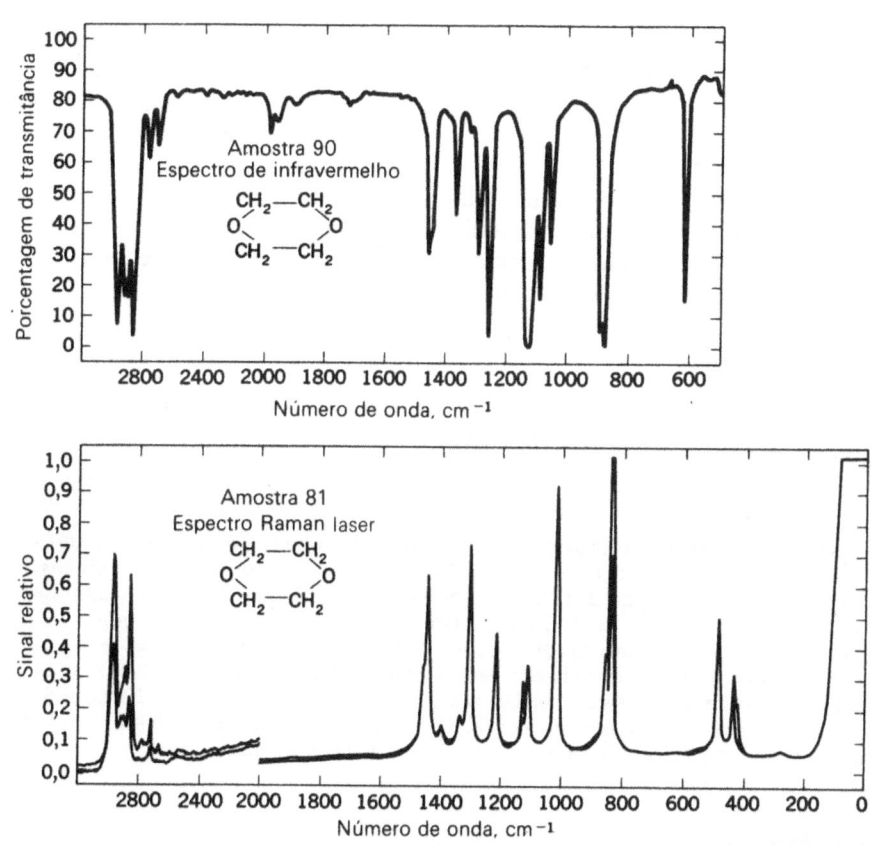

Figura 6.6 — Comparação de espectros Raman e infravermelho. Os espectros de 1,4-dioxano, impressos no catálogo em escalas de números de onda, mostram vários pontos de semelhança. De interesse é a banda a $1.220\,cm^{-1}$ que é forte no Raman e quase invisível no infravermelho. Inversamente, a banda a $620\,cm^{-1}$ é ativa no infravermelho mas não no Raman (Cary Instruments Division of Varian Associates, Monróvia, Califórnia)

espalhamento de Rayleigh existe sempre, constitui um ponto de referência conveniente para medir os deslocamentos Raman.

Os deslocamentos Raman estão associados a determinados tipos de ligação da mesma maneira que estão as absorções no infravermelho. Os espectros são geralmente mais simples, pois aparecem menos combinações de freqüências e harmônicos. Há tabelas de correlação cobrindo o intervalo de zero a mais ou menos $4.000\ cm^{-1}$. Também foram compilados atlas de espectros Raman.

As amostras geralmente são líquidos puros ou em solução. A água é muitas vezes um solvente apropriado, pois as interferências que apresenta no infravermelho são inativas no Raman. Os sólidos apresentam tendência a darem muito espalhamento de Rayleigh de fundo. Podem-se manusear gases mas estes exigem celas de percurso inconvenientemente grandes.

A espectroscopia de Raman mostrou-se particularmente importante no campo das análises de hidrocarbonetos. Um exemplo é o trabalho de Nicholson sobre a análise de misturas de benzeno com isopropilbenzenos (ref. 11). Usou um espectrômetro Raman da Cary equipado com um arco de mercúrio filtrado para dar apenas 4.358 Å e um monocromatizador de rede dupla com uma largura de fenda nominal de 5 cm^{-1}. Nicholson seguiu outros pesquisadores ao relatar os valores de intensidades na forma de *"coeficiente de espalhamento"*, que é a razão do sinal observado em relação com o fornecido pela linha a 459 cm^{-1} do tetracloreto de carbono puro medido no mesmo aparelho. Conseguiu reproduzir coeficientes de espalhamento em $\pm 0,5\%$ para dez hidrocarbonetos líquidos puros. A análise de misturas sintéticas deu como resultado um desvio médio absoluto de $\pm 1\%$. A sensibilidade do espectrômetro permitiu a detecção de mais ou menos 10 ppm de benzeno em tetracloreto de carbono.

PROBLEMAS

6-1   Observa-se um espectro Raman de um composto puro, sendo a radiação excitante a linha de mercúrio 4.358 Å. As linhas de Raman são observadas nos comprimentos de onda 4.420, 4.435, 4.498 e 4.620 Å. *a)* Calcule o valor do deslocamento Raman para cada linha em termos de números de onda. *b)* Qual será o comprimento de onda da linha anti-Stokes correspondente à linha de Stokes a 4.620 Å?

6-2   Pode-se determinar o conteúdo de enxofre de sulfonatos e sulfonamidas orgânicos turbidimetricamente pelo precipitado de $BaSO_4$ em seguida à digestão para destruir as substâncias orgânicas (ref. 17). Uma amostra de 25,0 mg de uma determinada preparação de monoidrato do ácido *p*-toluenossulfônico, $C_7H_7SO_3H \cdot H_2O$ (fórmula-massa 190,2), foi submetida à digestão e depois exatamente um décimo dele foi completado a um volume de 10,00 ml com a solução condicionante prescrita seguida da adição de 5,00 ml de $BaCl_2$ 1,34 *F*, adicionado com agitação controlada. Encontrou-se a turbidez a 355 nm em um Spectronic-20 é de 0,295 após 25 min. Um sulfato de amônio-padrão, contendo 200 μg de S, tratado de modo semelhante, mostrou uma turbidez de 0,322 e apresentou uma relação linear após a diluição prévia ao tratamento. Calcular a porcentagem de pureza do preparado original.

REFERÊNCIAS

1. Billmeyer, Jr., F. W.: Principles of Light Scattering, em I. M. Kolthoff e P. J. Elving (eds.), "Treatise on Analytical Chemistry", parte I, vol. 5, Cap. 56, Interscience Publishers (Divisão da John Wiley & Sons, Inc.), New York, 1964.
2. Bobtelsky, M.: *Anal. Chim. Acta*, **13**: 172 (1955).
3. Bobtelsky, M.: "Heterometry", American Elsevier Publishing Company, Inc., New York, 1960.
4. Coetzee, J. F.: Equilibria in Precipitation Reactions and Precipitation Lines, em I. M. Kolthoff e P. J. Elving (eds.), "Treatise on Analytical Chemistry", Parte I, vol. 1, Cap. 19, Interscience Publishers (Divisão da John Wiley & Sons, Inc.), New York, 1959.
5. Duncan, A. B. F.: Theory of Infrared and Raman Spectra, em W. West (ed.), "Chemical Applications of Spectroscopy", Cap. 3, sendo o vol. IX de A. Weissberger (ed.), "Technique of Organic Chemistry", Interscience Publishers (Divisão da John Wiley & Sons, Inc.), New York, 1956.
6. Hochgesang, F. P.: Nephelometry and Turbidimetry, em I. M. Kolthoff e P. J. Elving (eds.), "Treatise on Analytical Chemistry", Parte I, vol. 5, Cap. 63, Interscience Publishers (Divisão da John Wiley & Sons, Inc.), New York, 1964.
7. Jones, R. N. e M. K. Jones: *Anal. Chem.* **38**: 393R (1966).
8. Jones, R. N. e C. Sandorfy: The Application of Infrared and Raman Spectrometry to the Elucidation of Molecular Structure, em W. West (ed.), "Chemical Applications of Spectroscopy", Cap. 4, sendo o vol. IX de A. Weissberger (ed.), "Technique of Organic Chemistry", Interscience Publishers (Divisão da John Wiley & Sons, Inc.), New York, 1956.
9. Meehan, E. J. e G. Chiu: *Anal. Chem.*, **36**: 536 (1964).
10. Mie, G.: *Ann. Physik*, **25**: 377 (1908).
11. Nicholson, D. E.: *Anal. Chem.*, **32**: 1634 (1960).
12. Porto, S. P. S.: *Ann. N. Y. Acad. Sci.*, **122**: 643 (1965).
13. Rogers, D. W. e A. Özsoğomonyan: *Talanta*, **11**: 652 (1964).

14. Rosenbaum, E. J.: Raman Spectroscopy, em I. M. Kolthoff e P. J. Elving (eds.): "Treatise on Analytical Chemistry", Parte I, vol. 6, Cap. 67, Interscience Publishers (Divisão da John Wiley & Sons, Inc.), New York, 1965.

15. Underwood, A. L.: Photometric Titrations, em C. N. Reilley (ed.), "Advances in Analytical Chemistry and Instrumentation", vol. 3, p. 31, Interscience Publishers (Divisão da John Wiley & Sons, Inc.), New York, 1964.

16. Van de Hulst, H. C.: "Light Scattering by Small Particles", John Wiley & Sons, Inc., New York, 1957.

17. Zdybek, G., D. S. McCann e A. J. Boyle: *Anal. Chem.*, **32**: 558 (1960).

7 Espectroscopia de emissão

Mesmo antes do trabalho de Bunsen e Kirchhoff (1860), sabia-se que muitos elementos metálicos sob excitação conveniente emitem radiações de comprimento de onda característico. Esse fato é utilizado nos familiares testes qualitativos de chama para os metais alcalinos e alcalino-terrosos. Usando-se excitação elétrica mais poderosa em lugar da chama, pode-se estender o método a todos os elementos metálicos e a muitos não-metálicos. Em alguns, como sódio e potássio, os espectros são simples, consistindo em apenas uns poucos comprimentos de onda; enquanto que em outros, incluindo ferro e urânio, estão presentes centenas de comprimentos de onda distintos e reproduzíveis. Não se podem identificar os elementos que fornecem espectros complicados por observação visual direta da amostra excitada, mas se podem reconhecê-los com auxílio de um espectroscópio.

As análises quantitativas com o espectrógrafo baseiam-se na relação entre a potência da radiação emitida de determinado comprimento de onda e a quantidade do elemento correspondente na amostra. Essa relação é empírica, pois até agora não se desenvolveu uma teoria matemática adequada. A potência radiante é influenciada de um modo complicado por diversas variáveis, incluindo a temperatura do arco excitante e tamanho, forma e material dos elétrodos. Por essa razão, os procedimentos devem ser rigorosamente padronizados e os espectros desconhecidos devem sempre ser comparados àqueles de amostras-padrão preparadas com o mesmo aparelho sob condições idênticas.

A excitação dos espectros atômicos por uma chama será excluída deste capítulo e incluída no próximo. Trataremos aqui primeiramente dos espectros excitados por meios elétricos.

A espectrografia usando detecção fotográfica desenvolveu-se em alto grau de importância analítica, especialmente no período entre as duas guerras mundiais. A atual tendência, contudo, é substituir os espectrógrafos grandes e de emissão poderosa por outro tipo de instrumentos que fornecerão os mesmos (ou melhores) resultados mais rapidamente, além de economia de espaço no laboratório e, freqüentemente, sem necessidade de exigir treino de pessoal especializado. Essas novas técnicas incluem notavelmente fluorescência por raios X e absorção atômica, que serão tratadas nos próximos capítulos.

A espectroscopia de emissão mantém um lugar na instrumentação fotelétrica de leitura direta e na fotometria de chama. Os instrumentos fotográficos construídos recentemente são pequenos e destinados à identificação qualitativa rápida que geralmente deve preceder as análises quantitativas. Por essas razões, será incluído nesse texto apenas um breve resumo da metodologia espectrográfica clássica. Encontram-se excelentes livros que dão cobertura mais completa (refs. 2, 5 e 6).

EXCITAÇÃO DAS AMOSTRAS

Há várias maneiras para produzir espectros de emissão. As substâncias gasosas são facilmente excitadas passando-se uma descarga elétrica de alta voltagem através da amostra contida em um tubo de vidro.

Para amostras sólidas, são necessários processos mais complicados. No procedimento normal, passa-se uma poderosa descarga elétrica entre duas porções da amostra ou entre a amostra e um *contra-elétrodo* que não contém os elementos que estão sendo determinados. Se a amostra não puder ser obtida na forma de uma haste, mas apenas como pó ou solução, poder-se-á colocá-la em um depósito perfurado na extremidade de um elétrodo de grafita, que depois é ligado ao elétrodo inferior (geralmente positivo). O elétrodo superior pode ser uma haste pontuda de grafita. Para essa finalidade a grafita tem a vantagem de ser altamente refratária (isto é, não funde ou sublima na temperatura do arco), é um condutor elétrico bastante bom e não origina linhas espectrais próprias. Um obstáculo, contudo, é que o carbono quente reage muito lentamente com o nitrogênio do ar formando gás cianogênio, que se torna excitado fornecendo bandas luminosas na região de 3.600 a 4.200 Å. Isso pode ser evitado, se necessário, colocando o arco em uma atmosfera contendo vapor de água ou um gás inerte.

O *arco de c.c.* é o método mais sensível de excitação e é largamente usado na análise qualitativa de metais. Uma corrente de cinco a quinze ampères a 220 V escoa através do arco em série com um resistor variável (de 10 a 40Ω). Pode-se obter a corrente por meio de um gerador com motor ou de um retificador de c.a. A principal desvantagem do arco de c.c. é ser menos reproduzível do que seria desejável. A descarga tende a se localizar em "pontos quentes" na superfície do elétrodo, o que resulta em amostragem desigual. Esse efeito é corrigido no *arco de c.a.*, onde a descarga é automaticamente interrompida 120 vezes cada segundo. É necessária uma fonte de 2.000 a 5.000 V e de 1 a 5 Å. O fluxo da corrente no circuito é controlado por um indutor ou resistor variável. O arco de c.a. é particularmente conveniente para análises de resíduos de soluções que foram evaporadas na superfície de um elétrodo.

A fonte de *faísca* recebe energia das linhas de energia elétrica de c.a. através do circuito de *Feussner* (Fig. 7.1). A alta voltagem (de 15.000 a 40.000 V) é obtida com transformador elevador ou com bobina de Tesla. O secundário da bobina é ligado através de um capacitor e em série com a abertura da faísca, uma bobina de indutância e uma fenda de faísca auxiliar acionada por um motor cuja rotação é sincronizada com as alternâncias da corrente da linha. A finalidade da abertura sincronizada é garantir que a faísca passe apenas no momento de maior voltagem, assim assegurando a reprodutibilidade. A excitação por faísca é mais conveniente

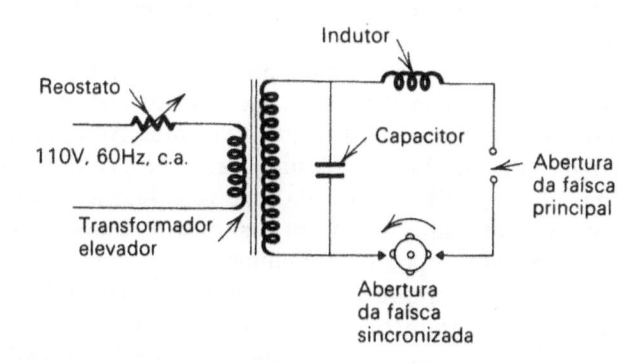

Figura 7.1 – Circuito de Feussner para uma fonte de faísca

que por arco para precisar o tempo de exposição, além de não destruir a amostra pois se vaporizam apenas pequenas quantidades.

Descreveram-se várias modificações de circuitos de arco e faísca incluindo formas intermediárias, algumas das quais são bem engenhosas e complexas. Um excelente sumário é fornecido por Jarrel na "Encyclopedia of Spectroscopy" (ref. 3).

A aplicação do *laser* como fonte de alta energia é um desenvolvimento recente de grande importância. Pode-se focalizar o feixe *laser* em uma minúscula área da amostra, causando vaporização localizada, mesmo dos materiais mais refratários. O vapor deve ter recebido suficiente excitação térmica ou se deve produzir também uma descarga elétrica. A localização do efeito pode ser uma vantagem, permitindo o exame de áreas de diâmetro da ordem de $50\,\mu$, ou pode ser uma desvantagem; tornando mais difícil uma análise representativa de uma macroamostra. Uma vantagem da excitação *laser* é que a amostra não precisa ser eletricamente condutora. Para referências da literatura consulte a página 304 R da ref. 4. (Na emissão de raios X com a técnica da sonda eletrônica, também é possível a excitação de pequenas áreas; ver cap. 9.)

PREPARAÇÃO DOS ELÉTRODOS E AMOSTRAS

Os elétrodos onde se deve produzir o arco ou a faísca podem ser de várias espécies. Se a amostra for um metal e dispusermos de uma quantidade razoável, poderá ser usada diretamente como um par de *auto-elétrodos*, com o arco passando entre dois pedaços da amostra, geralmente em forma de haste. Se pudermos fazer apenas um elétrodo com a amostra, deveremos usar um *contra-elétrodo* de alguma substância não-interferente. O contra-elétrodo pode ser de carbono puro (grafita) ou um dos principais constituintes da amostra, em forma pura. Por exemplo: na análise dos elementos constituintes de um aço, o contra-elétrodo pode ser um aço simples, desde que espectrograficamente se tenha provado que não contém os elementos procurados.

As amostras que não sejam metais são depositadas dentro ou fora de um elétrodo não-interferente. Em um processo, a amostra é solubilizada por dissolução com ácido ou outros reagentes, se necessário; colocam-se algumas gotas em um orifício perfurado na extremidade de um elétrodo de carbono (Fig. 7.2e) e o solvente é evaporado por pré-aquecimento do elétrodo em uma pequena estufa. Esse elétrodo é então colocado no suporte inferior com um contra-elétrodo de carbono de superfície plana. (Fig. 7.2c) acima dele, para formar o arco. Em outro procedimento, a amostra dissolvida é colocada em um profundo orifício, perfurado em quase toda e extensão do carbono poroso. (Fig. 7.2g), que constitui o elétrodo superior. Deixa-se a amostra filtrar através dos poros diretamente no arco. Ainda em outro método, a amostra pulverizada é misturada com grafita pura em pó e colocada seca no cálice de um elétrodo (Fig. 7.2e). A grafita adicionada, sendo condutora elétrica, tende a estabilizar o arco. Foram publicados vários procedimentos modificados mostrando vantagens para determinados tipos de trabalhos.

O espectroscopista deve sempre lembrar que pode haver diferenças na volatilidade dos componentes da amostra. Em alguns casos, um ou mais componentes podem volatilizar e queimar completamente em meio minuto ou assim que o arco é iniciado, antes que outras substâncias presentes possam ser aquecidas suficiente-

Figura 7.2 – Formas representativas de elétrodos de grafita. As formas *a* e *c* são destinadas a contra-
-elétrodos e não a transportadores da amostra. As formas *b, d, e* e *f* contêm tampas através das quais
se insere a amostra; *b* e *d* têm uma guarnição central contra a qual se dirige o arco. O colo estreito é
para reduzir a condutividade térmica. A forma *f* apresenta uma especialmente grande capacidade calorífica. A forma *g* é perfurada quase até o fundo e é porosa (Ultra Carbon Corporation, Bay City, Mi-
chigan)

mente para aparecerem no arco. Isso pode ser uma desvantagem, especialmente
no caso de haver apenas vestígios, pois a amostra pode ter perdido alguns de seus
constituintes antes de haver suficiente exposição da chapa fotográfica. Algumas
vezes, é possível obter vantagem da volatilidade diferencial quando se podem registrar os espectos dos constituintes voláteis sem interferência dos menos voláteis.
Um exemplo é a determinação de lítio, alumínio e outros óxidos como impurezas
no óxido de urânio (ref. 7). O urânio é especialmente rico em linhas espectrais e
isso dificulta a determinação de vestígios de impurezas. Nesse método, o urânio
é primeiro convertido no U_3O_8 não-volátil e adicionam-se 2% de seu peso de
Ga_2O_3, um óxido comparativamente volátil. O óxido de gálio age como um trans-
portador que arrasta quantidades mínimas de impurezas para dentro do arco.
Isso resulta em alta sensibilidade e exatidão mesmo para impurezas presentes apenas
como poucas partes por milhão.

IDENTIFICAÇÃO DE LINHAS

Na análise espectrográfica qualitativa é apenas necessário identificar o elemento
responsável pela emissão de cada comprimento de onda presente no espectro da
amostra desconhecida. Isso é feito por comparação com os espectros obtidos com

amostras autênticas de elementos puros. Todos os comprimentos de onda conhecidos para todos os elementos são representados em tabelas de referência, mas para tirar proveito das tabelas deve ser possível determinar cuidadosamente os comprimentos de onda das linhas produzidas pela amostra desconhecida. Alternativamente, podem se fotografar os espectros de vários elementos possíveis com o mesmo espectrógrafo e compará-los linha por linha com o da amostra desconhecida.

Podem-se determinar os comprimentos de onda no sentido absoluto por medidas geométricas convenientes e referidos a uma curva de dispersão para um instrumento de prisma ou às distâncias de espaçamento para uma rede. Essas medidas geralmente não apresentam suficiente precisão, a não ser quando feitas com grande cuidado e isso pode ser um trabalho que consuma bastante tempo, portanto não aconselhável se precisarmos identificar muitas linhas. Nunca é usado para trabalho analítico de rotina.

Um método mais conveniente para determinar comprimentos de onda de linhas desconhecidas consiste na comparação das linhas desconhecidas com as linhas de padrões fotografados na mesma chapa. Um exemplo é dado na Fig. 7.3. Um arco produzido entre elétrodos de ferro é o padrão mais comum. É escolhido porque produz centenas de linhas fracas conveniente e uniformemente espaçadas através do visível e ultravioleta. Todas essas linhas do ferro foram medidas repetidamente com grande cuidado, quer em espectrógrafos de alta precisão de prisma quer de rede, e assim, podem servir como uma escala de medida para outros espectros. Na prática, o espectro da amostra desconhecida é freqüentemente colocado entre espectros em duplicata de ferro registrados imediatamente próximos a ele na mesma chapa.

Podem-se fazer as análises qualitativas de aços ou outras ligas visualmente com um espectroscópio simples, geralmente associado a um arco de c.c. Um instrumento planejado para essa finalidade é o *Steeloscope**. O fabricante fornece uma série de cartões de comparação, cada um com reprodução colorida de um trecho do espectro do ferro — com o aumento exatamente observado no *Steeloscope* — e com as linhas mais convenientes referentes aos elementos mais comuns que formam ligas, claramente visíveis.

ANÁLISES QUANTITATIVAS

Em um instrumento fotográfico pode-se fazer uma análise quantitativa apenas por comparação da densidade óptica do depósito de prata produzido por uma linha de emissão com o depósito semelhante procedente de um padrão. Devido às muitas variáveis introduzidas pelo processo fotográfico, isso pode ser feito com mais vantagem pelo processo dos *padrões internos*. Esse método depende da medida da razão da potência radiante de uma determinada linha com a de alguma linha de outro constituinte da amostra que existe em quantidade conhecida (ou pelo menos constante). Esse padrão pode ser um elemento já presente na amostra, como é o ferro numa de aço ou um elemento estranho adicionado em quantidades conhecidas em todas as amostras. Esse procedimento elimina completamente os erros devidos às desigualdades nas características das chapas na revelação. A linha a se usar como padrão deve ser

*Hilger and Watts, Ltd., Londres.

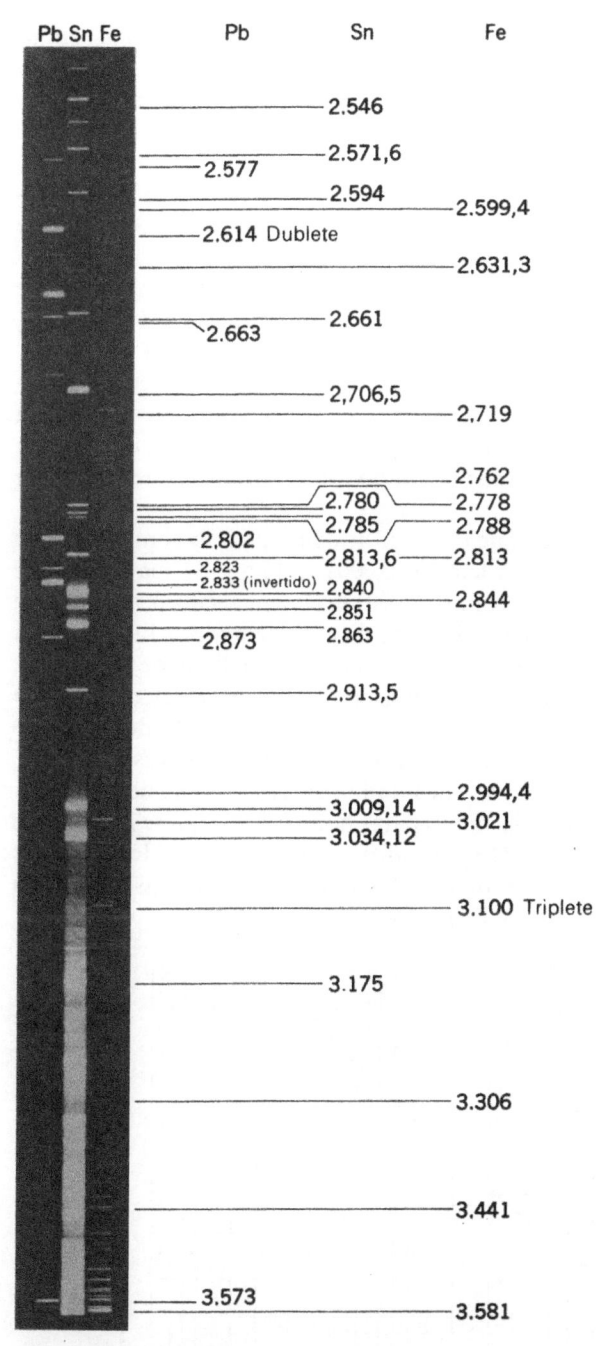

Figura 7.3 – Espectros de chumbo, estanho e ferro fotografados por um espectrógrafo de grande prisma de Littrow. Algumas das linhas mais brilhantes do chumbo são visíveis no espectro do estanho (na chapa original) mostrando que a amostra contém algum chumbo. A linha 2.833-Å do chumbo é tão intensa que mostra inversão fotográfica (centro escuro) (Bausch & Lomb, Inc., Rochester, N. Y.)

tão próxima quanto possível em comprimento de onda da amostra desconhecida e também em potência de modo que a não-linearidade da emulsão fotográfica em relação a esses fatores não constitua uma séria fonte de erro. As duas linhas selecionadas como particularmente apropriadas para essa finalidade são chamadas de *par homólogo*.

Apresentaremos um procedimento analítico típico com alguns detalhes como ilustração dessa técnica. O exemplo escolhido é a análise de vestígios de magnésio em uma solução, com molibdênio como padrão interno. Ele foi tomado de uma série de procedimentos descritos por Nachtrieb (ref. 5), cujo livro o estudante deve consultar para mais detalhes.

Verificou-se que para esse trabalho é conveniente uma descarga de faísca condensada entre elétrodos de cobre. Os elétrodos de cobre são hastes de 3 a 4 cm de comprimento e uns 5 mm de diâmetro. As pontas devem ser cuidadosamente polidas mecanicamente e alisadas num torno, em parte para garantir uniformidade e em parte para remover contaminação da superfície. Após o tratamento mecânico, elas devem ser manejadas apenas com pinças ou entre dobras de papel filtro e devem ser protegidas da poeira. No preparo para uso, o elétrodo é colocado verticalmente em uma pequena bobina de aquecimento elétrico e coloca-se uma única gota (0,05 ml) da solução-teste ou solução-padrão na ponta por meio de uma pipeta especial. A solução é então cuidadosamente evaporada a seco e o elétrodo está pronto para a excitação.

Prepara-se uma série de soluções que deve servir como padrão com cloreto de magnésio puro em concentração da ordem de 0,0001 a 10 mg de magnésio por litro. A cada solução (tanto padrões como amostras desconhecidas) adiciona-se molibdato de amônio numa proporção de 20,0 mg de molibdênio por litro. A água destilada deve ser comprovadamente (espectroscopicamente) livre de magnésio.

Um par de elétrodos, ambos cobertos com a amostra, são presos em posição com uma distância de 2 mm entre eles cuidadosamente medida. Produz-se entre os elétrodos uma faísca de 25.000 V através de um circuito de Feussner.

O espectro contém linhas de magnésio e de molibdênio assim como de quaisquer outros metais presentes. São disponíveis vários pares homólogos e quase igualmente bons. As linhas a 2.798,1 Å (Mg) e 2.816,2 Å (Mo) representam um desses pares. Coloca-se num gráfico a diferença nas densidades ópticas dessas duas linhas em função da concentração de magnésio (Fig. 7.4).

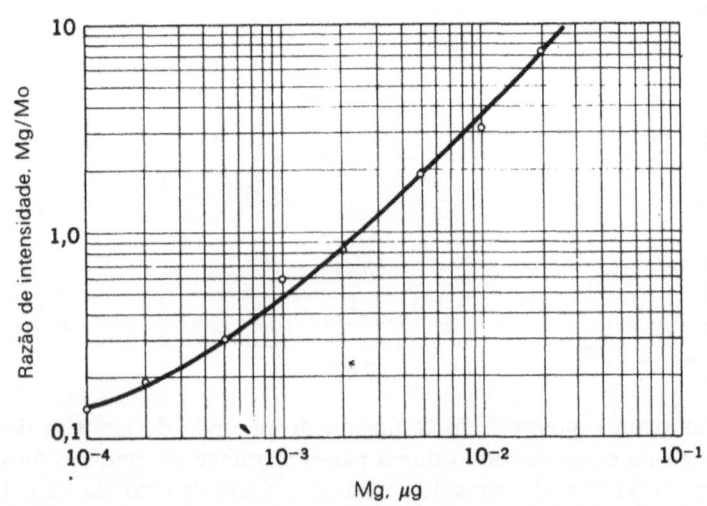

Figura 7.4 — Curva de trabalho para a análise de magnésio pelo método da faísca de cobre, com molibdênio como padrão interno (McGraw-Hill Book Company, New York)

Esse método é rápido e conveniente e, ao mesmo tempo, altamente sensível. Permite identificar 1 ng de magnésio em um volume de 1 ml. A precisão da determinação é da ordem de 5 a 10%, que é bem satisfatório em vista das pequenas quantidades envolvidas.

Outro exemplo (ref. 1), mais recente, de uma análise espectrográfica quantitativa é a determinação de muitos metais de transição no intervalo de partes por bilhão em KCl requerido para fins eletroquímicos. O procedimento inclui uma pré-concentração por precipitação com 8-hidroxiquinolina na presença de $InCl_3$ como carregador e $PdCl_2$ como padrão interno.

INSTRUMENTOS FOTOGRÁFICOS

Grande parte do trabalho básico em espectrografia foi conseguido com instrumentos de prisma de quartzo com o planejamento de Cornu quer com o de Littrow; também usaram-se muitos espectógrafos de grande rede côncava, particularmente com as montagens de Eagle e Wadsworth. Cada um dos vários tipos foi conduzido a um alto grau de perfeição por vários fabricantes nos Estados Unidos e em outros países.

INSTRUMENTOS FOTELÉTRICOS

Dispõe-se de espectrômetros grandes planejados para as determinações rápidas e de rotina de vários elementos simultaneamente. Uma aproximação consiste no *espectrômetro de leitura direta* (Fig. 7.5). Este consiste de um espectrógrafo de rede onde se substituiu a chapa ou o suporte do filme por uma barreira opaca seguindo a curva focal perfurada por doze ou mais fendas situadas em comprimentos de onda adequados para os elementos que devem ser analisados. Atrás de cada fenda é colocada uma válvula fotomultiplicadora. A saída de cada uma é registrada automaticamente de modo que as potências radiantes relativas de doze elementos podem ser lidas diretamente. Um dos elementos observados é um padrão interno com o

Figura 7.5 — Um espectrômetro fotelétrico de leitura direta (Baird-Atomic, Inc., Cambridge, Massachusetts)

qual o restante é comparado. Podem-se executar análises de onze elementos em menos de um minuto.

Outro espectrômetro fotelétrico é o Quantômetro*, onde os resultados são automaticamente registrados em uma tira de papel. Uma forma modificada desse instrumento, o Quantovac, foi planejada para expandir o intervalo útil a 1.600 Å no ultravioleta. Isso permite medidas de comprimentos de onda sensíveis de carbono, fósforo, enxofre, arsênio e selênio, que não são acessíveis para instrumentos convencionais. A fim de atingir o ultravioleta afastado, é necessário eliminar o ar do percurso óptico, pois ele absorve fortemente nessa região. Assim, o espectrômetro todo deve ser fechado em uma câmara evacuada. A fonte de arco ou faísca não pode operar no vácuo, de modo que este é banhado em uma atmosfera de argônio, que não absorve tão fortemente como o ar. A Fig. 7.6 mostra esquematicamente o arranjo das partes no Quantovac. A rede é riscada para energia máxima de 1.800 Å. Vários espelhos pequenos (ao redor de 23) são ajustados para interceptarem linhas espectrais convenientes que são refletidas em válvulas fotomultiplicadoras. Isso permite a determinação simultânea de todos elementos de interesse em uma análise de aço, tanto metais como não-metais.

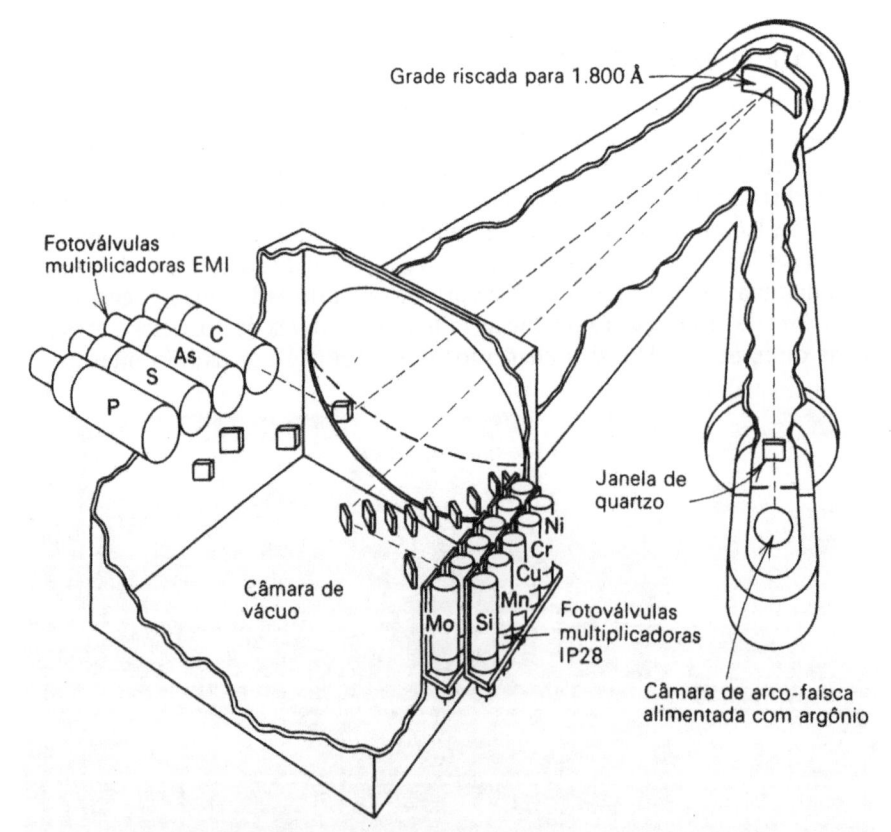

Figura 7.6 – Esquema do Quantovac um espectrômetro a vácuo automático (Applied Research Laboratories, Inc., Glendale, Califórnia)

*Applied Research Laboratories, Glendale, Califórnia.

PROBLEMAS

7-1 Deve-se analisar um carregamento de alumínio metálico "quimicamente puro" em seu conteúdo de magnésio. Uma amostra de 1.000 g é dissolvida em ácido e adiciona-se suficiente molibdato de amônio para conter 2.000 mg de molibdênio. A solução é diluída a 100,0 ml e algumas gotas são evaporadas na ponta de um elétrodo de cobre, produzindo-se a faísca na frente da fenda do espectrógrafo. A chapa resultante, examinada com um densitômetro, mostra uma densidade de 1,83 para a linha 2.795,5 Å e de 0,732 para a linha 2.848,2 Å. Com o auxílio da Fig. 7.4, calcule a porcentagem de magnésio na amostra.

7-2 O esquema da Fig. 7.7 mostra uma parte da chapa de um espectrógrafo como foi vista por meio de uma lente com uma escala em mm marcada na lente. O campo de visão inclui parte dos espectros produzidos pela abertura de um arco, primeiro entre elétrodos de ferro, depois entre elétrodos formados de uma amostra que se pensa ser uma liga de alumínio. As linhas de ferro com números 1 e 2 foram identificadas por comparação com um espectro de ferro-padrão. Deve-se identificar a linha x do espectro desconhecido. As leituras da escala são as seguintes: $d_1 = 9,90$ mm, $d_2 = 8,37$ mm, $d_x = 10,25$ mm.
a) Calcule a dispersão do espectrógrafo na região em termos de angstroms por milímetro. *b*) Determine o comprimento de onda da linha desconhecida. *c*) Consulte uma tabela de comprimentos de onda e faça uma tentativa de identificação dessa linha, lembrando quais os elementos provavelmente encontrados nesse tipo de liga. Quais regiões do espectro você sugeriria para a pesquisa de linhas fortes para confirmar sua identificação?

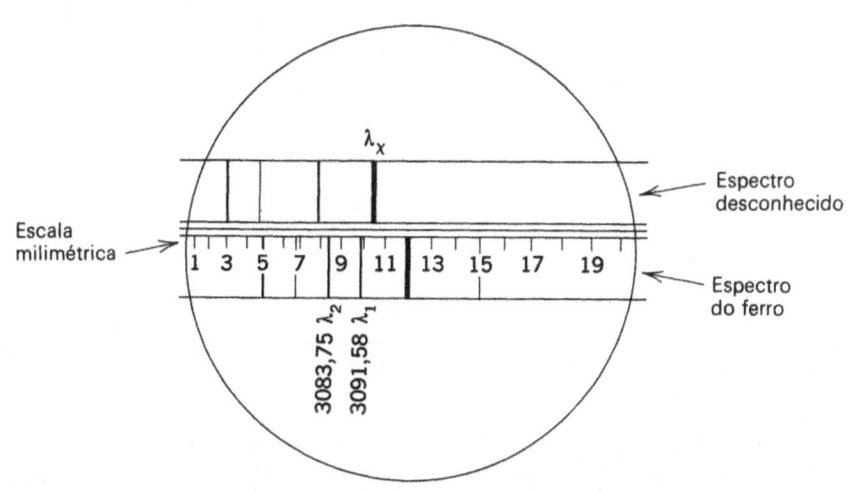

Figura 7.7 — Região aumentada de uma chapa do espectro com escala linear para interpolação (Bausch & Lomb, Inc., Rochester, N. Y.)

REFERÊNCIAS

1. Farquhar, M. C.; J. A. Hill e M. M. English: *Anal. Chem.*, **38**: 208 (1966).
2. Harrison, G. R.; R. C. Lord, e J. R. Loofbourow: "Practical Spectroscopy", Prentice-Hall, Inc., Englewood Cliffs, N.J., 1948.
3. Jarrell, R. F.: Excitation Units, p. 158, em G. L. Clark (ed.): "Encyclopedia of Spectroscopy", Reinhold Book Corporation, New York, 1960.
4. Margoshes, M. e B. F. Scribner: *Anal. Chem.*, **38**: 297R (1966).
5. Nachtrieb, N. H.: "Principles and Practice of Spectrochemical Analysis", McGraw-Hill Book Company, New York, 1950.
6. Sawyer, R. A.: "Experimental Spectroscopy", 3.ª ed., Dover Publications, Inc., New York, 1963.
7. Scribner, B. F. e H. R. Mullin: *J. Res. Natl. Bur. Std.*, **37**: 379 (1946).

8 Espectroscopia de chama

Neste capítulo consideraremos vários métodos de importância analítica relacionados primariamente com fenômenos físicos e químicos que ocorrem em uma chama. Uma chama serve efetivamente como fonte de linhas de emissão atomica e também como meio absorvente para essas mesmas linhas. Podem-se visualizar as relações gerais com auxílio da Fig. 8.1. Também pode ocorrer fluorescência na chama da mesma maneira que aumento da emissão através da quimiluminescência.

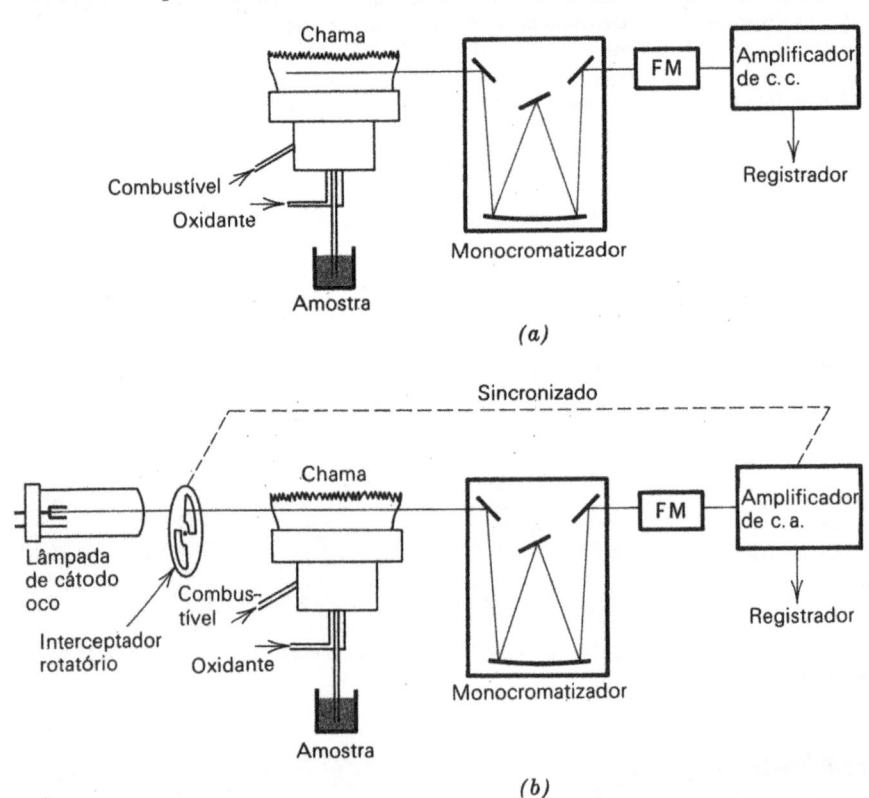

Figura 8.1 – Comparação de fotômetros de *a*) emissão de chama e *b*) absorção atômica

QUÍMICA DA CHAMA (ref. 5)

Na combinação exotérmica de dois gases, tais como hidrogênio e oxigênio, o processo inicial deve ser o rompimento endotérmico das duas ligações*:

$$H_2 + Q \longrightarrow 2H^{\cdot}$$
$$O_2 + Q \longrightarrow 2O^{\cdot}$$

Observe a diferença entre ponto e asterisco: H' representa um átomo isolado de hidrogênio (não um íon) em seu estado fundamental. HO' representa um radical hidroxila livre. H' representa um átomo de hidrogênio no estado excitado. O símbolo Q indica energia de uma maneira geral.

Continuando a dissociação, podem ocorrer várias reações entre dois corpos, tais como:

$$H + O_2 \rightarrow O^{\cdot} + HO^{\cdot}$$
$$O^{\cdot} + H_2 \rightarrow H^{\cdot} + HO^{\cdot}$$
$$H^{\cdot} + H_2O \rightarrow H_2 + HO^{\cdot}$$

Essas reações simplesmente transferem o excesso de energia de uma espécie a outra e não podem representar uma aproximação para o equilíbrio. Pode-se libertar a energia apenas por uma colisão com um terceiro corpo B, que pode ser uma molécula de um gás (como N_2 ou O_2), ou um sal (como NaCl) ou uma superfície sólida:

$$H^{\cdot} + H^{\cdot} + B \rightarrow H_2 + B + Q$$
$$H^{\cdot} + HO^{\cdot} + B \rightarrow H_2O + B + Q$$

(Deve-se devolver parte da energia libertada ao sistema para dissociar novas moléculas de gases, mantendo assim a reação em cadeia.)

Se B é um sal (possivelmente uma amostra analítica), podem ocorrer reações como

$$H^{\cdot} + NaCl \rightarrow Na^{\cdot} + HCl$$
$$H^{\cdot} + HO^{\cdot} + NaCl \rightarrow H_2O + Na^{\cdot} + Cl^{\cdot}$$

Na presença de suficiente energia disponível, pode-se elevar o átomo de metal a um nível excitado:

$$Na^{\cdot} + Q \rightarrow Na^{\cdot *}$$

um processo que será imediatamente seguido pela emissão da radiação característica:

$$Na^{\cdot *} + Na^{\cdot} + h\nu$$

Em chamas que não sejam suficientemente quentes para dissociarem os sais arrastados, apenas uma pequena fração dos átomos do metal se tornará ativada e o resto permanecerá no seu estado fundamental (Tab. 8.1). Aqueles átomos que são ativados voltarão ao seu estado fundamental com emissão de um fóton de radiação que se pode identificar e medir com um *fotômetro de chama* adequado.

Tabela 8.1 — Fração de átomos em estados excitados a várias temperaturas*

Elemento	Linha, nm	Temperaturas		
		2000°K	3000°K	4000°K
Césio	852,1	4×10^{-4}	7×10^{-3}	3×10^{-2}
Sódio	589,0	1×10^{-5}	6×10^{-4}	4×10^{-3}
Cálcio	422,7	1×10^{-7}	4×10^{-5}	6×10^{-4}
Zinco	213,9	7×10^{-15}	6×10^{-10}	2×10^{-7}

*Dados de A. Walsh (ref. 14).

Por outro lado, os átomos não-excitados estão aptos a absorverem radiação de uma fonte externa nos mesmos comprimentos de onda característicos. Pode-se medir a absortividade e ela serve de base a uma técnica conhecida como *espectroscopia de absorção atômica*.

A razão do número de átomos, que se torna excitado N^* em relação ao número que permanece no estado fundamental N^0 é dada pela distribuição de Boltzmann:

$$\frac{N^*}{N^0} = A \exp - \frac{E}{kT} \tag{8-1}$$

onde A = constante para um sistema determinado
E = energia de ativação
k = constante universal; $1{,}38054 \times 10^{-16}$ erg/grau
T = temperatura Kelvin

Essa é uma relação quantitativa do fato bem conhecido de que quanto maior a temperatura, maior será a fração de átomos que se torna ativada.

Para a absorção atômica, pareceria então que se deveria manter temperatura tão baixa quanto possível e compatível com a capacidade de dissociar compostos em átomos livres. Contudo, como indica a Tab. 8.1, a fração de átomos ativados é tão pequena que seu efeito sobre N^0 é imperceptível e a dependência da temperatura, como se deduz da Eq. (8-1), não é importante. É desejável manter a temperatura *levemente* acima do ponto de dissociação por duas razões: 1) a banda de absorção se alarga com a temperatura (alargamento de Doppler) e é favorável mantê-la ligeiramente menos larga que a linha emitida pela fonte e 2) se a chama estiver muito quente, os átomos dissociados tenderão a se tornar ionizados e apenas átomos neutros em seu estado fundamental absorvem no comprimento de onda exigido.

Para a emissão atômica, por outro lado, é necessária uma maior temperatura para elevar a razão N^*N^0, mas ainda se deve levar em conta o perigo da ionização.

Todas as três propriedades dependentes da temperatura, dissociação, ativação e ionização, envolvem distribuições de Boltzmann comparáveis à Eq. (8-1), com valores apropriados de A e E. Assim, as temperaturas ótimas para as diferentes técnicas experimentais são bastante críticas e, com freqüência, devem-se determinar empiricamente. Freqüentemente pode-se neutralizar a tendência de ionização por adição de uma substância mais facilmente ionizável. Assim, a ionização dos átomos de cálcio será desprezível na presença de potássio, mas é provável que produza resultados baixos em diferentes determinações de cálcio tanto por absorção como por emissão.

O quadro sempre é mais complicado que esse. Muitas vezes há maior emissão de ressonância em uma chama do que seria de se esperar apenas com base na temperatura, especialmente na presença de um solvente orgânico. Mostrou-se que esse aumento de emissão é, em parte, resultado da fluorescência obtida por radiação ultravioleta produzida pela própria chama. Também pode-se relacionar o aumento com uma transferência de elétrons de orbitais moleculares estáveis de um composto (um óxido, por exemplo) para um orbital atômico excitado, quando o composto é pirolisado; o elétron excitado vai então para seu estado fundamental com emissão. Pode-se considerar como um caso de *quimiluminescência* (ref. 6).

MAÇARICOS E ASPIRADORES (ref. 8)

Para qualquer um dos métodos analíticos baseados em espectroscopia de chama, onde a amostra é uma solução líquida, deve-se encontrar um meio para introduzir o líquido em uma forma finamente dividida na chama. A obtenção de uma chama conveniente e a introdução da amostra são duas funções quase sempre desempenhadas por um único componente instrumental. Seria desejável, para máxima versatilidade, usar o mesmo maçarico tanto para emissão como para absorção, mas isso raramente é possível, especialmente se se procurar maior sensibilidade, pois as exigências para os dois métodos não serão as mesmas.

Vários planejamentos de maçaricos foram sugeridos. Eles se classificam em duas classes, de acordo com o fato de haver mistura dos gases combustível e oxidante anterior ou não à entrada na área da chama. A Fig. 8.2 mostra maçaricos representativos dos dois tipos. O tipo mostrado em (a) é chamado maçarico de *queima total*; foi usado vários anos em fotometria de emissão de chama. A amostra é aspirada pelo efeito Ventui pelo combustível ou pelo oxidante e entra na base da chama em forma de um fino vapor.

Uma dificuldade maior, inerente ao aspirador simples, é que se produzem gotas de tamanhos bem diferentes. Muitas das gotas maiores são freqüentemente sopradas diretamente através da chama, sem haver evaporação total ou sem completa pirólise do soluto. Assim, o nome queima total é inadequado; a amostra toda desaparece, mas nem toda é convertida em um estado mensuráve'

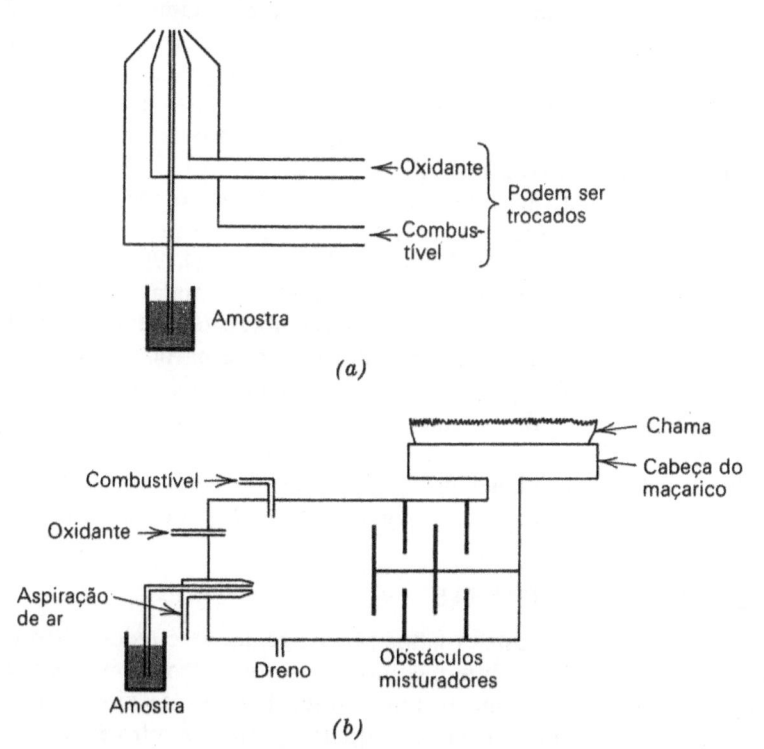

Figura 8.2 — Maçaricos para fotômetros de emissão ou absorção; a) tipos de queima total e b) de mistura prévia

O maçarico de queima total concentra a chama em uma pequena área, o que é vantagem na emissão, onde se deve focalizar uma quantidade máxima de luz no detector ou na fenda do monocromatizador. Ele é um queimador seguro para se operar, não está sujeito a retrocesso explosivo. Apresenta uma desvantagem para trabalhos de absorção que o feixe de luz percorre apenas uma pequena distância através da amostra vaporizada; isso foi superado em alguns instrumentos usando-se vários (geralmente três) maçaricos idênticos em fila ou por reflexão do feixe para trás e para frente várias vezes através da chama. A chama turbulenta desse tipo de maçarico é com freqüência desagradavelmente barulhenta.

O maçarico da Fig. 8.2(b) representa um desenvolvimento mais recente, chamado maçarico de *escoamento laminar* ou *premix*. Misturam-se o combustível e os gases oxidantes no corpo da montagem do maçarico, junto com a amostra aspirada. A mistura então passa através de uma área contendo um ou mais obstáculos para completar a mistura antes de entrar na cabeça do maçarico. As gotas grandes do aspirador se chocam com as paredes da câmara misturadora e com os obstáculos e são removidas de modo que apenas as gotas finas encontram seu caminho para a chama. O orifício do maçarico consiste em uma fenda longa e estreita que produz uma chama não-turbulenta, calma, em forma de tira.

Deve-se planejar o maçarico premix e com particular cuidado para evitar um retrocesso que pode produzir uma violenta explosão na mistura fechada. Suas vantagens consistem em um longo percurso do feixe de luz na absorção atômica, uma grande estabilidade inerente e ausência de ruídos, tanto audíveis quanto eletrônicos. Uma desvantagem compartilhada com o maçarico de queima total é a parede de gotas grandes do atomizador. Cerca de 90% da amostra podem ir para o dreno. Quando se usam solventes mistos, há uma possibilidade de evaporação rápida do mais volátil, que tenderá a segregar o soluto de preferência nas gotas grandes, introduzindo erros significativos.

Um desenvolvimento recente muito recomendável rompe com práticas anteriores, pois separa a conversão da solução em vapor da produção da chama, é o *nebulizador sônico* descrito por Kirsten e Bertilsson (ref. 9). Nesse dispositivo a solução da amostra é bombeada através de um tubo capilar para a superfície vibrante de um transdutor ultra-sônico. A intensa vibração de alta freqüência é muito efetiva na conversão do líquido em um fino vapor de partículas de tamanho uniforme. O vapor é recolhido por um dos gases e conduzido ao maçarico, que pode ser de qualquer tipo. O único obstáculo é o aumento de despesa devido à energia do oscilador necessária para movimentar o transdutor.

A última palavra no planejamento de maçarico ainda está para ser dita. Há muito campo aqui para exercitar a imaginação do planejador de instrumento.

COMBUSTÍVEIS E OXIDANTES

Na prática, os únicos oxidantes usados são oxigênio, ar e óxido nitroso. Pode-se considerar este último como intermediário entre os outros dois: cerca de 500° a 900°C se decompõe dando uma mistura de duas partes de nitrogênio para uma de oxigênio, enquanto que o ar contém quatro partes de nitrogênio para uma de oxigênio. A variedade de gases combustíveis é maior e a escolha pode depender da disponibilidade. A Tab. 8.2 reúne as temperaturas máximas obtidas a partir de

Tabela 8.2 — Temperaturas máximas de várias chamas*

	Oxidantes		
Combustíveis	*Ar,* °C	*Oxigênio,* °C	*Óxido nitroso,* °C
Hidrogênio	2100	2780	
Acetileno	2200	3050	2955
Propano	1925	2800	

*Valores de Dean (ref. 2), menos para o óxido nitroso, que é de Willis (ref. 17).

um número de combinações. Os valores para o metano e o butano são praticamente os mesmos que para o pr pano e assim pode-se adotar esse valor como representativo para o "gás natural". Podem-se usar vários tipos de gases manufaturados sem dificuldade.

Para os maçaricos de queima total, a combinação mais amplamente usada é oxigênio e acetileno. Atinge facilmente alta temperatura, suficientemente elevada para ativar frações mensuráveis de átomos em mais ou menos uma dúzia de elementos. Para fotômetros de chama planejados apenas para metais alcalinos (como no trabalho clínico), é adequado usar ar comprimido com gás natural ou manufaturado.

Para a absorção atômica com maçaricos premix, não se pode usar com segurança a mistura oxigênio-acetileno porque a chama se propaga tão rapidamente que é difícil evitar seu retrocesso, provocando explosão dos gases pré-misturados no corpo do maçarico. Ar e acetileno são mais freqüentemente escolhidos para esse tipo de maçarico. Óxido nitroso (ref. 17) promete grande utilidade como oxidante com acetileno; produz uma temperatura apenas um pouco mais baixa que oxigênio-acetileno, mas sem tão grande perigo de explosão. O óxido nitroso é quase essencial na análise de elementos como alumínio, titânio e os lantanídeos, que formam óxidos refratários na chama ar-acetileno.

A presença de certos ânions na amostra pode produzir uma diminuição significativa da concentração dos átomos de metal dissociados (ref. 10) Isso parece ser devido à formação de compostos químicos de pressão de vapor muito baixa depois da evaporação do solvente. As partículas microcristalinas resultantes são sopradas através da chama sem decomposição. Assim, o número de átomos de cálcio na chama é diminuído acentuadamente na presença de oxalato, sulfato ou fosfato, mas não é afetado por cloreto ou nitrato. O alumínio também remove o cálcio, provavelmente devido à formação de aluminato de cálcio.

Podem-se usar os métodos de chama para soluções não-aquosas. Se o solvente for combustível, sua presença poderá aumentar levemente a temperatura da chama, enquanto que a água a esfria por dissociação endotérmica. O processo é particularmente conveniente para metais que se podem extrair seletivamente da solução aquosa por um solvente orgânico para produzirem uma solução que se pode aspirar diretamente na chama. Um exemplo é a determinação de ferro em ligas não-ferrosas por emissão de chama após a extração de uma solução acidulada com acetilacetona. A linha de emissão a 3.720 Å é seis vezes mais intensa quando o ferro é dissolvido em acetilacetona em vez de em água.

ABSORÇÃO ATÔMICA: FONTES

Em princípio, deve-se usar na absorção atômica uma fonte contínua, como no ultravioleta e no infravermelho. Fizeram-se trabalhos nesse sentido (refs. 4 e 13), mas ainda não foram comercializados. A dificuldade é causada pela extrema agudez da linha de absorção, da ordem de 0,01 Å de meia largura, que remove apenas uma pequena fração da energia da região espectral passada por um monocromatizador usual. A Fig. 8.3 mostra essa relação. A área sob a curva *a* é apenas ligeiramente diminuída pela absorção da linha estreita *b*. A fim de obter resultados com precisão adequada, é necessário um espectrofotômetro com alta dispersão junto com um registrador de escala expandida, de modo que se possam ler as intensidades integradas com precisão.

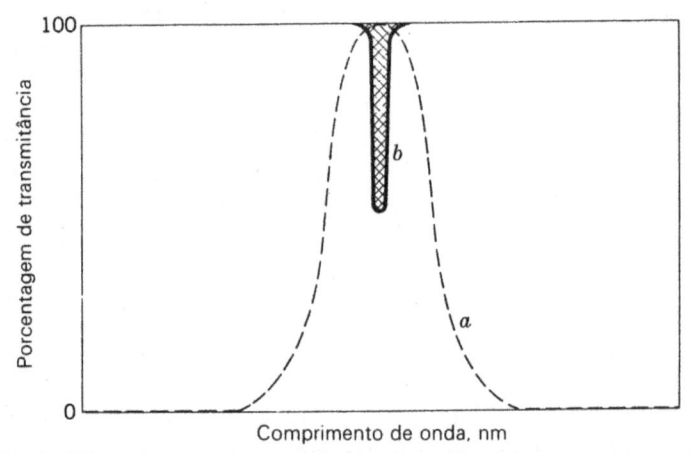

Figura 8.3 — Absorção atômica de radiação de uma fonte contínua com monocromatizador; a curva *a* representa a banda de comprimentos de ondas passada pelo monocromatizador; a curva *b*, a linha de absorção por uma espécie atômica em uma chama (Unicam Instruments Ltd.)

Mais prático, na presente fase de desenvolvimento, é o uso de uma série de fontes que dão linhas de emissão nítidas para elementos específicos. A mais bem sucedida dessas fontes é a lâmpada de descarga luminosa com cátodo oco (ref. 8). Essa consiste em dois elétrodos um dos quais em forma de copo e feito com o elemento especificado (ou uma liga daquele elemento) (Fig. 8.4); o material do ânodo não é crítico. A lâmpada é preenchida com um gás nobre, a baixa pressão. A aplicação de 100 a 200 V produzirá, após um breve tempo, uma descarga luminosa com a maior parte da emissão vinda de dentro do cátodo oco. As radiações consistem de linhas discretas do metal mais as do gás de enchimento. O gás é escolhido

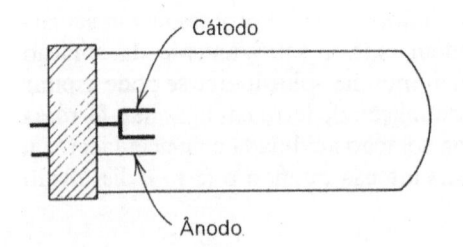

Figura 8.4 — Lâmpada de cátodo oco

pelo fabricante para dar as menores interferências espectrais com o referido metal. O espectro de uma lâmpada de cátodo oco é mostrado na Fig. 8.5. Observar que a linha sensível do níquel a 2.320 Å é cercada por numerosas linhas de níquel não-absorventes. Pode-se isolar a linha desejada com um monocromatizador de banda estreita. A Fig. 8.6 mostra esquematicamente a relação entre o espectro de emissão de uma lâmpada de cátodo oco (*a*), o mesmo observado através de um monocromatizador (*b*) e o efeito de uma absorção na chama (*c*). Compare esse resultado com a Fig. 8.3. No caso considerado, devem-se medir apenas as alturas dos picos, pois as linhas de absorção e emissão têm meias-larguras quase iguais.

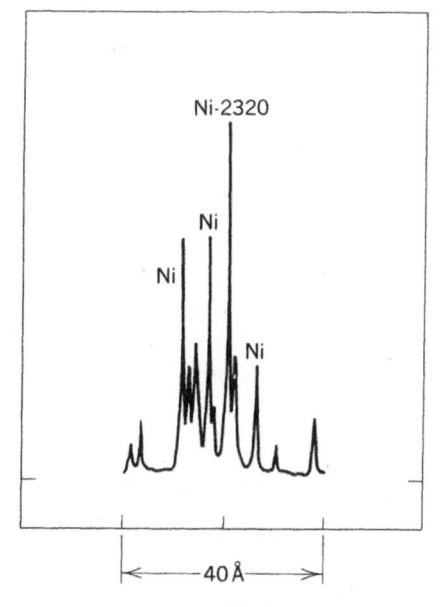

Figura 8.5 — Espectro de emissão de uma lâmpada com um cátodo de níquel oco. Apenas a linha a 2.320 Å é absorvida por átomos de níquel em uma chama (Westinghouse Electric Corporation, Pittsburgh)

A partir das relações mostradas na Fig. 8.6*c* será evidente que a medida com um fotômetro de absorção atômica é um processo essencialmente idêntico à medida com qualquer fotômetro de absorção de feixe duplo. P_0 e P são determinados, sucessivamente, sem qualquer variação nas condições da chama e a lei de Beer se aplica da maneira convencional. O comprimento de percurso *b* não se mede facilmente com precisão, de modo que são necessários cuidados em relação à sua variação.

A Fig. 8.7 indica o efeito da largura da banda do monocromatizador na curva de trabalho para o níquel, em que a radiação foi obtida da lâmpada da Fig. 8.5. Os fotômetros de absorção atômica comerciais são geralmente providos de monocromatizadores capazes de isolar 2 Å, mas neles podem-se abrir mais as fendas para maior sensibilidade quando a interferência não é um problema.

Usaram-se outras fontes de luz, particularmente para metais voláteis como mercúrio e os alcalinos, para os quais as válvulas de descarga fornecem grande brilho. Eles apresentam, contudo, linhas de emissão um pouco mais largas. A principal objeção a qualquer uma dessas fontes é o grande número de lâmpadas que se deve ter à mão. Há algumas lâmpadas de cátodo oco acessíveis, com vários metais contidos numa única estrutura do cátodo que aliviam de certa forma esse pro-

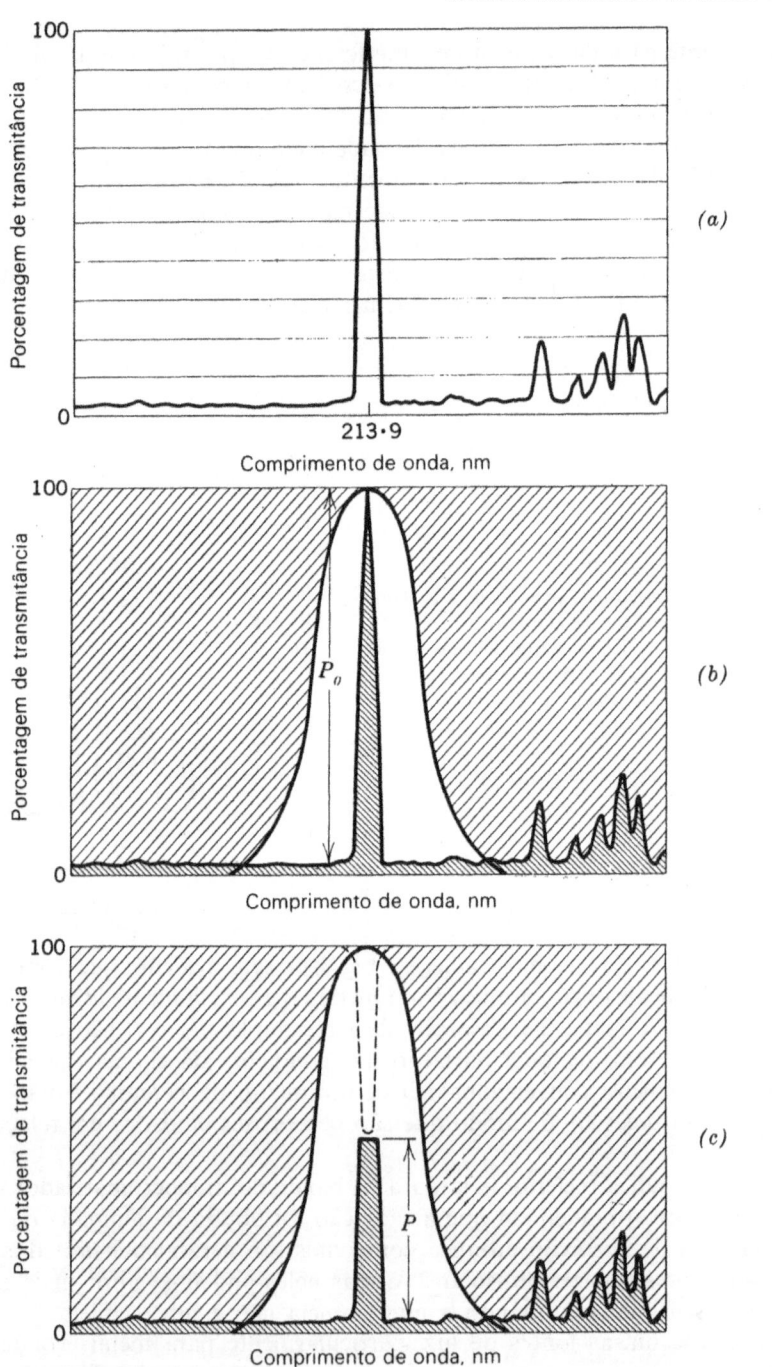

Figura 8.6 — Absorção atômica. *a*) O espectro de uma lâmpada de cátodo de zinco (a largura da linha a 2.139 Å foi exagerada para maior clareza). *b*) Eliminam-se as linhas suplementares do zinco com um monocromatizador centrado a 2.139 Å. *c*) A potência da linha a 2.139 Å é fortemente reduzida pela absorção devida aos átomos de zinco em uma chama (Unicam Instruments Ltd.)

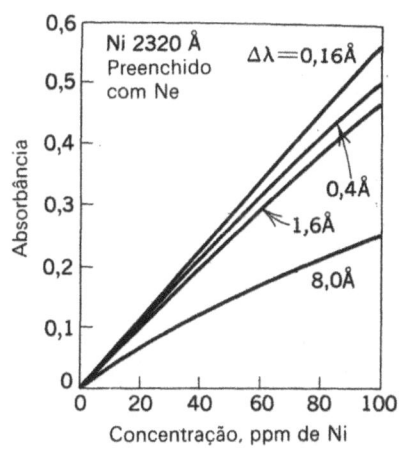

Figura 8.7 – Gráfico da lei de Beer para a absorção de chama da radiação da lâmpada da Fig. 8.5 por átomos de níquel; os desvios negativos aumentam com a largura da banda do monocromatizador (Westinghouse Electric Corporation, Pittsburgh)

blema. Exemplos são: Ca, Mg e Al; Fe, Cu e Mn; Cu, Zn, Pb e Sn; e Cr, Co, Cu, Fe, Mn e Ni.

ESPECTROFOTÔMETROS DE ABSORÇÃO ATÔMICA (refs. 3 e 12)

Atualmente são disponíveis perto de uma dúzia de modelos diferentes de instrumentos dessa categoria. Metade é fabricada nos Estados Unidos, com instrumentos também importados da Austrália, onde o método teve origem, da Inglaterra e da Alemanha. Todos os modelos usam fontes de linhas agudas, grosseiramente equivalentes a monocromatizadores e detectores fotomultiplicadores. A maior parte usa maçaricos premix, embora alguns ofereçam escolha do tipo de maçarico. A Beckman possui uma fonte e uma unidade de chama que são ligadas como acessórios a um espectrofotômetro. Muitos possuem condições para serem usados em fotometria de emissão de chama.

A maioria dos espectrofotômetros de absorção atômica são instrumentos de feixe único. A razão da relativa escassez dos fotômetros de feixe duplo é que, pelo menos até recentemente, a maior fonte de instabilidade e ruído era a chama, a única parte do instrumento onde a característica de feixe duplo não pode compensar as variações.

O Perkin-Elmer Modelo 303 é um espectrofotômetro de feixe duplo, que assegura compensação para as flutuações da lâmpada e do detector. O feixe de referência passa ao lado da chama em vez de atravessar uma chama "branca". Uma vantagem importante na prática é que praticamente se elimina o tempo de aquecimento da lâmpada de cátodo oco como origem do atraso, uma bastante conveniente quando se muda de um elemento para outro.

Quase todos os instrumentos fornecem modulação tanto para alimentar a lâmpada com corrente pulsativa como para interceptar o feixe de luz com um interceptador circular. Isso é essencial para resultados precisos porque a chama sempre age como uma fonte e também como um absorvente de radiação de ressonância. A emissão da chama não produzirá resposta em um sistema modulado com um amplificador sintonizado na freqüência do interceptador. Em um sistema de c.c., por outro lado, o detector não possui meios de distinguir entre a radiação oriunda da chama e a que provém da lâmpada de cátodo oco através da chama.

ABSORÇÃO ATÔMICA SEM CHAMA

Algumas vezes é possível produzir vapor de átomos de metal por meios diferentes de uma chama. A aplicação mais antiga da absorção atômica, por exemplo, é a avaliação da concentração de vapor de mercúrio no ar por absorção da linha de ressonância de 2.357 Å. Há vários instrumentos no mercado para essa finalidade, que usam um feixe de radiação de uma lâmpada germicida de quartzo.

É possível dissociar compostos metálicos por meio de uma descarga elétrica em radiofreqüência (ref. 15). A descarga é produzida em um gás por uma bobina de indução formada por poucas voltas de um fio grosso envolvendo um tubo de sílica que contém o gás. A bobina é alimentada pelo gerador de alta freqüência de um aquecedor por indução. A amostra é aspirada pela corrente do gás de arraste e é atomizada na descarga, onde pode-se examiná-la pela luz transmitida proveniente de uma lâmpada de cátodo oco. Uma vantagem é que o gás de arraste pode ser um gás não-reativo como o argônio e assim não se formam óxidos nem outros compostos refratários.

Houve vários estudos sobre métodos para atomizar substâncias sólidas diretamente, evitando a etapa de solução. Em um processo, a amostra é colocada numa barquinha de sílica dentro de um tubo de combustão de sílica e aquecida eletricamente. Passa-se luz monocromática no sentido do comprimento do tubo de combustão e mede-se sua absorção pelo metal vaporizado. Em outro procedimento, a amostra metálica constitui o cátodo duma lâmpada de cátodo oco desmontável (ref. 7). O cátodo é aberto nas duas extremidades em vez de em formato de copo e o feixe de luz proveniente da fonte passa através dele. A amostra é lançada no espaço axial por uma descarga de alta voltagem. Também parece possível vaporizar uma amostra por um feixe *laser* e medir sua absorção atômica.

Com exceção do detector de vapor de mercúrio, nenhum desses métodos sem chama foi desenvolvido comercialmente e estudos fundamentais ainda estão em desenvolvimento.

APLICAÇÕES DA ABSORÇÃO ATÔMICA

Pode-se conseguir uma idéia da grande aplicação da análise de absorção atômica por chama examinando-se um compêndio de folhas avulsas intitulado "Analytical Methods for Atomic Absorption Spectrophotometry", publicado pela Perkin-Elmer Corporation. A edição de maio de 1966, inclui 114 procedimentos específicos para 29 elementos e regras de condições ótimas de operação para outros quarenta (o único não-metal incluído é o fósforo). Como se poderia esperar, a orientação é dada para os dois instrumentos da Perkin-Elmer, mas os procedimentos são facilmente adaptáveis para serem usados com instrumentos de outros fabricantes.

Como exemplo, consideremos o chumbo. Além das observações gerais sobre o elemento (tipo de lâmpada, mistura de gás conveniente, concentração ótima para as soluções-padrão, etc.) são fornecidos detalhes para a análise do chumbo em ligas à base de cobre, gasolina, óleos lubrificantes, sangue, aço, urina, outro e vinho. Em cada caso são fornecidos referências bibliográficas.

FOTOMETRIA DE EMISSÃO DE CHAMA (refs. 1 e 2)

Há um grande número de instrumentos comerciais dessa classe, com grande variação na sensibilidade, sofisticação e preço. Muitos são planejados para aplicações clínicas onde o maior interesse é pelo sódio, potássio e cálcio nos fluidos do corpo, etc. Pode-se obter precisão suficiente com filtros de interferência em vez de com um monocromatizador, pois as linhas são facilmente separadas. Alguns instrumentos usam o circuito fotométrico mais simples, uma cela fotovoltaica diretamente ligada a um galvanômetro. Outros obtêm sensibilidade por meio de um fotomultiplicador e estabilidade por adição de lítio como um padrão interno. Outros instrumentos incluem o monocromatizador ou o uso de um espectrofotômetro por meio de um adaptador de chama.

Verificou-se que a energia da radiação da chama a um comprimento de onda característico de um determinado elemento é quase proporcional à concentração do metal, se antes se fizer uma correção devida de fundo. A luminosidade de fundo é causada especialmente pela presença de outros metais, pois em geral cada cátion excitável dará alguma radiação em uma grande região espectral, mesmo a uma distância considerável de suas linhas discretas. Também contribuiria qualquer espalhamento no monocromatizador ou fotômetro. Pode-se eliminar melhor o efeito de fundo por aplicação da técnica de medida da linha-base semelhante à discutida anteriormente em relação aos espectros de absorção. Isso é fácil de se conseguir se os espectros forem observados com um espectrofotômetro, mas não é tão conveniente com um fotômetro de chama com filtro. No último caso, geralmente se fazem correções com bases empíricas.

Em adição ao efeito de fundo, pode-se, algumas vezes, observar uma interação específica entre metais, tanto aumentando como diminuindo a luminescência normal. Pode-se vencer essa dificuldade, mesmo com alguma perda de sensibilidade, por adição propositada de um grande excesso de qualquer cátion provável contaminante antes da análise. Na análise de águas naturais (ref. 16) contendo sódio, potássio, cálcio e magnésio, podem-se evitar interferências na análise de cada elemento devidas aos outros três pelo uso de *tampões de radiação*. Por exemplo, na determinação do sódio a 25 ml da amostra, adiciona-se 1 ml de uma solução que é saturada em relação aos cloretos de potássio, cálcio e magnésio. Qualquer pequena variação nas quantidades desses elementos será negligenciável comparada com a quantidade adicionada. A solução agitada é então examinada com o fotômetro de chama e a resposta ao comprimento de onda da radiação do sódio, corrigido da luminosidade de fundo, é comparada com uma curva de calibração preparada a partir de padrões. Podem-se facilmente detectar diferenças de concentração de 1 a 2 ppm para sódio ou potássio e as de 3 ou 4 ppm, para cálcio. No caso do magnésio, o método é menos sensível.

Um outro procedimento para eliminar os resultados de interferências é uma aplicação do método da adição-padrão. Após a medida da emissão da amostra, adiciona-se uma quantidade conhecida do elemento desejado a uma segunda alíquota da amostra desconhecida e repete-se a medida. O padrão adicionado será submetido às mesmas interferências que o constituinte da amostra e assim será possível uma análise por comparação direta.

COMPARAÇÃO DA ABSORÇÃO E EMISSÃO DE CHAMA (refs. 6 e 11)

Os metais alcalinos e uns poucos outros elementos facilmente excitados podem ser detectados e medidos em concentração mais baixa por fotômetros de emissão de chama bem planejados que por absorciômetros atômicos. Vários outros metais mostram sensibilidade igual ou maior quando medidos por absorção (Tab. 8.3). Quando esse não for o caso, (ref. 8) mostrou que a diferença pode bem refletir o fato de a instrumentação de absorção ser de desenvolvimento mais recente e vários elementos não foram ainda estudados exaustivamente por essa técnica.

Deve-se notar que a resposta de um fotômetro de emissão é *linear* dentro de limites, em relação à concentração, ao passo que os resultados de um fotômetro de absorção atômica seguindo a lei de Beer mantêm uma relação logarítmica com a concentração. Assim, a técnica de absorção fornece muito maior intervalo de concentração em que se podem efetuar as medidas.

Outro fator a considerar é o efeito do comprimento de onda em relação à distribuição de Boltzmann. Lembrando que $E = h\nu = h(c/\lambda)$, Eq. (2-2), podemos reescrever a Eq. (8-1) como

$$\frac{N^*}{N^0} = A \exp - \frac{hc}{\lambda k T} \tag{8-2}$$

A partir dessa relação segue que, quanto menor o comprimento de onda da radiação ressonante, menor será a razão N^*/N^0 e assim menos sensível será o método de emissão enquanto que a absorção será apenas ligeiramente afetada.

Atualmente, a absorção atômica é menos conveniente para a análise qualitativa das amostras devido à necessidade de trocar as lâmpadas. Por outro lado, a análise quantitativa é geralmente mais satisfatória pois a absorção atômica não sofre interferências químicas tão grandes.

FLUORESCÊNCIA

Um outro aspecto da espectroscopia de chama é a fluorescência atômica (ref. 18). Isso representa outro mecanismo pelo qual átomos livres podem ser levados para níveis eletrônicos excitados. Devem-se primeiro átomos libertar de seus compostos por pirólise na chama, como nos métodos anteriores. A excitação é então produzida por intensa iluminação da chama através de uma fonte externa. Em princípio, podem-se usar para excitar a fluorescência tanto uma fonte contínua como uma lâmpada de xenônio, ou uma lâmpada de descarga correspondente ao elemento pesquisado.

Podem ser distinguidos vários tipos de fluorescência e deles o mais útil provavelmente é a fluorescência de ressonância, onde os átomos são excitados por radiação do mesmo comprimento de onda que emitem. Uma dificuldade aparece aqui devido ao espalhamento da radiação primária por gotas da solução ou outra matéria subdividida na chama. Para evitar os efeitos do espalhamento, deve-se utilizar excitação a um comprimento de onda mais curto, por exemplo, pode-se excitar a linha a 5.890 Å do sódio por irradiação com a linha a 3.303 Å. Assim, um filtro absorvente de ultravioleta irá impedir que a radiação espalhada atinja o detector. Os resultados do espalhamento também podem ser reduzidos pela introdução de polarizadores cruzados nos feixes primários e secundários.

Tabela 8.3 – Limites de detecção na emissão e absorção de chama*

Elemento	Emissão, ppm	Absorção, ppm (Chamas convencionais)	Absorção, ppm (N_2O/C_2H_2)
Alumínio	0,01	0,5**	0,1
Antimônio	0,3	0,2	
Arsênio	1,0	0,04	
Bário	0,01	1,0	
Berílio	0,1	0,03	0,02
Bismuto	1,0	0,15	
Boro	10,0;0,1***	250,	10,
Bromo	100,***		
Cádmio	0,3	0,0004	
Cálcio	0,001	0,01	
Carbono	10,***		
Cério	10,;1,0***		
Césio	0,0003	0,05	
Chumbo	0,03	0,01	
Cloro	100,***		
Cobalto	0,03	0,03	
Cobre	0,01	0,0005	
Crômio	0,003	0,001	
Disprósio	0,1	6,0	0,7
Enxofre	10,***		
Érbio	0,3;0,1***	3,0	0,2
Escândio	0,06;0,003***	5,0	
Estanho	0,3	0,02	
Estrôncio	0,001	0,02	
Európio	0,0025	2,5	
Ferro	0,03	0,003	
Flúor	100,***		
Fósforo	1,0***	100,**	
Gadolínio	0,2;0,03***		
Gálio	0,01	1,0	
Germânio	3,0	0,1	
Háfnio	8,0		
Hólmio	0,1	4,0	0,3
Índio	0,003	0,1	
Iodo	10,0***		
Irídio	100,		
Itérbio	0,01	2,0	0,05
Ítrio	0,3;0,01***	10,	0,5
Lantânio	1,0;0,01***	10,	20,
Lítio	0,000.01	0,005	
Lutécio	0,2;0,1***		
Magnésio	0,003	0,003	
Manganês	0,001	0,001	
Mercúrio	1,0	0,01	
Molibdênio	0,03	0,01	
Neodímio	1,0;0,03***		
Níquel	0,03	0,003	
Nióbio	1,0	3,0	
Nitrogênio	10,***		
Ósmio	100,		
Ouro	0,1	0,1	

Tabela 8.3 — Limites de detecção na emissão e absorção de chama* (continuação)

Elemento	Emissão, ppm	Absorção, ppm (Chamas convencionais)	Absorção, ppm (N_2O/C_2H_2)
Paládio	0,01	0,1	
Platina	3,0	0,5	
Potássio	0,000.01	0,005	
Praseodímio	2,0;0,3***	....	15,
Prata	0,01	0,02	
Rênio	0,3	25,	1,5
Ródio	0,03	0,1	
Rubídio	0,0001	0,005	
Rutênio	0,01	0,3	
Samário	0,6;0,1***	50,	6,0
Selênio	....	0,015	
Silício	3,0	0,1	1,0
Sódio	0,000.01	0,005	
Tálio	0,01	0,03	
Tântalo	10,	....	6,0
Telúrio	2,0	0,3	
Térbio	1,0;0,1***	....	3,0
Titânio	0,5;0,003***	1,0	0,5
Tório	150,;1,0****		
Túlio	0,2;0,1***	6,0	
Tungstênio	4,0	250,	9,0
Urânio	10,;1.0****	10.000, (=1%)	30,0
Vanádio	0,1	0,5	0,7
Zinco	3,0	0,0002	
Zircônio	50,;10,	....	5,0

*Tomaram-se de Gilbert (ref. 6), os valores para as duas primeiras colunas, que afirma que estes valores representam os melhores limites de identificação registrados na literatura, não necessariamente obtidos em instrumentos comerciais; os valores da terceira coluna representam os resultados de experiências com o Modelo 303 da Perkin-Elmer, como relatado por Kahn (ref. 8).

**Método de absorção sem chama.

***Banda de emissão (em vez de linha).

****Contínuo.

O estudo da fluorescência atômica nas chamas é ainda muito novo para ser totalmente avaliado. Parece prometedor e pode converter-se em método comparável em sensibilidade e conveniência para vários sistemas.

PROBLEMAS

8-1   Pode-se medir o sódio no intervalo de 0,5 a 2% por absorção atômica usando a radiação não--ressonante de 3.302,59 e 3.302,94 Å, de uma lâmpada de cátodo de zinco. Isso é ao redor de 1/50 da sensibilidade das ressonâncias secundárias do sódio a 3.302,32 e 3.302,99 Å a partir de uma lâmpada de sódio e o brilho nesse comprimento de onda é cerca da metade para a lâmpada de zinco do que para a lâmpada de sódio. A presença de zinco na chama de absorção não fornece interferência na determinação do sódio. *a)* Explique a aparente contradição de que apesar de a lâmpada apresentar metade do brilho, a sensibilidade é apenas 1/50 comparando a lâmpada de zinco com a de sódio. *b)* Por que o zinco não interfere?

8-2   Se uma série de diluições de um elemento fornecer na emissão de chama as leituras reunidas abaixo, quais leituras correspondentes podem-se encontrar num fotômetro de absorção atômica convenientemente ajustado com as mesmas soluções em termos de porcentagem de absorção relativa à solução mais concentrada?

Concentração, ppm	Potência emitida, unidades arbitrárias
0,0	0
3,2	21
6,4	38
9,6	51
12,8	62
16,0	70

REFERÊNCIAS

1. Burriel-Martí, F. e J. Ramírez-Muñoz: "Flame Photometry: a Manual of Methods and Applications", American Elsevier Publishing Company, Inc., New York, 1957.
2. Dean, J. A.: "Flame Photometry", McGraw-Hill Book Company, New York, 1960.
3. Elwell, W. T. e J. A. F. Gidley: "Atomic-Absorption Spectrophotometry", 2.ª ed., Pergamon Press, New York, 1966.
4. Fassel, V. A.; V. G. Mossotti; W. E. L. Grossman e R. N. Kniseley: *Spectrochim. Acta*, **22**: 347 (1966).
5. Fristrom, R. M. e A. A. Westenberg: "Flame Struture", McGraw-Hill Book Company, New York, 1965.
6. Gilbert, P. T., Jr.: Advances in Emission Flame Photometry, p. 193, em "Analysis Instrumentation — 1964", Plenum Publishing Corp., New York, 1964.
7. Goleb, J. A. e J. K. Brody: *Anal. Chim. Acta*, **28**: 457 (1963).
8. Kahn, H. L.: *J. Chem. Educ.*, **43**: A7, A103 (1966).
9. Kirsten, W. J. e G. O. B. Bertilsson: *Anal. Chem.*, **38**: 648 (1966).
10. Koirtyohann, S. R. e E. E. Pickett: *Anal. Chem.*, **38**: 585 (1966).
11. Parsons, M. L.; W. J. McCarthy e J. D. Winefordner: *J. Chem. Educ.*, **44**: 214 (1967).
12. Robinson, J. W.: "Atomic Absorption Spectroscopy", Marcel Dekker, Inc., New York, 1966.
13. Veillon, C.; J. M. Mansfield; M. L. Parsons e J. D. Winefordner: *Anal. Chem.*, **38**: 204 (1966).
14. Walsh, A.: *Spectrochim. Acta*, **7**: 108 (1955).
15. Wendt, R. H. e V. A. Fassel: *Anal. Chem.*, **38**: 337 (1966).
16. West, P. W.; P. Folse e D. Montgomery: *Anal. Chem.*, **22**: 667 (1950).
17. Willis, J. B.: *Nature*, **207**: 715 (1965).
18. Winefordner, J. D. e T. J. Vickers: *Anal. Chem.*, **36**: 161 (correção p. 789) (1964); J. D. Winefordner e R. A. Staab, *Anal. Chem.*, **36**: 165 (1964).

9 Métodos de raios X

Quando um feixe de elétrons se choca com um material-alvo os elétrons geralmente perdem velocidade por interações múltiplas com os elétrons do alvo. A energia perdida se converterá numa radiação X contínua, com um comprimento de onda mínimo nítido λ_{min} (freqüência máxima) correspondente à energia máxima dos elétrons que não se pode exceder. O limite do comprimento de onda (em angstroms) é dado por

$$\lambda_{min} = \frac{hc}{Ve} = \frac{12.400}{V} \tag{9-1}$$

onde h = constante de Planck
$\quad c$ = velocidade da radiação eletromagnética no vácuo
$\quad e$ = carga eletrônica
$\quad V$ = potencial de aceleração através da válvula de raios X, em volts

À medida que o potencial cresce, atinge-se um ponto em que a energia é suficiente para remover completamente um elétron planetário para fora do átomo do alvo. Então outro elétron cai no seu lugar, emite-se um fóton de radiação X com um comprimento de onda dependente dos níveis de energia envolvidos e, portanto, característico do elemento. Como estão envolvidas altas energias, os elétrons mais próximos ao núcleo são os mais afetados. Assim, pode-se ejetar um elétron K e seu lugar é ocupado por um elétron proveniente da camada L. Devido ao fato de esses elétrons internos não se relacionarem ao estado de combinação química dos átomos (excetuando-se os elementos mais leves), segue-se que as propriedades de raios X dos elementos são independentes do estado de combinação química ou do estado físico. Os comprimentos de onda correspondentes a essas energias elevadas são pequenos, da ordem de 10^{-2} a 10 Å*. O intervalo de 0,7 a 20 Å inclui os comprimentos de onda mais úteis para fins analíticos.

O espectro de emissão de raios X de uma determinada substância-alvo se assemelhará ao da Fig. 9.1, um espectro contínuo com linhas discretas superpostas. Para as transições do nível K, as linhas agudas denominam-se $K\alpha$, $K\beta$, etc.** Nos espectros de elementos pesados, encontram-se em comprimentos de onda mais longos outros grupos de linhas correspondentes aos níveis L e M e níveis mais elevados. Se a excitação for obtida por fluorescência, isto é, por irradiação com raios X de comprimentos de onda mais curtos, não aparecerá o espectro contínuo, apenas estarão presentes as linhas características. Essa é uma situação favorável para análises de emissão de raios X, aumentando bastante a razão sinal-ruído.

---

*Antigamente os comprimentos de onda de raios X eram fornecidos em termos de *unidades kX*, onde 1 kX = 1,00202 Å.

**Os raios X provenientes de transições da camada L para a K chamam-se raios X $K\alpha$, $K\alpha_1$ e $K\alpha_2$ e correspondem a elétrons provenientes de subníveis da camada L diferentes; os raios X devidos à transições da camada M para a K chamam-se $K\beta$, etc.

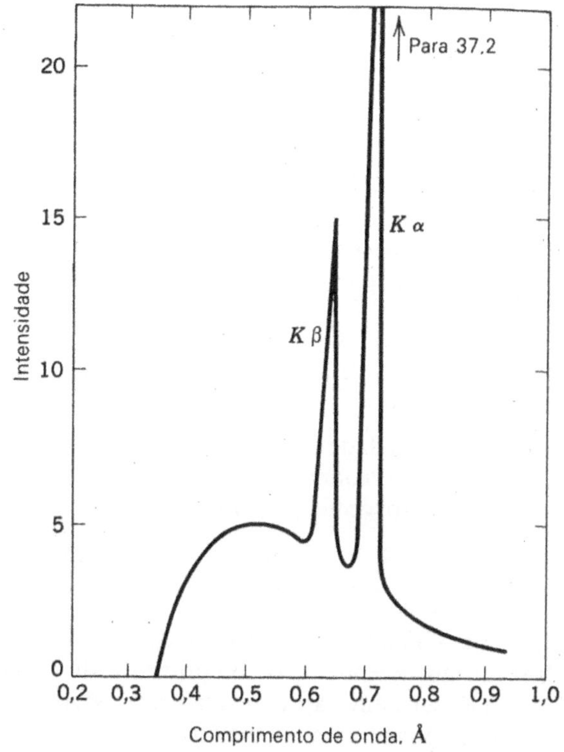

Figura 9.1 – Curva de intensidade para raios X de um alvo de molibdênio operado a 35 kV (John Wiley & Sons, Inc., New York)

Para fins analíticos, pode-se usar a radiação X de vários modos distintos:

1) A absorção de raios X dará informação sobre o material absorvente, como ocorre com a absorção em outras regiões espectrais. 2) A difração de raios X permite a análise de substâncias cristalinas com um alto grau de especificidade e precisão. 3) As medidas de comprimento de onda identificarão os elementos na amostra que está sendo excitada. 4) A medida da energia radiante em um determinado comprimento de onda pode dar uma indicação quantitativa da amostra.

A ABSORÇÃO DE RAIOS X

Como ocorre em outras regiões do espectro eletromagnético, a matéria pode absorver os raios X e o grau de absorção é controlado pela natureza e pela quantidade do material absorvente. A diferença fundamental entre a absorção de raios X e a de radiação de comprimento de onda mais longo é que o fenômeno é *atômico* e não molecular. A absorção devida ao bromo, por exemplo, depende apenas do número de átomos de bromo no percurso dos raios, e este será o mesmo quer o bromo esteja em forma de um gás monoatômico ou diatômico, de um líquido ou de um sólido, quer esteja presente em um composto como brometo de potássio ou bromobenzeno.

A absorção segue a lei de Beer, que se pode escrever na forma:

$$P_x = P_0 e^{-\mu x} \tag{9-2}$$

ou

$$\ln \frac{P_0}{P_x} = \mu x \tag{9-3}$$

para raios X monocromáticos, onde P_0 é a energia inicial da radiação e P_x é a potência após passagem através de uma amostra absorvente de comprimento x cm. Se o feixe de raios X tiver uma seção transversal de 1 cm^2, então μ, que se chama *coeficiente de absorção linear*, representará a fração de energia absorvida por centímetro. Freqüentemente, é mais conveniente o *coeficiente de absorção de massa*, definido como

$$\mu_m = \frac{\mu}{\rho} \tag{9-4}$$

onde ρ é a densidade do material absorvente. Mostra-se empiricamente que o coeficiente μ_m se relaciona ao comprimento de onda e às propriedades atômicas da substância absorvente pela fórmula

$$\mu_m = \frac{CNZ^4 \lambda^n}{A} \tag{9-5}$$

onde N é o número de Avogadro, Z é o número atômico, A é a massa atômica do elemento absorvente; λ, o comprimento de onda; n, um expoente entre 2,5 e 3,0 e C, uma constante aproximadamente igual para todos os elementos, dentro de regiões limitadas, como veremos.

A variação de μ_m com o comprimento de onda segue uma lei exponencial de modo que, se colocarmos os logaritmos em um gráfico, resulta uma linha reta com inclinação igual ao expoente de λ. A Fig. 9.2 mostra um gráfico para o coeficiente de absorção do argônio. A característica principal desse gráfico é a descontinuidade a $\lambda = 3,871$ Å. Chamamos a isso *comprimento de onda de absorção crítico K* do orgônio. A radiação de maior comprimento de onda não tem energia suficiente para remover os elétrons K do argônio; assim, não é absorvida tão fortemente como é a radiação de comprimento de onda ligeiramente mais curto. Os átomos maiores que o argônio mostram uma descontinuidade semelhante em comprimentos de onda mais longos, correspondentes à remoção fotelétrica dos elétrons L e M.

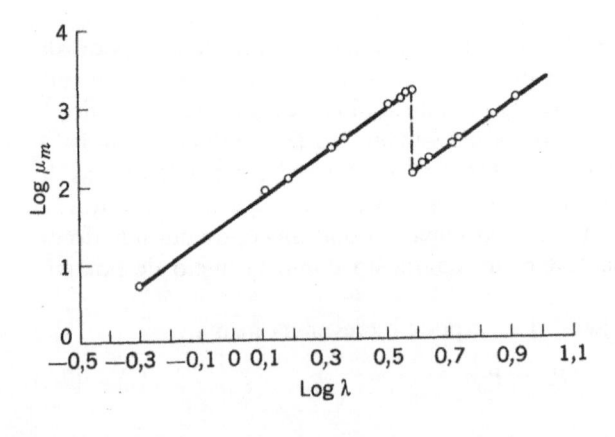

Figura 9.2 – Absorção de raios X pel ꞮꞮ argônio na região de 0,5 a 9,9 Å [Dados de Compton e Allison (ref. 6)]

É instrutivo colocar μ_m em função da quantidade Z^4/A para raios X de determinado comprimento de onda, como na Fig. 9.3 que mostra os valores para a radiação $CuK\alpha$ para os elementos desde o sódio até o ósmio. São evidentes o pico K e os três picos L. A "constante" C da Eq. (9-5) muda bruscamente de valor nas descontinuidades dos picos e não é perfeitamente constante entre eles, como se mostra pela pequena curvatura mais facilmente visível entre os picos K e L_I. Alternativamente, pode-se atribuir essa curvatura a variações no expoente n. A Eq.

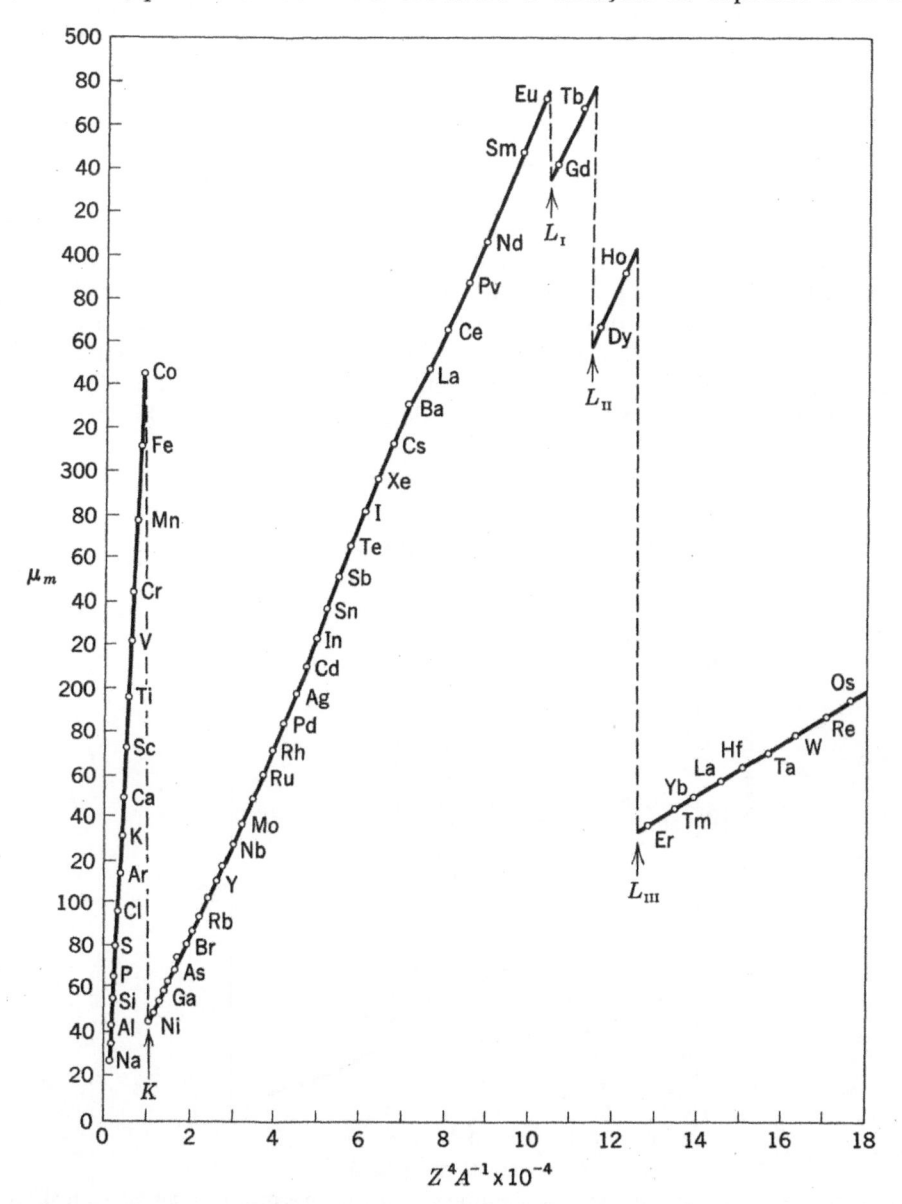

Figura 9.3 — Coeficientes de absorção de massa em função de constantes atômicas. A radiação é $CuK\alpha$, 1,5418 Å [Dados de Compton e Allison (ref. 6)]

(9-5) necessitará de aperfeiçoamento à medida que aumentarem os nossos conhecimentos sobre os fenômenos fundamentais. Podem ser encontrados na literatura dados empíricos de absorção para a maior parte dos elementos (refs. 6 e 13).

FONTES MONOCROMÁTICAS

É muito simples obter bandas de comprimento de onda estreito em vários pontos discretos na região dos raios X, mas não é tão fácil construir um monocromatizador que se possa variar à vontade. Podem-se obter bandas estreitas por três métodos: 1) por escolha de linhas de emissão características, que são muito mais fortes que a absorção de fundo, e isolando-as com a ajuda de filtros; 2) por meio de um monocromatizador no qual um cristal de distância conhecida age como uma rede de difração; e 3) usando fontes radiativas.

Freqüentemente pode-se obter um feixe monocromático por meio de um filtro que consiste em um elemento (ou de um seu composto) que tem um pico de absorção crítica exatamente no comprimento de onda correto para isolar uma linha característica proveniente do alvo-fonte. Por exemplo, na Fig. 9.1, se se encontrar uma substância com um pico crítico entre os comprimentos de onda do $MoK\alpha$ (0,709 Å) e $MoK\beta$ (0,632 Å), ela absorverá a linha β enquanto deixa passar a linha α. Pode-se fazer esse filtro de zircônio, que tem o pico de absorção K a 0,689 Å (Fig. 9.4). A razão dos coeficientes de absorção do zircônio a 0,63 Å e 0,71 Å é apenas

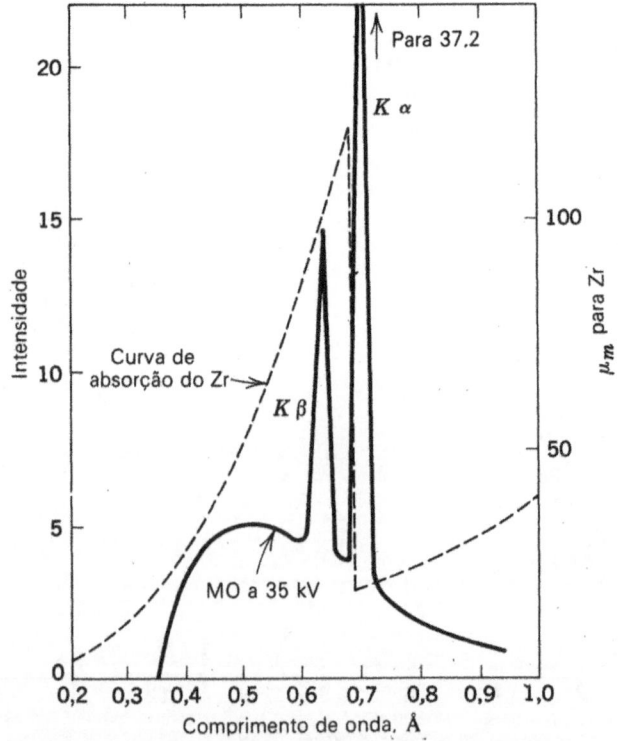

Figura 9.4 — A superposição da curva de absorção do zircônio ao espectro de emissão do molibdênio a 35 kV resulta na radiação aproximadamente monocromática do $MoK\alpha$ (John Wiley & Sons, Inc., New York)

cerca de 4,75, mas a intensidade de $MoK\alpha$ é cerca de 5,4 vezes a do $MoK\beta$ de modo que se pode conseguir um grau de isolamento regular e a relação exata depende da espessura do filtro. A Tab. 9.1 contém os filtros convenientes para isolar o $K\alpha$ de vários alvos.

Tabela 9.1 — Comprimentos de onda característicos e filtros para válvulas de raios X com alvos comumente disponíveis*

Alvo	λ, $K\alpha_1$, Å	Elemento do filtro	Comprimento de onda do pico K, Å	Espessura da lâmina, μ	Porcentagem de $K\beta_1$ absorvido
Cr	2,290	V	2,269	15,3	99,0
Fe	1,936	Mn	1,896	15,1	98,7
Co	1,789	Fe	1,743	14,7	98,9
Ni	1,658	Co	1,608	14,3	98,4
Cu	1,541	Ni	1,488	15,8	97,9
Mo	0,709	Zr	0,689	63,0	96,3
Ag	0,559	Pd	0,509	41,3	94,6
W	0,209	**			

*Os valores são das tabelas das refs. 13 e 14.
**Não se dispõe comumente de nenhum material filtrante para radiação de tungstênio.

MONOCROMATIZADORES DE CRISTAL

Se for necessário um maior grau de monocromaticidade do que se pode obter com filtros, deve-se usar um monocromatizador de rede. O planejamento desses instrumentos será desenvolvido em conexão com a difração de raios X.

Esse monocromatizador pode produzir uma banda de comprimentos de onda estreita em qualquer lugar do espectro se dispusermos de uma fonte contínua de raios X. Contudo, a radiação contínua produzida por válvulas de baixa voltagem não é suficientemente poderosa para ser de muito uso, pois para finalidades práticas estamos ainda restritos aos vários comprimentos de onda de emissão característicos. A vantagem do monocromatizador sobre o filtro consiste na grande redução do ruído de fundo, o que provoca um aumento da razão sinal-ruído, apesar de se atenuar o sinal consideravelmente.

FONTES RADIATIVAS

Alguns elementos emitem radiações na região dos raios X radiativos por qualquer um dos dois mecanismos seguintes (ref. 8). O primeiro é corretamente chamado *radiação gama* e envolve níveis de energia intranuclear, não sendo verdadeiramente uma radiação X. O outro é chamado *captura de elétron* (CE) ou *captura K*. Desde que um elétron num orbital K apresente probabilidade finita de gastar algum tempo no núcleo ou muito próximo a ele, vários átomos têm uma probabilidade finita do núcleo capturar um elétron K. Esse processo diminui o número atômico de uma unidade e deixa um vazio na camada K. Assim se formam raios X do elemento inferior seguinte não acompanhados por qualquer radiação contínua significativa. A Tab. 9.2 reúne alguns isótopos que se mostraram fontes úteis de raios X ou gama. Ainda pode-se necessitar de filtros para separar linhas individuais.

Tabela 9.2 – Isótopos úteis como fontes de raios X ou raios gama

Isótopo	Meia-vida	Radiações*
^{55}Fe	2,60 anos	C.E.: Mn$K\alpha$, 2,103 Å
^{57}Co	270 dias	C.E.: Fe$K\alpha$, 1,937 Å; Fe$K\beta$, 1,757 Å
		Gama: 0,861 Å, 0,1017 Å
^{60}Co	5,26 anos	Gama: 0,0106 Å, 0,00931 Å
^{241}Am	458 anos	C.E.: Np$L\alpha$, 0,889 Å; Np$L\beta$, 0,698 Å; Np$L\gamma$, 0,597 Å
		Gama: 0,208 Å, 0,470 Å

*Tomaram-se os valores das refs. 4, 8 e 14 e quando necessário recalcularam-se em angstroms. A tabela não pretende ser exaustiva.

As fontes radiativas têm a vantagem de não exigirem uma fonte de alta voltagem aperfeiçoada e uma válvula de vácuo com tempo de vida limitado. Por outro lado, apresentam a desvantagem de não poderem ser desligadas, assim, o risco da radiação está sempre presente quer uma experiência esteja ou não em andamento.

ANÁLISE POR ABSORÇÃO DE RAIOS X

A absorção de raios X é de maior valor como instrumento analítico quando o elemento a ser determinado é o único componente pesado em uma substância de massa atômica baixa. Um número de análises importantes pertence a essa categoria e torna o método importante para fins de controle industrial.

Pode-se determinar facilmente chumbo, na gasolina, em forma do tetraetil composto (TEC) por absorção de raios X Mo$K\alpha$, para o qual a técnica é admiravelmente adequada (ref. 17). O chumbo absorve raios X mais fortemente que o carbono nesse comprimento de onda por um fator próximo a 250. A quantidade de enxofre existente terá um efeito na absorção e, geralmente, deve ser determinada separadamente antes da análise do TEC. Obteve-se uma precisão de $\pm 1\%$ para um processo rotineiro em amostras contendo tão pouco quanto 2 ppm de chumbo.

Um exemplo de análise de absorção com raios X a partir do ^{55}Fe é a determinação de cloro nos compostos orgânicos (ref. 9). Os coeficientes de absorção de massa são: 102 para o cloro, em comparação com 0,2, 4,5 e 11,4 para hidrogênio, carbono e oxigênio, respectivamente. Devem estar ausentes outros elementos pesados como fósforo, enxofre e bromo ou deve-se determiná-los separadamente e então introduz-se uma correção. Os resultados são descritos com precisão de $\pm 4\%$ (relativo) para um conteúdo de cloro inferior a 0,5%. A concentração mínima detectável é da ordem de 0,01%. O tempo necessário para uma análise, incluindo a preparação da amostra, a medida da absorção e o cálculo dos resultados, mas sem incluir a elaboração de curvas de calibração, é geralmente menor que cinco minutos.

ANÁLISE DO PICO DE ABSORÇÃO

Outro método de aplicação da absorção de raios X usa os picos de absorção críticos como meios de identificação e análise quantitativa. Como a absorção de um elemento em uma amostra é acentuadamente maior a um comprimento de onda logo acima de um de seus picos de absorção do que exatamente abaixo dele e como a posição desses picos na escala de comprimento de onda é característica dos elementos absorventes, a determinação de um par de medidas de absorção enquadrando ao comprimento de onda do pico servirá para determinar tanto a presença quanto a quantidade do elemento pesquisado.

Se a energia de um feixe de raios X for colocada num gráfico em função do comprimento de onda na vizinhança de um pico K de um elemento, obter-se-á uma curva típica como a da Fig. 9.5. O salto em λ_E, comprimento de onda do pico de absorção, é um pouco encurvado como se mostra em vez de vertical devido à necessidade de se usarem fendas de largura finita para aumentar a sensibilidade. A quantidade desejada é a distância vertical entre as intersecções X e Y obtida por extrapolação do maior e do menor comprimento de onda, respectivamente. É possível avaliar essa altura com grande precisão a partir de medidas tomadas em dois comprimentos de onda igualmente espaçados, λ_1 e λ_2. Os detalhes matemáticos e justificativa para esse breve procedimento são dados por Dunn (ref. 7), que encontrou que para muitos elementos se pode obter um erro relativo da ordem de 1% para concentrações menores que 0,1%.

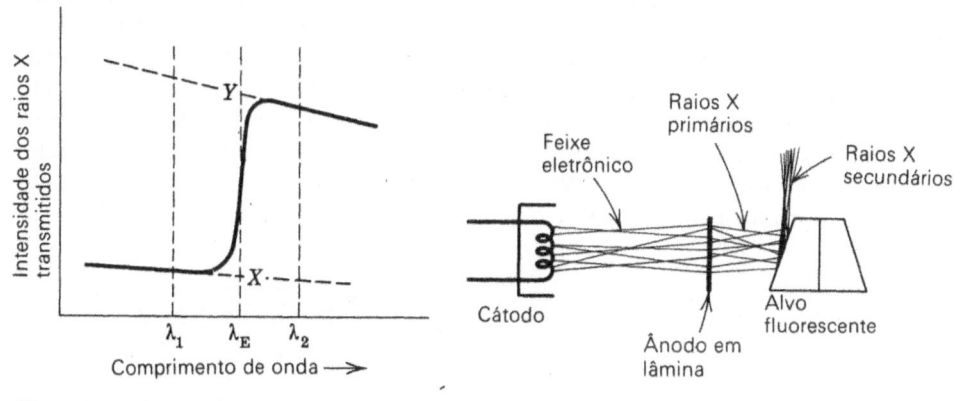

Figura 9.5 — Absorção em um pico crítico (Analytical Chemistry)

Figura 9.6 — Arranjo para a excitação fluorescente direta por raios X (Review of Scientific Instruments)

APARELHOS DE ABSORÇÃO

Parece não haver no mercado um absorciômetro de raios X para finalidades gerais, embora a General Electric produza um fotômetro de feixe duplo, não-dispersivo com detecção por câmara de ionização. As análises de laboratório por absorção de raios X são feitas com um equipamento de uso geral que será descrito em seção posterior. Para fins de controle industrial, o aparelho é, geralmente, projetado especificamente para cada instalação. Descreveu-se uma válvula fluorescente especial de raios X, que é particularmente conveniente em análise absorciométrica simultânea de vários elementos (ref. 10). O feixe eletrônico comum choca-se em um ânodo constituído de uma lâmina de cobre folheada a ouro (Fig. 9.6). Os raios X produzidos passam *através* do ânodo delgado e se chocam contra um alvo secundário com forma de um tronco de cone. O cone é formado de três segmentos de elementos diferentes com possibilidade de girá-lo de um segmento a outro, fornecendo uma seleção de comprimentos de onda. Deve-se proteger o ânodo folheado de um superaquecimento no ponto do impacto eletrônico e isso é realizado através da rotação em alta velocidade de todo o ânodo em forma de anel. A eliminação da janela convencional entre o alvo de raios X e o gerador de fluorescência aumenta a energia fluorescente de mais ou menos cem vezes, particularmente para elementos leves.

DIFRAÇÃO DE RAIOS X (refs. 13 e 16)

Como os raios X são ondas eletromagnéticas da mesma natureza que a luz, podem-se difratar de modo semelhante (Fig. 9.7). A equação dada no Cap. 2 para difração por uma rede

$$n\lambda = d \operatorname{sen} \theta \qquad (9\text{-}6)$$

também pode-se aplicar aos raios X. Nesse caso, porém, o comprimento de onda λ é menor por um fator de 1.000 ou mais, de maneira que, para se obterem valores razoáveis de θ, a distância da rede d deve ser diminuída até cêrca do mesmo fator. É impraticável riscar uma rede suficientemente fina de modo que esses requisitos sejam conseguidos, mas felizmente acontece que a distância entre os planos adjacentes de átomos nos cristais é exatamente da ordem de grandeza requerida. Há uma grande variedade de cristais convenientes para redes de raios X; os mais amplamente usados incluem fluoreto de lítio, cloreto de sódio, calcita, gesso, topázio, d-tartarato de etileno-diamina (DTED ou TED) e diidrogenofosfato de amônio (DFA). No arranjo mais simples, o feixe de raios X é refletido por um plano do

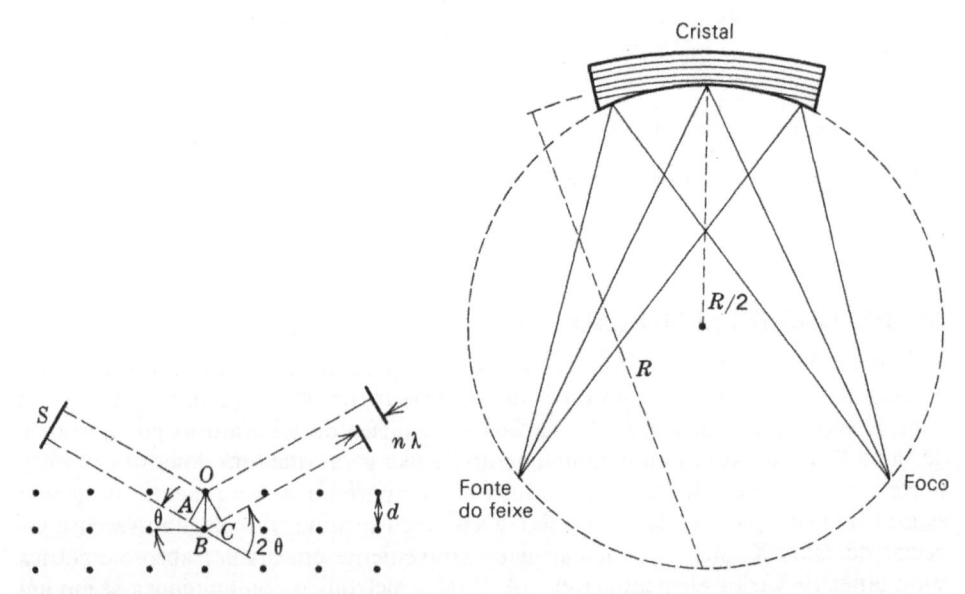

Figura 9.7 — Difração de raios X por camadas sucessivas de átomos em um cristal

Figura 9.8 — Monocromatizador de raios X baseado no círculo de Rowland. O cristal é curvado e polido para dar um foco preciso (John Wiley & Sons, Inc., New York)

cristal e por variação do ângulo se seleciona o comprimento de onda. Como as ondas refletidas em planos sucessivos do cristal devem passar duas vezes através do espaço entre os planos, a Eq. (9-6) se torna a equação de Bragg:

$$n\lambda = 2d \text{ sen } \theta \qquad (9-7)$$

onde d é agora a distância entre planos adjacentes do cristal. O estudante, com auxílio da Fig. 9.7, pode deduzir facilmente essa equação.

Também é possível usar redes côncavas com círculo de Rowland como focalizador (ref. 13). Para essa finalidade, deve-se curvar o cristal de acordo com as exigências geométricas. Para a obtenção de focos aperfeiçoados, primeiro deve-se curvar um cristal de modo que seus planos de difração sejam curvos com um raio igual a duas vezes o do círculo de Rowland, depois poli-lo de modo a dar à superfície uma curvatura com raio igual ao do círculo (Fig. 9.8). O monocromatizador focalizador é mais caro, especialmente devido ao difícil trabalho manual necessário para dar forma ao cristal, mas talvez pode-se obter uma intensidade monocromática dez vezes maior que a do cristal plano.

A difração de raios X é do maior interesse analítico quando é aplicada ao estudo da substância cristalina que produz a difração. Nunca se pode esperar que substâncias químicas diferentes formem cristais em que a distância entre os planos seja idêntica em todas as direções análogas; assim, um estudo completo, onde a amostra assume todas as posições angulares possíveis no caminho dos raios X, deve dar um único resultado para cada substância.

APARELHOS DE DIFRAÇÃO

O equipamento para difração de raios X é essencialmente comparável a um espectrômetro óptico de rede. Não se podem usar com raios X lentes e espelhos, de modo que o instrumento é bem diferente na aparência de seu análogo óptico. Pode-se obter um feixe colimado (todos os raios paralelos) de uma válvula de raios X com um alvo aumentado por passagem através de um feixe de tubos de metal ou através de uma série de fendas estreitas, se o que se desejar for colimação em apenas um plano. Em alguns projetos, a superfície emissora do alvo é observada a um ângulo oblíquo (Fig. 9.9), o que dá uma aproximação de uma fonte de linha de intensidade máxima. Pode-se montar essa válvula verticalmente com o ânodo para cima e podem-se obter os feixes através de várias janelas em diferentes direções horizontais,

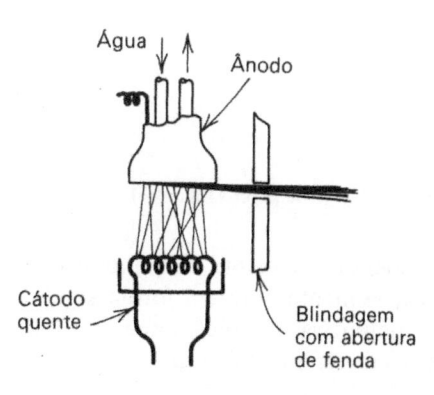

Figura 9.9 — Elétrodos de um típico tubo de raios X mostrando o feixe obtido a um ângulo oblíquo

permitindo a execução de duas, três ou mesmo quatro experiências independentes simultâneamente.

Pode-se detectar o feixe de raios X difratado fotograficamente, eletricamente por meio da ionização que produz em um gás, por contagem da cintilação ou pelo efeito fotelétrico nos elementos semicondutores germânio ou silício. Considerações detalhadas desses detectores elétricos serão expostas no Cap. 16.

O método fotográfico é representado por um aparelho chamado *câmara de pó Debye-Scherrer* (Figs. 9.10 e 9.11). A amostra é preparada em forma de um pó fino e uma camada delgada dele é inserida no caminho dos raios X. O pó pode ser montado em qualquer suporte não-cristalino como papel, com cola ou mucilagem orgânica como adesivo. A amostra pulverizada contém tantas partículas que haverá algumas orientadas em cada posição possível em relação ao feixe de raios X. Portanto haverá raios difratados correspondentes a todos os conjuntos de planos nos cristais. Uma tira de filme de raios X é mantida numa posição circular ao redor da amostra, como mostrado. Depois de revelado, esse filme apresenta uma série de linhas arranjadas simetricamente em ambos os lados da mancha central produzida pelo feixe não-desviado. A distância do filme entre a mancha central e qualquer linha será a medida do ângulo de difração θ. Assim, se se conhecessem o comprimento de onda e a ordem n, poder-se-á calcular o espaço d. Vários exemplos de filmes obtidos com câmara de pó são reproduzidos na Fig. 9.12. Estão descritos especificamente na legenda.

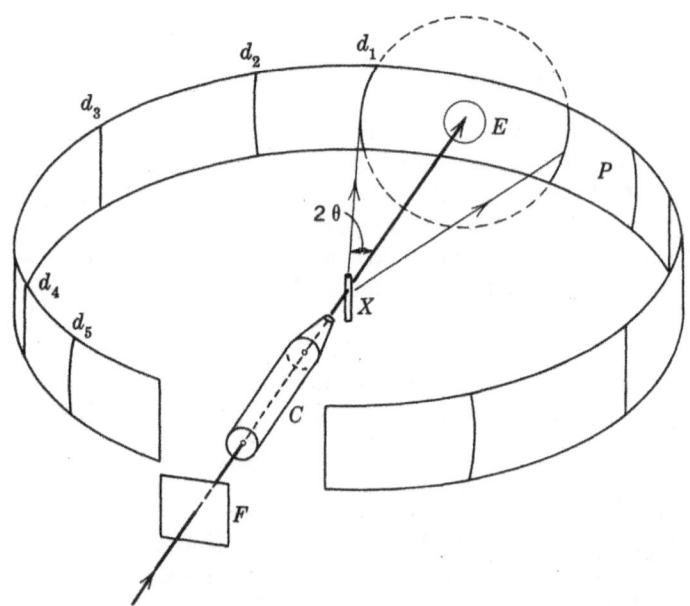

Figura 9.10 – Características geométricas da câmara de pó de Debye-Scherrer (John Wiley & Sons, Inc., New York)

A difração de pó de raios X mostrou-se um meio conveniente de identificação de qualquer composto que possa ser obtido essencialmente puro em forma sólida. Constitui um instrumento poderoso em análise qualitativa orgânica, onde os compostos em si, como seus derivados químicos, podem ser identificados.

Figura 9.11 – Câmara de pó de raios X de Debye-Scherrer (General Electric Company, X-ray Department, Milwaukee, Wisconsin)

Figura 9.12 – Diagramas de difração de raios X de filmes expostos na câmara de pó. A radiação foi CuK; um filtro de níquel de 0,0015 cm de espessura foi usado nos filmes de a a d e na parte esquerda de e. A amostra, em cada caso, foi colocada em uma fibra de vidro de 0,008 cm, exceto em e, onde foi empacotada em capilar de vidro de 0,030 cm de diâmetro. a) Pb(NO$_3$); b) W metálico; c) NaCl; d) quartzo; e e) quartzo (Science)

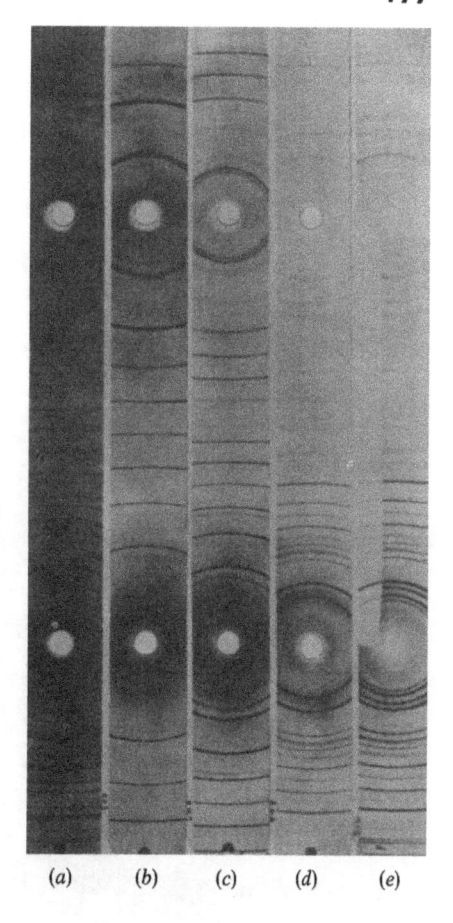

(a)   (b)   (c)   (d)   (e)

Os detectores de ionização ou cintilação são mais convenientemente montados em um compartimento que possa-se movimentar em uma trajetória circular ao redor da amostra. Esse aparelho é chamado *goniômetro*. (Figs. 9.13 e 9.14). No modelo ilustrado, o alvo linear da válvula de raios X fornece uma fonte de linha de 0,06 por 10 mm de tamanho, com alta intensidade. A abertura angular do feixe é indicada pelas linhas divergentes na Fig. 9.14. É determinada por uma única fenda de divergência que também confina o feixe primário à área da amostra.

Usa-se geralmente abertura de 1° Amostras planas de até 10 por 20 mm podem ser acomodadas ou, se desejado, uma amostra cilíndrica pode ser girada por um pequeno motor. A fenda receptora determina a largura do feixe refletido detectado pelo contador. Lâminas de metal igualmente espaçadas (associação de fendas paralelas) limitam a divergência do feixe em qualquer plano paralelo à fonte de linha: usam-se dois conjuntos, como se vê, o que permite alcançar alta resolução. A fenda de espalhamento serve para reduzir a resposta de fundo causada por outras radiações que não as do feixe desejado. A saída do detector é amplificada e alimenta um registrador de pena, produzindo um registro automático. Tanto o papel de registro como o braço, que sustenta o detector, são girados por motores sincronizados e pode-se interpretar o gráfico registrado como a intensidade do feixe

Figura 9.13 — Goniomêtro Philips (Norelco). A amostra é montada na agulha que se projeta à esquerda e girada pelo motor que pode ser visto axialmente à direita. O feixe de raios X entra pela fenda abaixo da amostra (a válvula de raios X não é mostrada). O detector se localiza no compartimento tubular ao alto e pode ser girado em arco ao redor da amostra por um motor que não se vê na fotografia (Philips Electronics, Inc., Mount Vernon, N. Y.)

difratado em função do ângulo de difração, geralmente indicado por 2θ. Vários exemplos (a serem descritos a seguir) são dados nas Figs. 9.15 e 9.16.

A difração de raios X conduz primeiramente à identificação de compostos *cristalinos*. Os elementos só são observados como tais caso se encontrem em estado livre, cristalino. Isso contrasta nitidamente com a absorção de raios X e com a espectroscopia de emissão, em que a resposta é dos elementos presentes sem muita relação com seus estados de combinação química.

Por exemplo, cada um dos óxidos de ferro apresenta seu diagrama próprio e o aspecto de um certo diagrama prova a presença daquele determinado composto de oxigênio e ferro no material que está sendo examinado.

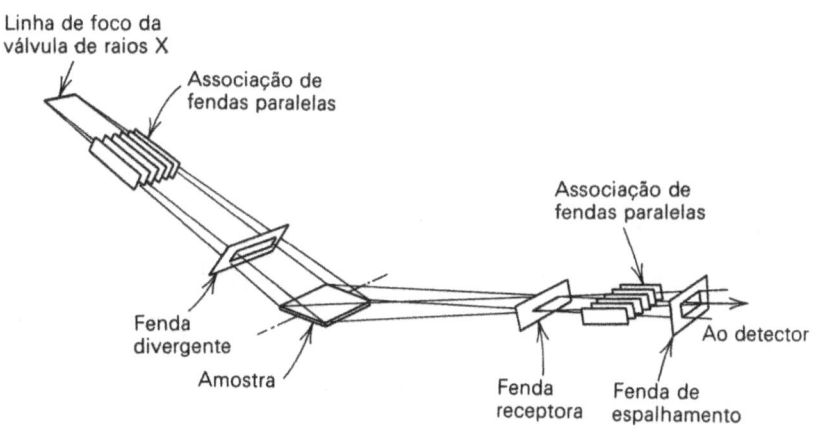

Figura 9.14 — Sistema óptico do goniômetro Norelco da Fig. 9.13 (Philips Electronics, Inc., Mount Vernon, N. Y.)

A energia de um feixe difratado depende da quantidade da substância cristalina correspondente na amostra. Portanto, é possível conseguir uma determinação quantitativa das quantidades relativas dos constituintes de uma mistura de sólidos.

Um exemplo da identificação de compostos específicos em uma mistura é mostrado nas Figs. 9.15 e 9.16. Na Fig. 9.15 temos espectrogramas de raios X de cinco minerais que podem ocorrer em solos, como determinados em um espectrômetro de raios X modelo Norelco com contador Geiger. A Fig. 9.16 representa os diagramas de componentes de areias de solos representativos, mostrando as consideráveis variações que podem ocorrer. O quartzo é um mineral predominante em todas as três, mas os outros minerais constituintes são notavelmente diferentes.

ANÁLISE POR EMISSÃO DE RAIOS X

A emissão fluorescente de raios X fornece um dos mais poderosos instrumentos que o analista possui no estudo de metais e outras amostras maciças. A principal limitação aparece na análise de elementos leves: os que têm número atômico menor que 11 (sódio) não são detectáveis e aqueles abaixo de 20 (cálcio) o são com alguma dificuldade.

A excitação da amostra é conseguida por irradiação com um feixe de raios X primários de maior energia que a radiação X, que deve excitar a amostra. Geralmente emprega-se uma válvula com alvo de tungstênio devido à necessidade de radiação primária de alta energia. A radiação não precisa ser monocromática.

Cada elemento pesado na amostra é excitado emitindo a mesma freqüência que ele emitiria se se fizesse com ele o alvo de uma válvula de raios X separada. Então, pelos métodos da difração de raios X, podem-se separar e medir os vários comprimentos de onda. Um aparelho de difração que opera com uma rede de cristal de distâncias conhecidas é chamado de *espectrômetro de raios X* e é essencialmente análogo aos espectrômetros de rede para luz visível. São possíveis vários projetos, em princípio, semelhantes aos monocromatizadores anteriormente descritos. São necessários freqüentemente vários cristais para cobrirem diferentes intervalos, devendo ser equipados com dispositivos de troca precisos. A eficiência

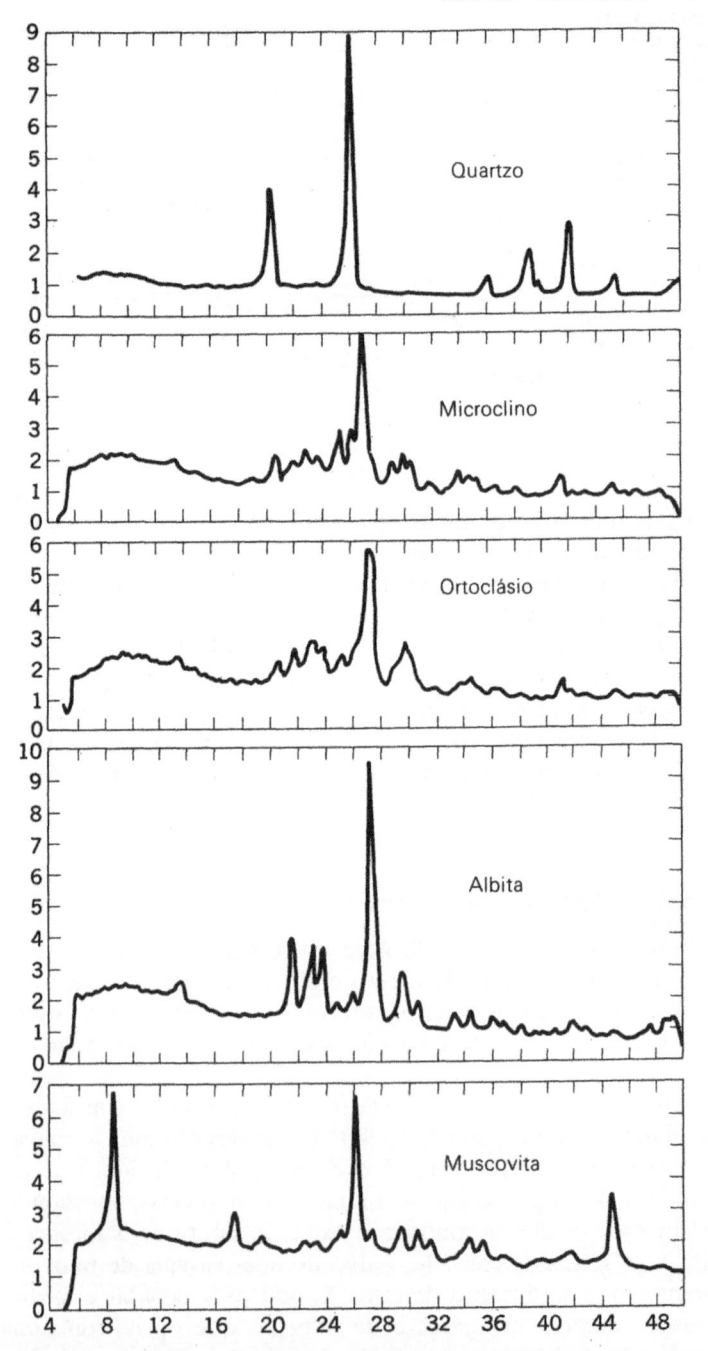

Figura 9.15 – Espectros de raios X de silicatos minerais colocados em um gráfico como deflexão do galvanômetro em função do ângulo de difração (2θ). Os espectros foram obtidos com um espectrômetro de raios X Philips (D. Van Nostrand Company, Inc., Princeton, Nova Jérsei)

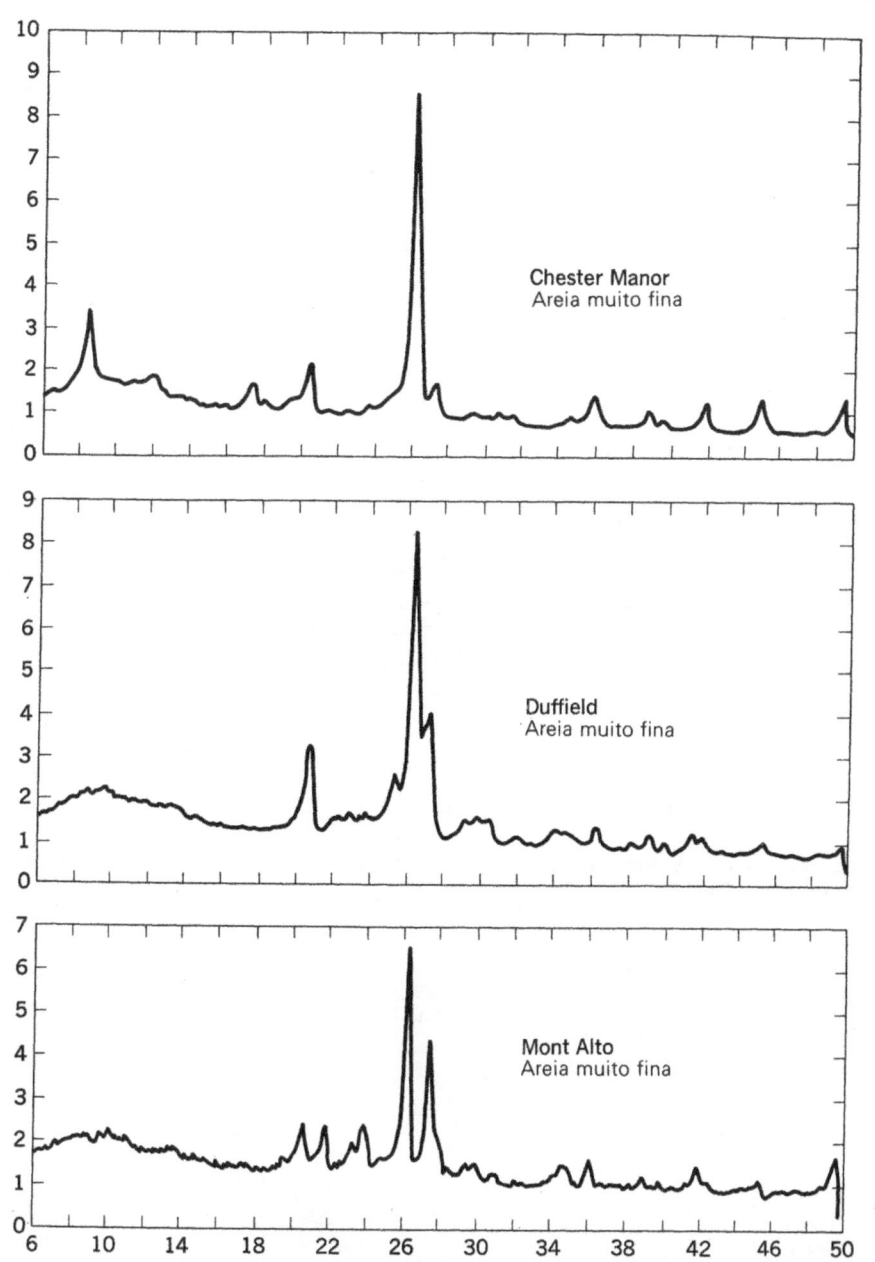

Figura 9.16 – Espectros de raios X de areias selecionadas da Pensilvânia, obtidos da mesma maneira que os padrões da Fig. 9.15 (D. Van Nostrand Company, Inc., Princeton, Nova Jérsei)

de um cristal em separar radiações dos elementos é dada por uma *curva de dispersão*, um gráfico do ângulo de desvio observado no goniômetro em função do número atômico Z do elemento fluorescente (Fig. 9.17). Os valores são geralmente apresentados em graus do ângulo 2θ, que tem o mesmo significado que na Fig. 9.7. Um esquema do espectrômetro é mostrado na Fig. 9.18.

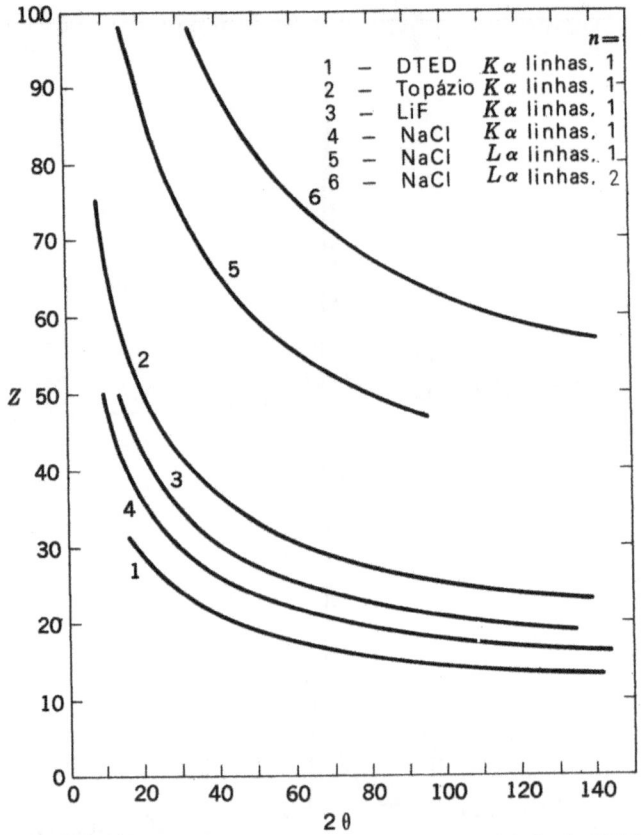

Figura 9.17 — Curvas de dispersão de raios X para um certo número de cristais. DTED significa d-tartarato de etilenodiamina

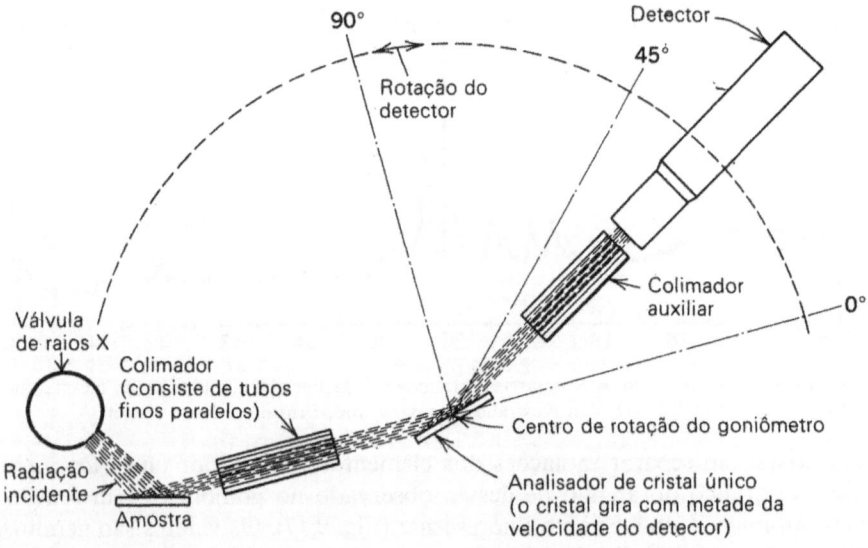

Figura 9.18 — Geometria básica do espectrômetro de emissão de raios X (Philips Electronics, Inc., Mount Vernon, N. Y.)

A emissão de raios X fornece um meio conveniente de análise para aços especiais e ligas resistentes ao calor do tipo crômio-níquel-cobalto. As análises de baixas porcentagens são limitadas pela relação entre a radiação de fundo e a energia radiante da linha do elemento desejado. O efeito da absorção da radiação emitida pelo elemento por parte das substâncias da amostra também é um fator que determina as porcentagens mínimas que se podem determinar. As amostras em que o principal constituinte é um elemento de elevada massa atômica absorvem maior porcentagem de radiação do que seria absorvida se contivessem um elemento leve. Assim, pode-se determinar o níquel em uma liga de alumínio com maior sensibilidade do que seria possível para o níquel em uma liga de aço ou numa de prata ou chumbo onde a absorção da radiação Ni$K\alpha$ é elevada. Em circunstâncias favoráveis, pode-se conseguir uma precisão da ordem de 0,5% do elemento presente. O limite de detectabilidade é da ordem de poucas partes por milhão.

A Fig. 9.19 é uma reprodução de um registro automático mostrando um espectro de emissão de um depósito de crômio-níquel em uma base de cobre-prata. O método foi aplicado na determinação de háfnio em zircônio e de tântalo em nióbio (ref. 1). Foi possível, por exemplo, determinar 1% de tântalo em nióbio com uma precisão de $\pm 0,04\%$ (isto é, $\pm 4\%$ da quantidade presente).

A análise por emissão também foi aplicada com sucesso na determinação de aditivos contendo chumbo e bromo em gasolina de aviação (ref. 3). A Fig. 9.20 mostra os resultados desse estudo. A amostra líquida foi colocada num recipiente plástico com janelas de celofane. A precisão nas condições empregadas foi da ordem de $\pm 10\%$ para o bromo e $\pm 1,5\%$ para o chumbo, ambos os números baseados na quantidade presente. Essa técnica apresenta a vantagem sobre a análise de absorção de raios X de ser muito mais específica; a presença de enxofre ou cloro tem efeito desprezível nos resultados.

Os mesmos autores (ref. 2) relataram um método rápido para analisar soluções de urânio contendo menos de 0,05 g por litro. Nesse caso foi necessário remover a água que causou espalhamento excessivo do feixe de raios X. Eles recomendaram evaporar a água por introdução de 1 ml da amostra às gotas em um disco raso aquecido; cada gota vaporiza quase instantaneamente deixando os sais sólidos em uma forma conveniente para exame no espectrômetro de raios X.

ESPECTRÔMETROS DE RAIOS X NÃO-DISPERSIVOS (ref. 5)

Como o conteúdo de energia dos fótons é inversamente proporcional ao comprimento de onda:

$$E = h\nu = \frac{hc}{\lambda}$$

qualquer método que liberte fótons em função da energia é capaz de conseguir o equivalente da dispersão de comprimento de onda. Essa escolha é possível com vários tipos de detectores elétricos conhecidos em conjunto como contadores proporcionais (a serem descritos detalhadamente no Cap. 16).

Esse tipo de detector, baseado apenas na discriminação de energia, recebe todos os comprimentos de onda simultaneamente em vez de varrê-los sucessivamente. Os sinais do detector podem alimentar um circuito eletrônico integralizador

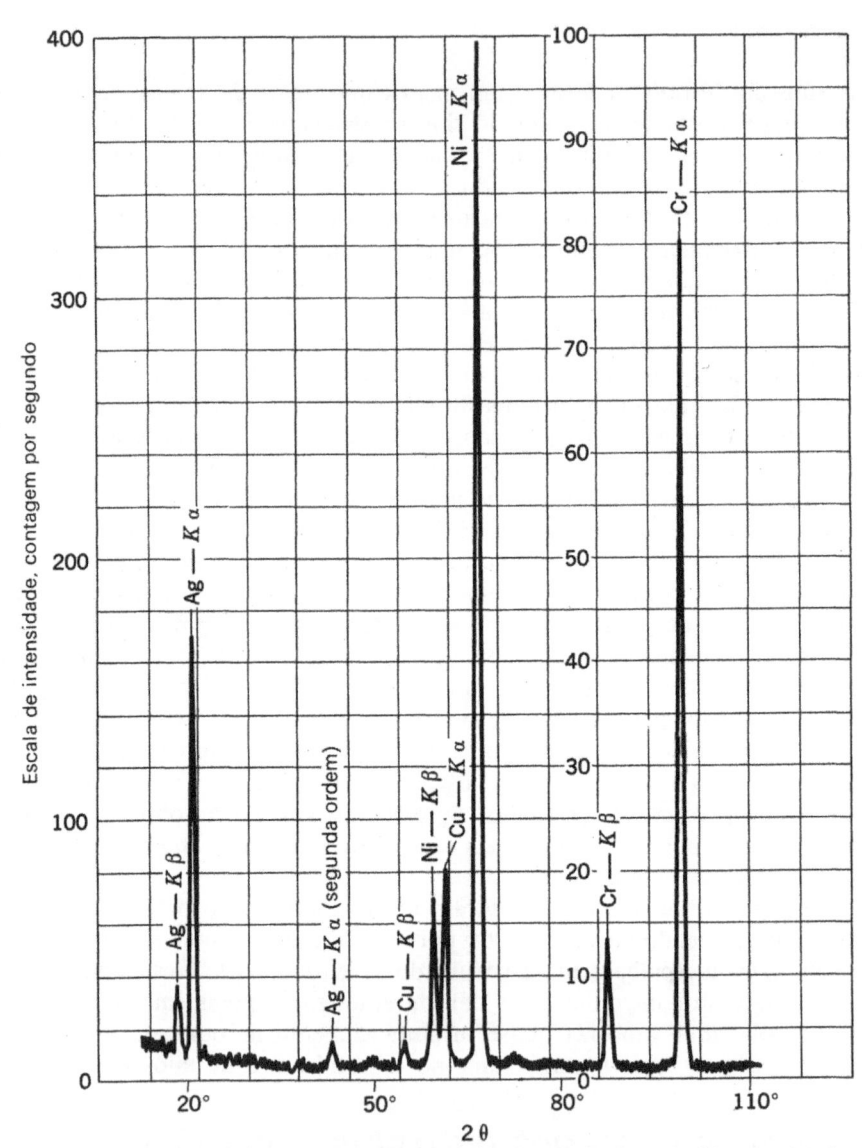

Figura 9.19 — Espectro de emissão de raios X de uma liga de cobre-prata revestida com níquel e crômio (Philips Electronics, Inc., Mount Vernon, N. Y.)

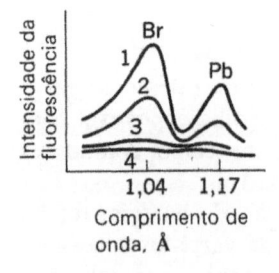

Figura 9.20 — Espectros de emissão do 2-metieptano contendo as seguintes quantidades de chumbo tetraetila (CTE) e dibrometo de etileno (DBE):

Curva	CTE, ml/gal	DBE, ml/gal
1	8,0	3,53
2	4,0	1,77
3	0,5	0,22
4	—	—

(Analytical Chemistry)

de modo que as voltagens correspondentes crescem prontamente, enquanto se deixa continuar a exposição à radiação durante um certo período de tempo. Isso significa que o sistema é altamente sensível aos raios X de baixa potência, várias ordens de grandeza mais sensíveis que o espectrômetro de cristal. Assim, pode-se estudar facilmente a emissão fluorescente excitada por uma fonte de radiação primária menos poderosa e uma das fontes radiativas menos energéticas, como o ^{241}Am, será uma escolha apropriada. É suficiente uma pequena porção do emitente ativo e é necessária uma blindagem mínima de proteção.

A resolução de um instrumento não-dispersivo é apenas pouco mais baixa que a do espectrômetro de cristal e apresenta vantagens consideráveis devido ao baixo custo e à reduzida potência exigida, que torna possível uma unidade portátil com bateria para uso no campo (ref. 12); também permite observações das radiações K de elementos pesados geralmente não acessíveis com uma fonte de válvula de raios X e não é sujeito à superposição de ordens espectrais.

Um espectrômetro não-dispersivo foi introduzido comercialmente pela TII*, baseado no projeto original publicado por Bowman e outros (ref. 4). Um esquema abreviado é mostrado na Fig. 9.21, uma fotografia da unidade TII na Fig. 9.22 e um espectro representativo na Fig. 9.23. Esse espectrômetro usa como detector um semicondutor (silício ou germânio ativados com lítio), que deve ser resfriado para operar eficientemente. Incorpora-se um frasco de *dewar* suficientemente grande para fornecer nitrogênio líquido por quatro dias.

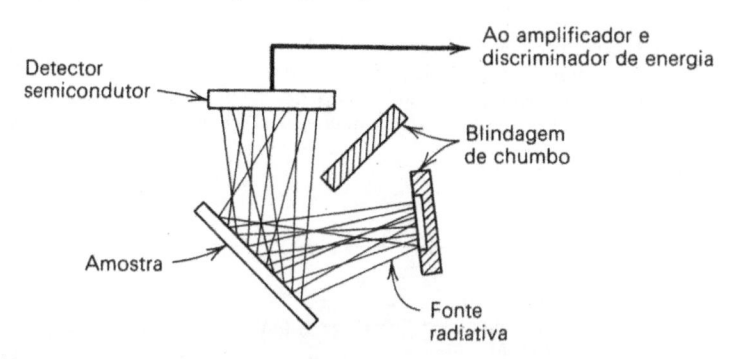

Figura 9.21 – Analisador de raios X não-dispersivo com fonte radiativa (Science)

Esse tipo de instrumento é muito recente, mas parece haver um potencial considerável para o futuro da análise de raios X.

ANÁLISE POR MICROSSONDA ELETRÔNICA (ref. 18)

Nas últimas décadas, a técnica de focalizar feixes de elétrons (*óptica de elétrons*) se desenvolveu em alto grau. Pode-se usar um feixe primorosamente focalizado para excitar raios X em amostra sólida tão pequena como $1\mu^3$ (10^{-12} cm^3). Um diagrama esquemático de um aparelho típico é mostrado na Fig. 9.24. O feixe de elétrons origina-se no canhão eletrônico no topo do diagrama e é focalizado na amostra por eletroímãs de forma especial. (Essa parte é muito semelhante a um microscópio eletrônico usado às avessas.) Os raios X produzidos são analisados em

*Technical Instruments, Inc., North Haven, Connecticut, antigamente Technical Measurement corporation.

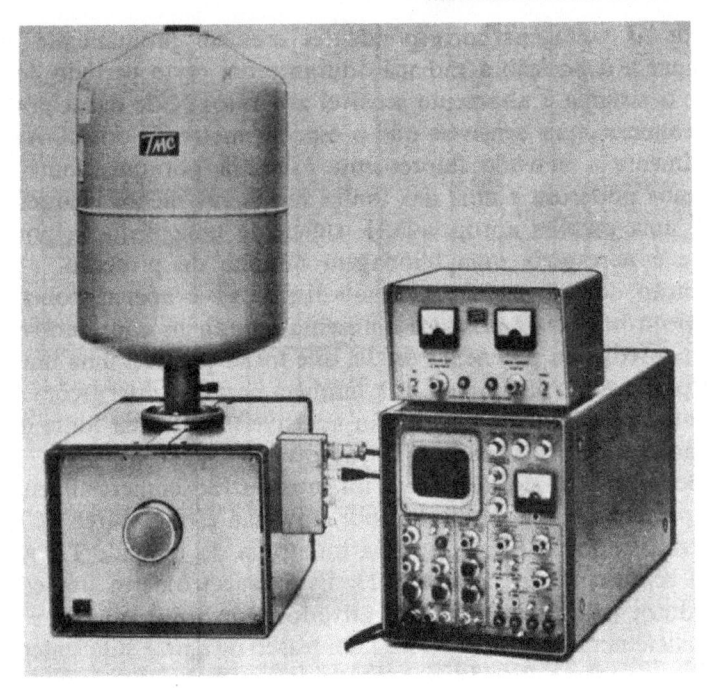

Figura 9.22 — Sistema de espectroscopia de fótons de raios X usando o princípio da Fig. 9.21. O grande tanque é um *dewar* que contém nitrogênio líquido suficiente para durar quatro dias destinado a resfriar o detector de silício impurificado com lítio. A amostra é inserida no compartimento em baixo do *dewar*. A unidade eletrônica é um analisador de altura de pulsação (Technical Measurement Corporation, North Haven, Connecticut)

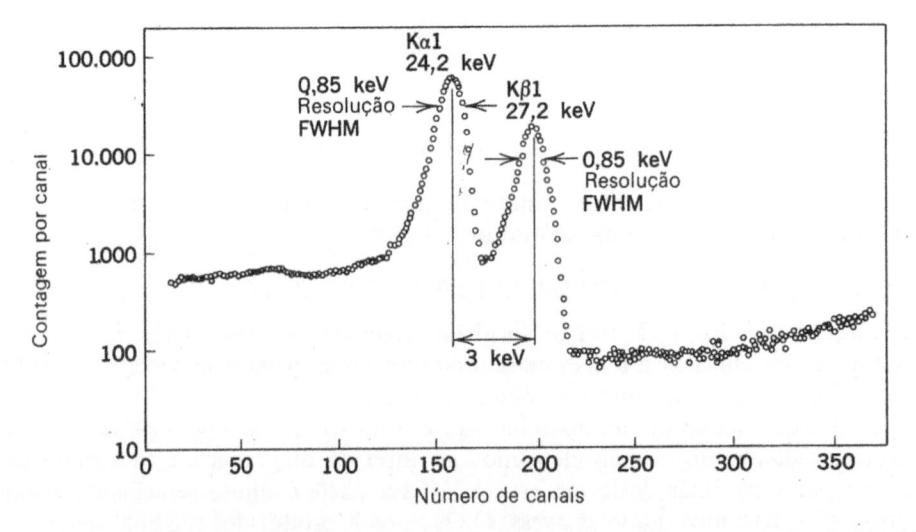

Figura 9.23 — Espectro de raios X do índio excitado por radiação de ^{241}Am no aparelho da Fig. 9.22. Determina-se a resolução em termos da largura total de um pico cuja altura é a metade da altura máxima (FWHM) (Technical Measurement Corporation, North Haven, Connecticut)

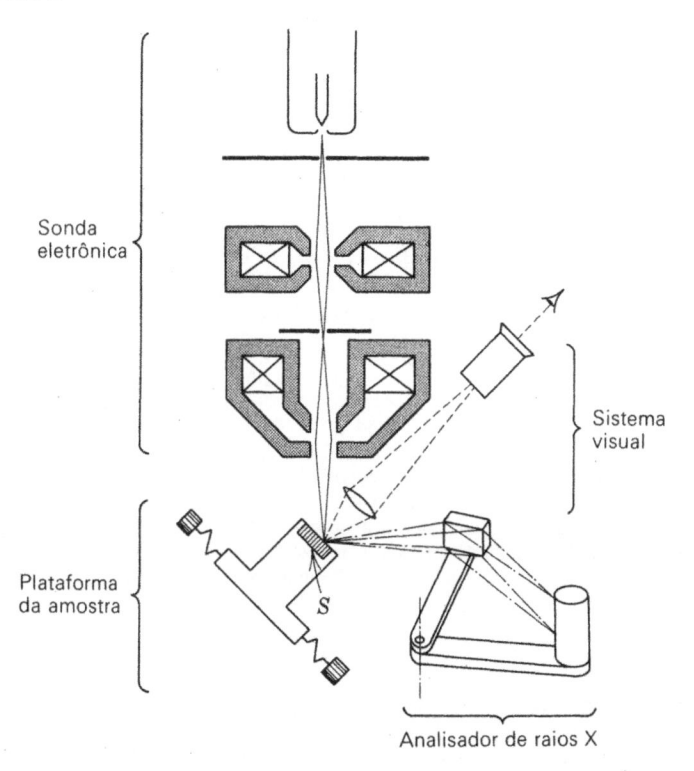

Figura 9.24 – Vista esquemática mostrando os elementos básicos de um microanalisador de sonda eletrônica (John Wiley & Sons, Inc., New York)

um espectrômetro de cristal. Deve-se adicionar um microscópio óptico de modo que o operador possa focalizar exatamente o local desejado na amostra.

O projeto detalhado é mais complexo do que se mostra na figura; não é um problema fácil reunir o sistema de elétrons, o sistema óptico e o sistema de raios X de modo que não interfiram uns com os outros e ainda que cada um possa operar com eficiência máxima. O feixe de elétrons naturalmente deve estar numa câmara altamente evacuada, o que origina complicações posteriores. A eletrônica associada deve incluir controles para as lentes eletrônicas, o canhão eletrônico, o detector de raios X e um manômetro de vácuo.

O instrumento completo é, portanto, grande, complexo e caro. Apesar disso, fornece tal riqueza de informações que várias firmas constroem esse equipamento. É útil para estudo de fases em metalurgia e cerâmica, para seguir o processo de difusão na fabricação de transístores, para o estabelecimento da identidade de impurezas, inclusões, etc.

Até recentemente, esse era o único método existente para análises qualitativa e quantitativa de objetos extremamente pequenos. Com o advento do *laser*, criou-se um método alternativo; pode-se focalizar o feixe *laser* numa área minúscula e transporta suficiente potência para vaporizar muitas substâncias. Pode-se analisar a baforada de vapor resultante por espectroscopia de emissão óptica, por absorção atômica ou, possivelmente, por espectroscopia de massa.

PROBLEMAS

9-1 Quais são as dimensões da constante C da Eq. (9-5)?

9-2 Determine pelas Figs. 9.15 e 9.16 quais componentes estão presentes em cada uma das três areias da Fig. 9.16 e calcule as quantidades relativas aproximadas, onde for possível.

9-3 Uma amostra metálica é irradiada em um espectrógrafo de raios X com a radiação de uma válvula com alvo de tungstênio. O espectrógrafo é equipado com um cristal de calcita para o qual a distância de rede é de 3,029 Å. Observa se uma linha forte a um ângulo $2\theta = 34°23'$. Calcule o comprimento de onda dos raios X observados e com auxílio de uma tabela de manual determine quais elementos devem estar presentes. (Pode-se admitir que o espectro é de primeira ordem.)

9-4 Os valores μ_m para o cobalto em vários comprimentos de onda são dados por

λ, Å	0,5	1,0	1,5	2,0	2,5	3,0
μ_m	15,5	110,0	345,0	87,0	177,0	270,0

A radiação Ni$K\beta$ ocorre a 1,50 Å. A densidade do cobalto é 8,9 g cm^{-3}. A intensidade de Ni$K\alpha$ é aproximada três vezes a do Ni$K\beta$ emitida pelo alvo.

Colocando em um gráfico o coeficiente de absorção para o cobalto, determine seu valor nos comprimentos de onda das radiações Ni$K\alpha$ e Ni$K\beta$. Com os valores dados acima e aqueles da Tab. 9.1, determine a razão de Ni$K\alpha$ para Ni$K\beta$ que penetrará numa folha de cobalto de 0,005 mm de espessura.

REFERÊNCIAS

1. Birks, L. S. e E. J. Brooks: *Anal. Chem.*, **22**: 1017 (1950).
2. Birks, L. S. e E. J. Brooks: *Anal. Chem.*, **23**: 707 (1951).
3. Birks, L. S.; E. J. Brooks; H. Friedman e R. M. Roe: *Anal. Chem.*, **22**: 1258 (1950).
4. Bowman, H. R.; E. K. Hyde; S. G. Thompson e R. C. Jared: *Science*, **151**: 562 (1966); T. Hall, *Science*, **153**: 320 (1966); H. R. Bowman e E. K. Hyde, *Science*, **153**: 321 (1966).
5. Campbell, W. J.; J. D. Brown e J. W. Thatcher: *Anal. Chem.*, **38**: 416R (1966).
6. Compton, A. H. e S. K. Allison: "X-rays in Theory and Experiment", D. Van Nostrand Company, Inc., Princeton, N.J., 1935.
7. Dunn, H. W.: *Anal. Chem.*, **34**: 116 (1962).
8. Friedlander, G.; J. W. Kennedy e J. M. Miller: "Nuclear and Radiochemistry", 2.ª ed., John Wiley & Sons, Inc., New York, 1964.
9. Griffin, L. H.: *Anal. Chem.*, **34**: 606 (1962).
10. Jacobson, B. e L. Nordberg: *Rev. Sci. Instr.*, **34**: 383 (1963).
11. Jeffries, C. D.: The Minerals of the Soil, em D. E. H. Frear (ed.), "Agricultural Chemistry", vol. 1, Cap. 22, D. Van Nostrand Company, Inc., Princeton, N.J., 1950.
12. Karttunen, J. O.; B. Evans; D. J. Henderson; P. J. Markovich e R. L. Niemann: *Anal. Chem.*, **36**: 1277 (1964); J. O. Karttunen e D. J. Henderson, *Anal. Chem.*, **37**: 307 (1965).
13. Klug, H. P. e L. E. Alexander: "X-ray Diffraction Procedures", John Wiley & Sons, Inc., New York, 1954.
14. Liebhafsky, H. A.; H. G. Pfeiffer; E. H. Winslow e P. D. Zemany: "X-ray Absorption and Emission in Analytical Chemistry", John Wiley & Sons, Inc., New York, 1960.
15. Parrish, W.: *Science*, **110**: 368 (1949).
16. Rudman, R.: *J. Chem. Educ.*, **44**: A7, A99, A187, A289, A399, A499 (1967).
17. Vollmar, R. C.; E. E. Petterson e P. A. Petruzzelli: *Anal. Chem.*, **21**: 1491 (1949).
18. Wittry, D. B.: X-ray Microanalysis by Means of Electron Probes, em I. M. Kolthoff e P. J. Elving (eds.). "Treatise on Analytical Chemistry", Parte I, vol. 5, Cap. 61, Interscience Publishers (Divisão de John Wiley & Sons, Inc.), New York, 1964.

10 Polarimetria e dispersão óptico-rotatória

Nos capítulos anteriores, tratamos da energia radiante principalmente do ponto de vista de sua absorção e distribuição de comprimento de onda. Sua natureza ondulatória apenas nos interessou no que se referiu aos efeitos de difração. Discutiremos agora os fenômenos relacionados com a radiação polarizada.

Várias substâncias transparentes que são características por uma falta de simetria em sua estrutura molecular ou cristalina apresentam a propriedade de girar o plano da luz polarizada. Essas substâncias são chamadas *opticamente ativas*. Provavelmente os exemplos mais familiares são quartzo e açúcares, mas muitos outros compostos orgânicos e inorgânicos também apresentam essa propriedade. A extensão em que o plano gira varia grandemente de um composto ativo para outro. Diz-se que a rotação é *dextro*–(+) se tiver sentido horário para um observador que olha em direção à fonte de luz e *levo*–(–), se for anti-horária. Para qualquer composto dado, a extensão da rotação depende do número de moléculas no caminho da radiação ou, no caso das soluções, da concentração e do comprimento do recipiente. Também depende do comprimento de onda da radiação e da temperatura. A *rotação específica*, representada pelo símbolo $[\alpha]^t$, é definida pela fórmula

$$[\alpha]^t = \frac{\alpha}{dc} \qquad (10\text{-}1)$$

onde α é o ângulo (medido em graus) de giro do plano de luz polarizada por uma solução de concentração c gramas de soluto por mililitro de solução quando contida em uma cela de d decímetros de comprimento. O comprimento de onda é geralmente determinado a 5.893 Å, a linha D de uma lâmpada de vapor de sódio. Alguns valores representativos para a rotação específica são fornecidos na Tab. 10.1.

Tabela 10.1 – Rotações específicas das soluções (a 20°C)

Substância ativa	Solvente	$[\alpha]_D^{20}$
Cânfora	Álcool	+ 43,8
Calciferol (vitamina D_2)	Clorofórmio	+ 52,0
Calciferol (vitamina D_2)	Acetona	+ 82,6
Colesterol	Clorofórmio	– 39,5
Sulfato de quinina	HCl 0,5 F	–220
Ácido l-tartárico	Água	+ 14,1
Tartarato de sódio e potássio (sal de Rochelle)	Água	+ 29,8
Sacarose	Água	+ 66,5
β-d-glucose	Água	+ 52,7
β-d-frutose	Água	– 92,4
β-lactose	Água	+ 55,4
β-maltose	Água	+130,4

POLARÍMETROS (ref. 7)

O instrumento mais comum nesse campo é o *polarímetro*, Fig. 10.1, Um instrumento manual típico é mostrado esquematicamente na Fig. 10.2. A radiação monocromática de uma lâmpada de sódio é tornada paralela por um colimador e polarizada por um prisma de calcita. Em seguida ao polarizador, há uma pequena calcita auxiliar arranjada para interceptar metade do feixe. (A função desse dispositivo é explicada abaixo). A radiação então passa através da amostra que está contida em um tubo de vidro de comprimento conhecido fechado em ambas as extremidades por placas de vidro claras, depois através do analisador e vai à ocular para observação visual.

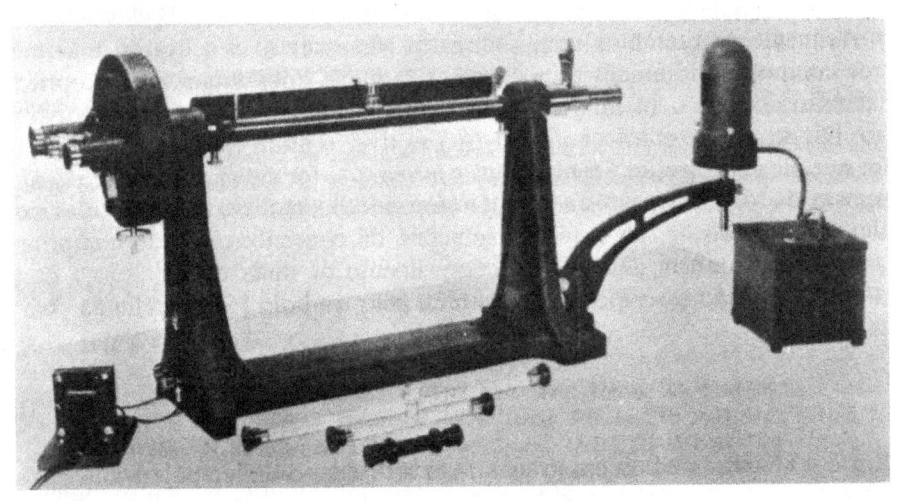

Figura 10.1 — Polarímetro de precisão com lâmpada de sódio (O. C. Rudolph and Sons, Fairfield, Nova Jérsei)

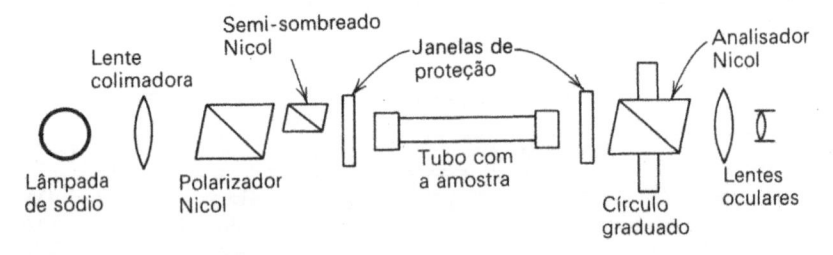

Figura 10.2 — Diagrama de um polarímetro convencional. Os prismas de Nicol são fabricados com calcita

Em princípio, o polarímetro pode funcionar sem o pequeno prisma auxiliar. Os polarizadores estão inicialmente cruzados sem qualquer amostra no feixe e depois novamente com a amostra presente. O ângulo de que gira o analisador é a quantidade procurada. Contudo, esse arranjo simples não é satisfatório porque exige do observador identificar a posição onde a radiação transmitida é zero, o que não se pode fazer com precisão. O prisma adicionado no meio do feixe torna possível evitar essa dificuldade. Está permanentemente orientado com seu eixo de polarização a um ângulo de poucos graus em relação ao polarizador. Há, pois, uma posição particular do analisador em que as radiações que passam pelas duas metades do feixe são exatamente iguais em energia. Isso fornece um ponto de referência mais satisfatório que a posição de completa extinção, pois a observação visual consiste em comparar exatamente as energias dos dois meios-feixes em algum nível intermediário, para o que é bem adequado o uso da vista.

É possível planejar polarímetros fotelétricos com ou sem registro automático e há vários desses instrumentos no mercado. Há instrumentos de feixe único diferindo primariamente no servomecanismo ou seu equivalente que é utilizado para girar o plano de polarização de modo a compensar a rotação da amostra.

APLICAÇÕES

A maior aplicação da análise por rotação óptica ocorre na indústria do açúcar (ref. 2). Pode-se determinar a sacarose na ausência de outro material opticamente ativo por aplicação direta da Eq. (10-1), que se pode escrever na forma

$$c = \frac{\alpha}{d \cdot [\alpha]_D^{20}} = \frac{\alpha}{(2)(66,5)} = \frac{\alpha}{133,0} \tag{10-2}$$

para a sacarose no tubo costumeiro de 2 dm a uma temperatura de 20°C.

Entretanto, se estiverem presentes outras substâncias ativas, é necessário um tratamento mais elaborado. Entre os açúcares comuns, somente a sacarose pode ser submetida a uma reação de hidrólise na presença de ácido, de acordo com a equação

$$C_{12}H_{22}O_{11} + H_2O \xrightarrow{\text{ácido}} C_6H_{12}O_6 + C_6H_{12}O_6$$

$$\begin{array}{ccc} \text{Sacarose} & \text{Glucose} & \text{Frutose} \\ [\alpha]_D^{20} = +66,5° & +52,7° & -92,4° \end{array}$$

A mistura resultante de glucose e frutose é chamada *açúcar invertido* e a reação, *inversão*. Durante o processo de inversão, a rotação específica varia de $+66,5°$ a $-19,8°$, correspondendo a uma mistura equimolar dos produtos. É possível calcular a quantidade de sacarose presente medindo a rotação antes e depois da inversão. O procedimento comum é começar com uma amostra com um volume de 100 ml de ácido clorídrico concentrado. A solução acidulada deve ficar pelo menos 24 horas a 20°C, 10 horas a 25°C ou 10 minutos a 70°C para assegurar o término da reação. Redetermina-se a rotação. Pode-se mostrar que nessas condições a variação no ângulo de rotação $\Delta\alpha$ é dada (a 20°C) pela relação

$$\Delta\alpha = \frac{360 w_s [\alpha]_{D(I)}}{342(v+10)} + \frac{w_x [\alpha]_{D(X)}}{(v+10)} - \frac{w_s [\alpha]_{D(S)}}{v} - \frac{w_x [\alpha]_{D(X)}}{v} \tag{10-3}$$

onde $[\alpha]_{D(I)}$ = rotação específica do açúcar invertido
$\quad\;\; [\alpha]_{D(S)}$ = rotação específica da sacarose
$\quad\;\; [\alpha]_{D(X)}$ = rotação específica de outra substância ativa eventualmente presente
$\quad\quad\;\; w_s$ = massa (gramas) de sacarose pura na amostra
$\quad\quad\;\; w_x$ = massa da impureza ativa
$\quad\quad\;\; v$ = volume original (100 ml)

o segundo termo torna-se desprezível. Por outro lado, se estamos determinando a sacarose presente como um constituinte menor numa grande porção de outra substância ativa, o segundo termo pode ser avaliado e a massa da sacarose calculada do $\Delta\alpha$ observado.

Outro exemplo de um procedimento analítico baseado. Dessa relação, segue-se que a massa da sacarose na amostra original é

$$w_s = -1{,}17\Delta\alpha - 0{,}00105[\alpha]_{D(X)}w_x \qquad (10\text{-}4)$$

Se soubermos que praticamente toda substância ativa presente é sacarose, em rotação óptica é a determinação simultânea da penicilina e da enzima penicilinase (ref. 8). A penicilina é destruída quantitativamente pela enzima a uma velocidade diretamente dependente da quantidade de enzima presente, mas independente da concentração de penicilina. Um gráfico da rotação em função do tempo fornece uma linha reta que termina quando toda a penicilina foi consumida. A inclinação da linha é uma medida da concentração de enzima. A Fig. 10.3 mostra um gráfico para cinco valores de concentração da enzima. Veremos que as curvas sofrem desvios, um efeito devido a reações secundárias. Encontra-se o tempo verdadeiro de desaparecimento da penicilina por intersecção das partes retas extrapoladas. Pode-se determinar a concentração de penicilina com uma precisão de 1% e a da enzima com $\pm 10\%$.

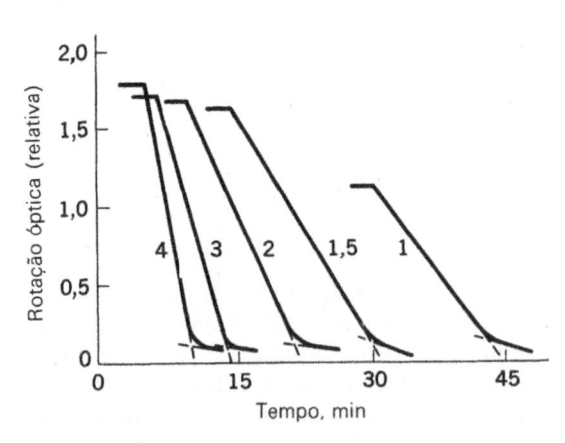

Figura 10.3 — Destruição enzimática da penicilina com concentrações variáveis de penicilinase em um tampão de fosfato a pH 7. Os números indicam as concentrações relativas da enzima (Analytical Chemistry)

DISPERSÃO ÓPTICO-ROTATÓRIA (DOR) (refs. 3, 4 e 9)

A dependência da atividade óptica do comprimento de onda é uma fonte mais útil de informações estruturais sobre compostos assimétricos que a rotação específica a um comprimento de onda único. É estritamente relacionada ao fenômeno chamado *dicroísmo circular* (*DC*) (refs. 1 e 10).

Mostramos no Cap. 2 que se pode desdobrar um feixe de luz comum em dois feixes plano-polarizados. Levaremos essa ordem de idéias um passo adiante. A radiação plano-polarizada pode-se desdobrar posteriormente em dois feixes ditos *circularmente polarizados* em direções opostas. Os índices de refração para os componentes circulares direito e esquerdo em um certo meio não podem ser iguais e serão indicados por n_L e n_R, respectivamente; as absortividades correspondentes são a_L e a_R. Para um meio isotrópico tal como vidro ou água $n_L = n_R$ e $a_L = a_R$ e dizemos que o índice e a absortividade são independentes do estado de polarização. Se $n_L \neq n_R$, origina-se uma diferença de fase entre os dois componentes, o que é equivalente a dizer que se girou o plano de polarização, isto é, o ângulo $\alpha \neq 0$. Se $a_L \neq a_R$ então um dos componentes é absorvido mais fortemente que o outro e $a_L - a_R \neq 0$; então o diagrama de vetores representando a polarização passa a ser elíptico sendo a excentricidade θ uma medida de $(a_L - a_R)$ (Fig. 10.4).

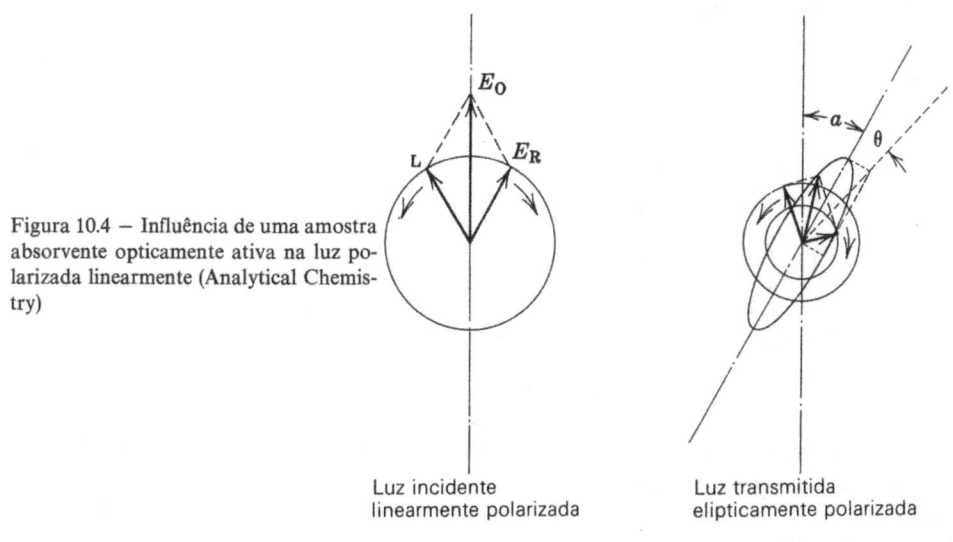

Figura 10.4 – Influência de uma amostra absorvente opticamente ativa na luz polarizada linearmente (Analytical Chemistry)

Luz incidente
linearmente polarizada

Luz transmitida
elipticamente polarizada

Pode-se mostrar que o ângulo de rotação, como usado na Eq. (10-1), é dado por

$$\alpha = \frac{\pi}{\lambda}(n_L - n_R) \tag{10-5}$$

e a *elipsidade* θ é

$$\theta = \frac{1}{4}(a_L - a_R) \tag{10-6}$$

Chama-se a quantidade $(n_L - a)$ de *birrefringência circular* e $(a_L - a_R)$ de *dicroísmo circular* do meio. Pode-se medir o valor de α diretamente com o polarímetro, mas pode-se determinar θ apenas indiretamente através do dicroísmo circular.

Mostrou-se matematicamente que a curva de DOR entre os dois é o *efeito Cotton*. A Fig. 10.5 mostra a relação entre ambos e a absorção ultravioleta para a transição fraca a 264 nm devida ao grupo epissulfeto em um derivado de esteróide saturado. As relações são tais que o ponto médio e o pico e a curva de DOR correspondem ao máximo de DC e a DOR coincide em comprimento de onda com o máximo de absorção. As curvas de CD apresentarão muitas vezes minúsculos máximos de absorção "ocultos" e o fazem com menor ambigüidade que as correspondentes curvas de DOR. Por outro lado, as curvas de DOR são afetadas em alto grau por bandas cromóforas mais distantes e assim são mais características de compostos específicos que o DC. Tanto a DOR como o DC podem dar informações especiais sobre características estereoquímicas de substâncias opticamente

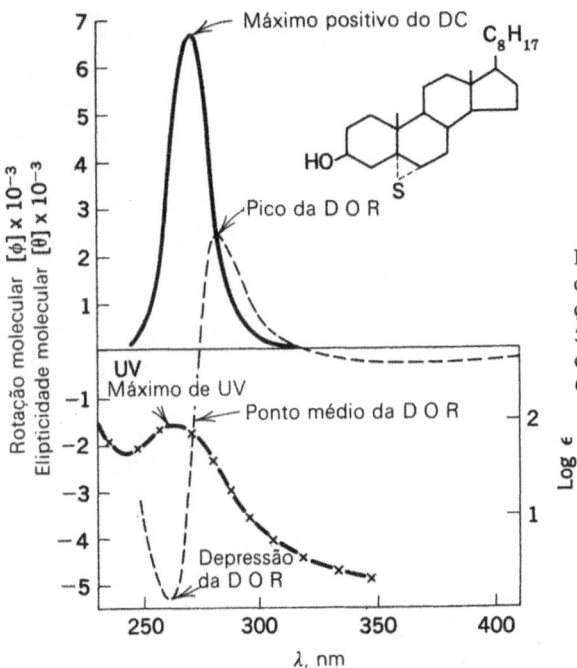

Figura 10.5 — Curvas de dispersão óptico-rotatória, dicroísmo circular e absorção ultravioleta do 3β-hidroxicolestane-5α, 6α-epissulfeto ilustrando a nomenclatura prática em uso (Journal of the Chemical Society, London)

ativas. Na prática, a relação entre as várias curvas da mesma substância podem ser mais complexas que o exemplo da Fig. 10.5; como a teoria não está dentro da finalidade deste livro, o estudante deve procurar a literatura para maiores detalhes (refs. 3, 6 e 10).

FOTÔMETROS DOR

Há vários espectropolarímetros registradores em fabricação no momento. Podem-se considerá-los espectrofotômetros de feixe único modificados, como mostra esquematicamente a Fig. 10.6. Nesse instrumento (como em muitos outros), o feixe de luz de um monocromatizador convencional atravessa seqüencialmente um polarizador, a amostra e um analisador, para atingir a válvula fotomultiplicadora. O feixe é modulado em relação a seu estado de polarização a 12 Hz por um dispositivo movido por um motor que produz um movimento de oscilação do polari-

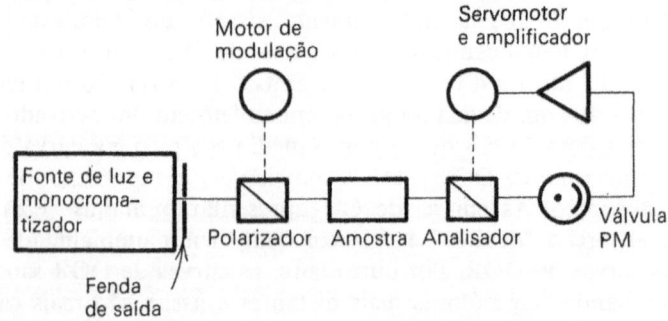

Figura 10.6 — Esquema do espectropolarímetro de Durrum-Jasco (Durrum Instrument Corporation, Palo Alto, Califórnia)

zador para trás e para frente dentro de um ângulo de $\pm 1°$. O servoamplificador responde apenas a uma freqüência de 12 Hz e obriga o servomotor a ajustar continuamente o analisador ao ponto em que o sinal de 12 Hz estará disposto simetricamente ao redor do ponto zero. O servomotor também determina a posição da pena registradora.

O espectropolarímetro Cary Modelo 60 é semelhante em princípio, menos no método de modular o feixe para o que se usa uma *cela de Faraday*. Esta é uma haste de sílica vítrea rodeada por uma bobina transportando uma corrente de 60 Hz, que causa uma rotação do plano de polarização de alguns poucos graus a uma freqüência de 60 Hz. Nesse instrumento, o prisma analisador é fixo e o servosistema opera o polarizador para encontrar o ponto zero.

APARELHO PARA DC

Como os espectrofotômetros convencionais são planejados para determinarem a diferença entre as absorbâncias de uma amostra e de um padrão, podem-se adaptá-los facilmente para medir dicroísmo circular, que é, do mesmo modo, a diferença entre duas absorbâncias.

Consegue-se a polarização circular em duas etapas. Primeiramente, o feixe de radiação deve ser plano-polarizado; e em segundo lugar, deve-se passar o feixe polarizado por um dispositivo que o desdobra em componentes polarizados circularmente à direita e à esquerda e atrasa um componente em relação a outro de exatamente um quarto de comprimento de onda. Os analisadores circulares mais importantes são de dois tipos: 1) aqueles que dependem de reflexão interna total, como o *romboedro de Fresnel* (Fig. 10.7), e 2) o *modulador eletroóptico de Pockels*. Nesse último, aplica-se um elevado potencial (da ordem de quilovolts) através de uma placa de diidrogênio fosfato de potássio ou de um cristal piezoelétrico semelhante cortado perpendicularmente a seu eixo óptico. O primeiro tipo tem intervalo de comprimento de onda um pouco limitado, durante o qual o atraso é próximo de um quarto de comprimento de onda; no tipo Pockels, pode-se variar

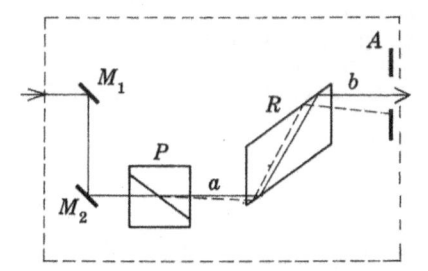

Figura 10.7 — Conjunto óptico para medida do dicroísmo circular. A radiação entra à esquerda, é deslocada para baixo pelos espelhos M_1 e M_2, plano-polarizada pelo prisma composto P e passada através do romboedro de Fresnel R, onde sofre duas reflexões internas que estabelecem um retardamento de fase de um quarto de comprimento de onda, assim produzindo polarização circular. O anteparo A elimina o raio extraordinário enquanto permite a passagem do raio ordinário. A unidade toda encaixa-se na câmara da amostra de um espectrofotômetro-padrão: para o caminho de referência, é necessária uma segunda unidade, orientada de maneira oposta. A amostra é colocada em b para medidas de DC ou em a para estudar transmissão plano-polarizada (Cary Instruments, Division of Varian Associates, Monróvia, Califórnia)

o atraso por escolha do potencial, assim se pode programá-lo para fornecer saída continuamente corrigida de acordo com a variação do comprimento de onda. O modulador de Pockels com sua fonte de energia é bem mais caro e complicado que um romboedro de Fresnel.

O acessório de DC da Cary para o espectrofotômetro Modelo 14 usa dois conjuntos iguais, cada um consistindo em um polarizador, romboedro e espaço para a amostra, dispostos geometricamente de maneira que a radiação no trajeto de referência é polarizada circularmente à direita, enquanto que no percurso da amostra é polarizada circularmente à esquerda. O adaptador de DC para o espectropolarímetro Cary Modelo 60 utiliza-se de uma cela de Pockels.

PROBLEMAS

10-1 Uma amostra de 10,00 g de sal de Rochelle impuro é dissolvida em água suficiente para preparar 100 ml de solução. Um tubo de polarímetro de 2 dm é primeiro enchido com água destilada (a fim de estabelecer o zero verdadeiro da escala) e então com uma porção da solução. São feitas as seguintes observações a 20°C:

leitura da escala para água pura	$+2,020°$
leitura da escala para a solução	$+5,750°$

Qual é a porcentagem em peso de sal de Rochelle na amostra?

10-2 Calcule a porcentagem de erro introduzida na determinação da sacarose pela Eq. (10-4) omitindo o segundo termo em cada uma das seguintes amostras: a) 30 g de sacarose + 2 g de lactose; b) 16 g de sacarose + 16 g de lactose; e c) 2 g de sacarose + 30 g de lactose. Pode-se desprezar a variação da rotação específica da lactose entre 15° e 20°C.

REFERÊNCIAS

1. Abu-Shumays, A. e J. J. Duffield: *Anal. Chem.*, **38** (7): 29A (1966).
2. Bates, F. J. *et al.*: Polarimetry, Saccharimetry, and the Sugars, *Natl. Bur. Std. Circ.* C440, 1942.
3. Beychok, S.: *Science*, **154**: 1288 (1966).
4. Djerassi, C.: "Optical Rotatory Dispersion: Applications to Organic Chemistry", McGraw-Hill Book Company, New York, 1960.
5. Djerassi, C.: *Proc. Chem. Soc.* (London), **1964**: 314.
6. Foss, J. G.: *J. Chem. Educ.*, **40**: 592 (1963).
7. Gibb, Jr., T. R. P.: "Optical Methods of Chemical Analysis", McGraw-Hill Book Company, New York, 1942.
8. Levy, G. B.: *Anal. Chem.*, **23**: 1089 (1951).
9. Struck, W. A. e E. C. Olson: Optical Rotation: Polarimetry, em I. M. Kolthoff e P. J. Elving (eds.), "Treatise on analytical Chemistry", Parte I, vol. 6, Cap. 71, Interscience Publishers (Divisão de John Wiley & Sons, Inc.), New York, 1965.
10. Velluz, L.; M. Legrand e M. Grosjean: "Optical Circular Dichroism", Academic Press Inc., New York, 1965.

11 Introdução aos métodos eletroquímicos

Uma importante série de processos baseia-se nas propriedades eletroquímicas das soluções. Consideremos uma solução de um eletrólito contida em um recipiente de vidro e em contato com dois condutores metálicos. É possível ligar essa cela a uma fonte externa de energia elétrica e, a não ser que a voltagem seja muito baixa, isso usualmente causará um fluxo de corrente através da cela. Por outro lado, a própria cela pode agir como fonte de energia elétrica e produzir uma corrente através das conexões externas. Para qualquer cela específica, esses efeitos dependem tanto da natureza como da composição da solução, das substâncias de que os elétrodos são feitos, das características mecânicas como tamanho e espaçamento dos elétrodos, da presença ou da ausência de agitação, da temperatura e de propriedades do circuito externo, da direção do fluxo de corrente, etc.

Consideremos primeiro as propriedades de vários tipos de elétrodos e sua interação com as soluções e em seguida resumiremos os vários modos possíveis de utilizá-los.

ELÉTRODOS

Para muitas aplicações, é necessário um *elétrodo inerte* apenas para realizar o contato elétrico com a solução, sem entrar em reação química com qualquer componente. É mais conveniente um metal nobre, geralmente platina, algumas vezes ouro ou prata, apesar de um elétrodo de carbono dar bons resultados em certas circunstâncias.

Em outras situações, é apropriado um elétrodo ativo, isto é, um elétrodo fabricado de um elemento no estado não-combinado, que entrará em equilíbrio químico com íons do mesmo elemento na solução. O valor de algumas propriedades elétricas do elétrodo (por exemplo, seu potencial) será governado pela concentração do íon correspondente. Prata, mercúrio e hidrogênio estão entre os elétrodos dessa classe comumente usados. Um elétrodo de gás (como o elétrodo de hidrogênio) consiste em um fio ou folha de platina para conduzir eletricidade com o gás borbulhando em sua superfície; essa combinação age como se fosse formada somente pelo elemento gasoso. Em princípio, pode-se construir um elétrodo com qualquer elemento capaz de existir em forma de íon simples, mas na prática há várias restrições. Raramente usam-se como elétrodos os elementos mais ativos devido à dificuldade óbvia de evitar ataque químico. Os metais duros como crômio e ferro tendem a apresentar superfícies não-homogêneas e não-reprodutíveis, o que reduz sua utilidade.

Outros assim chamados "elétrodos", como os elétrodos de calomelano e de vidro, são na verdade combinações de elétrodos elementares inertes ou ativos com compostos adequados, geralmente fabricados em unidades convenientes para a inserção em uma cela. Eles são mais corretamente chamados "meias-celas" e serão tratados como tais.

A REAÇÃO DA CELA

Sempre que uma corrente contínua passa através de uma cela eletrolítica, ocorre uma reação de óxido-redução. Em um elétrodo definido como *ânodo*, ocorre oxidação com transferência de elétrons da espécie reduzida para o elétrodo; e, no elétrodo chamado *cátodo*, ocorre redução e os elétrodos são transferidos para as espécies oxidadas. A função primária do circuito externo é conduzir os elétrons do ânodo para o cátodo. Completa-se o circuito elétrico por condutividade iônica através da solução.

Uma reação redox generalizada pode ser escrita como

$$rA_{red} + sB_{ox} + \cdots \rightleftharpoons pA_{ox} + qB_{red} + \cdots$$

onde os índices "red" e "ox" se referem respectivamente às formas reduzidas e oxidadas das substâncias A e B. Para simplificar, vamos restringir a discussão ao caso em que A e B são as únicas substâncias oxidadas ou reduzidas (isto é, elimina-se o "$+ \cdots$").

Define-se a constante de equilíbrio K como

$$K = \frac{(A_{ox})_{eq}{}^{p}\,(B_{red})_{eq}{}^{q}}{(A_{red})_{eq}{}^{r}\,(B_{ox})_{eq}{}^{s}} \tag{11-1}$$

onde os parênteses indicam atividades molares e o índice "eq" lembra que são quantidades em equilíbrio. Também podemos definir uma quantidade Q, o coeficiente de atividade, como

$$Q = \frac{(A_{ox})_{real}^{p}\,(B_{red})_{real}^{q}}{(A_{red})_{real}^{r}\,(B_{ox})_{real}^{s}} \tag{11-2}$$

A notação "real" significa que essas quantidades são os valores reais em uma experiência, não necessariamente os valores de equilíbrio. Por considerações termodinâmicas, pode-se mostrar que a variação de energia livre (trabalho máximo disponível à temperatura e à pressão constantes) é dada por

$$\Delta G = RT \ln Q - RT \ln K \tag{11-3}$$

onde R é a constante universal dos gases (8,316 J por mol-grau) e T é a temperatura Kelvin. Nas reações eletroquímicas, a energia livre é de natureza elétrica e relaciona-se às quantidades elétricas através da expressão

$$\Delta G = -nFE_{cela} \tag{11-4}$$

onde E_{cela} = potencial da cela em volts
F = constante de Faraday, aproximadamente 96.500 coulombs por equivalente
n = número de elétrons transferidos na reação para uma unidade de fórmula.

Então

$$E_{cela} = -\frac{\Delta G}{nF} = -\frac{RT}{nF} \ln Q + \frac{RT}{nF} \ln K \tag{11-5}$$

Por substituição dos valores exatos de K e Q nas Eqs. (11-1) e (11-2) na (11-5) seguida pelo rearranjo dos termos logarítmicos, mostra-se que

$$E_{cell} = \left[\frac{RT}{nF} \ln \frac{(A_{ox})_{eq}^{p}}{(A_{red})_{eq}^{r}} - \frac{RT}{nF} \ln \frac{(A_{ox})_{real}^{p}}{(A_{red})_{real}^{r}} \right.$$
$$\left. - \left[\frac{RT}{nF} \ln \frac{(B_{ox})_{eq}^{s}}{(B_{red})_{eq}^{q}} - \frac{RT}{nF} \ln \frac{(B_{ox})_{real}^{s}}{(B_{red})_{real}^{q}} \right] \right] \quad (11\text{-}6)$$

Definimos agora $E_A^{\circ} = \dfrac{RT}{nF} \ln \dfrac{(A_{red})_{eq}^{r}}{(A_{ox})_{eq}^{p}}$, e de modo semelhante para E_B°

$$E_{cela} = \left[E_B^{\circ} - \frac{RT}{nF} \ln \frac{(B_{red})_{real}^{q}}{(B_{ox})_{real}^{s}} \right] - \left[E_A^{\circ} - \frac{RT}{nF} \ln \frac{(A_{red})_{real}^{r}}{(A_{ox})_{real}^{p}} \right] \quad (11\text{-}7)$$

Por esse procedimento, separamos os efeitos das duas substâncias A e B sobre o potencial da cela em dois termos. Podemos a seguir definir o *potencial de meia cela*

$$E_A = E_A^{\circ} - \frac{RT}{nF} \ln \frac{(A_{red})_{real}^{r}}{(A_{ox})_{real}^{p}} \quad (11\text{-}8)$$

$$E_B = E_B^{\circ} - \frac{RT}{nF} \ln \frac{(B_{red})_{real}^{q}}{(B_{ox})_{real}^{s}} \quad (11\text{-}9)$$

Então, pela Eq. (11-7)

$$E_{cela} = E_B - E_A \quad (11\text{-}10)$$

Eqs. como a (11-8) e a (11-9) foram introduzidas por Walther Nernst e são freqüentemente chamadas *equações de Nernst*.

A expressão para E da cela foi dividida em duas porções, de modo que a equação química para a reação da cela pode ser separada em duas partes, chamadas *semi-reações*

$$rA_{red} \rightleftharpoons pA_{ox} + ne^{-}$$
$$sB_{ox} + ne^{-} \rightleftharpoons qB_{red}$$

onde e^{-}, como é usual, simboliza um elétron.

É conveniente, particularmente para organizar uma tabela, escrever todas as semi-reações com os elétrons do mesmo lado. Seguiremos uma prática recente e escreveremos as reações como *reduções*:

$$pA_{ox} + ne^{-} \rightleftharpoons rA_{red} \quad (11\text{-}11)$$
$$qB_{ox} + ne^{-} \rightleftharpoons sB_{red} \quad (11\text{-}12)$$

Para obter a reação completa da cela, devem-se multiplicar as duas semi-reações por fatores numéricos convenientes para igualar os n. Uma semi-reação é então *subtraída* algebricamente da outra.

Os potenciais E_A e E_B são, é claro, associados a essas semi-reações. As quantidades correspondentes E_A° e E_B° são chamadas *potenciais-padrão* para a semi-reação e, em princípio, podem ser calculadas construindo-se uma meia cela onde escolhem-se as várias atividades de modo que seu quociente na equação de Nernst seja unitário e o termo logarítmico se torne zero.

Não se descobriu um processo válido para determinar o potencial *absoluto* de um único elétrodo pois uma medida sempre exige outro. Assim, é necessário escolher um elétrodo a que se atribua arbitrariamente a posição zero na escala de potenciais. Escolheu-se o *elétrodo normal de hidrogênio* (*ENH*) para esse fim. Esse é um elétrodo onde se borbulha gás hidrogênio a uma pressão parcial de 1 atmosfera sobre uma placa de platina imersa em uma solução aquosa em que a atividade do íon hidrogênio é unitária. Define-se que o ENH apresenta potencial zero em qualquer temperatura.

A Fig. 11.1 mostra numa representação da equação de Nernst para vários metais e hidrogênio. Por conveniência, os potenciais referem-se tanto ao ENH

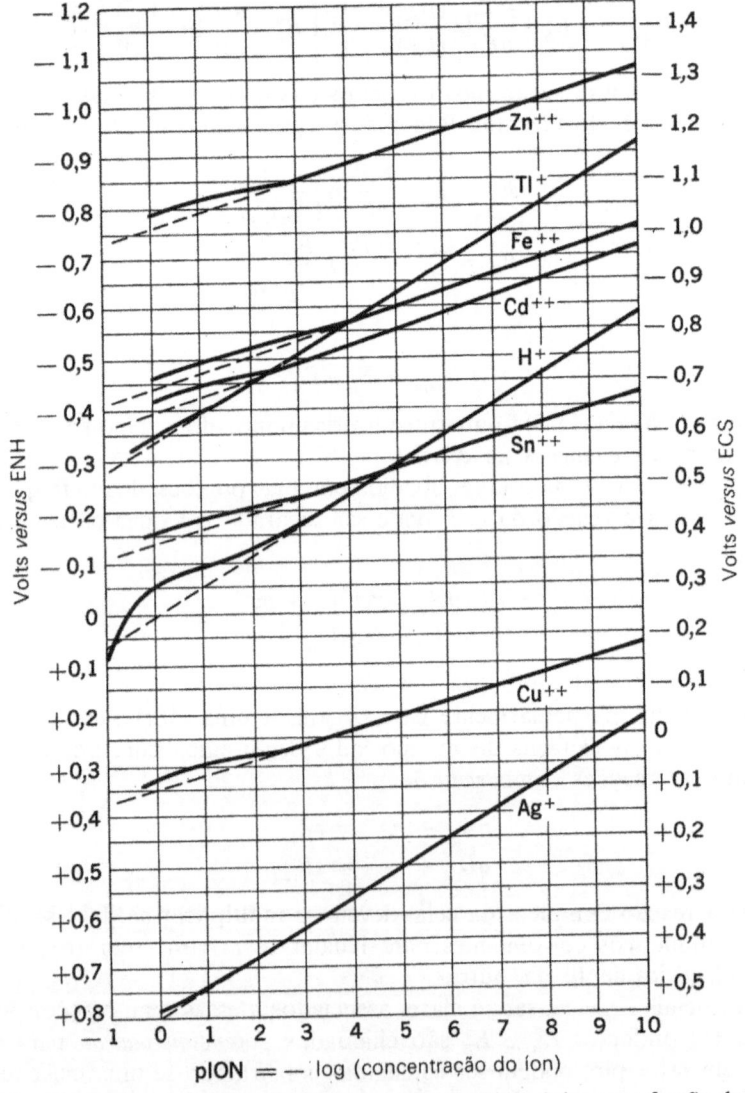

Figura 11.1 — Potenciais de elétrodos de vários metais e do hidrogênio como função das atividades iônicas. Sobre o significado das linhas tracejadas, consulte o texto

quanto ao elétrodo de calomelano saturado (ECS) que será definido mais tarde. No eixo horizontal marcam-se unidades de pION, definido de modo semelhante ao pH, o logaritmo negativo decimal da atividade do íon. Obtêm-se os potenciais--padrão nas intersecções das respectivas curvas com a linha pION = 0. As linhas pontilhadas indicam grosseiramente os valores dos potenciais aplicados se o pION for considerado em termos de concentração formal em vez de que em atividade. Os desvios entre as partes retas e curvas apresentam os efeitos de correções de atividades e realmente as medidas de potencial representam um dos métodos mais úteis para determinar os coeficientes de atividade. Note-se que atividades e concentrações se confundem ao redor de 10^{-3} F ou 10^{-4} F.

Os elementos cujos potenciais estão incluídos na Fig. 11-1 são os que seguem mais de perto a relação de Nernst. Os outros mostram grande desvio devido à complexão, sobrevoltagem e a outros efeitos. Os potenciais-padrão são menos úteis particularmente para os metais de transição pois a determinação de atividades exige valores não disponíveis. Por essa razão geralmente são substituídos pelos potenciais formais. Reescrevamos a Eq. (11-8) mostrando os coeficientes de atividade γ^*.

$$
\begin{aligned}
E_A &= E_A^\circ - \frac{RT}{nF} \ln \frac{[A_{red}]^r \gamma_{A(red)}^r}{[A_{ox}]^p \gamma_{A(ox)}^p} \\
&= E_A^\circ - \frac{RT}{nF} \ln \frac{\gamma_{A(red)}^r}{\gamma_{A(ox)}^p} - \frac{RT}{nF} \ln \frac{[A_{red}]^r}{[A_{ox}]^p} \\
&= E_A^{\circ\prime} - \frac{RT}{nF} \ln \frac{[A_{red}]^r}{[A_{ox}]^p}
\end{aligned}
\tag{11-13}
$$

Define-se a quantidade $E^{\circ\prime}$ como potencial formal. Quando se usam potenciais formais deve-se especificar cuidadosamente a composição do meio em que se fazem as medidas. Os valores da Tab. 11.1, obtidos de uma compilação de Meites (ref. 5), mostram quanto podem variar os potenciais formais de um sistema com a natureza do meio. O primeiro valor é a do potencial-padrão aceito.

Tabela 11-1 — Potenciais formais do sistema Fe^{III}/Fe^{II}
(a 25°C)

Meio		$E^{\circ\prime}$, V *versus* ENH
Padrão		+0,771
$HClO_4$	1 F	0,735
HCl	0,5 F	0,71
H_2SO_4	1 F	0,68
HCl	5 F	0,64
HCl	10 F	0,53
H_3PO_4	2 F	0,46
Na_2 Tartarato (pH 5–6)	0,5 F	0,07
$K_2C_2O_4$ (pH 5)	1 F	0,01
NaOH	10 F	−0,68

*Abandonaremos o índice "real" da Eq. (11-8); colchetes [. . .] indicam concentrações e parênteses continuam significando atividades.

Os potenciais-padrão e formal para meias celas são constantes tão importantes e úteis que grande parte deles foi determinada com precisão e é disponível em tabelas.

Os potenciais formais de um número de sistemas redox estão na Fig. 11.2, colocados em um gráfico como funções das concentrações normais de HCl, H_2SO_4

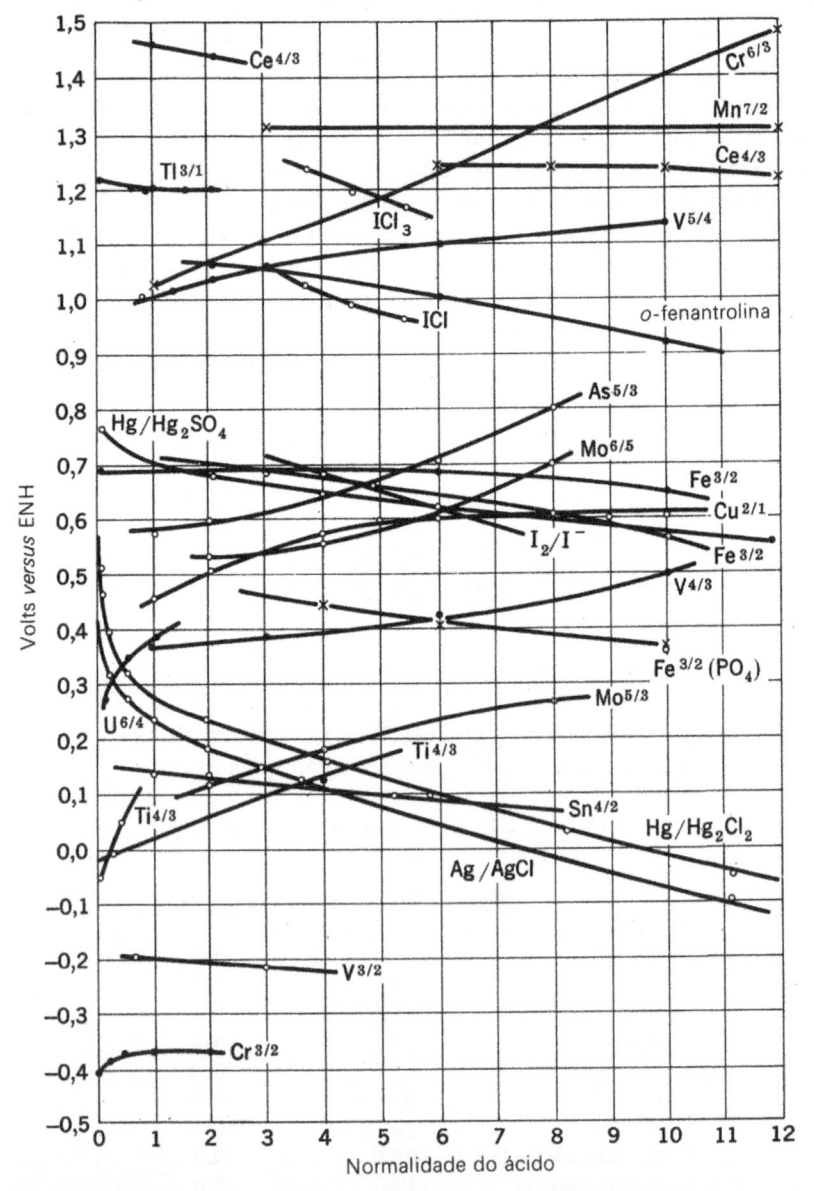

Figura 11.2 — Potenciais de redução formais de vários sistemas relativos ao ENE. A notação $M^{4/3}$ refere-se aos potenciais concernentes do equilíbrio $M(IV) + e^- \rightleftharpoons M(III)$. Círculos vazios (o) indicam soluções de cloreto, círculos cheios (•) sulfatos e cruzes (×) fosfatos [Segundo Furman (ref. 1), de John Wiley & Sons, Inc., New York, acrescido das curvas para os fosfatos de $Cr^{6/3}$, $Mn^{7/2}$ e $Ce^{4/3}$, segundo Rao e Rao, (ref. 6) de Talanta]

ou de H_3PO_4 (refs. 1 e 6). Observar que a seqüência de potenciais de vários sistemas pode mudar com a concentração do ácido. Por exemplo, Fe(III) oxidará As(III) em HCl2F, mas o Fe(II) será oxidado pelo As(V) em HCl8F. Devemos lembrar que os potenciais relativos são valores *termodinâmicos* e não dizem nada a respeito das velocidades de reação. Apesar de o Ce(IV) ter muito maior potencial de redução do que o As(V), não oxidará As(III) a não ser em presença de um catalisador conveniente.

Em várias situações, é conveniente ou mesmo imperativo separar fisicamente os dois elétrodos de uma cela, sempre mantendo-se o contato eletrolítico entre eles. Esse contato pode ser feito nos poros de um cilindro poroso ou barreira de vidro sinterizado ou através de uma ponte salina. Essa separação de elétrodos é necessária quando os eletrólitos das duas meias celas são incompatíveis ou quando poderiam ocorrer diretamente reações de redox sem transferência de elétrons via circuito externo, se o eletrólito de uma meia cela entrar em contato com o outro elétrodo.

Assim, acontece freqüentemente que usamos meias celas que não somente têm suas próprias meias reações e potenciais de meias-celas, mas também existência física independente. Devemos sempre lembrar, contudo, que uma única meia cela não possui nenhuma utilidade; qualquer aplicação deve envolver pelo menos duas meias-celas.

Há vários tipos de meias celas de importância particular. Na semi-reação geral, como na Eq. (11-11), uma ou ambas substâncias devem estar em solução; uma pode ser insolúvel (como um metal livre) e uma pode ser um íon em equilíbrio com um sal pouco solúvel na presença de um excesso da fase sólida; uma ou ambas podem ser participantes de outros equilíbrios como formação de complexos com alguma outra substância que não entra diretamente na reação redox. Seguem-se alguns exemplos.

1) *Um metal em equilíbrio com seus íons* (*elétrodos de I classe*)

$$Zn^{++} + 2e^- \rightleftharpoons Zn \qquad E° = -0,763 \text{ V}$$
$$Cu^{++} + 2e^- \rightleftharpoons Cu \qquad E° = +0,337 \text{ V}$$
$$Ag^+ + e^- \rightleftharpoons Ag \qquad E° = +0,799 \text{ V}$$

À forma oxidada (A_{ox}) é o cátion e a forma reduzida (A_{red}) o metal livre. Os valores $E°$ são fornecidos em volts relativamente ao ENH a $25°C$. O eletrólito para essas meias celas é comumente uma solução de um sal do metal com o ânion de um ácido mineral forte, cuja escolha é ditada pelas tendências de solubilidade e de complexação: muitas vezes são apropriados sulfatos, nitratos e percloratos. A Eq. (11-8) assume a forma

$$E_A = E_A° + \frac{RT}{nF} \ln (A_{ox})$$

porque se considera sempre a atividade de um elemento sólido puro como unitária. A quantidade (A_{ox}) se refere à atividade de espécies catiônicas simples; na presença de uma substância complexante será menor, às vezes muito menor que a quantidade total do metal em solução.

2) *Um metal em equilíbrio com uma solução saturada de um sal pouco solúvel (elétrodos de II classe)*

$$AgCl_{(s)} + e^- \rightleftharpoons Ag + Cl^-_{(a=1)} \qquad E° = +0,2222 \text{ V}$$
$$Hg_2Cl_{2(s)} + 2e^- \rightleftharpoons 2Hg + 2Cl^-_{(a=1)} \qquad E° = +0,2676 \text{ V}$$

Meias celas desse tipo são tão amplamente usadas como *elétrodos de referência*, que na verdade constituem padrões secundários para substituírem o inconveniente ENH. Nesse caso, estabelece-se a atividade (ou concentração) do ânion em um valor escolhido por adição de uma solução de um sal solúvel com o mesmo ânion; nos exemplos citados escolhe-se geralmente uma solução de cloreto de potássio. As propriedades exigidas para elétrodos de referência práticos incluem facilidade de fabricação, potencial reproduzível e baixo coeficiente de temperatura. Alguns elétrodos de referências comuns são:

Elétrodo de calomelano saturado (ECS)

$$Hg_2Cl_{2(s)} + 2e^- \rightleftharpoons 2Hg + 2Cl^-_{(KCl\ sat)} \qquad E = +0,246 \text{ V}$$

Elétrodo normal de calomelano (ENC)

$$Hg_2Cl_{2(s)} + 2e^- \rightleftharpoons 2Hg + 2Cl^-_{(KCl\ 1\ N)} \qquad E = +0,280 \text{ V}$$

Elétrodo normal de prata-cloreto de prata

$$AgCl_{(s)} + e^- \rightleftharpoons Ag + Cl^-_{(KCl\ 1\ N)} \qquad E = +0,237 \text{ V}$$

3) *Um metal em equilíbrio com dois sais pouco solúveis com um ânion comum (elétrodos de III classe)*

$$\begin{cases} Ag_2C_2O_{4(s)} \rightleftharpoons 2Ag^+ + C_2O_4^{--} \\ Ca^{++} + C_2O_4^{--} \rightleftharpoons CaC_2O_{4(s)} \end{cases}$$

Uma meia cela desse tipo pode servir como medida da atividade de Ca^{++}. É obrigatório que o segundo sal (CaC_2O_4) seja um pouco mais solúvel que o primeiro ($Ag_2C_2O_4$). O elétrodo mais amplamente usado, que se pode colocar nessa classe, é o que envolve o equilíbrio entre EDTA, íon Hg^{++}, e o íon de um metal di-, tri- ou tetravalente: os complexos levemente dissociados apresentam a mesma função dos oxalatos pouco solúveis no exemplo acima.

4) *Duas espécies solúveis em equilíbrio em um elétrodo inerte*

$$Fe^{3+} + e^- \rightleftharpoons Fe^{++} \qquad E° = +0,771 \text{ V}$$
$$2Hg^{++} + 2e^- \rightleftharpoons Hg_2^{++} \qquad E° = +0,920 \text{ V}$$
$$Ce^{4+} + e^- \rightleftharpoons Ce^{3+} \qquad E° = +1,61 \text{ V}$$

A única função do elétrodo de platina é transportar elétrons para ou dos íons da solução. Os valores de $E°$ se referem a condições tais que as atividades das duas espécies iônicas são iguais, o que não significa necessariamente que as concentrações totais das formas oxidadas e reduzidas dos elementos sejam iguais. Na presença de formadores de complexos, especialmente, a tendência do metal nos dois estados de oxidação em formar complexos pode não ser a mesma, de modo que um valor de $E°$ baseado nas concentrações totais e não nas atividades dos íons livres pode ser maior ou menor que os valores fornecidos.

CONVENÇÕES DE SINAIS

Preferimos escrever as meias reações como reduções, o que dá valores de $E°$ negativos em relação ao ENH para metais que são agentes redutores mais poderosos que o hidrogênio, e valores de $E°$ positivos para os que são menos poderosos:

$$Zn^{++} + 2e^- \rightleftharpoons Zn \quad E° = -0,763\ V$$
$$2H^+ + 2e^- \rightleftharpoons H_2 \quad E° = \quad 0\ V$$
$$Cu^{++} + 2e^- \rightleftharpoons Cu \quad E° = +0,337\ V$$

Os valores de $E°$ assim estabelecidos são chamados *potenciais de elétrodo-padrão*. Isso está de acordo com a experiência, pois a cela galvânica é constituída com elétrodos de cobre e zinco, cada um em contato com seus próprios íons; o cobre se mostra positivo, o zinco negativo, como se observa com qualquer voltímetro ou potenciômetro. Se escrevermos uma meia-reação como uma oxidação, então o sinal do potencial associado deverá ser invertido, mas *não* poderá ser chamado de "potencial do elétrodo". Há duas convenções conflitantes para a determinação do sinal de um potencial de um elétrodo. A convenção seguida aqui está de acordo com as recomendações do congresso da *International Union of Pure and Applied Chemistry* (*IUPAC*) realizado em Estocolmo em julho de 1953. Pode-se encontrar uma completa relação das várias convenções de sinais e das recomendações da IUPAC em um trabalho de Licht e deBéthune (ref. 4).

REVERSIBILIDADE

Os termos *reversível* e *irreversível* são usados com diferentes significados de acordo com o contexto. Em um sentido puramente químico, uma reação é irreversível se seus produtos não reagem entre si ou o fazem dando produtos diferentes dos reagentes originais. Como um exemplo eletroquímico, consideremos uma cela constituída de elétrodos de zinco e prata-cloreto de prata em ácido clorídrico diluído. Se essa cela for ligada em curto-circuito por uma conexão externa, as semi-reações que ocorrem serão

$$Zn \longrightarrow Zn^{++} + 2e^-$$
$$2AgCl + 2e^- \longrightarrow 2Ag + 2Cl^-$$

e a reação total da cela será

$$Zn + 2AgCl \longrightarrow 2Ag + Zn^{++} + 2Cl^-$$

Entretanto, se essa cela for ligada a uma fonte de eletricidade de voltagem suficientemente elevada para forçar a corrente através da cela na direção inversa, as reações serão

$$2H^+ + 2e^- \longrightarrow H_2$$
$$2Ag + 2Cl^- \longrightarrow 2AgCl + 2e^-$$

e a reação total será

$$2Ag + 2H^+ + 2Cl \longrightarrow 2AgCl + H_2$$

Assim, vemos que o elétrodo prata-cloreto de prata é reversível enquanto a meia cela zinco-ácido clorídrico não o é.

No sentido *termodinâmico*, uma reação é reversível apenas se uma mudança infinitesimal na força dirigente causar uma mudança na direção, o que é equivalente a dizer que o sistema está em equilíbrio termodinâmico. Isso significa que a reação é suficientemente rápida para responder instantâneamente a qualquer pequena variação de uma variável independente. A reversibilidade termodinâmica é um estado ideal do qual os sistemas reais podem se aproximar mais ou menos. Uma reação eletroquímica poderá ser considerada reversível se for suficientemente rápida de modo que o desvio do equilíbrio seja desprezível. Uma dada reação pode ser efetivamente reversível quando observada por uma técnica (como medida do potencial sem haver fluxo de corrente) e ainda assim desvia-se bastante da reversibilidade, quando estudada sob condições levemente diferentes, como em polarografia, e se torna "totalmente" irreversível quando submetida a mudanças rápidas como em certos procedimentos de varredura rápida ou de c.a.

POLARIZAÇÃO

Diz-se que um elétrodo (e portanto uma cela) é *polarizado* se seu potencial mostra alguma diferença em relação ao valor previsto pela equação de Nernst. Essa circunstância pode ocorrer, por exemplo, quando se aplica um potencial arbitrário a um elétrodo ou quando se faz passar uma grande quantidade de corrente através dele. Consideram-se muitas vezes as variações devidas às variações reais nas concentrações dos íons nas superfícies dos elétrodos como uma forma de polarização, a *polarização de concentração*. Essa expressão não é, porém, recomendada. As atividades relacionadas devem ser sempre aquelas dos íons na superfície do elétrodo.

SOBREVOLTAGEM

De acordo com as definições termodinâmicas, qualquer meia cela opera irreversivelmente quando escoa uma corrente apreciável. Nessas condições, não se pode calcular o potencial real de uma meia cela, mas ele é sempre maior que o potencial reversível correspondente, conforme calculado pela equação de Nernst (isto é, mais negativo para um cátodo, mais positivo para um ânodo). A diferença entre o potencial de equilíbrio e o potencial real é conhecida como *sobrevoltagem*. Pode-se considerar a sobrevoltagem como a força extra dirigente necessária para fazer com que uma reação ocorra com velocidade apreciável. Sua grandeza varia com a densidade da corrente, temperatura e com as substâncias participantes da reação. De importância especial é a sobrevoltagem exigida para reduzir o íon H^+ (ou água) a gás hidrogênio, um processo que, em ausência de sobrevoltagem, ocorreria a zero volt (para atividade do íon H^+ igual à unidade, o ENH). A Fig. 11.3 fornece valores representativos da sobrevoltagem do hidrogênio sobre vários cátodos, todos em solução de ácido clorídrico $1 F$ (ref. 2).

A sobrevoltagem pode ser vantajosa em certas circunstâncias. Cátions de metais como ferro e zinco, por exemplo, podem ser reduzidos aos metais livres no cátodo de mercúrio, mesmo se seus potenciais-padrão forem menos negativos que o ENH porque a alta sobrevoltagem do hidrogênio sobre o mercúrio impede sua libertação. Em um cátodo de platina, esses íons não podem ser reduzidos em uma solução aquosa, pois o potencial não pode exceder o exigido para a libertação do hidrogênio.

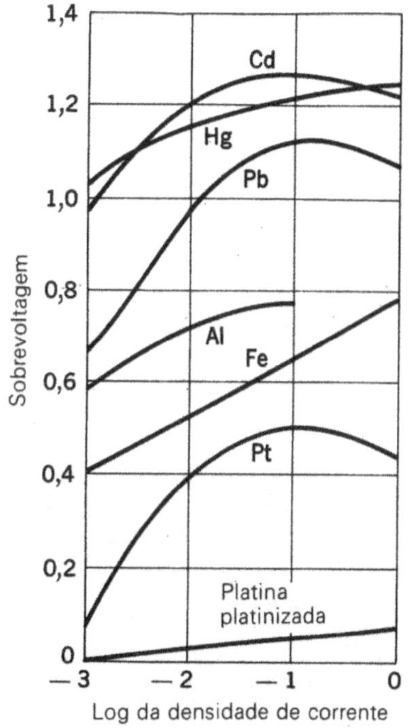

Figura 11.3 — Sobrevoltagem do hidrogênio sobre vários metais em função da densidade de corrente ($A\text{-}cm^{-2}$). O eletrólito é HCl $1F$ (John Wiley & Sons, Inc. New York)

PROCESSOS ELETROANALÍTICOS

1. POTENCIOMETRIA. É uma aplicação analítica direta da equação de Nernst, medindo-se os potenciais de elétrodos não-polarizados em condições de corrente zero.
2. CRONOPOTENCIOMETRIA. De acordo com esse método, passa-se uma corrente constante conhecida através da solução e observa-se o potencial que aparece entre os elétrodos em função do tempo. O intervalo de tempo que começa com a ligação do interruptor até que se alcance o estado estacionário relaciona-se com a composição da solução. As medidas da variação da corrente sob aplicação de um potencial constante constituem a *cronoamperometria*.
3. VOLTAMETRIA E POLAROGRAFIA. São métodos de estudo da composição de soluções eletrolíticas diluídas através de gráficos de curvas de corrente-voltagem. No procedimento comum, a voltagem aplicada a um pequeno elétrodo polarizável (em relação ao elétrodo de referência) aumenta negativamente numa expansão de um ou dois volts e se observa a resultante variação da corrente através da solução. *Voltametria* é o nome geral desse processo; o termo *polarografia* geralmente é restrito a aplicações do elétrodo gotejante de mercúrio. *Amperometria* é semelhante à voltametria, com exceção do fato de que ambos os elétrodos devem ser polarizáveis.
4. CONDUCTIMETRIA. Nesse método analítico, usam-se dois elétrodos inertes idênticos e mede-se a condutância (recíproco da resistência) entre eles geralmente com uma ponte de Wheatstone alimentada com c.a. Eliminam-se tanto quanto possível os efeitos específicos dos elétrodos.

5. OSCILOMETRIA. Esse método permite observar mudanças na condutância, constante dielétrica ou ambos por uso de corrente de alta freqüência alternada (da ordem de poucos megahertz). Nessas freqüências não há necessidade de colocar os elétrodos em contato direto com a solução, o que é uma vantagem em determinadas circunstâncias.

6. COULOMETRIA. É um método de análise que envolve aplicação das leis de Faraday para a eletrólise, a equivalência entre a quantidade de eletricidade e a quantidade de reação química.

7. SEPARAÇÕES COM POTENCIAL CONTROLADO. Freqüentemente é possível conseguir separações quantitativas por meio da oxidação ou redução eletrolítica em um elétrodo cujo potencial é cuidadosamente controlado. A quantidade de substância separada pode ser muitas vezes medida coulométrica ou gravimetricamente.

Interessantes correlações entre vários desses métodos eletroanalíticos foram apresentados na literatura (refs. 3, 7 e 8). Esses trabalhos serão mais facilmente apreciados *após* estudos individuais detalhados de cada um dos vários métodos.

REFERÊNCIAS

1. Furman, N. H.: Potentiometry, em I. M. Kolthoff e P. J. Elving (eds.), "Treatise on Analytical Chemistry", Parte I, vol. 4, p. 2294, Interscience Publishers (Divisão de John Wiley & Sons, Inc.), New York, 1963.
2. Daniels, F. e R. A. Alberty: "Physical Chemistry" (3.ª ed.), p. 266, John Wiley & Sons, Inc., New York, 1966.
3. Kolthoff, I. M.: *Anal. Chem.*, **26**: 1685 (1954).
4. Licht, T. S. e A. J. deBéthune: *J. Chem. Educ.*, **34**: 433 (1957).
5. Meites, L.: em L. Meites (ed.), "Handbook of Analytical Chemistry", Tab. 5.1, pp. 5-6, McGraw-Hill Book Company, New York, 1963.
6. Rao, G. G. e P. K. Rao: *Talanta*, **10**: 1251 (1963); **11**: 825 (1964).
7. Reilley, C. N.; W. D. Cooke e N. H. Furman: *Anal. Chem.*, **23**: 1226 (1951).
8. Reinmuth, W. H.: *Anal. Chem.*, **32**: 1509 (1960).

12 Potenciometria

Como já se discutiu no capítulo anterior, a equação de Nernst fornece uma relação simples entre o potencial relativo de um elétrodo e a concentração das espécies iônicas correspondentes em solução. Assim, a medida de um potencial de um elétrodo reversível permite calcular a atividade ou concentração de um componente da solução.

Como exemplo, suponhamos que se construa uma cela com um elétrodo de prata mergulhado numa solução de nitrato de prata, que esteja conectada por uma ponte salina a um elétrodo de referência de calomelano saturado. Deseja-se achar a concentração da solução do sal de prata. A associação de cela está esquematizada na Fig. 12.1, onde o béquer à esquerda contém a solução desconhecida e o tubo à direita, o elétrodo de calomelano saturado. A finalidade do béquer central é conectar a solução de KCl do ECS com a ponte salina da solução de prata. A ponte salina está cheia de gel de ágar, que contém nitrato de amônio necessário para a condutibilidade eletrolítica. (Esse arranjo evita a contaminação de ECS com prata e a precipitação de cloreto de prata.)

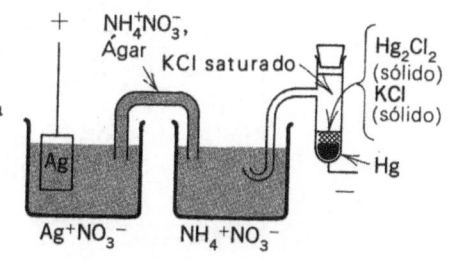

Figura 12.1 – Esquema de montagem da cela galvânica com elétrodos de prata e calomelano saturado

Se ligarmos um instrumento de medida de potencial aos dois elétrodos, verificar-se-á que a prata será positiva; o ECS, negativo. Suponhamos que o medidor indique uma diferença de potencial de 0,400 V entre os dois elétrodos. Podemos escrever

$$E_{Ag} = E_{Ag}^\circ + \frac{RT}{nF} \ln (Ag^+)$$

$$E_{ECS} = +0,246 \, V$$

e

$$E_{cela} = E_{Ag} - E_{ECS} = E_{Ag}^\circ - E_{ECS} + \frac{RT}{nF} \ln (Ag^+)$$

Resolvendo para $\log (Ag^+)$ e observando que $n + 1$, temos que

$$\log (Ag^+) = \frac{E_{cela} - E_{Ag}^\circ + E_{ECS}}{2,303 \, (RT/nF)}$$

$$= \frac{0,400 - 0,799 + 0,246}{0,0591} \text{(a 25°C)}$$

$$= -\frac{0,153}{0,0591} = 2,59$$

$$(Ag^+) = antilog\,(-2,59) = 2,57 \times 10^{-3}\ formal.$$

Observar que na primeira fase, escrevendo $E_{cela} = E_{Ag} - E_{ECS}$, subtraímos sempre o mais negativo do mais positivo. Observar também que a quantidade $2,303\,(RT/F)$ vale 0,0591, esse é um número que se deve lembrar.

Como outro exemplo, consideremos uma cela consistindo em um elétrodo de platina mergulhado em uma solução de sulfato ferroso $0,1\,F$. Insere-se diretamente na mesma solução a ponte salina e KCl de um elétrodo de calomelano, desde que não possa ocorrer nenhuma interação prejudicial. O elétrodo de calomelano é o ECS; a temperatura é de 25°. Observa-se uma diferença de potencial de 0,395 V. Deseja-se achar a porcentagem de Fe(II) que foi convertida por oxidação ao ar a Fe(III). Os potenciais das meias celas são:

$$E_{Fe^{3+}/Fe^{++}} = E^\circ_{Fe^{3+}/Fe^{++}} + \frac{RT}{nF} \ln \frac{(Fe^{3+})}{(Fe^{++})}$$

$$E_{ECS} = +0,246\ V$$

$$E_{cela} = E_{Fe^{3+}/Fe^{++}} - E_{ECS}$$

$$= E^\circ_{Fe^{3+}/Fe^{++}} - E_{ECS} + 0,0591 \log \frac{(Fe^{3+})}{(Fe^{++})}$$

$$\log \frac{(Fe^{3+})}{(Fe^{++})} = \frac{E_{cela} - E^\circ_{Fe^{3+}/Fe^{++}} + E_{ECS}}{0,0591}$$

$$= \frac{0,395 - 0,771 + 0,246}{0,0591}$$

$$= -2,20$$

$$\frac{(Fe^{3+})}{(Fe^{++})} = antilog\,(-2,20) = 6,3 \times 10^{-3} = 0,63\%$$

o que indica que 0,63% de Fe(II) converteu-se em Fe(III).

A CELA DE CONCENTRAÇÃO

Se colocarmos dois elétrodos idênticos em béqueres contendo soluções semelhantes, que diferem apenas pela concentração (ligados por uma ponte salina), o potencial entre os elétrodos dependerá da razão entre as duas concentrações. Por exemplo, em uma análise de cloreto, um elétrodo prata-cloreto de prata pode ser mergulhado em uma solução de concentração desconhecida $[Cl^-]_x$ e o outro em uma solução-padrão de concentração $[Cl^-]_s$. Podem-se desprezar as correções da atividade, mesmo a concentrações relativamente elevadas, pois seu efeito seria igual no numerador e denominador do termo logarítmico.

Suponhamos que o padrão seja $0,1000\,F$. O potencial de elétrodo único é

$$E = +0,222 - 0,0591 \log 0,1000 = +0,281\ V$$

Se a solução desconhecida for mais concentrada, digamos $0,1500\,F$, então

$$E_x = +0,222 - 0,0591 \log 0,1500 = +0,271\ V$$

Encontra-se a diferença de potencial medida, geralmente, subtraindo-se o mais negativo do mais positivo

$$E_{cela} = E_s - E_x = +0,010 \text{ V}$$

Por outro lado, se a concentração desconhecida for menor que a padrão, digamos 0,0680 F, então

$$E_x = +0,222 - 0,0591 \log 0,0680 = +0,291 \text{ V}$$

e

$$E_{cela} = E_x - E_s = +0,010 \text{ V}$$

Como $E°$ é o mesmo para ambos os elétrodos, seu valor se cancela e não se precisa incluí-lo nesses cálculos. Como cada potencial medido (como o $+0,010$ V acima) pode corresponder a qualquer uma das duas concentrações desconhecidas, a cela de concentração pode originar interpretações ambíguas. Isso pode ser evitado observando-se cuidadosamente os sinais relativos da amostra e do padrão.

A cela de concentração representa um instrumento analítico altamente sensível (ref. 6) porque a maior parte das fontes de erro na cela se anula por um processo que é a comparação de duas soluções quase idênticas. Isso significa que a precisão total do processo pode ser muito limitada pelos instrumentos de medida. Como em qualquer processo potenciométrico, a sensibilidade (a 25°C) é $0,0591/n$ V para uma variação por um fator de 10 nas concentrações. Se a medida for feita em relação ao elétrodo de referência universal (isto é, *não* uma cela de concentração), será necessário um instrumento de medida com intervalo de talvez 2 V, ao passo que, com uma cela de concentração, se deve usar um instrumento de 20 mV. Esta permite obter 100 vezes a precisão do primeiro.

MEDIDA DE ÍON-HIDROGÊNIO

Uma análise especial, freqüentemente feita pelo método potenciométrico, é a determinação de íons-hidrogênio. A teoria é a mesma que para os cátions de metal; nesse sentido o hidrogênio é catalogado como metal.

O cálculo da concentração do íon-hidrogênio é simplificado se adotarmos pH como medida de acidez ou basicidade. Define-se o pH de uma solução aquosa como o logaritmo negativo da atividade dos íons-hidrogênio expressos em íons-grama por litro

$$pH = -\log (H^+) \qquad (12\text{-}1)$$

Apesar de a escala do pH ser definida pela Eq. (12-1), achou-se conveniente construir uma escala prática de uma maneira prescrita. Nos Estados Unidos, os tampões especificados são os da Tab. 12.1. Obtêm-se as substâncias puras destinadas a sua preparação no *National Bureau of Standards*. A escala-padrão do pH inglesa é definida em função de um único tampão-padrão primário, isto é, hidrogenioftalato de potássio 0,05 F. Define-se o pH dessa solução-padrão pela relação

$$pH = 4,000 + \frac{1}{2}\left(\frac{t-15}{100}\right)^2 \qquad (12\text{-}2)$$

Tabela 12-1 — Valores de pH dos tampões padrão do NBS*

Solução (m = molalidade)	Temperatura, °C			
	20	25	30	38
Hidrogenotartarato de potássio (saturado a 25°C)	.....	3,557	3,552	3,548
Hidrogenoftalato de potássio 0,05 m	4,002	4,008	4,015	4,030
Diidrogenofosfato de potássio 0,025 m e hidrogenofosfato de dissódio 0,025 m	6,881	6,865	6,853	6,840
Diidrogenofosfato de potássio 0,008695 m e hidrogenofosfato de dissódio 0,03043 m	7,429	7,413	7,400	7,384
Bórax 0,01 m	9,225	9,180	9,139	9,081

*Valores de Bates (ref. 1), com permissão.

para temperaturas no intervalo de t = 0 a t = 55°C. Essa escala e os padrões americanos dão valores praticamente concordantes. Uma discussão completa dos aspectos prático e teórico do conceito do pH encontra-se na monografia de Bates (ref. 1).

Para as medidas do pH, é necessário um elétrodo que responda reversivelmente à concentração dos íons-hidrogênio. Obviamente, o elétrodo que mais se aproxima dessas exigências é um elétrodo de hidrogênio mergulhado na solução desconhecida.

Dois elétrodos de hidrogênio usados para essa finalidade constituem uma cela de concentração. O potencial é dado pela relação

$$E_{cela} = 0,0591 \log \frac{[H^+]_{padr}}{[H^+]_{desc}} \quad (a\ 25°C)$$

Se o padrão é o ENH, essa se torna

$$E_{cela} = -0,0591 \log [H^+]_{desc} = 0,0591\ pH$$

ou

$$pH = \frac{E_{cela}}{0,0591} \qquad (12\text{-}3)$$

No caso de um elétrodo de hidrogênio ser usado como indicador em relação a um elétrodo de referência de calomelano saturado, deve-se fazer uma correção do ECS e podemos escrever

$$pH = \frac{E_{cela} - 0,246}{0,0591} \qquad (12\text{-}4)$$

O elétrodo de hidrogênio gasoso é de uso pouco prático e, geralmente, é substituído por algum outro elétrodo que seja suscetível aos íons-hidrogênio. Vários elétrodos desse tipo serão considerados nas páginas seguintes. Não podemos esquecer, entretanto, que o elétrodo de hidrogênio continua a ser o verdadeiro padrão de referência.

ELÉTRODO DE QUINIDRONA

Uma mistura equimolar de quinona e hidroquinona estabelece, em solução, um equilíbrio que envolve tanto elétrons como íons-hidrogênio, de acordo com a equação:

Quinona   Hidroquinona

Isso representa um sistema redox reversível com um potencial característico, que pode ser detectado por um elétrodo inerte. A equação de Nernst para a meia cela é

$$E_{QH} = E_{QH}^{\circ} + \frac{0,0591}{2} \log \frac{[Q][H^+]^2}{[H_2Q]}$$

onde Q indica quinona; H_2Q hidroquinona e QH, o composto de adição 1:1, quinidrona. Na prática, adiciona-se suficiente quinidrona sólida à solução-teste para saturá-la tanto em relação a Q quanto a H_2Q, que têm coeficientes de solubilidade e atividade praticamente iguais. Assim, a razão das atividades de Q e H_2Q não é significativamente diferente da unidade. Determinou-se o valor de E_{QH}° como $+0,700$, de modo que a equação de Nernst acima pode ser reescrita na forma

$$E_{QH} = 0,700 + 0,0591 \log [H^+] = 0,700 - 0,0591 \, pH$$

válida a 25°C. Se esse elétrodo deve ser medido em relação ao ECS, podemos deduzir a relação

$$pH = \frac{0,454 - E_{cela}}{0,0591} \tag{12.5}$$

O sistema não pode ser aplicado a soluções mais alcalinas com pH ao redor de 9 porque a hidroquinona, um ácido fraco, é neutralizada por base. Também devem ser evitadas soluções fortemente oxidantes ou redutoras. É menos prático que o elétrodo de vidro, mas é muito menos dispendioso, de modo que ainda encontra alguma aplicação.

ELÉTRODO DE ANTIMÔNIO

Um elétrodo de antimônio metálico inserido em uma solução aquosa recobre-se de seu óxido e responde à concentração de íon-hidrogênio, presumivelmente de acordo com o equilíbrio

$$2Sb + 3H_2O \rightleftharpoons Sb_2O_3 + 6H^+ + 6e^-$$

A relação entre o potencial da cela antimônio-ECS e o pH depende até certo ponto do método de preparação do elétrodo e da natureza da solução e, portanto, deve ser determinada experimentalmente para qualquer montagem dada. O elétrodo não é tão frágil como o de vidro e por isso encontra alguma aplicação industrial. Raramente é usado no laboratório. Bishop e Short (ref. 2) publicaram um estudo completo sobre o elétrodo de antimônio.

Alguns metais de transição, quando usados como elétrodos, estabelecem equilíbrios com os óxidos correspondentes como ocorre com o antimônio e assim, em princípio, podem ser usados para medir pH. Entre esses metais estão manganês, tungstênio, molibdênio, mercúrio e germânio. Nenhum tem importância prática.

O ELÉTRODO DE VIDRO

Sem dúvida, o mais importante elétrodo sensível ao pH é o elétrodo de vidro. Esse dispositivo se baseia no fato de membranas delgadas de certas variedades de vidro serem suscetíveis aos íons-hidrogênio. Se duas soluções estiverem separadas por essa membrana, aparecerá uma diferença de potencial entre suas duas superfícies, que é, no caso, proporcional ao logaritmo da razão das atividades do íon-hidrogênio das duas soluções:

$$E_g = \frac{RT}{F} \ln \frac{(H^+)_1}{(H^+)_2} = (0{,}0591)(pH_2 - pH_1) \quad \text{(a 25°C)}$$

Uma forma típica do elétrodo de vidro é mostrada na Fig. 12.2. Apresenta forma de um tubo de ensaio terminando em um bulbo de vidro de paredes delgadas sensível ao pH. Internamente contém uma solução-tampão de cloreto de um elétrodo de referência, geralmente prata-cloreto de prata ou calomelano. O tubo está permanentemente fechado no alto. No uso, mergulha-se esse conjunto de elétrodos na solução da amostra junto com a ponte salina do elétrodo de calomelano ou de outro elétrodo de referência.

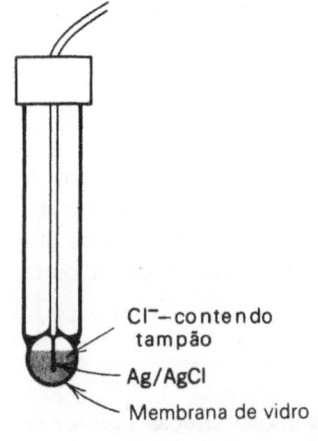

Cl⁻–contendo tampão
Ag/AgCl
Membrana de vidro

Figura 12.2 – Elétrodo de vidro para medida do íon H⁺

O elétrodo de vidro em relação a qualquer elétrodo de referência conveniente fornece um potencial que se relaciona ao pH por uma expressão do tipo

$$pH = \frac{E_{cela} - E_g}{0{,}0591} \quad \text{(a 25°C)} \tag{12-6}$$

O termo E_g inclui o potencial dos elétrodos de referência, interno e externo e, em adição, pequenos potenciais espúrios chamados *potenciais de assimetria*, provavelmente resultantes de diferenças de tensão do vidro. E_g é uma constante para uma determinada associação de elétrodos, mas não podem ser calculados teoricamente. Por essa razão, é hábito padronizar a associação de elétrodos medindo-se o potencial produzido quando se mergulham os elétrodos em um tampão-padrão.

Consideremos agora a situação que se origina quando um elétrodo de vidro, com um ECS interno em uma solução de pH 7, é mergulhado em um tampão de pH 7 junto com um ECS externo. Resulta um sistema essencialmente simétrico:

| ECS interno | tampão pH 7 | Membrana de vidro | Tampão pH 7 | ECS externo |

"Elétrodo de vidro"   Solução-teste   Elétrodo de referência

Dessa simetria é evidente que teoricamente não se origina voltagem sob essas condições. Segue então da Eq. (12-6) reescrita como

$$E_g = E_{cela} - 0{,}0591\ pH$$

que

$$E_g = 0 - (0{,}0591)(7) = -0{,}4137\ V$$

e o pH da solução-teste é dado por

$$pH = \frac{E_{cela} - [-(0{,}0591)(7)]}{0{,}0591} = \frac{E_{cela}}{0{,}0591} + 7$$

Pode-se repetir esse tratamento para um elétrodo de vidro com qualquer valor de pH interno, digamos 4, caso em que a expressão resultante será

$$pH = \frac{E_{cela}}{0{,}0591} + 4$$

Assim, qualquer combinação de elétrodos de vidro e de elétrodos de referência se caracteriza por um "pH de potencial zero" definido.

Deve-se notar que um coeficiente de temperatura de um par de elétrodos de vidro-referência inclui não apenas o coeficiente de Nernst mas também a variação da solubilidade com a temperatura dos sais pouco solúveis envolvidos. O coeficiente total seguirá a inclinação de Nernst apenas se os elétrodos de referência interno e externo forem idênticos (isto é, ambos ECS ou ambos os elétrodos de prata-cloreto de prata saturados com KCl).

O elétrodo de vidro tornou-se extremamente importante na moderna prática analítica e industrial e por isso substitui praticamente outros sistemas sensíveis ao pH. Todavia apresenta limitações definidas. Pode dar leituras que são altas demais por uma unidade de pH, quando a solução apresentar pH 10 ou maior na presença de altas concentrações de íons-sódio. São disponíveis elétrodos especiais que apresentam baixos erros em sódio. A superfície do vidro pode absorver seletivamente alguns íons específicos, o que pode causar erros de medida. Geralmente, uma cuidadosa lavagem evita dificuldades. O elétrodo de vidro apresenta sérios erros em soluções de fluoreto mais ácidas que pH 6.

Vários fabricantes fornecem combinações de elétrodos de vidro e elétrodos de referência. Em vários projetos, o elétrodo de referência mantém contato com a solução da ponte salina (KCl ou outra) que está em um recipiente anelar ao redor do elétrodo de vidro. A solução salina age como uma blindagem eletrostática para o elétrodo de vidro de alta resistência. O elétrodo combinado tornou-se muito comum devido à sua grande conveniência. O custo é menor que o de elétrodos de vidro e referência separados, mas maior que o de um elétrodo de vidro sozinho.

ELÉTRODOS DE VIDRO PARA ÍONS METÁLICOS

Alguns íons, especialmente os que contêm um teor relativamente alto de alumina em sua composição, mostram uma resposta útil à atividade dos íons de metais alcalinos bem como ao íon-hidrogênio. Eisenman e colaboradores (refs. 3 e 4) mostraram que o potencial do elétrodo em presença de íons-sódio e hidrogênio é dado por

$$E_g = E_g^\circ + \frac{RT}{F} \ln [(H^+) + k(Na^+)] \qquad (12\text{-}7)$$

em que a corrente k, chamada *razão de seletividade*, depende da fórmula do vidro. No caso, a atividade do íons-hidrogênio é grande quando comparada com a do íon-sódio, o que origina a relação costumeira do elétrodo de vidro da Eq. (12-6). Se invertermos as atividades relativas, obteremos a expressão análoga

$$E_g = E_g^\circ + k' + \frac{RT}{F} \ln (Na^+) \qquad (12\text{-}8)$$

onde $k' = (RT/F) \ln k$.

A Eq. (12-7) sugere a natureza do erro devido ao sódio nos elétrodos de pH; k é pequeno para elétrodos com baixo erro de sódio. Essa equação não descreve totalmente a resposta encontrada experimentalmente quando os dois íons possuem atividades comparáveis. O assunto é discutido por Bates (ref. 1). Os elétrodos também mostram grau de resposta variável a outros metais alcalinos.

Dispomos de elétrodos de vidro comerciais para medidas de íon-sódio. Seu uso foi relatado em conexão com a titulação de metais alcalinos com borato de tetrafenila e no estudo de complexos de sódio.

OUTROS ELÉTRODOS DE MEMBRANAS

Podem-se considerar os elétrodos de vidro discutidos em seções precedentes como parte de um grupo mais extenso chamado *elétrodos de membrana* (refs. 3, 4 e 13). Eles são realmente meias celas de uma solução-teste separadas por uma membrana que age reversivelmente sobre um íon específico ou grupo de íons. Nessa área, há três fontes comerciais de elétrodos (além dos normalmente chamados "elétrodos de vidros"). Corning* produz uma série baseada em uma substância líquida trocadora de íons em uma solução aquosa de cloreto. O contato é feito com a solução-teste nos espaços intersticiais de uma membrana de vidro poroso. Completa-se o circuito elétrico com um elétrodo interno de prata-cloreto de prata e com um externo de referência à escolha. A substância de troca iônica mantém uma atividade constante do cátion especificado (por exemplo, Ca^{++}), no espaço interno. A res-

*Corning Glass Works, Corning, Nova Iorque.

posta do elétrodo é nernstiana em relação à atividade do íon correspondente na solução externa em um intervalo de pelo menos três décadas (pCa 1 a 4), e é pelo menos 100 vezes menos sensível à presença de outros íons.

Outra série de elétrodos é fabricada por Orion*. Nesses, a membrana é formada de uma lâmina de um sal de prata insolúvel, por exemplo, iodeto de prata. A solução aquosa interna apresenta atividade do íon de prata constante e está em contato com um elétrodo de prata. A membrana age como condutor iônico com uma resposta específica ao íon de prata, de acordo com a equação de Nernst, de modo que o potencial desenvolvido é logaritmicamente relacionado com a razão das atividades do íon-prata externo e interno. Ele pode agir como um elétrodo de II classe e indica a atividade dos íons-haleto em solução. Orion também fabrica elétrodos com um líquido trocador de íons e membrana porosa, semelhante em princípio àqueles do Corning.

A terceira fonte de elétrodos dessa categoria é N.I.L.** que importa os elétrodos inventados por E. Pungor e fabricados na Hungria. As membranas de Pungor consistem em borracha de silicone impregnadas de um sal insolúvel como iodeto de prata como "carga". A membrana impregnada deve ser umedecida durante várias horas em uma solução do íon a qual é sensibilizada.

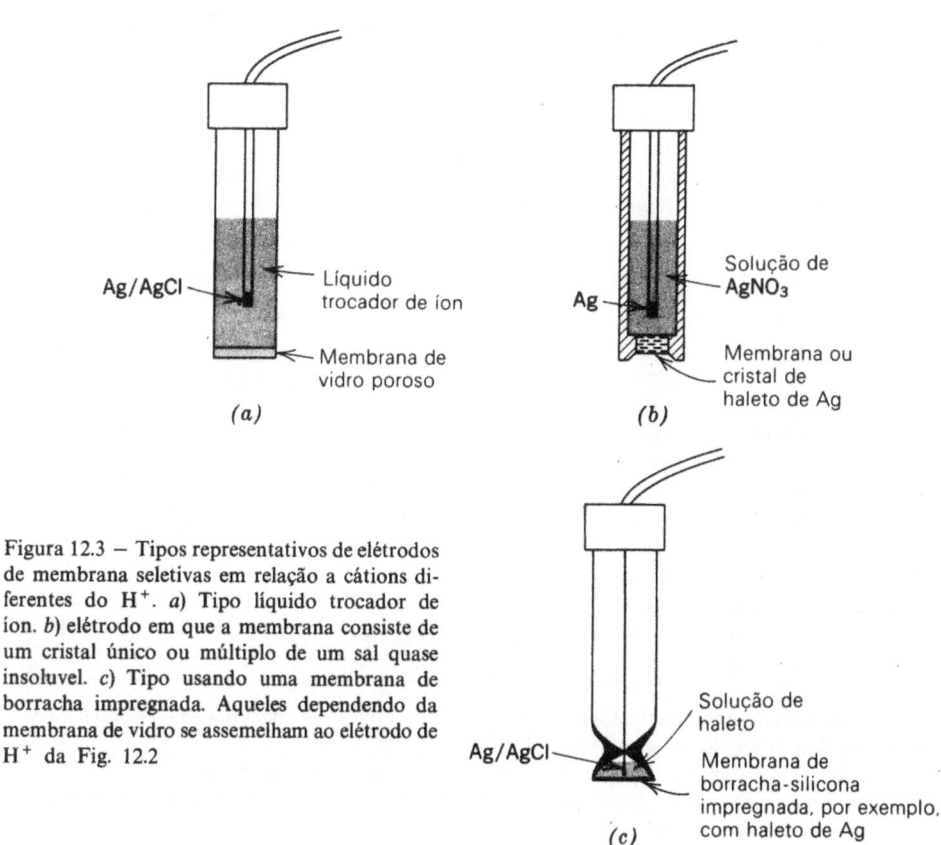

Figura 12.3 — Tipos representativos de elétrodos de membrana seletivas em relação a cátions diferentes do H^+. a) Tipo líquido trocador de íon. b) elétrodo em que a membrana consiste de um cristal único ou múltiplo de um sal quase insolúvel. c) Tipo usando uma membrana de borracha impregnada. Aqueles dependendo da membrana de vidro se assemelham ao elétrodo de H^+ da Fig. 12.2

*Orion Research, Inc., Cambridge, Massachusetts.

**National Instrument Laboratories, Inc., Rockville, Maryland.

Elétrodos desses vários tipos são mostrados esquematicamente na Fig. 12.3 e aqueles acessíveis no momento, na Tab. 12-2.

Tabela 12-2 – Elétrodos de membrana*

Fabricante**	Tipo de membrana	Designação	Íon a ser determinado	Intervalo pION	pH permissível	Interferências***
Vários	Vidro	pH	H^+	0–14	0–14	(Na^+)
B	Vidro	sódio	Na^+	0–6	7–10	$Ag^+, (K^+)$
		sódio	Ag^+	0–7	4–8	$Na^+, [(K^+)]$
B	Vidro**	cátion		0–6	4–10	
	Responde a Ag^+, K^+, NH_4^+, Na^+, Li^+, nesta ordem					
C	Vidro poroso****	cálcio	Ca^{++}	0–5	7–11	$Ba^{++}, Sr^{++}, Ni^{++}, Mg^{++}, (Na^+)$
O	AgCl	cloreto	Cl^-	0–4	0–14	$[S^=, I^-, CN^-$ aus$]$ $Br^-,(NH_3),[(OH^-)]$
O	AgBr	brometo	Br^-	0–5	0–14	$[S^=$ aus$, I^-, CN^-,$ $(Cl^-), [(OH^-)]$
O	AgI	iodeto	I^-	0–7	0–14	$[S^=$ aus$], CN^-$ $(Br^-) [(Cl^-)]$
O	Ag_2S	sulfeto	$S^=$	0–20	0–14	nenhum
O	Cristal	fluoreto	F^-	0–6	0–8	nenhum
O	Poroso****	cálcio	Ca^{++}	1–5	5–12	$Mg^{++}. (Na^+), (K^+)$
O	Poroso****	cátion divalente		1–5	5–11	
	Responde a Pb^{++}, Ni^{++}, Zn^{++}, Fe^{++}, Ca^{++}, Mg^{++}, Ba^{++}, Sr^{++}, nesta ordem					
O	Poroso****	cúprico	Cu^{++}	1–5	5–8	$Fe^{++}, Ni^{++}, Zz^{++},$ $(Ba^{++}), (Sr^{++}),$ $(Ca^{++}), (Mg^{++}),$ $[(K^+)], [(Na^+)]$
O	Poroso****	perclorato	ClO_4^-	1–4	4–12	$(I^-), (Br^-), (NO_3^-),$ $(SO_4^=), (Cl^-),$ $[(OAc^-)], [(F^-)],$ $[(HCO_3^-)]$
NIL	Silicona	iodeto	I^-	1–7	....	$[S^=$ aus$], (Cl^-),$ $[(SO_4^=)]$
NIL	Silicona	sulfato	$SO_4^=$	1–5	....	Cl^-, PO_4^{---}
NIL	Silicona	fosfato	PO_4^{---}	1–5	....	$Cl^-, SO_4^=$
NIL	Silicona	níquel	Ni^{++}	1–5	....	(Co^{++})
NIL	Silicona	cloreto	Cl^-	1–5	....	$[S^=$ aus$], Br^-, I^-$
NIL	Silicona	brometo	Br^-	1–6	....	$[S^=$ aus$], I^-, (Cl^-)$
	NIL possui elétrodos comparáveis sensíveis a Bi^{+++}, $S^=$, F^-, K^+, Al^{+++}, Ag^+, Ba^{++}, Cu^{++}, Sb^{+++}.					

*Os valores desta tabela foram tirados da literatura dos fabricantes e alterados onde necessário para dar uniformidade; deve-se considerar apenas ilustrativa.

***B = Beckman; C = Corning; O = Orion; NIL = National Instrument Laboratories.

*** [... aus] designa um ion interferente que deve estar ausente: (. . .) designa pequena interferência ; e [(...)] interferência muito pequena.

****O elétrodo contém uma substância líquida trocadora de ion de natureza patenteada. Nota: As linhas inseridas depois da terceira e décima primeira entrada referem-se aos ítens imediatamente precedentes

TITULAÇÕES POTENCIOMÉTRICAS

Podem-se seguir muitas titulações por medidas potenciométricas. A única exigência é que a reação envolva a adição ou remoção de algum íon para o qual exista um elétrodo. O potencial é medido tanto por adições sucessivas de pequenos volumes do titulante, ou, continuamente, com registro automático. Admite-se que o estudante esteja familiarizado com as curvas de titulação e seu cálculo a partir equilíbrio iônico e outros valores pertinentes.

Pode-se melhorar a precisão do ponto final potenciométrico, sem perda de conveniência, pelo uso de uma cela de concentração. Os dois recipientes da cela conterão elétrodos idênticos reversíveis ao íon titulado. No lado de referência coloca-se uma solução idêntica à que se espera no ponto final. Então, o potencial deve ser zero quando a titulação no recipiente do indicador atingir a equivalência. O aumento da precisão decorre da possibilidade de uso de instrumentos de medida em seu intervalo mais sensível.

REAÇÕES DE NEUTRALIZAÇÃO

Podem-se executar titulações ácido-base com um elétrodo indicador de vidro em função de um referencial conveniente. Na Fig. 12.4, mostram-se curvas obtidas na titulação de uma série de ácidos de diferentes K_a com hidróxido de sódio. Em titulações clássicas, a exigência para que a titulação seja "possível", isto é, para que se possa ver o ponto de viragem de um indicador visual, é que o produto da concentração do titulante (NaOH) e a constante de ionização K_a do ácido não sejam menores que cerca de 10^{-8}. Essa relação empírica baseia-se no fato de que nas condições normais é necessária uma variação de mais ou menos duas unidades de pH para converter um indicador de uma cor em outra e portanto a parte quase vertical da curva deve cobrir uma extensão de 2 unidades. Obviamente, isso depende de numerosas variáveis, algumas das quais são subjetivas. Nas titulações potenciométricas com um pH-metro sensível a décimos de unidades de pH, esse limite prático pode ser tipicamente reduzido de um fator de 20. Assim, o produto concentração de constante-dissociação pode ser da ordem de 5×10^{-10}.

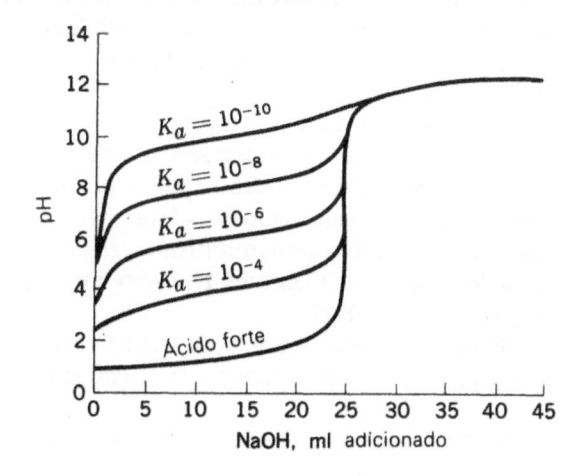

Figura 12.4 — Curvas de titulação potenciométrica de quantidades equivalentes de ácidos fortes e fracos com os valores de K_a indicados; colocados em um gráfico como pH em função do volume de base

REAÇÕES DE PRECIPITAÇÃO E COMPLEXAÇÃO

Esses dois tipos de reação são semelhantes no que se refere a relações eletroquímicas, pois a formação de um precipitado, como a de um complexo, removerá da solução o íon simples hidratado. Podem ser usados elétrodos das classes I, II ou III (cf. p. 203-204) como apropriados. Em reações de precipitação, provavelmente os mais amplamente usados são os elétrodos de prata e de mercúrio, por serem altamente reversíveis e porque muitos ânions podem ser precipitados quantitativamente por soluções de sais de prata ou mercúrio. Enquanto houver algum precipitado presente, desaparecerá a distinção entre as classes I e II.

Um grande número de metais pode ser titulado com EDTA* (refs. 14 e 15). O elétrodo é um depósito de mercúrio; para se obterem potenciais bem equilibrados é suficiente uma única gota da solução de complexo mercúrio-EDTA 0,01 F adicionada antes do início da titulação. Os íons-haleto devem estar ausentes. A principal dificuldade se relaciona com as interferências, pois vários metais formam quelatos com EDTA. Cuidadosa tamponagem da solução reduzirá o problema, mas não o eliminará.

REAÇÕES REDOX

Podem-se seguir as titulações de oxidação-redução, onde tanto as formas oxidadas como as reduzidas são solúveis, com um simples elétrodo indicador de platina ou outro elemento inerte. Podem-se encontrar dificuldades na presença de agentes oxidantes fortes como íons-permanganato, dicromato, cobalto e cério, devido à formação de uma película de óxido sobre o metal. Esse efeito é o mais significativo quando se titulam submicrogramas de oxidante ou redutor. O óxido é facilmente removido por redução catódica em solução ácida diluída.

TITULAÇÕES EM SOLVENTES NÃO-AQUOSOS

A teoria de Brønsted de ácidos e bases prevê que ácidos fracos deverão parecer mais fortes em um solvente como amônia líquida ou piridina, que apresenta maior tendência em aceitar um próton que a água. Da mesma forma, uma base fraca parece mais forte quando dissolvida em um solvente como ácido acético glacial. Por essa razão e também devido à limitada solubilidade em água de vários ácidos e bases fracos, é interessante executar as titulações em vários meios não-aquosos e também em água. Em muitos casos, isso pode ser feito com indicadores orgânicos, mas muitas vezes é preferível uma titulação potenciométrica.

Muitos dos elétrodos discutidos acima, incluindo o elétrodo de vidro, podem ser usados em solventes não-aquosos ou mistos. A interpretação termodinâmica desses resultados nem sempre é clara; particularmente, não foi possível encontrar uma correlação teórica quantitativa entre os potenciais de elétrodos em um solvente e aqueles, em outro. Contudo, isso não é um grande obstáculo na aplicação desses potenciais na titulação.

Pode-se encontrar um bom exemplo de titulações não-aquosas no trabalho de Sensabaugh e colaboradores (ref. 16). Eles observaram que a 2,4-dinitrofenili-

*EDTA = ácido etilenodiaminotetracético ou ácido etilenodinitrilotetracético.

drazida e as correspondentes hidrazonas de aldeídos e cetonas:

$$NO_2 \qquad NO_2$$

$$NH-N=C\begin{matrix}R \\ R'\end{matrix}$$

agem como ácidos quando dissolvidos em piridina. O titulante foi hidróxido de tetrabutilamônio em mistura de benzeno-metanol. Um elétrodo de vidro foi medido em relação a um elétrodo de calomelano modificado, onde a solução aquosa comum foi substituída por uma solução saturada de cloreto de potássio em metanol. Obtiveram-se curvas de titulação bem definidas.

Aparentemente, não foram feitos estudos sistemáticos comparáveis de titulações redox potenciométricas em sistemas não-aquosos (ref. 9). Talvez isso reflita apenas a lacuna de efeitos especiais dos solventes. Exemplos de trabalhos nessa área são relatados por Piccardi e colaboradores (ref. 12), que usaram Pb(IV) e ICl_3 em ácido acético glacial como oxidantes.

APARELHOS

Apesar de os potenciais serem medidos em volts, os potenciais dos elétrodos não podem ser determinados simplesmente ligando-se um voltímetro aos terminais da cela e observando-se o deslocamento da agulha. Isso não é satisfatório porque o voltímetro retiraria uma apreciável quantidade da corrente que está sendo medida, introduzindo assim um erro devido tanto à resistência elétrica da cela como às variações na concentração dos íons resultantes da eletrólise. Para evitar essas dificuldades, é necessário um aparelho mais complicado, como um potenciômetro ou um voltímetro eletrônico.

O POTENCIÔMETRO

O princípio do potenciômetro está ilustrado na Fig. 12.5 e o circuito de um instrumento típico, na Fig. 12.6. Um acumulador (Fig. 12.5) manda a corrente através do fio AB e do resistor variável R. A posição de R é ajustada para originar um potencial escolhido, digamos 2 V, que aparecerá nos terminais do fio AB. Então, cada ponto ao longo daquele fio deve possuir um potencial intermediário entre

Figura 12.5 – Potenciômetro elementar

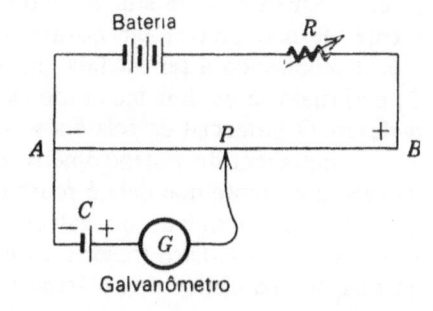

A e *B* e, se o fio for perfeitamente uniforme em transversal, o potencial em qualquer ponto de *P* será proporcional à sua distância da extremidade do fio. A fim de se medir o potencial de uma cela desconhecida *C*, é ela ligada em série com um galvanômetro sensível *G* entre *A* e um contato móvel no fio. O contato é movido ao longo do fio até que se encontre um ponto em que o galvanômetro não mostre deflexão (*ponto nulo*). Então a diferença de potencial entre *A* e *P* deve ser igual ao potencial da cela e pode ser determinada pela medida da distância *AP*.

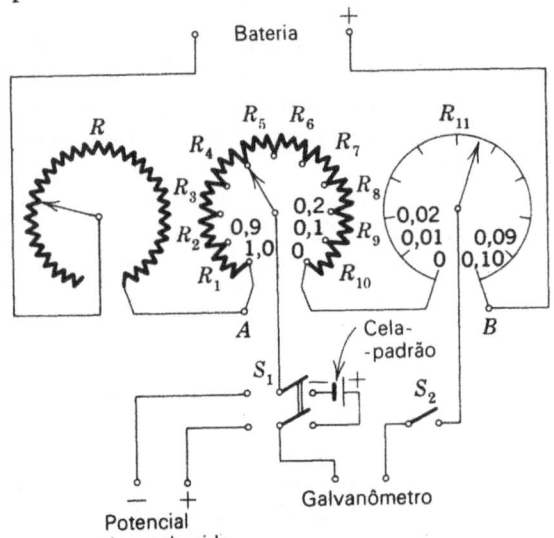

Figura 12.6 – Potenciômetro: esquema de um instrumento típico

Na prática, o fio móvel é geralmente dividido em vários componentes, como se vê na Fig. 12.6, onde se mostram onze resistores separados, todos apresentando o mesmo valor para as resistências. Ligam-se os dez primeiros a um interruptor múltiplo que pode assumir onze posições, enquanto a décima primeira, R_{11}, é um fio uniforme enrolado em um cilindro e continuamente móvel. A bateria e o resistor *R* têm as mesmas funções indicadas na Fig. 12.5. Os dois botões ou mostradores que controlam os resistores R_1 a R_{11} são providos com leituras de calibração diretamente em volts. Para se ajustar o potenciômetro, deve-se variar o resistor *R* até que a corrente que flui seja exatamente aquela para a qual o aparelho foi planejado, geralmente 1 mA ou 2 mA. Essa padronização é melhor conseguida ligando-se uma cela de potencial conhecido no lugar da cela desconhecida. Colocam-se os mostradores no potencial conhecido da cela e fecham-se os interruptores S_1 e S_2. Ajusta-se o resistor *R* até que o galvanômetro não indique deflexão. Geralmente ele não precisa ser novamente mudado durante a experiência. Liga-se a cela desconhecida a ser medida, gira-se o interruptor S_1 para a esquerda, fecha-se S_2 e ajustam-se os dois mostradores principais até que o galvanômetro não sofra deflexão. O potencial da cela é a posição desses mostradores somados juntamente.

A vantagem do potenciômetro é que, no momento em que se lê o potencial da cela, a corrente que dela é retirada é bem próxima a zero, nos limites estabelecidos pela sensibilidade do galvanômetro. Assim, o valor determinado é muito próximo ao verdadeiro (reversível) potencial; erros residuais devidos à resistência da cela ou aos efeitos de polarização são desprezíveis.

Excelente exemplo de um potenciômetro de precisão é o Leeds & Northrup Tipo K-3*. Esse instrumento apresenta três intervalos de voltagem: de 0 a 0,0161100, de 0 a 0,161100 e de 0 a 1,61100 V, com limites de erro especificados como $\pm 0,015\%$ ($\pm 0,010\%$ para o maior intervalo).

A *cela-padrão* usada para confirmar as calibrações do potenciômetro deve ser cuidadosamente selecionada e construída. Deve ser de fácil reprodução por vários fabricantes ou técnicos, apresentar baixo coeficiente de temperatura e ser perfeitamente reversível. A mais comum é a *cela de Weston saturada*, cuja composição é mostrada na Fig. 12.7. Seu potencial é 1,01864 V a 20°C e diminui de 4×10^{-5} V para cada 1°C de aumento na temperatura. Como o amálgama no terminal negativo consiste em duas fases, uma pequena variação na razão cádmio-mercúrio muda apenas as quantidades relativas das duas fases, mas não sua composição. Assim, a pequena corrente passada através da cela durante o processo de equilibrar o potenciômetro não terá nenhum efeito que possa ser observado no potencial. A cela deve ser protegida contra curto-circuitos, mesmo momentâneos, pois o restabelecimento do equilíbrio pode ser lento. Bates (ref. 1) fornece uma breve crítica de outras celas usadas como padrão.

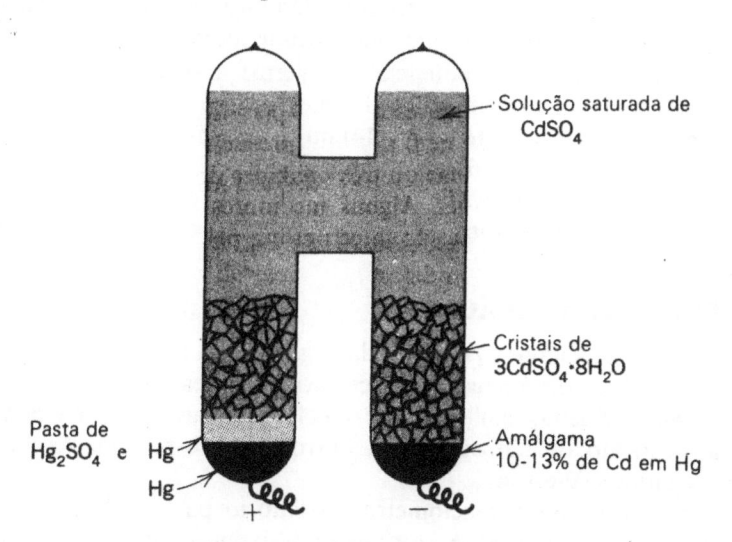

Figura 12.7 — Cela-padrão de Weston

O VOLTÍMETRO ELETRÔNICO

Outro dispositivo para medir os potenciais dos elétrodos, sem escoamento apreciável da corrente, depende das propriedades amplificadoras de potência das válvulas eletrônicas a vácuo ou transístores. Um projeto de amplificadores convenientes para esse fim é considerado no Cap. 26. Será suficiente para o presente estágio estabelecer que a saída de um amplificador pode ser controlada em valor por um *potencial* aplicado à sua entrada. Pode-se planejar o circuito de modo que a resistência efetiva oferecida ao potencial que está sendo medido é $10^{11}\Omega$ ou mais. Isso

*Leeds & Northrup Company, North Wales, Pensilvânia.

significa que, se o potencial for, digamos, 1 V, a corrente retirada da cela será apenas 10^{-11} A, o que é completamente desprezível. Esse aspecto é especialmente importante em medidas com elétrodos de vidro, onde o elétrodo pode ter uma resistência de $10^8 \Omega$, de modo que uma corrente de 10^{-11} A causa uma queda interna de 10^{-3} V, o que significa um erro da ordem de $0,1\%$.

Um aplificador eletrônico para uso com um elétrodo de vidro é chamado um *pH-metro*. Há vários fabricantes desses instrumentos nos Estados Unidos que oferecem grande variedade de modelos. Alguns desses são operados com bateria, outros inseridos em linhas de c.a. Eles se classificam grosseiramente em três categorias: de altas, médias e relativamente baixas precisão e exatidão (e preço). O primeiro grupo destina-se à pesquisa, o segundo, ao uso geral no laboratório e o terceiro, a ser usado no campo onde pequeno tamanho e construção forte são mais importantes que um alto grau de precisão.

Um pH-metro de laboratório do tipo de deflexão operado com corrente de linha deve ter três controles em seu painel e pode ter um quarto. Eles são (1) um interruptor com posição "pronto" e "operando"; (2) um ajuste de calibração ou padronização que conduz a uma posição zero, com ele se ajusta o instrumento para ler o valor correto quando os elétrodos estão imersos em um tampão-padrão; e (3) um compensador de temperatura que permite alterações da sensibilidade de acordo com a dependência do potencial de Nernst à temperatura. Alguns pH--metros também têm um seletor de escala que permite ao instrumento cobrir o intervalo todo de pH (geralmente de 0 a 14) ou preencher a escala com uma parte selecionada do intervalo, talvez duas ou três unidades de pH; esse tipo é chamado um pH-metro de *escala expandida*. Alguns medidores apresentam escala dupla, com o pH de 0 a 8 em uma posição do interruptor e pH de 6 a 14 na outra.

APARELHOS DE TITULAÇÃO

Pode-se usar um potenciômetro como o da Fig. 12.6 em titulações, mas é possível alguma simplificação, pois apenas são necessários valores relativos. As leituras de potencial podem ser feitas em qualquer escala arbitrária, não necessariamente referentes ao elétrodo de hidrogênio ou outro elétrodo-padrão. Assim, pode-se omitir a cela-padrão (Weston).

Pode-se construir um potenciômetro satisfatório para titulações a partir de componentes simples (Fig. 12.8). A corrente de trabalho é fornecida pela bateria B que consiste em duas celas secas em série. O resistor variável R pode ser um componente barato de rádio. V é um voltímetro com intervalo de 0 a 2 V. G, um galvanômetro de sensibilidade intermediária amortecida criticamente pelo resistor $R_D \cdot S_2$, um interruptor reversível que permite ligar os elétrodos de referência e o indicador em qualquer polaridade. S_2 é essencial para conveniência da operação, pois o sinal do potencial pode mudar durante a titulação. Para operar, devem-se inserir os elétrodos na solução da amostra, fechar S_1, ajustar R até que o galvanômetro não mais apresente deflexão e então ler o voltímetro. Se não se obtiver equilíbrio, deverá se inverter S_2. Repetir após cada adição de reagente.

Como mencionado previamente, não se pode usar o elétrodo de vidro com um potenciômetro simples devido à sua elevada resistência. Contudo um pH eletrônico é admiravelmente apropriado para titulações. De fato, ele é tão conveniente

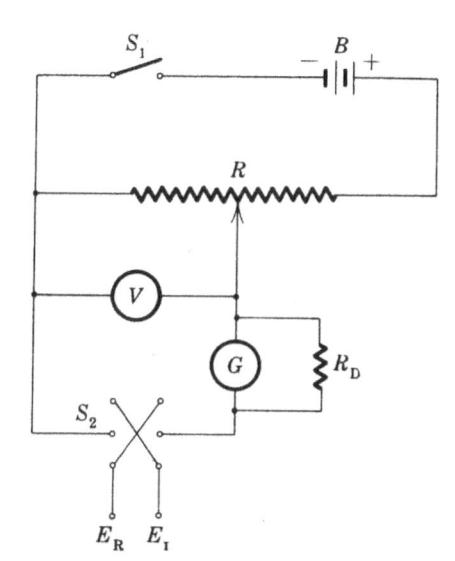

Figura 12.8 — Potenciômetro de titulação

que é usado normalmente mesmo quando não é necessária sua alta resistência de entrada como no caso dos elétrodos diferentes do de vidro. Para essas aplicações, lê-se a escala em milivolts em vez de em unidades de pH.

TITULADORES AUTOMÁTICOS

A titulação potenciométrica operada automaticamente é largamente aplicada em alguns tipos de problemas de pesquisa em laboratórios analíticos industriais. Há duas classes de tituladores potenciométricos, aqueles em que o instrumento fornece uma curva de titulação completa no papel e aqueles que fecham uma válvula de uma bureta acionada eletricamente exatamente no ponto de equivalência. Os do primeiro tipo consistem essencialmente em um pH-metro ligado a um registrador com tira de papel. A principal dificuldade vem da necessidade de se fornecer o titulante a uma velocidade constante, o que não é possível com uma bureta convencional de escoamento por gravidade. Isso pode ser superado pela substituição por um reservatório de capacidade constante (por exemplo, um frasco de *mariotte*) e medindo-se o tempo de escoamento em vez de volume ou usando-se uma bomba de escoamento constante ou uma seringa hipodérmica acionada por um motor.

Típico do segundo tipo é o Titulador Automático Beckman, que usa uma válvula eletrônica amplificadora para controlar uma válvula automática elétrica que substitui a torneira de uma bureta comum. É necessário conhecer com antecedência a diferença de potencial que aparece entre os elétrodos no ponto de equivalência. Leva-se o mostrador do potencial manualmente ao potencial de equivalência. Então o amplificador permite ao reagente escoar da bureta até atingir o potencial prefixado. O escoamento do reagente é rápido no começo e depois diminui à medida que nos aproximamos do potencial de equivalência, a fim de evitar excesso. Quando se completa a titulação, aparece uma luz de alarma. Pode-se usar qualquer elétrodo com esse aparelho e também pode-se operá-lo ponto por ponto em titulações potenciométricas convencionais.

Outro exemplo importante é o titulador Sargent-Malmstadt*. Este usa um circuito eletrônico capacitivo especial que automaticamente diferencia duplamente as variações de potencial que recebe dos elétrodos. Se o potencial, como função do volume $E = f(V)$, é dado pela curva familiar a da Fig. 12.9, então representa-se a derivada dE/dV pela curva b e a derivada segunda d^2E/dV^2, pela curva c. No titulador utiliza-se o fato de o pico positivo na curva c se tornar bem pequeno *antes* do ponto de equivalência. O primeiro *decréscimo* na corrente da derivada segunda fornece energia a um relê que fecha a torneira da bureta. A inércia mecânica nas partes móveis causa um atraso que contrabalança exatamente o alarma dado pela curva da derivada segunda, de modo que se interrompe o escoamento titulante efetivamente no momento certo.

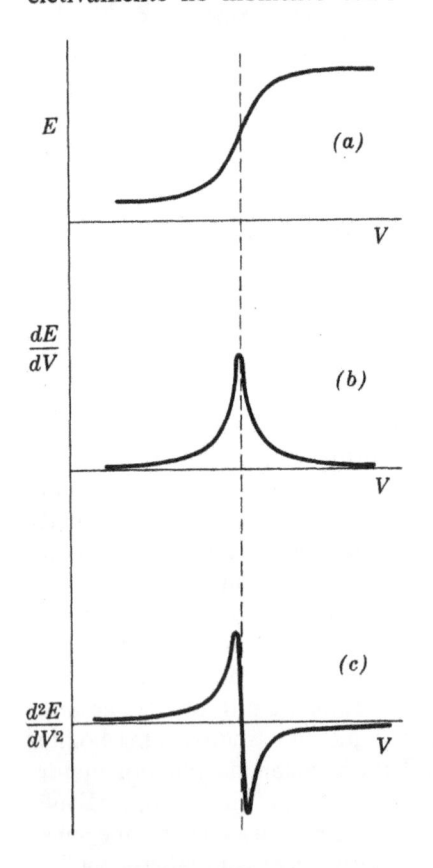

Figura 12.9 — a) Curva de titulação potenciométrica; b) curva da primeira derivada; c) curva da segunda derivada

TÉCNICAS ESPECIAIS

Foram descritos vários processos para melhorar a conveniência e a velocidade das titulações potenciométricas. Muitos desses são válidos para um número limitado de reações e, em nenhum, aumenta-se materialmente a precisão em relação a processos-padrão. Duas dessas técnicas serão descritas brevemente.

*E. H. Sargent & Co., Chicago.

TITULAÇÕES DERIVADAS

Pode-se construir um aparelho que forneça a curva da derivada diretamente. Um dos mais simples é mostrado na Fig. 12.10. Consiste em dois elétrodos de platina, um dos quais é um fio selado dentro de um conta-gotas comum. Não se observará diferença de potencial assim que a solução dentro do conta-gotas for a mesma da de fora. Acrescentando-se algumas gotas de reagente ao béquer, a solução variará pouco em pontos distantes do ponto de equivalência, mas muito mais acentuadamente próximo a esse ponto. Para operar, lê-se o potencial após cada adição de reagente, esvazia-se o bulbo várias vezes para misturar a solução toda, então adiciona-se outra porção, etc. Os potenciais observados colocados em um gráfico em função do volume de reagente produzem então uma curva da derivada onde se pode ler diretamente ponto ou pontos de equivalência.

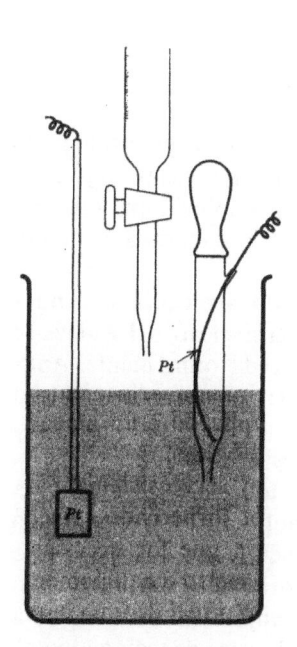

Figura 12.10 – Aparelho para titulação derivativa

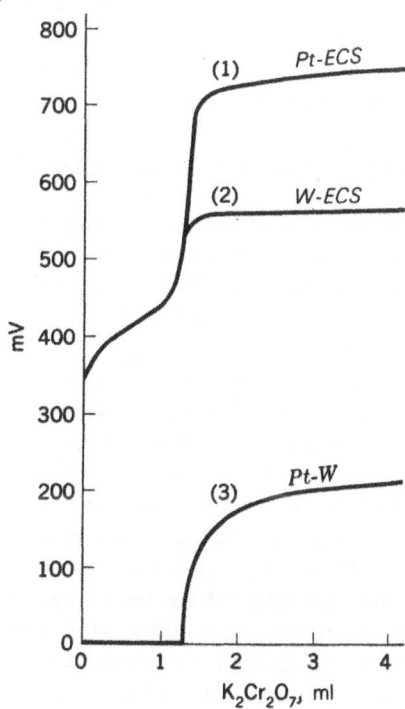

Figura 12.11 – Titulação potenciométrica do Fe(II) por dicromato: sistema de elétrodo bimetálico

PARES DE ELÉTRODOS BIMETÁLICOS

Verificou-se que metais supostamente inertes respondem com diferentes velocidades à razão das formas oxidada e reduzida de uma substância em solução. A platina responde rapidamente, mas alguns outros metais, particularmente tungstênio, atingem o potencial de equilíbrio com uma velocidade mais lenta. Assim, como são necessários apenas valores relativos em uma titulação, pode-se usar o tungstênio em vez do elétrodo de referência usual se a titulação for conduzida a uma velocidade constante. Isso permite a eliminação do elétrodo de calomelano com sua ponte salina, de modo que resulta um conjunto mais resistente que necessita menos atenção e substituição. A curva obtida é semelhante à de uma titulação potenciométrica--padrão, mas freqüentemente a "quebra" é algo mais nítida.

Um exemplo é a titulação de sulfato ferroso por dicromato de potássio em presença de um ácido (Fig. 12.11). As curvas 1 e 2 fornecem o potencial dos elétrodos de platina e tungstênio individualmente em relação ao ECS. A curva 3 representa a diferença ponto por ponto entre as duas primeiras curvas. Também é a curva de titulação que observamos realmente se usarmos apenas elétrodos de platina e de tungstênio. A figura inclui apenas a região na proximidade do ponto de equivalência. No início da titulação, existe geralmente uma diferença de potencial considerável entre os elétrodos, mas a adição do reagente a reduz rapidamente a zero, onde permanece até quase atingir a equivalência. As curvas para os elétrodos individuais, após o ponto de equivalência, podem ou não ser paralelas, de modo que a curva da titulação bimetálica, após a equivalência, pode subir, descer ou permanecer horizontal.

TITULAÇÕES A POTENCIAL CONSTANTE (refs. 7, 8 e 10)

Outra aproximação da titulação potenciométrica consiste medir a quantidade de titulante necessária para manter o elétrodo indicador a um potencial constante. A curva de titulação torna-se então um gráfico do volume da solução-padrão adicionada como uma função do tempo. Aplicou-se esse método exclusivamente em enzimologia.

Por exemplo, a enzima colinesterase age decompondo acetilcolina, produzindo ácido acético no processo. A enzima é altamente sensível ao pH e deve-se manter o meio próximo ao pH 7,4 para que a reação proceda otimamente. Antigamente, usava-se um tampão de bicarbonato e media-se manometricamente o dióxido de carbono libertado pelo ácido acético. Isso é complicado e foi atacado com o pretexto de que não se reproduzem as condições fisiológicas.

O presente processo usa um pH-metro ligado por um servossistema para controlar uma bureta de seringa movimentada por um motor fornecendo solução de hidróxido de sódio a uma velocidade constante à medida que for necessário para manter o pH constante. Chama-se *pH-estático* a um pH-metro e equipamento associado usado dessa maneira. A Fig. 12.12 mostra um exemplo real de uma curva em que se determinou a atividade da colinesterase de uma amostra de tecido animal. Uma porção de 0,3 g do tecido foi homogeneizada em solução salina fisiológica (0,9% de NaCl), o pH ajustado a 7,4 (no ponto P da curva) e mantido durante 10 min para estabelecer uma linha de base, mostrando que não houve libertação espontânea do ácido. Adiciona-se então um excesso de iodeto de acetilcolina (Ach · I), com o que começa a afluência de hidróxido de sódio. Determinou-se a atividade da colinesterase para essa experiência, pela inclinação da curva como sendo $4,96 \times 10^{-6}$ mol-g-min^{-1}.

Essa técnica não parece ter sido aplicada a não ser em trabalhos bioquímicos, mas é certamente de aplicação geral. O desinteresse pode ser devido à falta de instrumentos convenientes, mas recentemente apareceram vários no mercado americano.

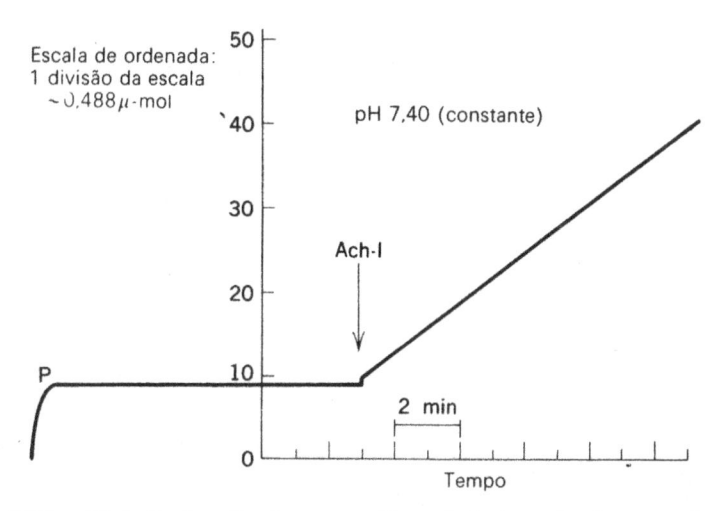

Figura 12.12 — Titulação da colinesterase em pH constante (para detalhes, consulte o texto)

PROBLEMAS

12-1 Forma-se uma cela voltaica com um elétrodo de chumbo em acetato de chumbo $0,015 F$ em relação a um elétrodo de cádmio em sulfato de cádmio $0,021 F$. As duas soluções se comunicam por uma ponte salina contendo nitrato de amônio. Qual o potencial da cela a 25°C, se considerarmos iguais os coeficientes de atividade nas duas soluções?

12-2 Qual será o pH de uma solução a 25°C, se se observar um potencial de 0,703 V entre um elétrodo de hidrogênio e um ECN aí colocado?

12-3 Qual potencial mostrará um elétrodo de quinidrona em relação ao ECS em uma solução a pH 5,5?

12-4 Pipetaram-se exatamente 25,00 ml de nitrato de prata $0,1000 F$ em cada um dos dois béqueres. Elétrodos de prata idênticos foram inseridos e as duas soluções postas em contato por uma ponte salina de nitrato de potássio. A diferença de potencial entre os elétrodos foi zero, como esperado. Adicionou-se uma alíquota de 10,00 ml de uma solução de nitrato de chumbo a um béquer e 10,00 ml de água destilada ao outro, com o que apareceu uma diferença de potencial de 0,070 mV entre os elétrodos de prata. Se a solução de nitrato de chumbo foi preparada por dissolução de uma amostra de 10,00 g de chumbo metálico em ácido nítrico e diluição a um volume de 100 ml, calcular a porcentagem de impureza de prata no chumbo; avaliar a precisão da análise se o potenciômetro apresenta um máximo de incerteza de $\pm 1\mu V$.

12-5 Montou-se uma cela como se segue: elétrodo de prata, solução desconhecida, ponte salina, solução saturada de KCl, $Hg_2Cl_{2(s)}$, elétrodo de mercúrio. *a)* Qual elétrodo é o de referência e qual o indicador? *b)* Qual é a finalidade da ponte salina e que eletrólito deveria conter? *c)* Quando o potencial da cela é 0,300 V, com o elétrodo de prata mais positivo, qual a concentração do íon-prata na solução desconhecida?

12-6 Associam-se a uma cela dois fios de platina como elétrodos mergulhados em béqueres distintos ligados por uma ponte salina; cada béquer contendo 25,00 ml de uma mistura de íons Fe^{++} e Fe^{3+}, cada qual 1 F. Adiciona-se agora 1,00 ml de uma solução de um agente redutor de um lado, com o que a diferença de potencial varia de 0 a 0,0260 V. Calcule a normalidade da solução do agente redutor.

12-7 Pode-se usar na determinação potenciométrica de fluoreto (ref. 11) o fato de que o íon fluoreto complexa fortemente o íon Ce(III). *a)* Que efeito qualitativo terá a ação do íon F^- sobre o potencial de um elétrodo de fio de platina na presença de concentrações iguais de Ce(III) e Ce(IV)? *b)* Mostre como se pode montar uma cela de concentração para facilitar a determinação de fluoreto. *c)* Compare esse processo com a determinação direta do íon F^- com um elétrodo de fluoreto Orion, em relação à sensibilidade, especificidade e conveniência.

12-8 Qual é a concentração máxima de íon Cu^{++} que pode existir na solução em contato com zinco metálico?

12-9 De acordo com uma modificação do processo de Liebig para titulação de cianeto por nitrato de prata na presença de iodeto e amoníaco ocorrem as seguintes reações sucessivas:

$$Ag^+ + 2CN^- \longrightarrow Ag(CN)_2^-$$
$$Ag^+ + I^- \longrightarrow AgI_{(s)}$$

Não se pode precipitar AgCN enquanto houver amoníaco (Ver Vogel (ref. 17) para detalhes do procedimento.) Coloque em um gráfico qualitativo o potencial de um elétrodo de prata em relação a um elétrodo de referência Ag–AgCl isolado durante a titulação de quantidades equimolares de cianeto e iodeto.

REFERÊNCIAS

1. Bates, R. G.: "Determination of pH: Theory and Practice", John Wiley & Sons, Inc., New York, 1964.
2. Bishop, E. e G. D. Short: *Talanta*, **11**: 393 (1964).
3. Eisenman, G. (ed.): "Glass Electrodes for Hydrogen and Other Cations", Marcel Dekker, Inc., New York, 1967.
4. Eisenman, G.; D. O. Rudin e J. U. Casby: *Science*, **126**: 831 (1957).
5. Furman, N. H.: Potentiometry, em I. M. Kolthoff e P. J. Elving (eds.), "Treatise on Analytic Chemistry", Parte I, vol. 4, Cap. 45, Interscience Publishers (Divisão de John Wiley & Sons, Inc.), New York, 1963.
6. Furman, N. H.: Potentiometry, em J. H. Yoe e H. J. Koch, Jr., "Trace Analysis", Cap. 9, John Wiley & Sons, Inc., New York, 1957.
7. Jensen-Holm, J.; H. H. Lausen; K. Milthers e K. O. Moller: *Acta Pharmacol. Toxicol.*, **15**: 384 (1959).
8. Jørgensen, K.: *Scand. J. Clin. Lab. Invest.*, **11**: 282 (1959).
9. Kratochvil, B.: *Record Chem. Progr.*, **27**: 253 (1966).
10. Malmstadt, H. V. e E. H. Piepmeier: *Anal. Chem.*, **37**: 34 (1965).
11. O'Donnell, T. A. e D. F. Stewart: *Anal. Chem.* **33**: 337 (1961).
12. Piccard, G.: *Talanta*, **11**: 1087 (1964); G. Piccardi e P. Legittimo, *Anal. Chim. Acta*, **31**: 45 (1964).
13. Rechnitz, G. A.: *Anal. Chem.*, **37**: 29A (1965).
14. Reilley, C. N. e R. W. Schmid: *Anal. Chem.*, **30**: 947 (1958).
15. Reilley, C. N.; R. W. Schmid e D. W. Lamson: *Anal. Chem.*, **30**: 953 (1958).
16. Sensabaugh, A. J.; R. H. Cundiff e P. C. Markunas: *Anal. Chem.*, **30**: 1445 (1958).
17. Vogel, A. I.: "Quantitative Inorganic Analysis", 3.ª ed., p, 74, John Wiley & Sons, Inc., New York, 1961.

13 Voltametria, polarografia e técnicas relacionadas

No capítulo anterior lidamos com potenciais de elétrodos não-polarizados. Investigaremos agora os fenômenos que ocorrem em uma cela de eletrólise, onde um elétrodo é polarizável e outro não. Esse sistema é convenientemente estudado através de curvas corrente-voltagem. Esse processo geral de estudar a composição de uma solução é chamado *voltametria*. O termo polarografia se usa principalmente quando o elétrodo polarizável consiste em mercúrio gotejante, mas a distinção não é sempre seguida.

ELÉTRODOS

O elétrodo não-polarizado é o elétrodo de referência, geralmente calomelano saturado. Algumas vezes, substitui-se o ECS por um simples depósito de mercúrio; pode-se contar com a não-polarização se a solução contiver uma concentração apreciável de íon-cloreto ou outro íon, que forma um sal quase insolúvel com mercúrio(I), mas o depósito de mercúrio não é conveniente como elétrodo de referência. Este deve apresentar dimensões suficientemente grandes para que sua resistência elétrica seja baixa como é necessário para passar correntes da ordem de $100\ \mu A$.

O elétrodo polarizável é o menor do par, chamado, às vezes, *microelétrodo*. Geralmente é um metal nobre como mercúrio ou platina.

Os elétrodos são ligados em série com um microamperímetro a uma fonte de potencial conhecido variável. A Fig. 13.1*a* mostra um arranjo possível, onde se pode variar de 0 a −3 V o potencial imposto ao microelétrodo. O voltímetro indica o potencial exato em qualquer posição do controle. A corrente que flui é lida no microamperímetro (μa). É mostrado na Fig. 13.1*b* um arranjo mais versátil, onde se pode variar continuamente o potencial de +3, passando por 0, a −3 V. Esses

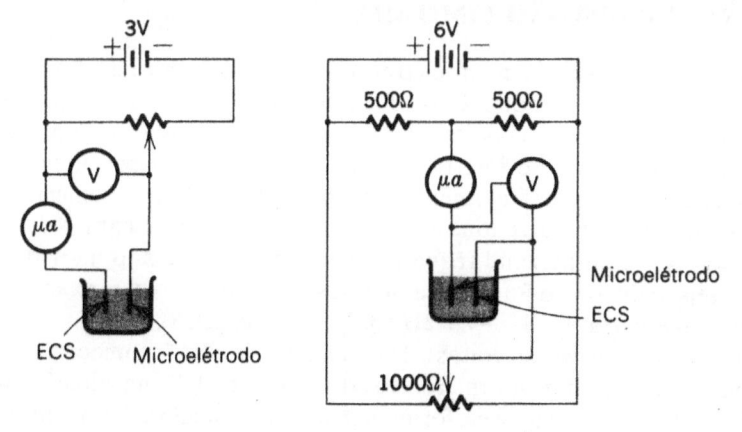

Figura 13.1 − Circuitos voltamétricos elementares: *a*) para operar convenientemente de um lado do zero; *b*) ajustável continuamente de um sinal para o outro

circuitos são uma base para uma discussão. Para ser útil na prática, é necessário um número de aperfeiçoamentos, como veremos mais adiante.

A escolha do microeletrodo depende muito do intervalo de potenciais que se deseja investigar. Para potenciais positivos em relação ao ECS, a melhor escolha é a platina. Não se pode tornar o mercúrio mais positivo que $+0,25$ V em relação ao ECS devido à facilidade de sua dissolução anódica. A platina é limitada na direção positiva apenas pela oxidação da água ($2H_2O \rightarrow O_2 + 4H^+ + 4e^-$), que ocorre a cerca de $+0,65$ V. Por outro lado, para potenciais negativos só pode ser usada a platina até $-0,45$ V, pois nesse potencial o hidrogênio é libertado ($2H^+ + 2e^- \rightarrow H_2$ ou $2H_2O + 2e^- \rightarrow H_2 + 2OH^-$), enquanto o mercúrio, devido à sobrevoltagem para o hidrogênio (ver Cap. 11), poderá ser usado até $-1,8$ V em ácido ou cerca de $-2,3$ V em meio básico. A Fig. 13.2 mostra graficamente esses potenciais-limite e também indica as convenções em relação ao sinal da corrente e método de construção das curvas voltamétricas.

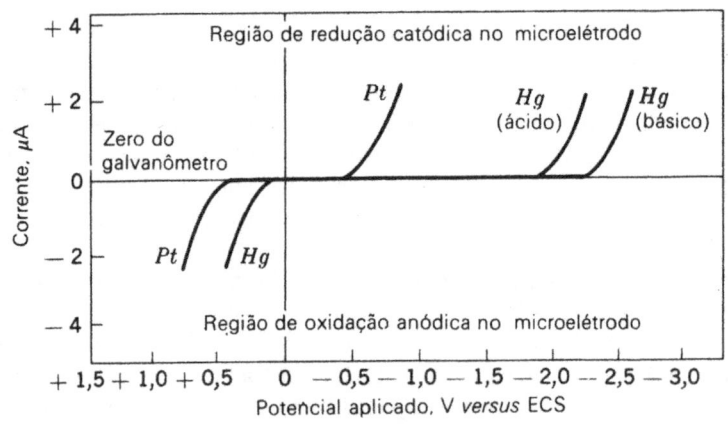

Figura 13.2 — Convenções para a colocação das curvas voltamétricas em gráfico. As curvas marcadas como Pt ou Hg indicam os limites de potencial aproximado conseguido nesses eletrodos

CORRENTE DE DIFUSÃO LIMITADA

Consideremos primeiro um microeletrodo de platina plano em uma solução desareada não-agitada, contendo KCl $0,1$ F e $PbCl_2$ 10^{-3} F em contato com uma ponte salina de baixa resistência, conduzindo a um ECS de referência. Suponhamos que se feche repentinamente um interruptor em um circuito externo aplicando $0,50$ V através dos eletrodos, com o microeletrodo negativo. Esse potencial é suficientemente grande para reduzir íons Pb^{++} ao metal, mas não para reduzir H_2O (a pH 7). O íon K^+ naturalmente requererá maior potencial e não há nada mais presente que seja reduzível (não precisamos nos preocupar com a oxidação anódica simultânea, que é $Hg + Cl^- \rightarrow 1/2Hg_2Cl_2 + e^-$ no ECS).

Podem acontecer várias coisas: 1) os íons K^+ e Pb^{++} começarão a se mover no campo elétrico na direção microeletrodo e os íons Cl^- na direção oposta. Os íons de K^+, não sendo reduzíveis, formam instantaneamente um revestimento (cerca de um íon de espessura) ao redor do eletrodo, o que resultará em neutralização quase completa do campo no que se refere a maior parte da solução. Os íons Pb^{++}

não contribuirão para esse revestimento pois eles *são* reduzíveis; cada íon Pb^{++} que se aproxima do elétrodo será imediatamente descarregado e depositado na superfície. Porém, como o campo foi neutralizado pelos íons K^+, o único modo pelo qual os íons de chumbo podem se aproximar dos elétrodos é por *difusão*. (Devido à exigência de neutralidade elétrica total, o movimento inverso dos íons--cloreto caiu ao nível baixo exigido a fim de compensar a redução dos íons de chumbo.)

A velocidade de movimento de qualquer espécie, devido à difusão, é proporcional ao gradiente de concentração, que é a diferença de concentração entre dois pontos dividida pela distância entre eles. Em termos de cálculo,

$$\frac{dC}{dt} = D\frac{dC}{dx} \tag{13-1}$$

onde C se refere à concentração das espécies difundidas e D é uma constante de proporcionalidade chamada *coeficiente de difusão*. [Essa expressão é chamada *primeira lei de Fick* (ref. 1).]

A aplicação da lei de Fick ao problema da eletrólise que estamos considerando conduz à relação

$$i_d = nFA\left(\frac{D}{\pi\tau}\right)^{1/2} C \tag{13-2}$$

onde i_d é a corrente de difusão da eletrólise (em microampères), escoando no tempo τ (segundos) do início da experiência; n, o número de elétrons envolvidos na reação do elétrodo; F, a constante de Faraday (aproximadamente 96 500 Cb por farad); A, a área (em centímetro quadrado) do elétrodo; D, o coeficiente de difusão de Fick (centímetro quadrado por segundo); e C, a concentração total da espécie eletroativa (em milimol por litro). (Admite-se que a concentração é zero na superfície do elétrodo.) Tanto i_d como n serão considerados positivos para reduções catódicas e negativos para oxidações anódicas. É importante notar a proporcionalidade entre a corrente e a concentração, contudo, como a corrente diminui com a raiz quadrada do tempo em vez de assumir um valor fixo, essa equação não é base conveniente para um trabalho analítico*.

O ELÉTRODO GOTEJANTE DE MERCÚRIO (EGM)

O microelétrodo mais amplamente usado é o mercúrio sob a forma de gotas sucessivas, caindo de um capilar de vidro de orifício muito fino (Fig. 13.3). Este apresenta várias vantagens maiores para comparar a inconveniência de manipular o mercúrio. Uma delas é a elevada sobrevoltagem do hidrogênio em um cátodo de mercúrio; outra, o fato de a superfície do elétrodo ser continuamente renovada e, assim, não se suja e nem se envenena. O EGM, em comparação com o elétrodo sólido dos parágrafos precedentes, apresenta a vantagem de a área crescente do elétrodo durante o tempo de vida de uma gota compensar mais o decréscimo da corrente observada com um elétrodo de tamanho fixo; isto, como veremos brevemente, torna a análise quantitativa muito mais praticável.

---

*A análise, por meio de curvas corrente-tempo em potencial constante, chama-se *cronoamperometria*. Tem algum valor em estudos de cinética de transferência de elétrons em sistemas irreversíveis (refs. 4 e 5).

Foi proposta uma variedade de cela eletrolítica para polarografia. A mais simples é apenas um pequeno béquer onde se insere o EGM e se faz uma ligação com o depósito de mercúrio no fundo. Deve-se cobrir o béquer e inserir um tubo para permitir o borbulhamento de nitrogênio através da solução a fim de remover o oxigênio. A cela mais complicada, mostrada na Fig. 13.3, é usada em polarógrafos; o EGM embutido é permanentemente ligado através do ramo transversal do pH, que é tapado com um disco de vidro sinterizado, suportando um gel de ágar contendo cloreto de potássio.

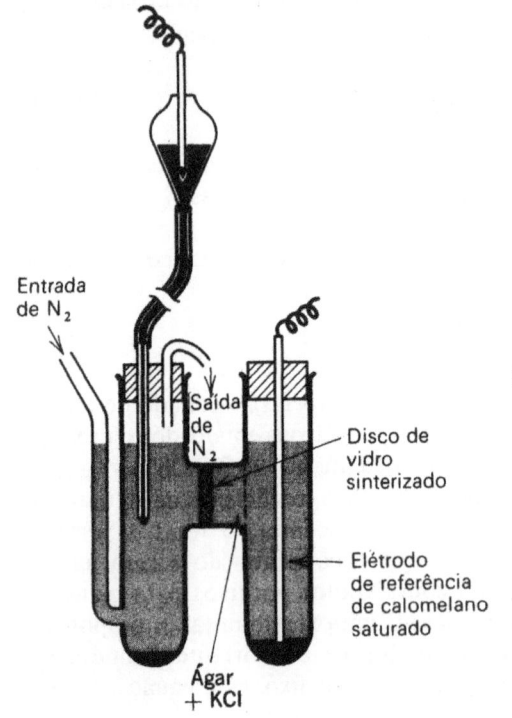

Figura 13.3 — Cela polarográfica em H

O capilar para o elétrodo gotejante consta de uma seção cortada de um tubo de vidro de 0,03 a 0,05 mm de diâmetro interno com vários centímetros de comprimento. Deve-se manipulá-lo com muito cuidado para evitar que entre água ou solução aquosa no capilar, pois é praticamente impossível limpá-lo caso ele se suje. Depois do uso, deve-se remover o capilar da cela e lavá-lo com água destilada enquanto o mercúrio ainda está escorrendo da ponta. Deve-se prendê-lo ao ar (protegido contra a poeira) e baixar o reservatório de mercúrio o suficiente para cessar o escoamento. Não se pode deixá-lo imerso em água.

A fim de derivar uma equação para o EGM correspondente à Eq. (13-2), partimos da premissa de que o escoamento de mercúrio seja constante e das aproximações que a gota tenha forma esférica, até o momento da separação e de que a lei de difusão linear se aplica à superfície esférica. Isso conduz à expressão

$$i_d = 708,2nD^{1/2}m^{2/3}\tau^{1/6}C, \tag{13-3}$$

onde m é a *velocidade* de escoamento do mercúrio (em miligrama por segundo).

O coeficiente numérico inclui fatores geométricos, a constante de Faraday e a densidade do mercúrio. Se colocarmos em um gráfico a corrente em função do tempo, será obtida uma curva com flutuações como na Fig. 13.4 (ref. 15) com um período de poucos segundos.

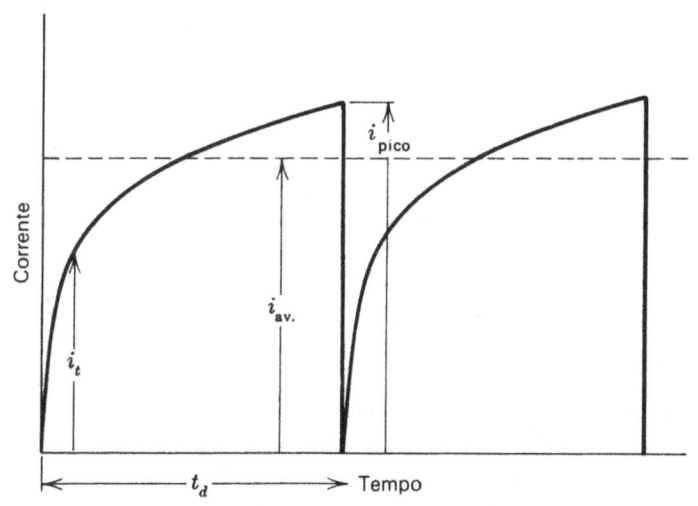

Figura 13.4 – Características corrente-tempo no elétrodo gotejante de mercúrio (John Wiley & Sons, Inc., New York)

Essa corrente flutuante é inconveniente para ler. Uma maneira de se obter uma leitura válida é conseguir um circuito eletrônico de medida de tempo engatilhado pela queda de uma gota que apaga tudo com exceção do último segundo do tempo de vida da gota; isso significa que se efetuará a medida real durante o tempo em que a corrente estiver variando menos rapidamente. Um instrumento adequado para isso é o polarógrafo *Tast* (alemão: tocar) ou *strobe** (ref. 15).

O método mais comum para minimizar a flutuação da gota é a medida da corrente *média* $\bar{i}_d$, como indica a Fig. 13.4. Isso se obtém matematicamente por integração do tempo de uma gota dividida pelo intervalo de tempo:

$$\bar{i}_d = \frac{1}{t_d} \int_0^{td} i_d \, dt = \frac{6}{7} i_d \qquad (13\text{-}4)$$

$$\bar{i}_d = 607{,}0 n D^{1/2} m^{2/3} t_d^{1/6} C \qquad (13\text{-}5)$$

Nessas equações, t_d é o tempo entre a queda de gotas sucessivas (em segundo). Observar que $\bar{i}_d$ é ainda proporcional a C. Isso apresenta a vantagem de a corrente média poder ser medida facilmente apenas por amortecimento das oscilações do medidor ou registrador. A Eq. (13-5) é conhecida como equação de *Ilkovič*. O valor de m para qualquer capilar se manterá constante se se mantiver a mesma pressão hidrostática no mercúrio. O tempo da gota t_d varia não apenas com a pressão do mercúrio mas também como uma função do potencial aplicado; atinge um máximo a um potencial ao redor de 0,5 V em relação ao ECS**.

*Fabricado por Atlas Mess- und Analysentechik GMBH, Bremen, Alemanha.

**Esse é o potencial onde uma interface mercúrio-água apresenta uma tensão interfacial máxima denominada *máximo eletrocapilar*.

Apesar de a temperatura não fazer parte explícita da equação de Ilkovič, é importante, pois cada fator da equação (exceto n) depende da temperatura de alguma maneira. O principal efeito é sobre o coeficiente de temperatura da constante de difusão D. O valor da corrente de difusão i_d aumenta na velocidade de 1 ou 2% por grau na vizinhança da temperatura ambiente. Assim, na prática, deve-se controlar a temperatura da cela de eletrólise de alguns décimos de grau.

Sob certas condições, a equação de Ilkovič falha ao descrever adequadamente os fatores que determinam a corrente de difusão. A corrente se torna muito maior que o previsto e menos reproduzível se o tempo de gotejamento for menor que 3 ou 4 s. O efeito se deve à agitação das gotas que caem mais rapidamente, perturbando a camada de difusão.

O coeficiente de difusão D varia com a viscosidade do meio e, assim, essa variação se encontra na corrente de difusão. A corrente deverá ser inversamente proporcional à raiz quadrada da viscosidade relativa se outros fatores forem mantidos constantes. Essa relação é válida na ausência de substâncias coloidais, mas a proporcionalidade falha quando se aumenta a viscosidade por adição de gelatina ou outro colóide hidrófilo.

A corrente de difusão também se afasta de seu valor normal se a concentração do eletrólito-suporte for menor 25 a 30 vezes que a da substância reduzível. Esse efeito resulta do fato de que, nessas condições, os íons reduzíveis transportam uma fração apreciável da corrente; essa fração é conhecida como *corrente de migração*. A corrente de migração se deve à atração ou repulsão eletrostática entre o EGM e os íons. Assim, a corrente de difusão observada aumenta levemente para redução de cátions e diminui para redução de ânions se a concentração do eletrólito-suporte for diminuída enquanto permanece inalterada na redução de espécies não-iônicas.

POLAROGRAFIA DE VARREDURA DE VOLTAGEM

Até esse ponto, consideramos curvas corrente-tempo produzidas a um potencial constante imposto. Agora veremos o que ocorre variando o potencial. Isso pode ser feito por etapas ou continuamente. O procedimento por etapas geralmente é manual, o operador fixa o potencial com um circuito como um qualquer dos da Fig. 13.1 e aguarda talvez um minuto para que se atinja um estado estável, registra a corrente média e então desloca-se para o potencial desejado.

Para facilitar as determinações das curvas corrente-voltagem completas, desenvolveram-se aparelhos de registro automático, geralmente chamados *polarógrafos**. No mais simples desses, aumenta-se continuamente o potencial aplicado à cela, geralmente na direção negativa (isto é, E M negativo em relação ao ECS) e registra-se a corrente. Como o potencial varia linearmente com o tempo e o papel registrador se move com velocidade constante, pode-se marcar a curva resultante, chamada *polarograma*, em termos de unidades de corrente e potencial.

*O nome *Polarógrafo* é uma marca registrada nos Estados Unidos por E. H. Sargent & Company, Chicago, e indica corretamente apenas sua manufatura de instrumentos voltamétricos. Contudo a palavra *polarógrafo*, com letra minúscula, é usada com referência a instrumentos de qualquer marca. É interessante notar que o polarógrafo, como foi inventado por Heyrovský e Shikata em 1925 (ref. 8) representa um dos mais antigos exemplos de um instrumento analítico automático.

Consideremos uma cela, como a da Fig. 13.3, munida com EGM, como elétrodo indicador, e ECS, como elétrodo de referência, e enchida com uma solução livre de oxigênio que é 0,1 F em KCl e 0,001 F em $CdCl_2$. O polarograma obtido pelo método usual se assemelha ao mostrado na Fig. 13.5, que foi idealizado para maior clareza de discussão.

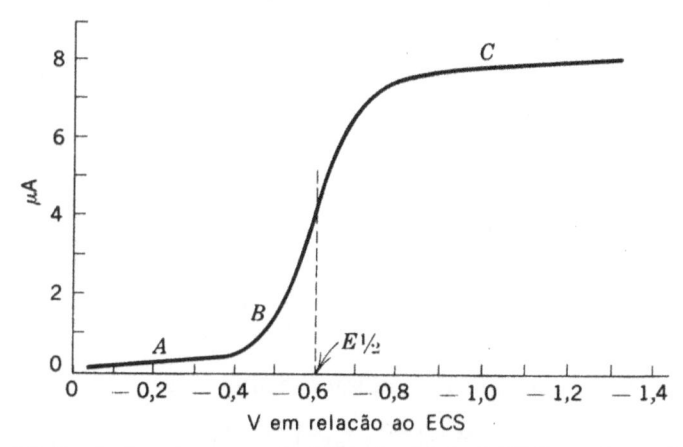

Figura 13.5 — Idealização do polarograma de cloreto de cádmio (0,001 F) em cloreto de potássio 0,1 F

A curva se divide em três regiões. Na região A, o potencial é muito baixo para permitir a redução de qualquer uma das substâncias que se sabe estarem presentes. Chama-se *corrente residual* à pequena corrente que flui e pode-se explicá-la como sendo a soma total das correntes devidas à redução de traços de impurezas (possivelmente ferro, cobre ou oxigênio) e de uma assim chamada *corrente de carga*, que resulta do fato de a interface mercúrio-solução, que é revestida por íons não-reduzíveis, agir como um capacitor de área continuamente crescente. A corrente residual é pequena e reproduzível se tomarmos cuidado para eliminar as impurezas reduzíveis.

Nas proximidades de −0,5 V (B no exemplo acima), a corrente começa a aumentar acima do valor da corrente residual sozinha. Essa corrente adicional remove os íons Cd^{++} das camadas do eletrólito em contato com a superfície do elétrodo, por redução ao metal; ele é substituído por difusão a partir da massa da solução.

Em C, a corrente mostra um efeito de saturação que é causado por esgotamento total dos íons Cd^{++} próximos das vizinhanças do EGM. Por difusão, mais íons de cádmio continuamente atingem o elétrodo e são reduzidos imediatamente após a chegada. A velocidade de difusão é determinada apenas pela diferença entre a concentração total da solução e zero, que é a concentração na superfície do elétrodo. O valor da corrente-limite em C, chamada *corrente de difusão*, depende diretamente da concentração das espécies reduzíveis; deve-se, é claro, corrigi-lo para a corrente residual.

Se o potencial negativo for aumentado além de C na Fig. 13.5, a corrente vai aumentar lenta e uniformemente (paralela à curva da corrente residual) acima de mais ou menos −2 V, ponto em que ela novamente cresce rapidamente, correspondendo à redução dos íons-hidrogênio ou da água.

A FORMA DA ONDA POLAROGRÁFICA

Pode-se derivar da equação de Nernst a equação da corrente em função do potencial desde que a reação no microelétrodo proceda reversivelmente. Executaremos essa derivação para o importante caso particular de redução de um único cátion a um metal solúvel em mercúrio. Como as soluções estudadas polarograficamente são quase sempre muito diluídas, podemos admitir que o coeficiente de atividade do cátion não difere apreciavelmente da unidade. A mesma suposição se aplica ao coeficiente de atividade do metal no amálgama.

Escrevamos a semi-reação na forma

$$M^{n+} + ne^- \longrightarrow M_{(Hg)}$$

onde $M_{(Hg)}$ indica o M metálico dissolvido em mercúrio. O potencial do elétrodo é dado pela equação de Nernst:

$$E_{EGM} = E° - \frac{RT}{nF} \ln\left(\frac{[M]_{Hg}}{[M^{n+}]_{aq}}\right) \tag{13-6}$$

Como a corrente $\bar{\imath}$ é limitada por difusão, segue-se que:

$$\bar{\imath} = k([M^{n+}]_{aq} - [M^{n+}]_{aq}^0)$$

onde o índice significa condições no ponto de contato com a superfície do mercúrio. Para a corrente-limite, torna-se muito pequeno e temos

$$\bar{\imath}_d = k[M^{n+}]_{aq}$$

Da equação de Ilkovič, segue-se que a constante k é

$$\frac{\bar{\imath}_d}{C} = k = 607nD^{1/2}m^{2/3}t_d^{1/6}$$

A concentração de M no amálgama é proporcional à corrente ou

$$\bar{\imath} = k'[M]_{Hg}$$

A constante k' é idêntica a k, com a diferença de que a constante de difusão D é substituída por D', uma constante de difusão semelhante para M no amálgama, de modo que a razão $k/k' = \sqrt{D/D'}$.

Podem-se combinar essas várias equações para fornecer

$$E_{EGM} = E° - \frac{RT}{2nF} \ln\left(\frac{D}{D'}\right) - \frac{RT}{nF} \ln\left(\frac{\bar{\imath}}{\bar{\imath}_d - \bar{\imath}}\right) \tag{13-7}$$

O último termo se cancela no ponto em que $\bar{\imath} = 1/2\bar{\imath}_d$ e o potencial é designado por $E_{1/2}$, o *potencial de meia-onda*:

$$E_{1/2} = E° - \frac{RT}{2nF} \ln\left(\frac{D}{D'}\right) \tag{13-8}$$

portanto

$$E_{EGM} = E_{1/2} - \frac{RT}{nF} \ln\left(\frac{\bar{\imath}}{\bar{\imath}_d - \bar{\imath}}\right) \tag{13-9}$$

A Eq. (13-8) mostra que o potencial de meia-onda, que é uma quantidade mensurável de maneira simples, se relaciona facilmente ao potencial-padrão $E°$. As constantes de difusão D e D' não são geralmente muito diferentes, de modo que $E_{1/2}$ é sempre quase igual a $E°$ (na ausência de agentes complexantes; veja abaixo).

A Eq. (13-9) fornece a forma da onda polarográfica em termos dos parâmetros $\bar{i}_d$ e $E_{1/2}$ e fornece um método conveniente para estabelecer valor de n. A medida mais direta de n é a inclinação da tangente à curva do ponto de meia-onda. Um outro método mais preciso consiste em colocar em um gráfico valores de $\log \bar{i}/(\bar{i}_d - \bar{i})$ em função do potencial do E_{EGM}. A equação prevê uma linha reta com inclinação dada por $2{,}303RT/nF$ ou (a 25°C) $0{,}0591/n$. O ponto dessa curva correspondente a $\bar{i} = 1/2\bar{i}_d$ fornece uma medida precisa de $E_{1/2}$.

A dedução anterior refere-se à redução de um íon simples (*aquo*). O potencial de meia-onda (Eq. 13-8) é deslocado na presença de um formador de complexo para valores mais negativos de acordo com a relação

$$E_{1/2} = E° + \frac{RT}{nF} \ln K_c - \frac{pRT}{nF} \ln [X] \qquad (13\text{-}10)$$

onde K_c = constante de instabilidade do complexo

$[X]$ = concentração do agente complexante

p = número de mol de X que se combina com 1 at-g do metal M

(Essa equação se baseia na premissa de que os coeficientes de difusão envolvidos são quase iguais.) A Eq. (13-9) não se altera pela presença de um complexo apesar de o valor de $\bar{i}_d$ poder variar um pouco para uma dada concentração.

Para reduções a espécies insolúveis tanto em água como em mercúrio, por exemplo, ferro e crômio metálicos, devem-se modificar um pouco as equações. Esse cálculo tem pequena importância prática, pois em todos os exemplos conhecidos essa redução é irreversível, o que invalida a aplicação da equação de Nernst. As análises baseadas nessas reduções podem ser tão úteis e corretas como se o processo fosse reversível, mas devem ser tratadas empiricamente.

Outro caso importante é a redução de uma espécie solúvel em água em outra, por exemplo, redução de íons férricos e ferrosos. Se voltarmos à notação usada no Cap. 11 (Eq. (11-11), etc.), poderemos escrever uma equação geral

$$A_{ox} + ne^- \rightleftharpoons A_{red}$$

Se ambas as formas de A estão presentes na solução, o potencial do EGM é dado por

$$E_{EGM} = E_{1/2} - \frac{RT}{nF} \ln \left(\frac{\bar{i} - \bar{i}_{d(a)}}{\bar{i}_{d(c)} - \bar{i}} \right) \qquad (13\text{-}11)$$

e o potencial de meia-onda é

$$E_{1/2} = E° - \frac{RT}{2nF} \ln \left(\frac{D_{ox}}{D_{red}} \right) \qquad (13\text{-}12)$$

em que $\bar{i}_{d(a)}$ representa a corrente de difusão *anódica* devida à oxidação de A_{red} no EGM; $\bar{i}_{d(c)}$, a corrente de difusão *catódica* correspondente à redução de A_{ox}. D_{ox} e

D_{red} são os coeficientes de difusão das respectivas formas, que seguramente podem ser admitidos como bem próximos um do outro. Assim $E°$, o potencial-padrão para o par redox, é bem próximo a $E_{1/2}$. O EGM age como um elétrodo inerte nesse caso. Se tanto A_{ox} como A_{red} estão ausentes na solução, a $\bar{i}_d$ correspondente torna-se zero na Eq. (13-11), mas o valor de $E_{1/2}$ permanece inalterado.

A discussão acima foi feita na maior parte em termos de redução catódica que ocorre no EGM e essa é a condição mais amplamente aplicada. Entretanto a mesma discussão permanece verdadeira onde o processo do elétrodo é oxidação anódica.

Da Fig. 13.6 à 13.8 mostram-se alguns polarogramas para ilustrar os pontos acima. A Fig. 13.6 mostra as ondas de uma substância reduzível em várias concentrações, junto com a curva residual (ref. 7).

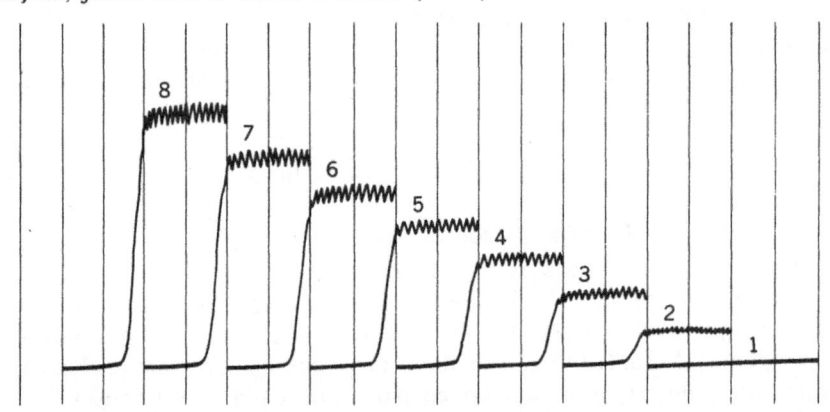

Figura 13.6 — Polarogramas mostrando a construção de uma curva de calibração. Para 10 ml de NH_3 1 F e NH_4Cl 1 F (curva 1) adicionaram-se sucessivamente porções de 0,05 ml de Cd^{++} 0,05 F (curvas 2 a 8); cada curva começa a –0,2 V; cada divisão da escala corresponde a 200 mV (Academic Press Inc., New York)

A Fig. 13.7 é um polarograma (ref. 13) que mostra a seqüência de redução de cinco cátions com várias propriedades: 1) Ag^+ é reduzido tão facilmente que sua onda não poderá ser formada completamente, mesmo se o platô de difusão correspondente for bem definido; 2) Tl^+ mostra uma redução reversível com $n = 1$; 3) Cd^{++} também é reversível, mas a inclinação indica que $n = 2$; 4) Ni^{++} mostra uma curva mais delineada apesar de $n = 2$, o que indica irreversibilidade; e 5) Zn^{++} se assemelha ao cádmio, mostrando uma onda reversível com $n = 2$.

A Fig. 13.8 mostra a oxidação anódica do íon ferroso (curva c) comparada com a redução do íon férrico (curva a) (ref. 13). Obtém-se a curva b quando as duas formas estão presentes em concentrações equivalentes. As linhas verticais indicam as posições observadas dos potenciais de meia-onda, que devem ser idênticos.

MÁXIMOS

Freqüentemente, como o potencial aplicado é aumentado, a corrente, após aumentar quando um íon é descarregado, não se nivela, mas diminui novamente formando um máximo na curva. Tal máximo pode ser apenas uma leve protuberância ou pode ser um pico bem agudo, excedendo a verdadeira altura da onda de um fator de 2 ou mais. Esse fenômeno não é totalmente conhecido apesar de parecer estar

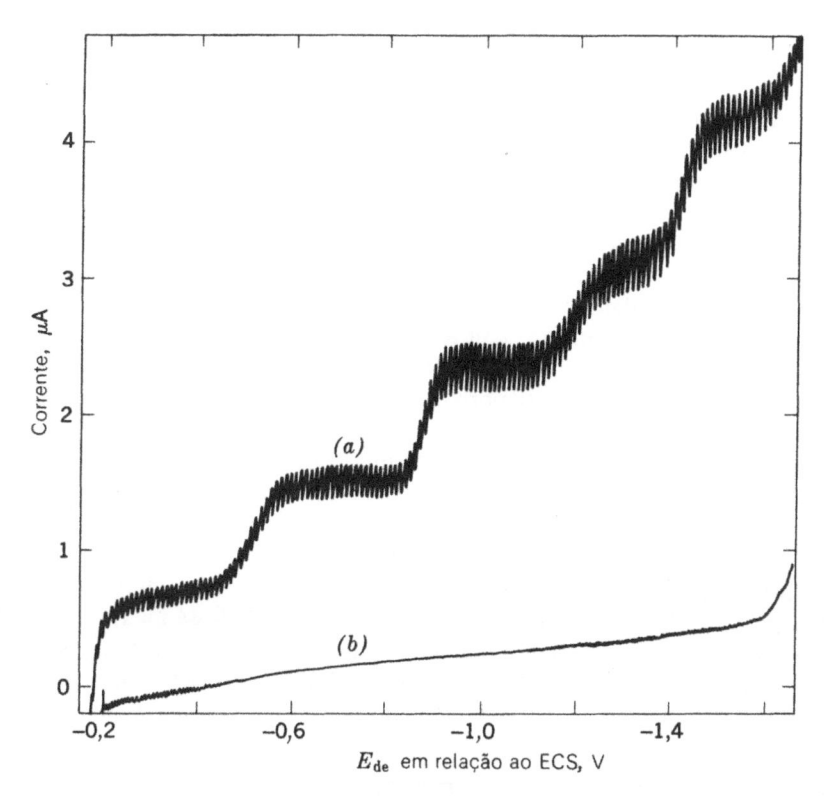

Figura 13.7 — Polarogramas de *a*) prata(I), tália(I), cádmio(II), níquel(II) e zinco(II), aproximadamente 0,1 m*F* cada um, enunciados na ordem em que aparecem suas ondas, em NH_3 1*F*, NH_4Cl 1*F* contendo 0,002% de Triton X-100; *b*) eletrólito suporte sozinho (John Wiley & Sons, Inc., New York)

Figura 13.8 — Polarogramas de *a*) ferro(III) 1,4 m*F*, *b*) ferro(II) e ferro(III) 0,7 m*F* cada um e *c*) ferro(II) 1,4 m*F*; saturou-se o eletrólito-suporte com ácido oxálico contendo 0,0002% de vermelho de metila (John Wiley & Sons, Inc., New York)

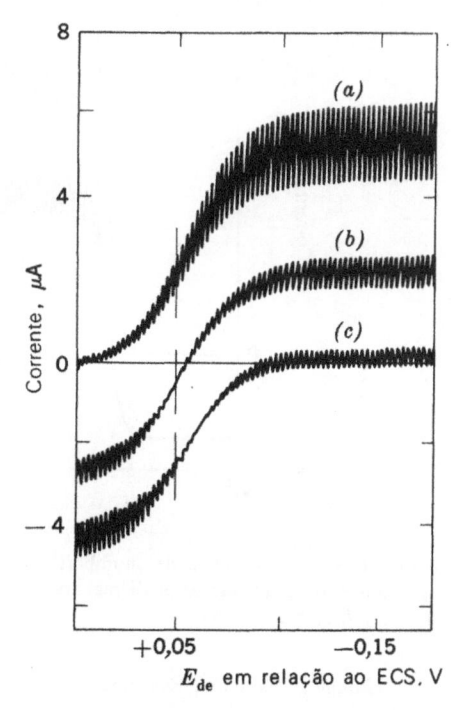

relacionado ao movimento da corrente tangencial à solução próxima à superfície da gota.

Geralmente (mas não sempre), os máximos podem ser eliminados por adição de um agente tensoativo orgânico. Freqüentemente a gelatina é usada para essa finalidade, mas a oferece a desvantagem de que suas soluções se deterioram facilmente e devem ser preparadas cada dia ou dois. Alguns corantes, como o vermelho de metila, são algumas vezes efetivos. O detergente não-iônico Triton X-100* mostrou-se particularmente útil como um supressor de máximos e é amplamente empregado. É conveniente uma solução-estoque de 0,2% de Triton X-100; é geralmente satisfatório 0,1 ml desta para cada 10 ml de solução na cela do polarógrafo.

Deve-se tomar cuidado em não se usar muito supressor pois a onda pode ser distorcida ou suprimida junto com o máximo. O potencial de meia-onda é capaz de se desviar de poucos milivolts de seu valor normal.

A Fig. 13.9 mostra os polarogramas obtidos com uma solução contendo Pb(II) $3 \times 10^{-3} F$ e Zn(II) $2,5 \times 10^{-4} F$ em NaOH $2F$, com e sem adição de Triton (ref. 13). O chumbo ($E_{1/2} = -0,8$ V) mostra um pico agudo, ao passo que o zinco ($E_{1/2} = -1,5$ V), um máximo mais gradativo. Pode-se medir a corrente de difusão do chumbo, sem grande erro, ignorando o máximo, mas não se pode obter nenhuma altura de onda válida para o zinco, devido parcialmente à sua pequena concentração. O supressor elimina efetivamente ambos os máximos.

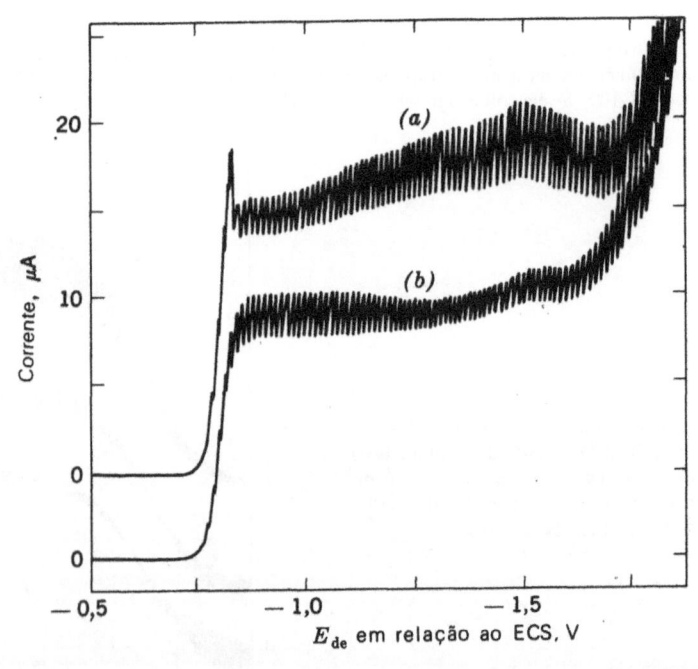

Figura 13-9 — Polarograma de chumbo(II) 3 mF e de zinco(II) 0,25 mF em hidróxido de sódio 2 F: a) na ausência de um supressor de máximo e b) após a adição de 0,002% de Triton X-100 (John Wiley & Sons, Inc., New York)

*Rohm & Haas Co., Filadélfia.

INTERFERÊNCIA DO OXIGÊNIO

O oxigênio dissolvido é reduzível no microelétrodo por vários meios. Um exemplo típico do efeito do oxigênio em um polarograma (ref. 13) é mostrado na Fig. 13.10. Observam-se duas ondas. A primeira ($E_{1/2} = -0,05$ V em relação ao ECS) é causada por redução do O_2 a H_2O_2, a segunda ($E_{1/2} = -0,9$ V) corresponde à redução de O_2 a H_2O. A primeira dessas ondas mostra um máximo intenso, agudo, na ausência de um supressor e, particularmente, em solução-suporte diluída. Pode-se usar essa onda na determinação analítica de oxigênio dissolvido, mas, mais freqüentemente, ela aparece como interferência altamente prejudicial. Assim, em vários trabalhos polarográficos, deve-se remover o oxigênio. Em soluções alcalinas, isso se consegue facilmente por adição de uma pequena quantidade de sulfito de potássio, que reduz o oxigênio quantitativamente. Em qualquer caso, pode-se remover o oxigênio por borbulhamento da solução com um gás não-reduzível como o nitrogênio. Usando um simples tubo de vidro estrangulado como borbulhador, isso leva de 20 a 30 min. Pode-se reduzir o tempo exigido a 2 ou 3 min com o uso de um dispensador de gás de vidro sinterizado. Deve-se interromper a corrente de gás enquanto estão sendo obtidos os valores devido à ação de agitação indesejável. Deve-se excluir o mercúrio da solução antes da desaeração, pois, em certas condições, o oxigênio dissolvido pode oxidá-lo. Isso significa que não se pode inserir o capilar na cela antes da remoção do oxigênio.

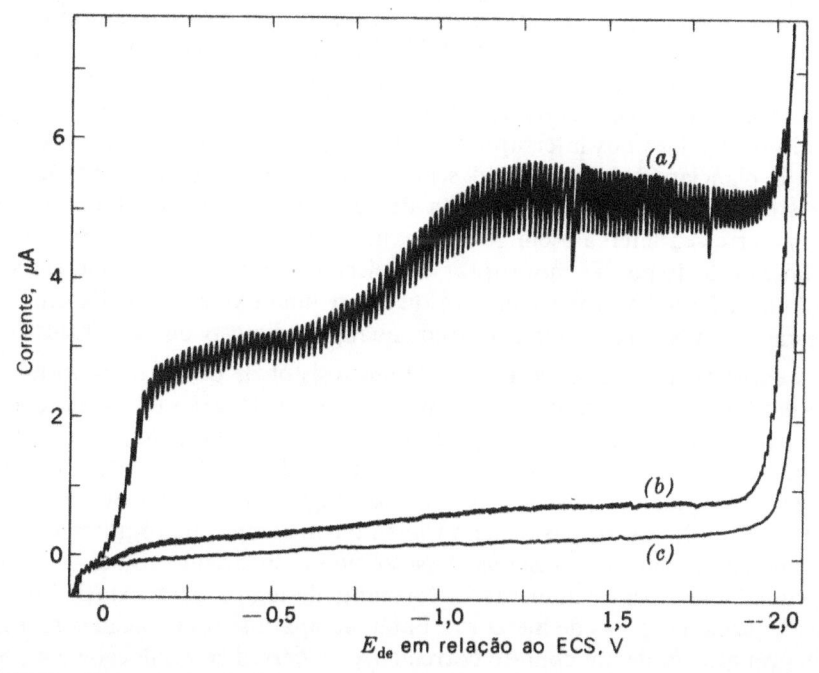

Figura 13-10 – Polarogramas de cloreto de potássio 0,1 F: a) saturado com ar, mostrando a dupla onda do oxigênio, b) desaerado parcialmente e c) após completa desaeração (John Wiley & Sons, Inc. New York)

INSTRUMENTOS

Com elementos elétricos normalmente encontrados no laboratório, pode-se facilmente construir um polarógrafo manual satisfatório com um circuito como o da Fig. 13.1. O instrumento indicador, um galvanômetro ou microamperímetro, deve ter um intervalo de escala total de não mais que $50\,\mu A$, de preferência menos, e deve-se equipá-lo com uma série de resistores calibrados para permitir que se meçam correntes maiores. Para várias aplicações não se necessita dos valores de corrente verdadeiros e tomam-se as leituras simplesmente em unidades de deflexão do galvanômetro. Há vários instrumentos manuais no mercado, todos essencialmente semelhantes, variando um pouco em precisão, características auxiliares e conveniência para uso.

Uma versão modernizada do polarógrafo registrador original de Heyrovský e Shikata é fabricada nos Estados Unidos pela Sargent como o Modelo XI. O registro é feito fotograficamente em uma folha de papel sensibilizado preso em um cilindro, que é girado por um pequeno motor. O motor também movimenta um contato corrediço na fonte de voltagem. Um feixe de luz é refletido pelo espelho de um galvanômetro para cair no papel em movimento. Depois de revelado, o papel mostra um traçado nítido da curva polarográfica.

É prática corrente incluir nos projetos de um instrumento um registrador com tira de papel como parte integrante do instrumento ou como acessório essencial. Exemplo muito difundido é o Sargent Modelo XV esquematizado na Fig. 13.11. Nesse diagrama foram omitidos os circuitos auxiliares para padronizar tanto as escalas de corrente como as de voltagem, por comparação com uma cela-padrão incluindo os detalhes dos interruptores para amortecimento e de intervalos decorrente, e o planejamento interno do servoamplificador à válvula eletrônica.

Nesse instrumento não há escolha de velocidade de papel (1 pol/min)* e a voltagem varre seu intervalo em 10 min, assim cada polarograma completo possui comprimento de 10 pol. O interruptor de seleção de intervalo permite escolha de intervalo de 1,2 ou 3 V, com início em qualquer uma das várias voltagens especificadas de $+1,5$ a $-4,0$ e varredura em qualquer direção dentro desses limites.

A corrente da cela passa através de um resistor de queda de precisão; uma, das de um banco de 19, escolhida de maneira que a deflexão da escala completa sempre corresponde a 2,5 mV. Á queda de potencial através do resistor pode-se adicionar uma voltagem de deslocamento ajustável, o que permite colocar-se o ponto zero em qualquer posição na escala do registrador ou suprimi-lo nas duas direções através de seis escalas de comprimento (em alguns polarógrafos, o controle correspondente é chamado ajuste *bias*). Nesse ponto do circuito coloca-se uma rede RC opcional, que permite aumentar a constante de tempo para reduzir flutuações devidas à queda das gotas de mercúrio. Então compara-se o potencial com a queda de voltagem através de um contato corrediço, cuja corrediça é colocada em posição por um servoamplificador e um motor que dão um equilíbrio potenciométrico. O servomotor também movimenta a pena de registro.

---

*É curioso, e um tanto infeliz, que a Sargent tenha resolvido misturar sistemas de medidas, de modo que se marca o papel do registro em polegada em uma direção e em milímetro na outra.

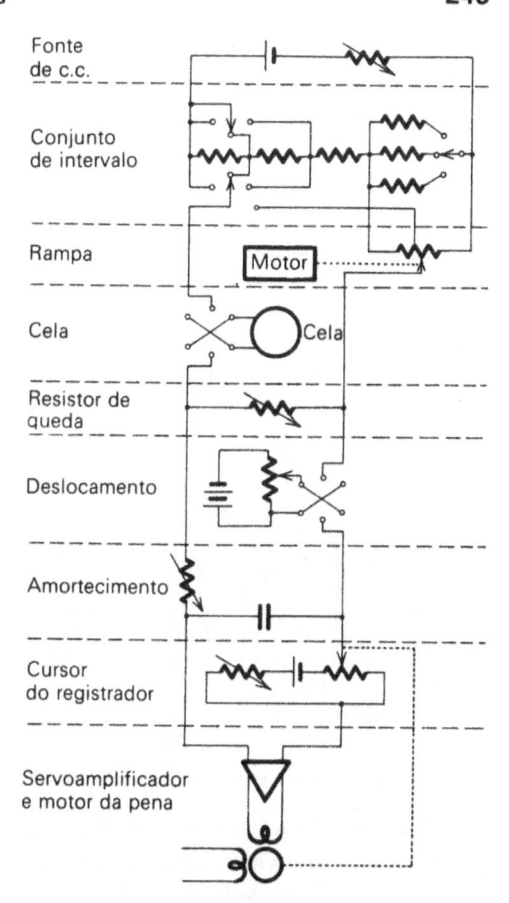

Figura 13.11 — Esquema básico do Polarógrafo Sargent Modelo XV. Omitiram-se os circuitos de padronização e os detalhes dos interruptores (E. H. Sargent & Co. Chicago)

CORREÇÃO PARA RESISTÊNCIA

Pode-se igualar a voltagem V aplicada ao circuito da cela polarográfica no potencial do ânodo E_A, do cátodo E_C e a soma da queda total de potencial óhmico no sistema:

$$V = E_A - E_C + I \sum R \qquad (13\text{-}13)$$

A resistência inclui a da própria solução, a de cada elétrodo, a da coluna de mercúrio, a da parte do cursor polarizável incluído em um dado momento e a do resistor medidor de corrente. Todas, menos a resistência da solução, estão sob controle do planejamento do instrumento e podem ser minimizadas satisfatoriamente.

Contudo algumas circunstâncias exigem uma solução de alta resistência, especialmente em solventes não-aquosos ou mistos, de modo que não se pode desprezar o termo IR. Sugeriram-se vários métodos para corrigir essa queda de potencial. Pode-se medir a resistência independentemente e calcular-se um termo de correção para cada ponto medido, mas isto é difícil e consome muito tempo. É possível instalar um potenciômetro auxiliar no motor da pena do registrador, de modo que a grandeza da corrente determinará sua posição; pode-se ligá-lo ao circuito de modo que contrabalance IR. A dificuldade desse arranjo é que, se a resistência não for idêntica, deve-se ajustá-lo diferentemente para cada nova solução.

Um meio melhor de se eliminar o efeito da queda de resistência é pelo uso da *cela de três elétrodos*, que contém o EGM, um elétrodo de referência e um contra-elétrodo (ref. 2). O elétrodo de referência (ECS) não transporta a corrente da cela e assim não precisa ser de construção de baixa resistência. Deve-se colocar a extremidade da ponte salina do ECS próxima do EGM e não no caminho direto entre ele e o contra-elétrodo, de modo não receber parte da queda *IR*. É necessário um amplificador isolado geralmente um amplificador "operacional") para se poder avaliar o potencial do elétrodo de referência sem retirar corrente através dele. Esse circuito foi descrito como um acessório simples e bem sucedido para o polarógrafo Sargent XV (presumivelmente, podendo-se igualmente usá-lo com outros instrumentos comerciais). Essa cela com três elétrodos com um circuito completamente planejado para operá-lo é mostrada na Fig. 13.12.

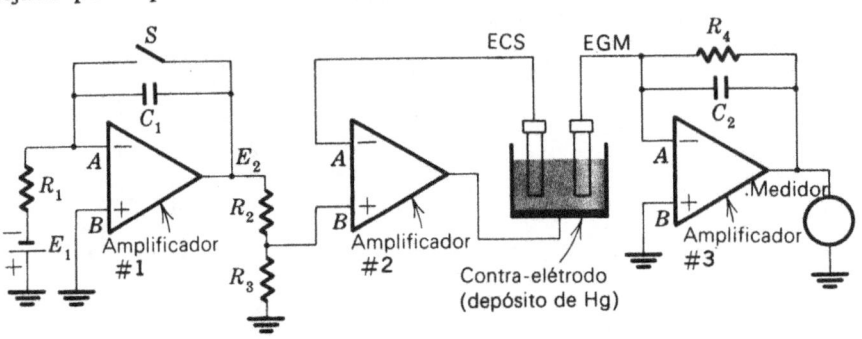

Figura 13.12 – Polarógrafo de três elétrodos, com circuito amplificador operacional

Esses circuitos incluem três *amplificadores operacionais* (símbolos triangulares). Os amplificadores operacionais serão discutidos em detalhes em um capítulo posterior. Para a finalidade presente suas características principais são: 1) não pode escoar corrente das ou para as entradas do amplificador (marcadas A e B) e 2) o amplificador opera de modo a manter potenciais iguais nas duas entradas.

Um amplificador ligado a apenas um capacitor, com sua saída ligada a sua entrada, age como integrador em relação ao tempo. O amplificador n.° 1 da Fig. 13.12 é um tal integrador e, se E_1, R_1 e C_1 são constantes, sua saída E_2 será

$$E_2 = -\frac{E_1}{R_1 C_1} \int_0^t dt = -\frac{E_1}{R_1 C_1} t \qquad (13\text{-}14)$$

Isso indica que a saída desse amplificador aumenta linearmente com o tempo, com uma inclinação determinada apenas pelas constantes do circuito. Devido ao sinal negativo, se E_1 for negativo, então E_2 será positivo. Esse potencial crescente é chamado função de *rampa*.

Aplica-se uma fração apropriada da rampa (determinada pelos valores de R_2 e R_3) à entrada B do amplificador n.° 2, que é mantido no potencial da rampa acima da terra. A única resposta possível do amplificador n.° 2 é a emissão de corrente de saída para o contra-elétrodo. Essa corrente não pode ir para o ECS porque o ECS se liga apenas à entrada de um amplificador e assim não pode conduzir corrente, contudo a corrente deve escoar através do EGM, do resistor R_4 e do medidor para a terra. Mas o EGM é ligado a uma entrada do amplificador n.° 3, sendo a outra ligada à terra e, devido à igualdade das entradas, o EGM apresenta essencialmente o potencial da terra durante o tempo todo. O ECS, pela mesma razão, apresenta potencial de rampa acima da terra. O resultado é que o amplificador n.° 2 deixa escoar exatamente a quantidade de corrente necessária para manter a diferença de potencial ECS-EGM no potencial linearmente crescente desejado com o EGM *negativo*. Assim, o medidor (ou registrador) fornece o verdadeiro polarograma. A função do capacitor C_2 é aumentar a constante de tempo a fim de dar a quantidade desejada de amortecimento; R_4 relaciona-se à escala do medidor. Usa-se o interruptor S através do capacitor integrador para dar início ao polarograma; o instante de abertura de S corresponde ao tempo zero. Fornecem-se facilmente o interruptor de intervalo e o ajuste (*bias*), mas foram omitidos da figura para maior clareza.

Esse tipo de polarógrafo é de uso conveniente, não tem partes móveis e é bem versátil. Pode ser usado com soluções aquosas de baixa resistência assim como em meios não-aquosos de alta resistência. Pode-se operar uma cela convencional com o mesmo sistema eletrônico, como na Fig. 13.13. Aqui a corrente flui através do ECS, que deve ser um tipo de baixa resistência, como na cela em H. As outras características das Figs. 13.12 e 13.13 são idênticas.

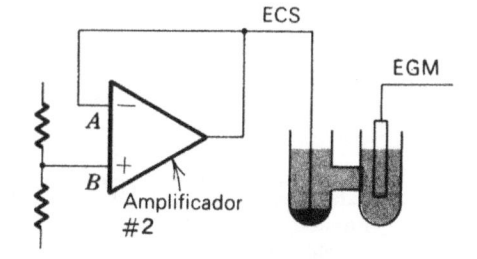

Figura 13.13 — Circuito da figura anterior ligado a um polarógrafo com dois elétrodos

ANÁLISES QUALITATIVAS

Como o potencial de meia-onda é característico da substância que sofre oxidação ou redução no microelétrodo, pode-se usar esse parâmetro para sua identificação. O valor de $E_{1/2}$ para uma determinada substância depende da natureza do eletrólito-suporte, principalmente devido à variação na tendência de formar íons complexos. Mencionam-se na Tab. 13.1 alguns poucos valores representativos. Pode-se ver a importância de uma seleção cuidadosa do eletrólito por comparação dos valores para chumbo e cádmio. Esses cátions têm idênticos potenciais de meia-onda em NaOH, mas são muito bem separados em KCl ou H_3PO_4 e ainda melhor em KCN.

Encontram-se muitos valores de potencial de meia-onda em manuais e monografias sobre polarografia (veja referências). Contudo é mais prático traçar polarogramas de substâncias conhecidas para comparação direta com as curvas semelhantes para substâncias desconhecidas. Tornam-se de pequeno valor para fins de identificação os valores publicados onde se omitem informações referentes à natureza do elétrodo de referência.

Pode-se determinar graficamente o potencial de meia-onda, como se vê na Fig. 13.14. As partes A e B da curva são prolongadas como indicado e traça-se uma tangente à curva no ponto de inflexão C. Bissecciona-se a linha GH e traça-se

Tabela 13.1 – Potenciais de meia-onda de alguns cátions comuns em vários elétrolitos suportes, V em relação ao ECS*

	Eletrólito-suporte				
Cátion	KCl (0,1 F)	NH₃ (1 F) NH₄Cl (1 F)	NaOH (1 F)	H₃PO₄ (7,3 F)	KCN (1 F)
Cd⁺⁺	−0,60	−0,81	−0,78	−0,77	−1,18**
Co⁺⁺	−1,20**	−1,29**	−1,46**	−1,20**	−1,13** [a Co(I)]
Cr³⁺	.... ***	−1,43** [a Cr(II)] −1,71** [a Cr(0)]	....	−1,02** [a Cr(II)]	−1,38 [a Cr(II)]
Cu⁺⁺	+0,04 [a Cu(I)] −0,22 [a Cu(0)]	−0,24 [a Cu(I)] −0,51 [a Cu(0)]	−0,41**	−0,09	NR•
Fe⁺⁺	−1,3**	−1,49**	....	....	....
Fe³⁺	....	....	−1,12•• [a Fe(II)] −1,74•• [a Fe(0)]	+0,06 [a Fe(II)]	....
Ni⁺⁺	−1,1**	−1,10**	....	−1,18	−1,36
Pb⁺⁺	−1,40	....	−0,76	−0,53	−0,72
Zn⁺⁺	−1,00	−1,35**	−1,53	−1,13**	NR•

*Valores publicados por Meites (ref. 13).
**Redução irreversível.
*** .... indica insuficiente solubilidade ou falta de informação.
•NR indica que o íon não se reduz neste meio.
••Solução de KOH 3F mais manitol 3%.

a linha JK paralela à AB e à DF. A abscissa do ponto de intersecção de JK com a curva fornece o valor de $E_{1/2}$. Esse processo complicado é necessário no caso não-ideal, freqüentemente encontrado, em que DF não é tão paralelo a AB como seria desejável. De acordo com o procedimento descrito, pequenos erros de julgamento na localização da linha tangente GH terão efeito desprezível no valor final de $E_{1/2}$.

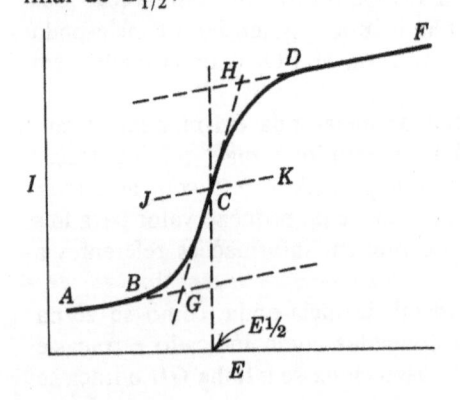

Figura 13.14 – Método gráfico para localizar o potencial de meia-onda

ANÁLISES QUANTITATIVAS

O valor da corrente de difusão se relaciona à concentração das espécies reduzíveis pela equação de Ilkovič. Assim, pode-se calcular teoricamente a concentração das espécies através da corrente observada, se vários fatores dessa equação forem conhecidos ou puderem ser medidos. O único fator difícil de ser avaliado independentemente é o coeficiente de difusão. Em vários casos pode-se determiná-lo por medidas da condutividade elétrica da solução ou por cronopotenciometria. Algumas vezes pode ser calculado por comparação com valores conhecidos para outros íons de tamanho comparável. Devemos lembrar que o coeficiente de difusão é sensível à viscosidade e à temperatura da solução. Os coeficientes de muitas espécies são encontrados na literatura, mas devem ser usados com muita cautela.

Podem-se evitar muitos fatores difíceis de ser manipulados numa análise polarográfica usando-se apenas medidas comparativas. Para isso é necessário preparar soluções-padrão da substância desejada e determinar suas curvas corrente-voltagem nas mesmas condições da amostra. Então a equação de Ilkovič se aplica na forma simplificada

$$\bar{\imath}_d = KC \qquad (13\text{-}15)$$

Pode-se avaliar graficamente a constante de proporcionalidade e não é necessário resolvê-la em seus equivalentes teóricos.

Um exemplo de análise típica esclarecerá isso. Suspeita-se que uma amostra de zinco contenha algum cádmio e deseja-se uma análise quantitativa. Dissolve-se uma amostra de 0,1 g em ácido clorídrico, adiciona-se suficiente Triton a fim de eliminar máximos e a solução é diluída a um volume conhecido com cloreto de potássio 1,0 F. Coloca-se uma pequena parte na cela polarográfica e elimina-se o oxigênio com uma corrente de nitrogênio. Constrói-se uma curva corrente-voltagem preliminar com o galvanômetro operando a mais ou menos um décimo de sua sensibilidade total. O intervalo de potencial aproximadamente de $-0,4$ a $-0,8$ V é adequado para essa análise, não sendo sempre necessário obter uma curva completa. A curva de experiência mostrará qualitativamente se o cádmio está presente ou não, de acordo com o fato de se encontrar uma onda a aproximadamente $-0,64$ V. O potencial de redução do zinco é tão grande que não interfere na onda para o cádmio. Se se provar a presença de cádmio, a curva preliminar dará uma idéia da diluição-relativa necessária para fornecer a melhor análise. O intervalo de concentração ótimo para o íon reduzível é aproximadamente de 10^{-3} a 10^{-5} F. Se a solução já for muito diluída, a sensibilidade do galvanômetro poderá ser aumentada, se for muito concentrada, e uma alíquota com solução de cloreto de potássio poderá ser diluída posteriormente. Constrói-se outra curva corrente-voltagem para a análise final e traça-se um polarograma dela. As curvas resultantes se assemelharão à da Fig. 13.15. Medem-se no gráfico os valores de $\bar{\imath}_d$ tanto para o padrão como para amostra. A concentração C_x do cádmio na diluição final da amostra pode ser calculada por uma simples proporção. Alternativamente pode-se construir um gráfico de calibração (Fig. 13.16), onde se possam ler as concentrações desta e da amostra de cádmio futura. É pois prudente testar essa curva de calibração analisando-se duas ou mais soluções-padrão de diferentes concentrações.

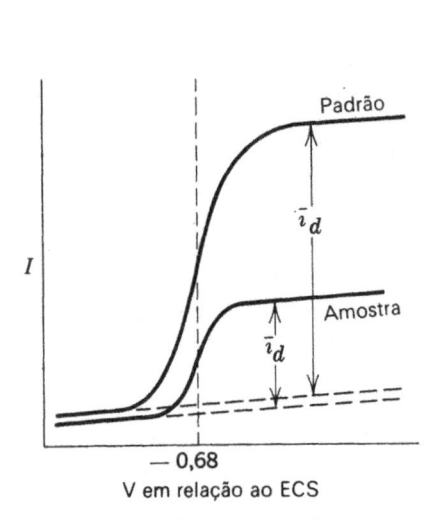

Figura 13.15 − Polarogramas de uma amostra e de um padrão

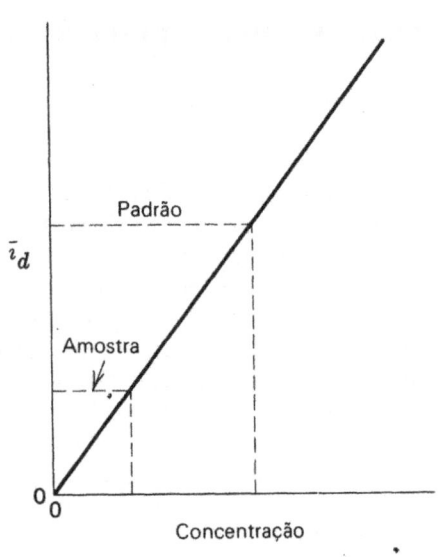

Figura 13.16 − Curva de calibração para uma análise polarográfica. As alturas indicadas para o padrão e para a amostra correspondem às curvas da Fig. 13.15

Em uma modificação desse procedimento, adiciona-se uma quantidade conhecida da solução-padrão a uma quantidade da amostra. Os polarogramas obtidos antes e depois da adição fornecem toda a informação necessária para calcular a concentração da amostra. Conhece-se esse procedimento como método da *adição-padrão*. Apresenta a vantagem de a amostra e o padrão serem seguramente medidos em condições idênticas (admitindo temperatura constante). Contudo o cálculo envolvido é um pouco mais complicado.

Todas as medidas polarográficas quantitativas devem levar em consideração a corrente residual apropriada. Se uma varredura de voltagem considerável for aplicada antes do início da onda, a corrente residual poderá ser calculada por extrapolação, como na Fig. 13.15. De outra maneira pode ser necessário traçar um branco, esse seria o único modo, por exemplo, para medir a altura da primeira onda do oxigênio na Fig. 13.10. Os erros dessa fonte se tornarão maiores quando usarmos concentrações menores e aí deveremos recorrer a algum outro método automático de compensação. Pode-se fornecer essa compensação em um polarógrafo registrador por um dispositivo que liberta uma pequena corrente proporcional à varredura de voltagem em oposição à corrente da cela. Isso não fornece compensação completa, pois a corrente residual não é estritamente linear, mas pode permitir análises polarográficas abaixo de 10^{-5} ou mesmo 10^{-6} formal.

Outra limitação à precisão quantitativa em polarografia aparece quando as ondas correspondentes às duas espécies redutíveis são relativamente próximas. Se forem tão próximas que não haja porção horizontal evidente entre elas, não haverá meios para medir a soma das duas espécies. O único modo de melhorar a situação, sem recorrer à separação química, é procurar outro eletrólito-suporte, por exemplo, Cd^{++} e Pb^{++}, de acordo com a Tab. 13.1, não podem ser distinguidos em NaOH, mas são facilmente determinados em solução de KCN.

PROCEDIMENTO DO ÍON-PILOTO

Como os coeficientes de difusão variam de íon para íon, não há uniformidade na altura das ondas obtidas com concentrações equivalentes de diferentes íons redutíveis. As ondas de vários íons em concentrações iguais (ref. 12) são mostradas na Fig. 13.17. Fornecem-se as ordenadas em termos da quantidade $\bar{i}d/(Cm^{2/3}t^{1/6})$, definida, às vezes, como *constante da corrente de difusão*. A equação de Ilkovič prevê um valor constante para essa razão para qualquer temperatura dada. Seu valor fornece a relação entre a corrente de difusão e a concentração, de modo que o conhecimento dessa quantidade evita a necessidade de repetidas calibrações. Não se pode utilizar completamente essa possibilidade porque os valores de m e t devem ser redeterminados para cada novo capilar. Contudo, os valores para os vários íons mudam todos na mesma proporção. Assim, uma vez que uma série dessas constantes é determinada para um capilar, é necessário apenas repetir a determinação da constante para *um* íon a fim de estabelecer a da série toda para um novo capilar. Isso faz com que seja necessário manter apenas uma única solução-padrão-estoque para cada eletrólito-suporte que provavelmente seja necessária. Esse é chamado o método do *íon-piloto*.

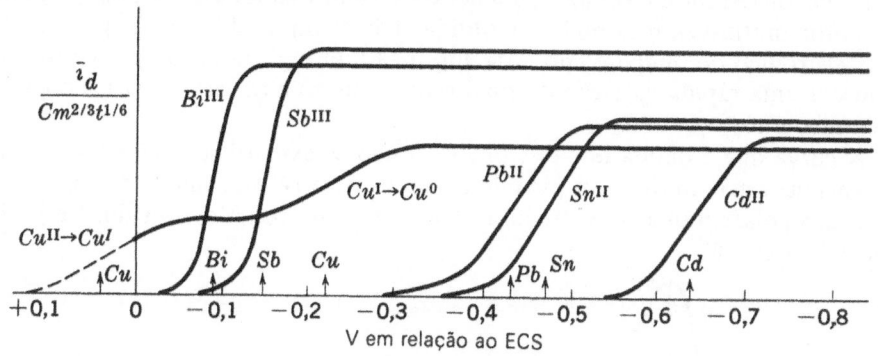

Figura 13.17 — Idealização de polarogramas para alguns íons em HCl 1 F. As abscissas são volts, as ordenadas são valores relativos de corrente calculados na base de igual concentração de íons, medidos com um valor constante de $m^{2/3}t^{1/6}$. Em cada caso, há presença de gelatina (Analytical Chemistry)

POLAROGRAFIA ORGÂNICA

A polarografia representa um importante instrumento para a análise e determinação de estrutura em química orgânica. Os princípios são os mesmos discutidos acima. O produto da ação eletroquímica é, sem dúvida, insolúvel em mercúrio, mas quase sempre é solúvel em qualquer solvente ou mistura de solventes que é conveniente para a substância original. Qualquer solvente que dissolva um eletrólito é potencialmente útil para a polarografia. Usaram-se vários álcoois ou cetonas, puros ou misturados com água, como uréia fundida, formito de amônio, dimetilformamida, etilenodiamina e outros. Alguns sais de amônio substituídos, como iodeto de tetrabutilamônio, são facilmente solúveis em solventes não-aquosos e servem otimamente como eletrólitos-suporte.

Podem-se reduzir muitas classes de compostos orgânicos no EGM: compostos conjugados insaturados, alguns compostos carbonílicos, compostos halogenados orgânicos, quinonas, hidroxilaminas, nitro, nitroso, azo e azoxi compostos, aminóxidos, sais de diazônio, alguns compostos de enxofre, alguns compostos heterocíclicos, peróxidos e açúcares redutores. Para detalhes, o estudante deve recorrer à literatura (refs. 19 e 20). Um exemplo típico é a análise de uma mistura de compostos de carbonílicos aromáticos. Observaram-se os seguintes potenciais de meia-onda (em relação ao ECS) em um eletrólito-suporte de hidróxido de lítio em etanol aquoso: benzaldeído, −1,51 V; n-propilfenilcetona, −1,75; isopropilfenilcetona, −1,82; $tercio$butilfenilcetona, −1,92. As ondas são claramente definidas e as correntes de difusão variam linearmente com a concentração em um intervalo de 0,2 a 2,5 nM. Verificou-se que o pH e a força iônica da solução são mais importantes em polarografia do que é comum no campo inorgânico.

POLAROGRAFIA DE VARREDURA RÁPIDA

Um possível método para evitar as inconvenientes serras causadas pelas gotas de mercúrio é varrer o intervalo de voltagem a uma velocidade tão elevada que se obtém um polarograma completo no tempo de vida de uma única gota. A velocidade de varredura da voltagem requerida é muito elevada para poder acionar um motor praticável, mas pode ser obtida sem qualquer dificuldade por um gerador eletrônico de rampa como o da Fig. 13.12. O registrador deve ser capaz de manusear uma rápida variação de sinal e isso está no alcance dos vários registradores modernos.

A curva que é obtida por esse processo não se assemelha a um polarograma convencional, mas mostra um pico de forma característica, como o da Fig. 13.18, que é um polarograma de varredura rápida de uma solução com duas espécies reduzíveis (ref. 16).

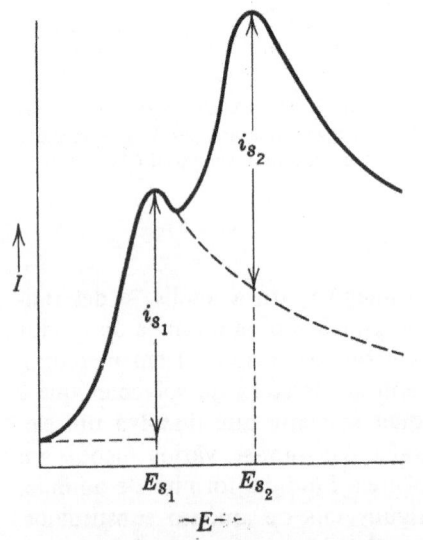

Figura 13.18 − Polarograma de varredura rápida de uma mistura de duas espécies reduzíveis. Deve-se extrapolar a corrente de fundo do segundo pico da do primeiro (linha tracejada) (Academic Press Inc., New York)

A razão da forma do pico (que não se relaciona com o máximo que aparece em polarogramas convencionais) se deve ao lento processo de difusão que não consegue fornecer substância reduzível ao elétrodo com rapidez suficiente para manter o potencial aumentando rapidamente, de modo que nunca se atinge um estado estacionário. Mostra-se matematicamente que E_s, o *potencial máximo*, se relaciona ao potencial de meia-onda:

$$E_s = E_{1/2} - 1.1 \frac{RT}{nF} \qquad (13\text{-}16)$$

que a 25°C se torna

$$E_s = E_{1/2} - \frac{0.028}{n} \quad \text{volts} \qquad (13\text{-}17)$$

O valor da corrente no máximo para um sistema reversível é dado por uma equação derivada independentemente por Randles e Ševčik, que é análoga à equação de Ilkovič, mas que inclui a derivada dE/dt:

$$i_s = kn^{3/2}m^{2/3}t^{2/3}D^{1/2}\left(\frac{dE}{dt}\right)^{1/2} C \qquad (13\text{-}18)$$

Deve-se observar a relação linear entre i_s e a concentração C. A constância da razão de i_s para $(dE/dt)^{1/2}$ é um bom teste para o grau de reversibilidade. A equação de Randles-Ševčik vale apenas quando tanto a espécie oxidada como a reduzida são solúveis (em água ou mercúrio).

VOLTAMETRIA CÍCLICA

É uma modificação da técnica de varredura rápida em que se inverte a direção da varredura seguindo a redução de interesse. Para conseguir isso, aplica-se uma voltagem chamada *onda triangular* à cela eletrolítica (Fig. 13.19a) em vez da simples função rampa. Uma curva típica obtida por esse método é mostrada na Fig. 13.19b (ref. 16). O processo todo ocorre em um ou dois segundos próximos ao fim do tempo devida de uma gota de mercúrio. Quando se aplica pela primeira vez a varredura de voltagem, a corrente se inicia próximo à origem A e apenas flui corrente residual até que o potencial seja suficientemente negativo para efetuar a redução do Zn(II), onde aparece um máximo exatamente análogo a um dos da Fig. 13.18. No ponto D inverte-se a *direção* da varredura de modo que a voltagem volte ao zero com a mesma velocidade com que aumentou antes. Causa-se a repentina caída (D a E) pela inversão da corrente capacitiva. Na região de E a F a corrente, ainda catódica, continua o processo de esgotamento do Zn(II) da vizinhança do elétrodo que ocorre na região de C para D. À medida que a voltagem atinge o ponto F, um estado de difusão estacionário se torna novamente o fator de controle e a corrente cai para a área G-H, onde é essencialmente a corrente capacitiva residual. Na região H-I-J, zinco metálico, que é o produto da redução prévia, é reoxidado com uma grande corrente anódica controlada por difusão. Em J, novamente inverte-se a varredura de voltagem. O súbito aumento de corrente, de J a K, seguido de aumento lento de K a L, representa o inverso do decréscimo de D a G. Em L a curva une-se com a seção original A e B e a partir daí a seqüência toda se repete. O fato de a corrente em I não ser igual em valor à em C pode ser devido à remoção incompleta do zinco metálico da gota de mercúrio ou a uma diferença nos coeficientes de difusão para as espécies aquosas, contendo Zn(II), provavelmente como íon $[\mathrm{Zn(NH_3)_4}]^{++}$, e Zn metálico no amálgama. O gradiente de concentração responsável pela difusão é naturalmente bem diferente para os dois.

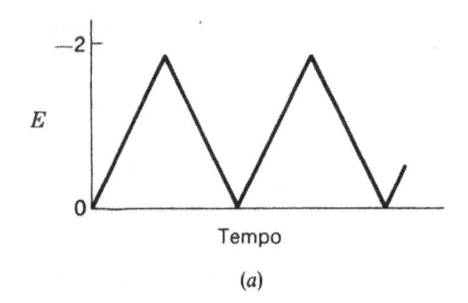

Figura 13.19 – Voltametria cíclica. a) Função de excitação da onda triangular. b) Voltamograma obtido com Zn(II) 10^{-3} F em NH_3 2 F, NH_4Cl como tampão (Academic Press Inc., New York)

A reação do elétrodo usada aqui como exemplo é altamente irreversível, como se mostra pela grande diferença (ao redor de 0,6 V) entre $E_{s,\text{ catódico}}$ e $E_{s,\text{ anódico}}$. Para um processo reversível, com $n = 2$, essa diferença (a 25°C) será 0,28 V, prevista pela Eq. (13-17). Isso oferece outro caminho conveniente para determinar o grau de reversibilidade.

OUTRAS MODIFICAÇÕES

Foram desenvolvidos vários processos que são modificações da polarografia, mas que são menos freqüentemente empregados e exigem aparelhos mais complicados, de modo que não os discutiremos em detalhes. O primeiro é a *polarografia com c.a.* em que a rampa de voltagem é modulada com um pequeno potencial alternativo (alguns milivolts); então mede-se o componente c.a. da corrente do elétrodo. As pequenas e rápidas variações sem potencial, via equação de Nernst, provocam uma correspondente variação rápida na razão das formas oxidada e reduzida das espécies eletroativas, o que significa que deve fluir uma corrente alternada. No potencial de meia-onda o valor da corrente é máximo quando as duas concentrações são iguais (para um sistema reversível).

Na *polarografia de onda quadrada*, a rampa é modulada por uma onda quadrada em vez de por uma onda senóide. A principal vantagem é que se pode desprezar a corrente residual (capacitiva) porque, após a iniciação de cada pulsação de voltagem, a corrente capacitiva extingue-se logaritmicamente, em um intervalo muito curto levando a corrente faradaica a um valor finito que pode ser lido com grande precisão. O circuito de regulagem e a instrumentação relacionada tornam-se muito complexos. Intimamente relacionada é a *polarografia de pulsação*, onde a grandeza, a duração e o intervalo das pulsações de voltagem são todas variáveis independentes, com correspondente aumento na complexidade e flexibilidade.

Alguns valores comparativos para essas variações de polarografia são fornecidos na Tab. 13.2. Define-se *resolvabilidade* como o intervalo mínimo de vol-

Tabela 13.2 – Comparação de diferentes tipos de polarografia*

Polarografia	Sensibilidade-limite, F	Resolução, mV	Separação
Corrente contínua convencional	1×10^{-5}	100	10:1
Varredura rápida	3×10^{-7}	40	400:1
Corrente alternada	5×10^{-7}	40	1000:1
Onda quadrada	5×10^{-8}	40	20.000:1
Pulsação	1×10^{-8}	40	10.000:1

*Os valores retirados de Schmidt e von Stackelberg (ref. 16) são apenas aproximados e correspondem às situações mais favoráveis em cada caso.

tagem entre dois potenciais de meia-onda que permitirão medidas de ambas as alturas de onda; *separatibilidade* refere-se à razão máxima de concentração das substâncias A e B, onde $E_{1/2}$ para B é mais negativo que para A de uma quantidade igual à da coluna de resolvabilidade. Cada valor representa o melhor exemplo observado, que não pode ser atingido na prática de rotina.

TITULAÇÃO AMPEROMÉTRICA

É possível fazer uma titulação em uma cela de eletrólise voltamétrica e seguir seu progresso observando a corrente de difusão após sucessivas adições de reagente. Isso é análogo a titulações potenciométricas e condutométricas e chama-se *titulação amperométrica*. Como a corrente de difusão é geralmente proporcional à concentração, observou-se que a curva de titulação consiste de dois segmentos de reta, cuja interseção corresponde ao ponto de equivalência. Distinguem-se três tipos de curvas (Fig. 13.20). A curva *a* resulta da titulação de um íon reduzível por um reagente que não fornece por si mesmo uma onda polarográfica. Um exemplo é a titulação do íon de chumbo por oxalato com um cátodo de mercúrio gotejante a um potencial de –1,0 V em relação ao ECS com nitrato de potássio como eletrólito-suporte. A corrente de difusão inicial é relativamente elevada e decresce regularmente à medida que se remove o íon Pb^{++} por reação com o oxalato adicionado. Depois do ponto de equivalência, adições posteriores do reagente não têm efeito sobre a corrente.

A titulação inversa, oxalato por íon de chumbo, em condições semelhantes dá uma curva como *b* da Fig. 13.20. Não se pode acumular íon Pb^{++} na solução e dá uma corrente de difusão até que o oxalato precipite. Outro exemplo é a precipitação do chumbo por dicromato de potássio em solução ácida com voltagem

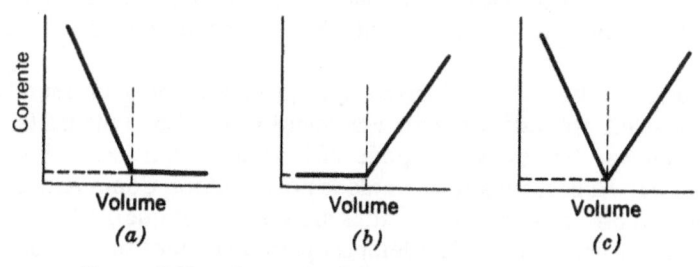

Figura 13.20 – Curvas de titulações amperométricas típicas

zero aplicada, isto é, com elétrodo de mercúrio gotejante e o elétrodo de calomelano, ambos ligados diretamente ao galvanômetro. Nessas condições, não se reduz o íon-chumbo, mas o íon-dicromato fornece uma corrente de difusão bem definida.

A curva c resulta da titulação do chumbo por dicromato a um potencial aplicado de $-1,0$ V, onde tanto o íon-chumbo como dicromato podem ser reduzidos no cátodo gotejante.

Como a corrente de difusão é diminuída por adição do solvente, qualquer valor de titulação amperométrica deve ser corrigido em relação ao *efeito de diluição*, resultante da adição de reagente, se se quer obter linhas retas. Pode-se fazer essa correção multiplicando-se cada leitura da corrente de difusão pelo fator $(V + v)/V$, onde V é o volume original da solução titulada e v, o volume do reagente adicionado. Pode-se superar a necessidade de se aplicar essa correção usando-se uma solução reagente de concentração maior em 10 ou mais vezes a solução titulada, de modo que o volume adicionado é desprezível em comparação ao volume total. Se não se seguirem esses procedimentos, o gráfico será formado por linhas curvas e não retas, apesar de a posição do ponto final ser inalterada.

A solubilidade apreciável de precipitação causa arredondamento no gráfico na região do ponto de equivalência. Se a solubilidade for muito grande, naturalmente o método falhará. O limite de solubilidade permitido varia de 10^{-4} a 10^{-5} F, mas varia com a concentração original da solução que está sendo titulada e com outros fatores. Pode ser vantajoso fazer a titulação em álcool a 50% para reduzir a solubilidade do produto.

A titulação amperométrica se aplica não apenas a reações de precipitação mas também a muitas titulações complexométricas e redox. Possui maior precisão que os métodos polarográficos não-titulativos, pois cada análise envolve um número de determinações isoladas, relacionadas de modo que os erros individuais tendem a se cancelar.

APARELHOS DE TITULAÇÃO

Pode-se usar qualquer instrumento polarográfico-padrão para seguir as titulações. Todavia, como no processo potenciométrico, é possível uma simplificação. Em primeiro lugar deve-se ajustar o potencial aplicado apenas ao décimo mais próximo de um volt, o que torna desnecessário um divisor e medidor de voltagem altamente preciso. Em segundo, como são necessários apenas valores relativos de corrente, omite-se a calibração do galvanômetro. As características específicas do capilar também não têm efeito. A temperatura deve permanecer essencialmente constante durante uma titulação, mas não precisa ser registrada. Como uma titulação exige talvez apenas 10 min, o controle de temperatura não é um problema sério.

Há algumas substâncias reduzíveis que produzem uma corrente de difusão para um potencial aplicado de zero em relação ao ECS. Íons-prata e cromato são dois exemplos. Nesses casos, pode efetuar uma considerável simplificação no aparelho e não há necessidade da unidade polarizadora. Como para as titulações, os potenciais não precisam ser selecionados mais próximos que 0,1 V e, teoricamente, é possível escolher um elétrodo de referência para qualquer titulação dada de modo que o potencial de difusão apareça sem qualquer fonte de voltagem externa. Um número de meias-celas convenientes para essa finalidade é dado na Tab. 13.3. Elas podem ser preparadas com antecedência e ser mantidas à mão prontas para uso quando for necessário. Uma tabela mais longa de meias-celas convenientes foi dada por Harris (ref. 6).

Tabela 13.3 — Meias-celas de referência selecionadas para titulações amperométricas

Meia-cela	Volts em relação ao	
	ENH	ECS
KI (1 F); AgI; Ag	−0,137	−0,383
KI (0.1 F); AgI; Ag	−0,084	−0,330
KBr (1 F); AgBr; Ag	0,086	−0,160
NaOH (0,5 F); HgO; Hg	0,150	−0,096
SCE	0,246	0,000
KCl (0,1 F); Hg₂Cl₂; Hg	0,335	0,089
H⁺ (pH = 5); quinidrona; Pt	0,405	0,159
K₂CrO₄ (0,2 F); Ag₂CrO₄; Ag	0,500	0,254
H⁺ (pH = 2); quinidrona; Pt	0,582	0,336
H₂SO₄ (1 F); Hg₂SO₄; Hg	0,682	0,436

Um exemplo de aplicação desse princípio é a titulação de mercaptanas com nitrato de prata amoniacal (ref. 9). Preparou-se um elétrodo de referência –0,23 V em relação ao ECS por dissolução de 4,2 g de iodeto de potássio e 1,3 g de iodeto mercúrio em 100 ml de solução de cloreto de potássio saturada. A solução resultante foi posta em contato com mercúrio metálico e ligada ao recipiente de titulação por uma ponte salina de cloreto de potássio.

ELÉTRODO DE PLATINA ROTATIVO

A substituição do EGM por um elétrodo de platina rotativo ocasiona maior sensibilidade devido ao rompimento parcial da camada de difusão por agitação feito com um fio de platina de 2 a 3 mm de comprimento estendendo-se horizontalmente num tubo de vidro-suporte vertical. Gira-se o tubo a algumas centenas de rpm, velocidade que se deve manter constante para obter resultados coerentes. Outra vantagem do elétrodo de platina é a grande redução da corrente residual.

Um excelente exemplo é a titulação do arsenito por bromato de potássio em presença de brometo (ref. 10). Torna-se a solução de arsenito 1 F em ácido clorídrico e 0,05 F em brometo de potássio. O potencial aplicado é de +0,2 a 0,3 V em relação ao ECS. A reação é

$$3AsO_2^- + BrO_3^- \longrightarrow 3AsO_3^- + Br^-$$

O brometo age como indicador, desde que o brometo seja oxidado depois que o arsenito reagiu totalmente.

$$BrO_3^- + 5Br^- + 6H^+ \longrightarrow 3Br_2 + 3H_2O$$

De todas as substâncias presentes, o bromo livre é a única que fornece onda polarográfica. A Fig. 13.21 mostra a curva resultante da titulação de 100 ml de uma solução de ácido arsenioso $9,18 \times 10^{-4} N$ com bromato de potássio $0,0100 N$. Nesse potencial aplicado o oxigênio não se reduz no cátodo, assim, não é necessário remover oxigênio antes da análise.

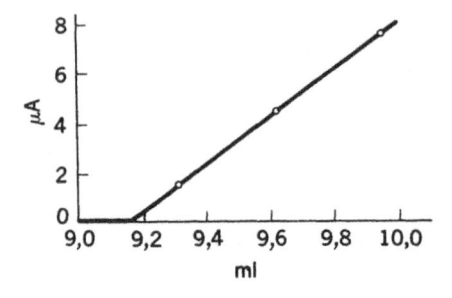

Figura 13.21 — Titulação amperométrica de arsenito por bromato (Journal of Physical Chemistry)

Nessa titulação com elétrodo rotativo, não há necessidade de fazer leituras antes do ponto de equivalência. O operador adiciona reagente continuamente, a uma velocidade moderada, até notar alguma deflexão. Então três ou quatro leituras em presença de um excesso de reagente estabelecerá a porção da inclinação da curva, que é extrapolada ao zero do eixo para determinar o ponto de equivalência.

O número de titulações aos quais se pode aplicar o método amperométrico é muito maior que para titulações potenciométricas, pois os elétrodos não são específicos. Há tantos íons e moléculas, que podem dar ondas polarográficas tanto com microelétrodos de mercúrio como de platina, que há uma boa possibilidade de se encontrar um reagente conveniente para titulação direta ou indireta de quase toda substância. O processo é mais adequado para determinações precisas de baixas concentrações da amostra.

TITULAÇÕES BIAMPEROMÉTRICAS

Torna-se possível um procedimento simplificado, impondo-se um pequeno potencial através dos dois elétrodos inertes idênticos. O aparelho requerido consiste apenas de uma fonte de 50 a 100 mV e um galvanômetro em série com dois elétrodos de platina. Nenhuma corrente pode escoar entre os elétrodos, a menos que estejam presentes tanto uma substância que possa ser oxidada no ânodo e uma que possa ser reduzida no cátodo. Qualquer par redox facilmente reversível permitirá a ocorrência da eletrólise. No sistema férrico-ferroso, por exemplo, podem-se reduzir íons de Fe^{3+} no cátodo e simultaneamente oxidar íons de Fe^{++} no ânodo. Alguns outros sistemas, que não sejam pares reversíveis, também permitem escoamento de corrente. Peróxido de hidrogênio, por exemplo, é oxidado no ânodo a oxigênio e reduzido no cátodo a íon-hidróxido. O par permanganato-manganoso não é reversível, entretanto permite eletrólises, pois o Mn^{++} é anodicamente oxidado a MnO_2 e MnO_4^- sofre redução catódica a MnO_4^- ou a MnO_2. Alguns outros sistemas eletrolisáveis são: I_2—I^-, Br_2—Br^-, Ce^{4+}—Ce^{3+}, $Fe(CN)_6^{3-}$—$Fe(CN)_6^{4-}$, Ti^{4+}—Ti^{3+}, VO_3^-—VO^{++}.

Algumas titulações que podem ser executadas dessa maneira são mostradas graficamente na Fig. 13-22 (ref. 17). A titulação de iodo por tiossulfato (curva *a*) é uma das mais antigas reações que foram seguidas por esse processo; o abrupto cessar de corrente no ponto de viragem originou o nome de titulação de *ponto morto*. Antes do ponto de equivalência, estão presentes na solução tanto iodo livre como íons-iodeto e a corrente pode escoar, mesmo com um potencial aplicado tão pequeno quanto 15 mV. À medida que a titulação prossegue, o iodo é reduzido a iodeto e, no ponto de equivalência, não sobra iodo livre e a solução não conduz. Além do ponto de equivalência, à medida que se adiciona mais tiossulfato, a corrente não escoa pois tiossulfato-tetrationato não constitui um par reversível. Isso se usa em grande escala na titulação de umidade de Karl Fischer.

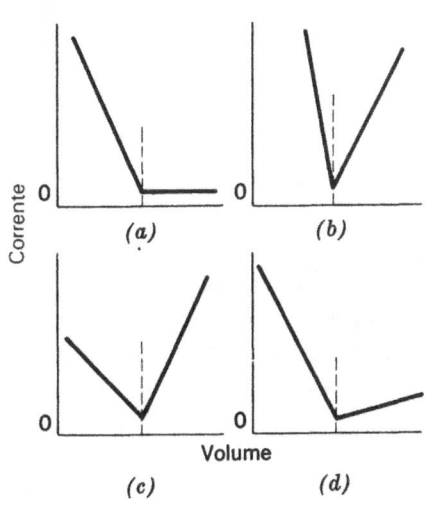

Figura 13.22 − Curvas de titulações biamperométricas típicas: *a*) iodo por tiossulfato, *b*) ferro(II) por cério(IV), *c*) vanádio(V) por ferro(II) e *d*) hexacianoferrato(II) por cério(IV) (Analytical Chemistry)

Na titulação de íons ferrosos por cerato (sulfato cérico) (curva *b*) por outro lado, a corrente pode escoar de ambos os lados da equivalência pois tanto os pares ferroso-férrico como ceroso-cérico formam pares reversíveis. Há um ponto de corrente zero (ou quase) correspondente à completa remoção de íons ferrosos antes da adição de excesso de íons-cerato.

Podem-se interpretar as outras curvas segundo linhas semelhantes. Os pontos de viragem em todas essas titulações são nitidamente definidos, pois a corrente cai essencialmente a zero.

CRONOPOTENCIOMETRIA (refs. 1, 4 e 5)

É um processo eletroquímico estritamente relacionado com a polarografia na medida em que é controlado por difusão, mas não envolve o estudo das curvas corrente-voltagem. Pode-se classificá-lo como um exemplo de potenciometria à corrente constante.

Consideremos uma cela de três elétrodos (Fig. 13-23) com uma pequena corrente constante passando entre o elétrodo de trabalho e o contra-elétrodo, enquanto se controla o potencial do elétrodo de trabalho em relação a uma referência. O elétrodo de trabalho pode ser um depósito de mercúrio de mais ou menos 1 cm de diâmetro; o contra-elétrodo, uma folha de platina e o elétrodo de referência, um ECS com a ponta capilar da ponte salina bem próxima ao elétrodo de trabalho. A solução deve estar em repouso (não-agitada). Suponhamos que a solução consista de um eletrólito-suporte inerte com uma pequena concentração de íons-

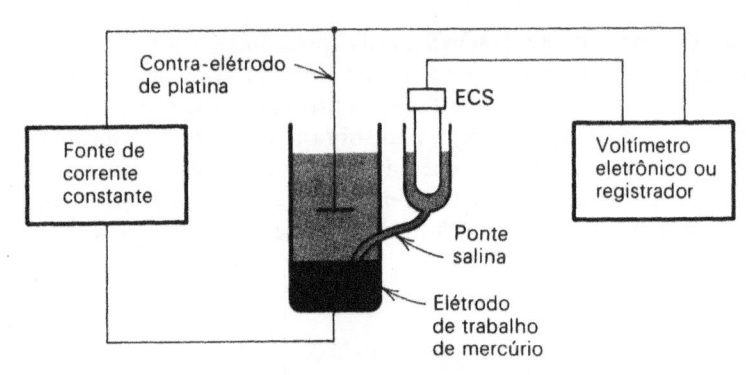

Figura 13.23 – Aparelho para cronopotenciometria

-cádmio. No momento de fechar o interruptor da fonte de corrente, o potencial do elétrodo de trabalho (catódico) saltará de zero a um valor suficientemente negativo para permitir que ocorra a redução do Cd^{++}, (ponto A, Fig. 13.24). Ele deveria se manter próximo a esse valor, mas aumenta ligeiramente até que se esgotem os íons Cd^{++} na vizinhança do elétrodo (ponto B) e aí outra vez sobe bruscamente até ser suficientemente negativo para reduzir o próximo material reduzível presente, nesse caso, a água, no ponto C.

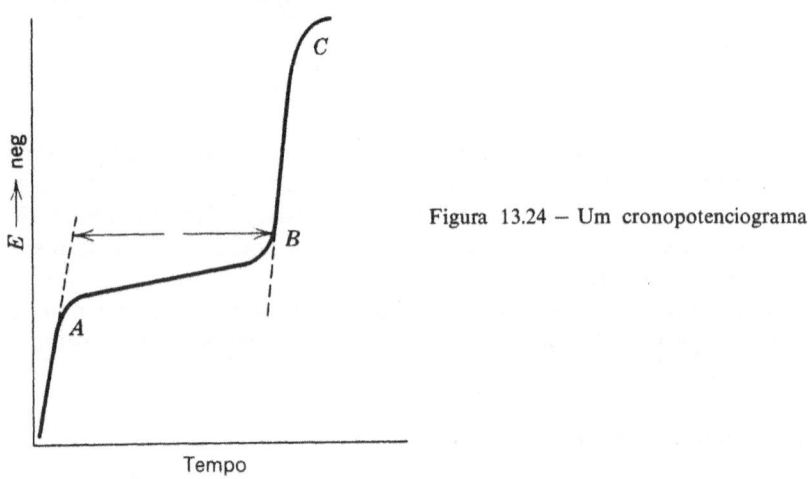

Figura 13.24 – Um cronopotenciograma

O período de tempo necessário para esgotar a camada superficial (A a B) é chamado *tempo de transição* $.\tau.$ e se relaciona à concentração máxima das espécies reduzíveis pela *equação de Sand*, análoga à equação da polarografia de Ilkovič:

$$\tau^{1/2} = \frac{\pi^{1/2} n F A D^{1/2} C}{2I} \qquad (13\text{-}19)$$

onde todos os símbolos foram previamente definidos. Isso permite calcular a concentração em termos de parâmatros conhecidos ou mensuráveis, o que torna o método válido para aplicações analíticas quantitativas.

O potencial correspondente à porção A-B da curva pode ser relacionado ao potencial de redução das espécies eletroativas. Uma equação derivada por *Ka-*

raoglanoff, e conhecida por seu nome, mostra que para um sistema onde tanto as espécies oxidadas como reduzidas são solúveis (no solvente ou no elétrodo), o potencial do elétrodo de trabalho E_{we} é

$$E_{we} = E^0 - \frac{RT}{2nF} \ln\left(\frac{D}{D'}\right) - \frac{RT}{nF} \ln\left(\frac{t^{1/2}}{\tau^{1/2} - t^{1/2}}\right) \qquad (13\text{-}20)$$

o último termo desaparece quando

$$t^{1/2} = \tau^{1/2} - t^{1/2}$$

ou

$$t = \frac{\tau}{4} \qquad (13\text{-}21)$$

Observar que $E^0 - (RT/2nF) \ln (D/D')$ já foi definida como $E_{1/2}$ pela Eq. (13-8) e, portanto, se escrevermos $E_{\tau/4}$ para o valor de E_{we} quando $t = .\tau./4$, segue-se que

$$E_{we} = E_{\tau/4} - \frac{RT}{nF} \ln\left(\frac{t^{1/2}}{\tau^{1/2} - t^{1/2}}\right) \qquad (13\text{-}22)$$

é análoga à Eq. (13-9) para a polarografia e mostra que $E_{\tau/4}$ é idêntico a $E_{1/2}$.

A cronopotenciometria apresenta vários pontos de vantagem e desvantagem. A cela não pode ser improvisada facilmente como uma cela para polarografia, devido a serem bastante críticas a geometria do elétrodo de trabalho e a relação desse com o capilar da meia-cela de referência. Isso ocorre principalmente porque derivam-se as equações na suposição de difusão linear e isso deve ser imposto por um cuidadoso planejamento da cela. Qualquer variação na superfície do elétrodo, como adsorção ou deposição de um material insolúvel tenderá a interferir no processo de difusão e portanto deve se proteger o elétrodo.

A técnica é essencialmente útil em estudos cinéticos. Por cronopotenciometria é fácil estabelecer quando um processo de elétrodo é controlado ou não por difusão; se for, o produto $I\tau^{1/2}$ deverá ser constante mesmo se a corrente for alterada. Na prática pode-se alterar a densidade de corrente (I/A) de várias ordens de grandeza e estudar seu efeito na reação do elétrodo.

Somente para fins analíticos, a cronopotenciometria não oferece vantagens suficientes para contrabalançar suas inconveniências.

PROBLEMAS

13-1 Dissolve-se uma amostra de 1.000 g de zinco metálico em 50 ml de ácido clorídrico 6 F, dilui-se até a marca em um balão volumétrico de 250 ml e adiciona-se uma gota de um supressor de máximos. Transfere-se uma porção de 25,00 ml para uma cela polarográfica e elimina-se o oxigênio. Um polarograma no intervalo de 0 a 1 V (em relação ao elétrodo de depósito de mercúrio) mostra uma onda com a $E_{1/2} = -0,65$ V, $\bar{\imath}_d = 32,0$ unidades de deflexão do galvanômetro. Adicionam-se 5.00 ml de cloreto de cádmio 5×10^{-4} F diretamente à cela do polarógrafo que já contém a solução de zinco; novamente elimina-se o oxigênio e obtém-se um segundo polarograma. A onda mostra o mesmo $E_{1/2}$, mas $\bar{\imath}_d$ é 77,5 unidades. Calcular a porcentagem em peso da impureza de cádmio no zinco metálico. Não desprezar o efeito de diluição. (Observar que o eletrólito-suporte é cloreto de zinco-ácido clorídrico.)

13-2 Uma solução de $CdCl_2$ 5×10^{-3} em KCl 0,1 F mostra uma corrente de difusão de 50,0 μA a $-0,8$ V em relação ao ECS. Goteja-se o mercúrio a uma velocidade de 180 gotas por min. Recolhem-se dez gotas de peso $3,82 \times 10^{-2}$ g. *a)* Calcular o coeficiente de difusão D. *b)* Se o capilar for substituído por outro, para o qual o tempo de gotejamento é 3,0 s e 10 gotas pesam $4,20 \times 10^{-2}$ g, qual será o novo valor da corrente de difusão?

13-3 Alfa-benzoinoxima (cupron) é um agente precipitante para cobre (ref. 11). Em um meio consistindo de NH_4Cl 0,1 F e NH_3 0,05 F (pH = 9), o cupron é reduzido no EGM dando uma onda com $E_{1/2} = -1,63$ V em relação ao ECS (curva a, Fig. 13.25). Mostra-se na curva b a onda dupla do cobre no mesmo meio. Esboce a curva que seria obtida por titulação amperométrica do cobre por cupron

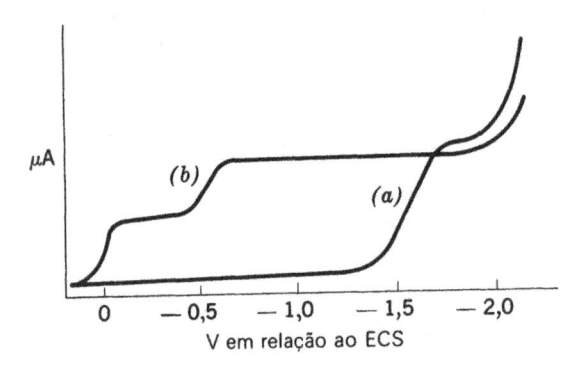

Figura 13.25 — Polarogramas para a) α-benzoinoxima e b) cobre, em tampão amônia-cloreto de amônio [Segundo Langer. (ref. 11)]

aos potenciais aplicados de $-1,0$ V e $-1,8$ V em relação ao ECS. Que potencial seria preferido na titulação do cobre na ausência de substâncias interferentes? Qual seria mais propenso à interferência por impurezas reduzíveis?

13-4 Podem-se determinar polarograficamente pequenas concentrações (0,1 a 10 ppm) de íon-nitrato com cloreto de zirconilo ($ZrOCl_2$) 0,1 F, como eletrólito-suporte, por diferença nas correntes de difusão antes e depois da redução do nitrato por sulfato de ferro (II) e amônio com o EGM 1,2 V negativo em relação ao ECS (ref. 14). Registraram-se os seguintes valores para dois padrões e uma amostra:

Solução, NO_3^-	Corrente de difusão, μA	
	Antes da redução	Após a redução
10,0 ppm	87,0	22,0
5,0 ppm	48,5	15,2
Amostra	59,0	17,0

Calcule a concentração de nitrato na amostra.

13-5 Calcule valores de E_{EGM} correspondentes a correntes de 1, 2, 3 μA, etc., acima de 9 μA para três reduções hipotéticas em cada uma das quais $E_{1/2} = -1,000$ V em relação ao ECS e $\bar{i}_d = 10$ μA, mas para $n = 1, 2$ e 3, respectivamente (temperatura 25°C). Coloque esses valores em um único gráfico de modo que as três curvas se interceptem no ponto de meia-onda. Para os mesmos valores, coloque em outro gráfico a quantidade $\log[\bar{i}/(\bar{i}_d - \bar{i})]$ como abscissa e E_{EGM} como ordenada.

13-6 O estanho(IV) em solução de pirogalol acidulado dá um polarograma com dois degraus de igual altura, tendo valores de $E_{1/2}$ de $-0,20$ e $-0,40$ V em relação ao ECS (ref. 3). Observar que $E°$ para $Sn^{4+} + 2e^- \longrightarrow Sn^{++}$ é 0,10 V e para $Sn^{++} + 2e^- \longrightarrow Sn^0$ é $-0,38$ V em relação ao ECS. a) Explique por que se observam dois degraus iguais. b) Qual forma do estanho, Sn(IV) ou Sn(II), se conclui que seja mais fortemente complexada pelo pirogalol e por que?

13-7 O íon Ag^{++} em $NaClO_4$ como eletrólito-suporte é reduzível no EGM no potencial de ECS. O íon Cl^-, no mesmo meio, fornece uma onda anódica com $E_{1/2} = +0,25$ V em relação ao ECS. É possível determinar quando o complexo $AgCl_2^-$ é reduzível nessas condições por titulação de Ag^+ por Cl^-, amperometricamente, no EGM. Esboce e explique as curvas de titulação que poderiam resultar.

13-8 Na cronopotenciometria de antraceno em acetonitrila contendo $NaClO_4$ 0,1 F obtiveram-se os seguintes valores:[18]

Concentração (C)	Corrente (I)	$\tau^{1/2}$
$1,04 \times 10^{-3} F$	$3,23$ mA	$0,591$ s $^{1/2}$
$1,10 \times 10^{-3} F$	$3,24$ mA	$0,610$ s $^{1/2}$
$2,28 \times 10^{-4} F$	890 μA	$0,474$ s $^{1/2}$

Determine o valor de K na forma abreviada da Eq. (13-19): $\tau^{1/2} = KCI^{-1}$. Uma solução desconhecida, a $1,00$ mA deu um valor de $\tau^{1/2} = 3,29\,s^{1/2}$. Qual será sua concentração?

REFERÊNCIAS

1. Anderson, L. B. e C. N. Reilley: *J. Chem. Educ.*, **44**: 9 (1967).
2. Annino, R. e K. J. Hagler: *Anal. Chem.*, **35**: 1555 (1963).
3. Bard, A. J.: *Anal. Chem.*, **34**: 266 (1962).
4. Delahay, P.: "New Instrumental Methods in Electrochemistry", Interscience Publishers (Divisão de John Wiley & Sons, Inc.), New York, 1954. .
5. Delahay, P.: Chronoamperometry and Chronopotentiometry, em I. M. Kolthoff e P. J. Elving (eds.), "Treatise on Analytical Chemistry", Parte I, vol. 4, Cap. 44, Interscience Publishers (Divisão de John Wiley & Sons, Inc.), New York, 1963.
6. Harris, W. E.: *J. Chem. Educ.*, **35**: 408 (1958).
7. Heyrovský, J. e J. Kůta: "Principles of Polarography", Academic Press Inc., New York, 1966.
8. Heyrovský, J. e M. Shikata: *Rec. Trav. Chim.*, **44**: 496 (1925).
9. Kolthoff, I. M. e W. E. Harris: *Ind. Eng. Chem., Anal. Edition*, **18**: 161 (1946).
10. Laitinen, H. A. e I. M. Kolthoff: *J. Phys. Chem.*, **45**: 1079 (1941).
11. Langer, A.: *Ind. Eng. Chem., Anal. Edition*, **14**: 283 (1942).
12. Lingane, J. J.: *Ind. Eng. Chem., Anal. Edition*, **15**: 583 (1943).
13. Meites, L.: "Polarographic Techniques", 2.ª ed., Interscience Publishers (Divisão de John Wiley & Sons, Inc.), New York, 1965.
14. Rand, M. C. e H. Heukelekian: *Anal. Chem.*, **25**: 878 (1953).
15. Reilley, C. N. e R. W. Murray: Introduction to Electrochemical Techniques, em I. M. Kolthoff e P. J. Elving (eds.), "Treatise on Analytical Chemistry", Parte I, vol. 4, Cap. 43, Interscience Publishers (Divisão de John Wiley & Sons, Inc.), New York, 1963.
16. Schmidt, H. e M. von Stackelberg: "Modern Polarographic Methods", Academic Press Inc., New York, 1963.
17. Stone, K. G. e H. G. Scholten: *Anal. Chem.*, **24**: 671 (1952).
18. Voorhies, J. D. e N. H. Furman: *Anal. Chem.*, **31**: 381 (1959).
19. Wawzonek, S.: *Anal. Chem.*, **30**: 661 (1958).
20. Zuman, P.: "Organic Polarographic Analysis", The Macmillan Company, New York, 1964.

14 Eletrodeposição e coulometria

No Cap. 12, consideramos o significado dos potenciais de dois elétrodos *não-polarizados* em uma cela eletrolítica. No Cap. 13, investigamos o fenômeno corrente-difusão que surge quando se polariza *um* dos elétrodos. No presente capítulo, trataremos das aplicações analíticas da eletrólise onde se inclui a passagem de uma corrente tão forte que se polarizam *ambos* os elétrodos.

Consideremos uma cela eletrolítica montada como a da Fig. 14.1 com um par de elétrodos de platina imerso numa solução de sulfato de cobre. À medida que se aumenta o potencial a partir de zero, não escoa praticamente nenhuma corrente até que se atinja o potencial de decomposição. Além desse ponto, escoará grande quantidade de corrente enquanto se deposita o cobre no cátodo e se liberta oxigênio no ânodo.

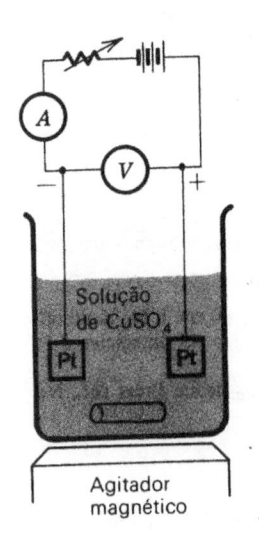

Figura 14.1 – Cela eletrolítica simples

O potencial total V através da cela durante a passagem da corrente pode ser dividido nos seguintes termos:

$$V = (E_a + \omega_a) - (E_c + \omega_c) + IR \qquad (14\text{-}1)$$

em que E_a e E_c são freqüentemente as f. e. m. das meias-celas reversíveis do ânodo e do cátodo; ω_a e ω_c representam os potenciais adicionados aos dois elétrodos devido em parte à sobrevoltagem em relação à deposição do cobre e oxigênio e em parte à polarização de concentração resultante da passagem da corrente e IR é a queda de potencial da própria solução. Como estamos primariamente interessados na deposição catódica dos metais, é conveniente manter condições tais que a reação que ocorre no ânodo seja sempre a mesma, nesse caso os valores de E_a e ω_a não variarão apreciavelmente durante uma experiência. A deposição no cátodo é determinada pela quantidade $(E_c + \omega_c)$. Calcula-se E_c pela equação de Nernst e por valores tabelados de $E°$ ou $E°'*$.

Em muitos trabalhos de eletrodeposição, em contraste com a polarografia, usam-se soluções comparativamente concentradas e, portanto, em trabalhos de precisão não podemos desprezar as correções de atividade. Elas são mostradas como aproximações para vários cátions na Fig. 11.1. Para outros íons, se falta informação específica, sobre atividade, pode-se considerar a correção de atividade como a mesma para íons de mesma carga, sem probabilidade de grande erro (H é uma exceção). Deve-se salientar que não se podem considerar exatas as correções de atividade da Fig. 11.1, podemos, pois, os coeficientes de atividade muito afetados pela presença de outras substâncias em solução.

Pode-se usar essa tabela para selecionar potenciais adequados para a eletrodeposição de um metal a partir de uma mistura. Assim, um cátodo com 0,6 V negativo em relação ao ECS seria suficientemente negativo para depositar estanho sem interferência de tálio ou cádmio. Por eletrólise, pode-se diminuir a concentração do estanho a menos de $10^{-6}\,F$ (pSn = 6), ao passo que não se pode descarregar o íon-taloso a não ser que sua concentração seja muito maior que 0,8 F (pTl = 0,1) e o cádmio não pode de forma alguma. Em presença de estanho, não se libertará hidrogênio nesse ponto porque sua sobrevoltagem em um elétrodo recoberto de estanho é muito alta.

Não se pode calcular com exatidão o termo ω_c, pode-se, contudo, diminuí-lo em uma experiência fornecendo-se agitação eficiente e evitando-se que a densidade de corrente se torne excessiva. No procedimento clássico para separação eletrolítica de metais, aplica-se um potencial suficientemente elevado, de maneira que escoe uma corrente considerável (alguns ampères), e permite-se que a eletrólise continue apenas com ajustes de corrente ocasionais até que seja completa a decomposição sobre um cátodo previamente pesado. Necessita-se apenas do mais simples dos aparelhos. É bem adequado um acumulador ou retificador de 6 V ligado em série com um reostato, um amperímetro e a cela eletrolítica (com um voltímetro através da cela). É necessária agitação mecânica. Como esse método é muito usado, há várias unidades no mercado que permitem executar duas, quatro ou até mais eletrólises simultaneamente. Considera-se comumente esse procedimento nos textos sobre análises quantitativas elementares e por isso não será discutido posteriormente.

Em qualquer técnica de eletrodeposição, deve-se tomar cuidado para garantir um depósito firmemente aderente que não descasque. O fator mais importante é a agitação eficiente pois evita o esgotamento da solução ao redor do cátodo. Por razões semelhantes a densidade de corrente não deve ser muito grande. Algumas vezes a introdução de um colóide, como gelatina, produz cristais menores e um depósito mais firme.

ESCOLHA DO ÂNODO

Apesar de o interesse primário na eletrodeposição dos metais ser geralmente o cátodo, também devemos dar atenção ao ânodo. Usa-se mais comumente a platina, mas devemos ter certeza de que nenhum produto de oxidação anódica possa

---

*Isso é válido se se admitir que o cátodo de platina se tornou coberto com cobre e, portanto, atua como um cátodo de cobre.

interferir no processo catódico desejado, ou de que seja prejudicial em qualquer outro sentido. Se os principais ânions presentes são nitrato, sulfato, fosfato ou outros íons não-oxidáveis com os potenciais atingidos na experiência, então o processo do ânodo resultará na libertação de oxigênio, o que não é prejudicial. Se houver uma grande concentração de cloreto, poderá haver libertação de cloro, que é capaz de atacar o ânodo de platina, além de ser desagradável para o operador. Pode-se evitar a formação de cloro por adição de hidrazina à solução; oxida-se a hidrazina, de preferência ao cloreto, produzindo nitrogênio livre. Outra maneira de evitar a formação de cloro é a escolha de um ânodo de prata. O processo anódico será $Ag + Cl^- \longrightarrow AgCl + e^-$. Obtém-se o cloreto de prata como uma camada aderente facilmente reduzida à prata quando é deixada durante a noite em uma solução de cloreto de zinco, em contato elétrico com um pedaço de zinco.

ELETRÓLISE COM POTENCIAL CONTROLADO

Para conseguir completa separação de metais que têm potenciais-padrão relativamente próximos, como cobre e estanho, é necessário introduzir um dispositivo para medir o potencial do cátodo, independentemente dos outros termos da Eq. (14-1). Isso se consegue inserindo na cela de eletrólise um elétrodo de referência de calomelano (Fig. 14.2). Pode-se medir o potencial entre o ECS e o cátodo por um voltímetro eletrônico ou potenciômetro. É possível manter o cátodo exatamente no potencial correto para que a deposição desejada se dê sem interferências. Esse é o método de *eletrólise com potencial do cátodo controlado*. Mede-se o potencial $E_{ECS} - (E_c + \omega_c)$.

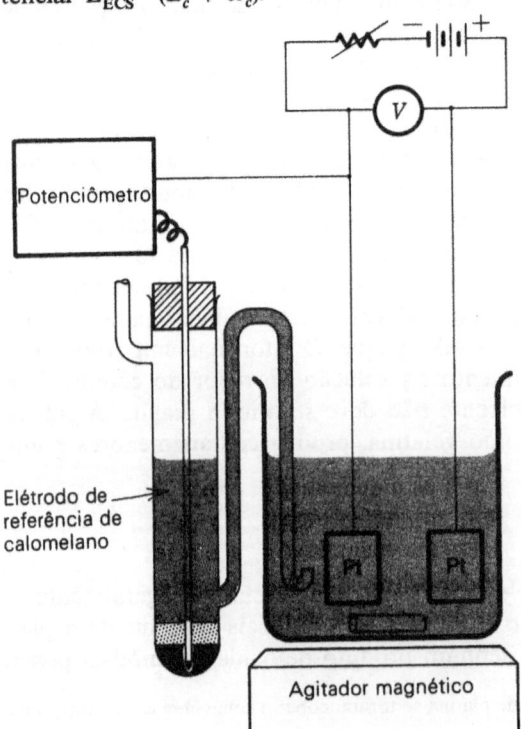

Figura 14.2 — Aparelho para eletrodeposição com potencial do cátodo controlado manualmente

Esse tipo de aparelho proporciona a si mesmo facilmente um controle automático. Pode-se seguir o princípio da operação com auxílio da Fig. 14.3. Liga-se uma fonte de potencial de referência conhecido (que pode ser um potenciômetro calibrado) em oposição ao potencial da cela formado pelo cátodo da eletrólise e o elétrodo de referência (ECS). Insere-se um resistor R no circuito, como mostrado. Qualquer diferença entre os potenciais da fonte de referência e do cátodo -ECS aparecerá como uma queda de potencial através de R. Esse potencial não-equilibrado é amplificado eletronicamente e controla a operação de um motor reversível que movimenta um autotransformador variável, que por sua vez controla a entrada de c.a. para o retificador e, portanto, a saída de c.c., que é a corrente para a eletrólise.

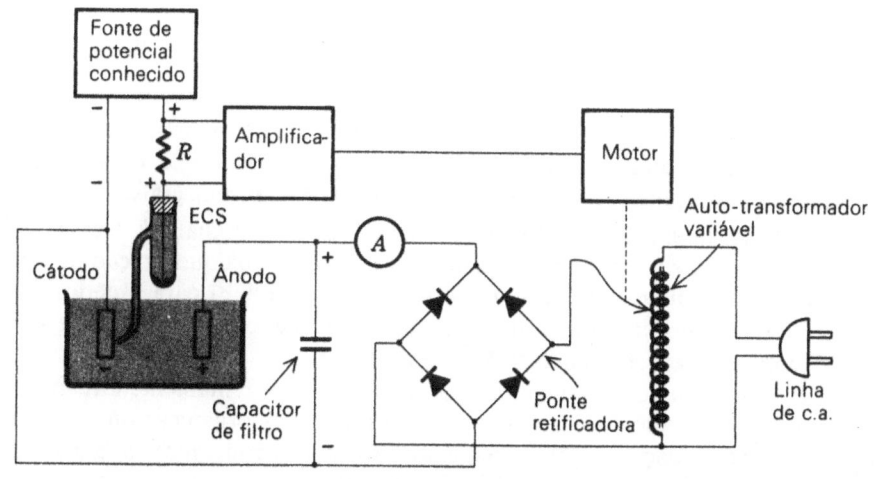

Figura 14.3 – Aparelho para eletrodeposição com potencial do cátodo controlado automaticamente (potenciostato)

Suponhamos que se mantenha o potencial do cátodo a $-0,35$ V em relação ao ECS, mas que se torne momentaneamente menos negativo que esse valor. Ajustou-se o potencial de referência a $-0,35$ V, de modo que a diferença entre ele e o potencial do cátodo -ECS será imposta através de R, com sinal negativo no topo. Esse *potencial de erro* é amplificado e aplicado ao motor de modo a movimentar o autotransformador no sentido de reduzir a voltagem aplicada à cela. Isso apresenta o efeito de reconduzir o potencial do cátodo ao valor desejado e com isso o potencial através de R torna-se zero e o motor pára. Se aparecer através de R um potencial positivo não-balanceado, a ação será exatamente oposta. O motor permanecerá parado apenas quando os dois potenciais se equilibram exatamente. Esse aparelho automático é conhecido por *potenciostato*.

Publicaram-se vários projetos engenhosos de potenciostato. Eles variam em princípio desde uma unidade eletromecânica sem componentes eletrônicos até instrumentos modernos totalmente eletrônicos, sem partes móveis. Como se pode julgar pela Fig. 11.1, não é normalmente necessário regular o potencial do cátodo mais próximo do que ± 10 mV, o que não é uma exigência muito rigorosa para um sistema de controle bem planejado.

Deve-se salientar que os potenciais de redução necessários à deposição de metais podem variar em maior ou menor extensão, dependendo das outras substâncias presentes na solução. A presença de substâncias formadoras de complexos é particularmente importante pois reduz a concentração efetiva do íon metálico livre.

Este método é igualmente conveniente para controlar o potencial do ânodo para oxidações eletrolíticas seletivas, mas isto não encontrou muita aplicação analítica.

Em eletrólises cátodo-controladas, em um potencial onde apenas uma única espécie é reduzida, a *corrente* é limitada por difusão e, portanto é proporcional à concentração das espécies reduzíveis. Isso é evidente que tanto a concentração como a corrente caem exponencialmente com o tempo. Podemos escrever:

$$\frac{C_t}{C_0} = \frac{i_t}{i_0} = 10^{-kt} \qquad (14\text{-}2)$$

onde C_t representa a concentração no tempo t; C_0 no tempo $t = 0$; i_t e i_0 as correntes correspondentes; e k é uma constante. Pode-se demonstrar que k é proporcional a DAS/V onde D é o coeficiente de difusão; A a área do cátodo; S a velocidade de agitação; e V o volume da solução. Assim, um gráfico de $\log i$ em função de t origina uma linha reta com inclinação negativa igual a k. Desse gráfico, podemos determinar o tempo necessário para depositar qualquer fração da espécie considerada. Em uma experiência citada por Lingane (ref. 8) para a deposição do cobre, k mostrou ser $0,15 \text{ min}^{-1}$, de onde segue, aritmeticamente, que a deposição foi 99% completa em 13 min e $99,9\%$, em 20 min.

A eletrólise com potencial controlado mostrou-se extremamente útil em vários campos da química, além do analítico. Em preparações orgânicas ou inorgânicas envolvendo eletroxidação ou eletroredução obtiveram-se melhores operações pelo controle do potencial. Selênio e telúrio foram preparados assim no estado de oxidação. −2 e também W(III) e W(V); vários pinacóis, hidroxilaminas, etc. foram obtidos com 100% de rendimento. É um processo valioso para separar nuclídeos radiativos em quantidades de submicrograma.

ELETRÓLISE COM CÁTODO DE MERCÚRIO

Uma técnica particularmente conveniente e importante para a separação de metais é a eletrodeposição sobre um cátodo de mercúrio (ref. 10). Como a sobrevoltagem do hidrogênio no mercúrio é muito elevada (maior que 1 V), pode-se depositar numa superfície de mercúrio qualquer metal com potencial de deposição menor que esse; mas aqueles que exigem um potencial mais negativo permanecerão em solução. Os elementos *não* depositados incluem alumínio, metais dos subgrupos do escândio, do titânio e do vanádio, tungstênio e urânio. Os metais alcalinos e alcalino-terrosos depositam-se apenas se a solução for básica. O método aplica-se com grande sucesso na remoção de ferro e metais semelhantes de soluções de ligas de alumínio, antecedendo a determinação deste elemento por processo gravimétrico ou outros meios. Também foi extensivamente aplicado na purificação de soluções de urânio (ref. 1).

Foi demonstrado por Lingane (ref. 8) que o cátodo de mercúrio é particularmente valioso na eletrólise com potencial controlado devido a sua estreita relação com a polarografia. Pode-se determinar o potencial ótimo para a eletrólise, examinando-se um polarograma obtido no mesmo eletrólito-suporte. Geralmente o potencial a escolher é aquele onde se atinge exatamente o platô difusão-corrente, que é muitas vezes cerca de 0,15 V mais negativo que o potencial de meia-onda. O aparelho pode ser do tipo da Fig. 14.4. A dificuldade lógica consiste na necessidade de pesar cuidadosamente uma grande quantidade de mercúrio a fim de determinar a quantidade de um metal reduzido em sua superfície. Como veremos na próxima seção, este problema pode ser contornado através de uma determinação coulométrica em vez de gravimétrica.

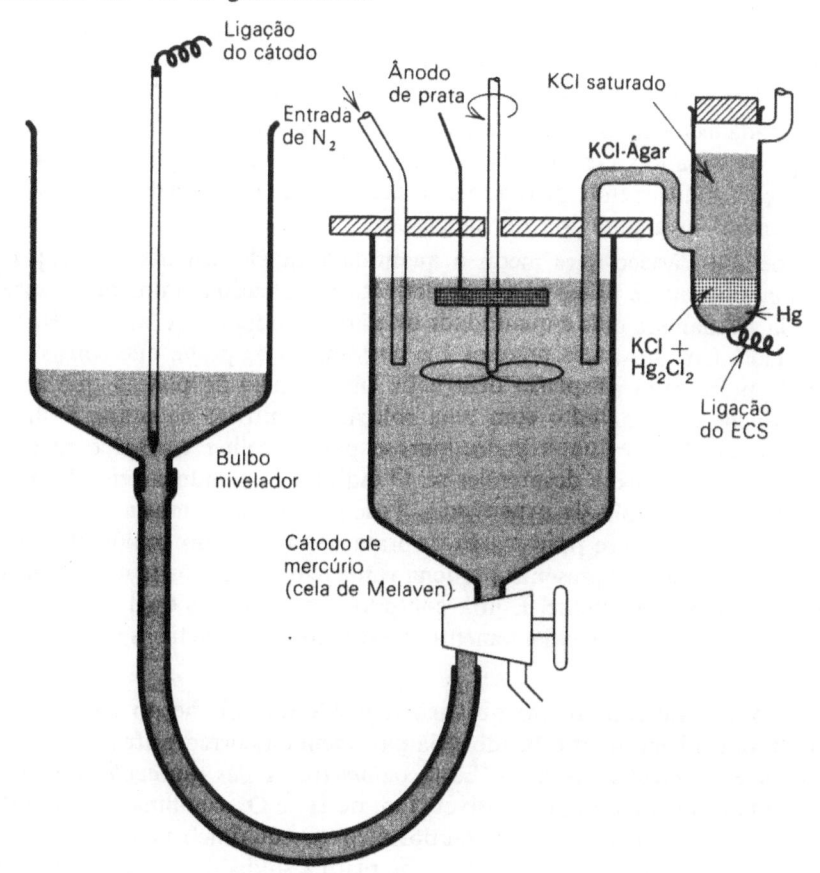

Figura 14.4 — Aparelho para eletrólise com potencial controlado em cátodo de mercúrio

COULOMETRIA

De acordo com a lei de Faraday sobre a eletrólise, uma determinada quantidade de eletricidade que passa através de um eletrólito produzirá nos elétrodos uma transformação proporcional à quantidade de eletricidade. Essa relação se traduz matematicamente por

$$W = \frac{QM}{nF} \tag{14-3}$$

onde W é a massa da substância cuja fórmula-massa é M, oxidada ou reduzida pela passagem de Q coulombs; e n o número de equivalentes por fórmula-massa. F é uma constante universal, o *faraday*, cujo valor é $96.487,0 \pm 1,6$ coulombs por equivalente (geralmente arredondada para 96.500). A aplicação dessa lei permite a determinação quantitativa de qualquer substância que possa sofrer uma reação eletroquímica com uma eficiência de corrente de 100% (isto é, sem reações secundárias). Conhece-se esse método por *análise coulométrica*.

São possíveis dois procedimentos: operações à corrente constante, de modo que a quantidade da substância depositada seja proporcional ao intervalo de tempo, e operações a potencial constante, caso em que a corrente diminui exponencialmente com o tempo desde um valor relativamente grande até praticamente zero.

Em cada técnica, a quantidade a ser medida é a integral $\int i \, dt$, onde i é a corrente em ampères escoando a cada instante; e t é o tempo em segundos. Pode-se realizar a integração graficamente, medindo-se a área sob a curva corrente-tempo ou mecânicamente com algum tipo de integrador.

O método clássico para medir a quantidade de eletricidade é através do uso do *coulômetro químico*. Liga-se a cela eletrolítica contendo a amostra em série com outra cela, de maneira que a quantidade de ação eletroquímica é fácil e precisamente determinada. Um dos mais precisos é o coulômetro de prata, que consiste de um ânodo de prata pura suspenso dentro de um cadinho de platina que age como cátodo. Enche-se o cadinho com uma solução de nitrato de prata. O ânodo de prata é envolvido por um cilindro poroso para recolher qualquer partícula de prata metálica que possa desprender-se. O cadinho é cuidadosamente lavado, seco e pesado antes e depois da experiência. Pode-se calcular a massa do metal depositado na cela de análise pela massa de prata depositada no coulômetro. É óbvio que esse procedimento apresenta pequena vantagem se o depósito na cela de análise pode ser pesado diretamente. É útil, contudo, em casos nos quais o depósito primário não possa ser convenientemente pesado como na eletrólise com cátodo de mercúrio.

Outro tipo de coulômetro químico depende do volume do gás (a pressão e temperatura conhecidas) produzido pela passagem da corrente através de uma cela onde ocorre a eletrólise da água. Esse *coulômetro de gás* (ou *coulômetro de água*) (ref. 7) é um dispositivo muito sensível (1 ml de H_2 e O_2 combinados a CNPT correspondem a 0,05950 meq ou 16,80 ml por meq). O coulômetro consiste de um tubo graduado (Fig. 14.5) com dois elétrodos de platina soldados em sua parte inferior*. A parte superior do tubo contém uma jaqueta de água para manter a temperatura do gás. Enche-se o tubo e seu bulbo de nível com solução de sulfato de sódio 0,5 F. A fim de ser precisamente reproduzível, deve-se saturar o eletrólito com uma mistura de H_2 e O_2 pouco antes de cada uso. Isso se consegue com uma eletrólise de 5 min com a torneira aberta. O eletrólito deve ser o mais puro possível a fim de garantir 100% de eficiência na corrente. Em particular, mesmo uma leve impureza de ferro ou outro metal com dois estados de valência solúveis causa um erro considerável

---

*Um manômetro de Warburg pode servir como um coulômetro de água altamente sensível e conveniente. Constrói-se uma simples cela termostática com elétrodos de platina e junta esmerilhada para encaixar no manômetro. Uma variação de 1 cm no nível do líquido do manômetro corresponde a mais ou menos 0,05 Cb ou 6×10^{-4} meq de ação química.

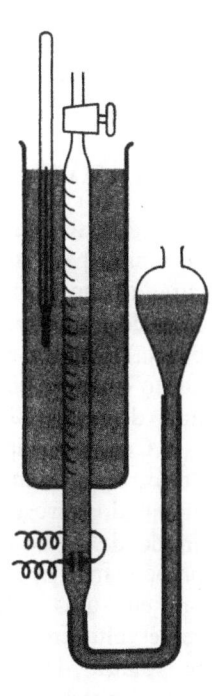

Figura 14.5 – Coulômetro de água (Journal of the American Chemical Society)

pois os íons estranhos sofrem oxidação anódica seguida de redução catódica e o processo se repete indefinidamente.

Descreveu-se um coulômetro de gás semelhante contendo sulfato de hidrazina, que liberta nitrogênio e hidrogênio por eletrólise (ref. 11). Na unidade com hidrazina a sensibilidade é a mesma, mas não ocorre o pequeno erro negativo que se encontra no coulômetro de água a baixas correntes.

Descreveram-se vários integradores eletrônicos ou eletromecânicos como substituintes do coulômetro químico. Eles fornecem, em geral, a mesma precisão e são mais fáceis de operar. Um dos melhores tipos usa um amplificador operacional com um capacitor de realimentação, que age com integrador, como se mencionou no capítulo precedente e será discutido mais amplamente no Cap. 26.

PROCEDIMENTOS COULOMÉTRICOS

Os procedimentos coulométricos analíticos baseiam-se em quase qualquer tipo de reação de elétrodo, incluindo dissolução, eletrodeposição e oxidação ou redução de uma espécie solúvel em outra. Alguns desses são chamados processos "diretos", quando a reação do elétrodo envolve a substância que vai ser determinada como, por exemplo, a eletrodeposição de metais; outros são "indiretos", no sentido de a reação do elétrodo consumir ou libertar uma substância que não é determinada em si, mas que pode ser relacionada quantitativamente à substância que se quer determinar.

Análises coulométricas diretas são, às vezes, apenas medidas elétricas em substituição à pesagem. A única precaução adicional indispensável provém da necessidade de 100% de eficiência da corrente. Nas eletrodeposições, isso pode muitas vezes ser conseguido pelo uso criterioso de um controle do potencial do cátodo. Em cada caso é prudente testar a eficiência, analisando-se amostras conhecidas ou comparando-se valores coulométricos é gravimétricos da mesma experiência.

TITULAÇÕES COULOMÉTRICAS

Uma análise coulométrica indireta, normalmente, consiste na geração eletrolítica de uma espécie solúvel capaz de reagir quantitativamente com a substância procurada. Isso coincide com a definição ampla de titulação, pois o reagente é adicionado gradativamente à solução (por geração eletrolítica em vez de por uma bureta), e deve-se observar alguma propriedade independente para estabelecer o ponto de equivalência. Geralmente um processo dessa natureza é um híbrido entre uma determinação direta e uma indireta.

Como exemplo, consideremos a determinação coulométrica da concentração do íon férrico em uma solução contendo ácido bromídrico por redução eletrolítica ao estado ferroso. Isso se consegue com o auxílio de um cátodo de platina e um ânodo de prata. A semi-reação anódica é $Ag + Br^- \longrightarrow AgBr + e^-$ (estamos nos preocupando apenas com processos que ocorrem no cátodo). Suponha que tentemos primeiro uma redução *direta*. Esclarece-se a situação por referência às curvas corrente-voltagem da Fig. 14.6. A curva 1 inclui a redução do íon $FeBr_2^+$ e do íon H^+ na solução de HBr. Se forçarmos uma corrente constante de valor α através da cela, o potencial do cátodo assumirá o valor $+0,40\,V$ (aproximadamente) em relação ao ECS, onde as curvas a e 1 se interceptam. À medida que se realiza a eletrólise e o ferro é reduzido, diminui progressivamente o platô correspondente à corrente de difusão do $FeBr_2^+$ até que o potencial do cátodo de repente salte a aproximadamente $-0,3\,V$ (curva 2), correspondente à redução dos íons H^+. Desse ponto em diante o íon férrico se reduz e o hidrogênio se liberta simultaneamente, de modo que a eficiência da corrente em relação à redução do ferro é menor que 100% e a análise não é mais válida.

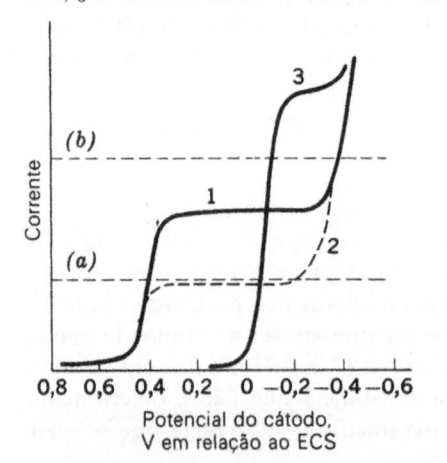

Figura 14.6 – Curvas de corrente-voltagem como observadas com um cátodo de platina em relação ao ECS

Potencial do cátodo,
V em relação ao ECS

Vamos agora repetir a experiência com a adição de um considerável excesso de Ti(IV), que é reduzido na presença de ácido Ti(III) no cátodo de platina com um potencial pouco menos negativo que o do ECS, curva 3. Se novamente levarmos a corrente ao nível a, o ferro será reduzido como antes até que a corrente de difusão seja diminuída até a, mas nesse ponto o potencial saltará não a $-0,3$ V, mas a $-0,05$ V em relação ao ECS. Disso resulta que tanto o ferro como o titânio será reduzido, mas sem nenhuma perda, porque o Ti(III) reage na solução agitada para reduzir o ferro férrico e o resultado é a redução de um átomo de ferro por elétron, não importando se for direta ou indiretamente. Assim, mantém-se a eficiência total da corrente a 100%, como exigido. (Se a corrente fosse levada ao nível b na Fig. 14.6, então o ferro e o titânio seriam reduzidos simultâneamente desde o início e o resultado seria o mesmo.)

O ponto de equivalência nesta reação é o ponto correspondente ao tempo no qual a quantidade de eletricidade é exatamente equivalente à quantidade total de ferro férrico existente na amostra. Ele pode ser identificado 1) potenciometricamente, 2) por observação amperométrica ao redor de 0,25 V positivo em relação ao ECS, 3) por processo biamperométrico, 4) por processo fotométrico envolvendo adição de KSCN ou outro reagente cromogênico para o Fe(III) e 5) por processo fotométrico com um indicador redox que será reduzido pelo Ti(III) apenas depois que todo o ferro foi reduzido ou possivelmente por outros processos.

Na experiência que descrevemos não se verifica interferência da reação eletroquímica no ânodo. Em várias titulações, entretanto, forma-se um produto solúvel no contra-elétrodo e, se não tomarmos precaução, ele reage desfavoravelmente tanto no elétrodo gerador como com o intermediário em solução. Para evitar esse tipo de dificuldade, o contra-elétrodo é muitas vezes protegido por um tubo de vidro com ponta sinterizada para evitar convecção. Às vezes isso pode ser muito adequado, mas em outros casos não consegue eliminar o erro e pode ser necessário recorrer a uma ponte salina de gel de ágar ou a outro dispositivo.

Uma proteção formada por uma membrana trocadora de íon em vez de vidro sinterizado serve muito bem em várias situações (refs. 3, 4 e 6). Essas membranas são disponíveis em duas formas: trocadores de cátions, que não permitem a estes passarem através da membrana, e trocadores de ânions que os excluem. Por exemplo, se desejarmos titular uma base coulometricamente por eletrogeração de íons H^+, o elétrodo gerador será o ânodo e sua meia reação $H_2O \longrightarrow 1/2O_2 + 2H^+ + 2e^-$. No cátodo ocorre a reação complementar $2e^- + 2H_2O \longrightarrow H_2 + 2OH^-$. Obviamente não se pode permitir que o íon hidróxido produzido no cátodo se misture com a solução que está sendo titulada (anôlito); uma membrana trocadora de ânion separando os dois compartimentos evitará essa mistura. Este princípio parece não ter ainda recebido o estudo que merece.

Na Fig. 14.7, mostra-se o esquema de um aparelho conveniente para a titulação de base. Ligam-se os elétrodos geradores a uma fonte de corrente contínua com um cronometro associado, enquanto que os sistemas convencionais de referência de vidro de um pHmetro constituem os elétrodos do indicador. A fonte de corrente contínua será discutida no Cap. 26.

Preparou-se um grande número de reagentes por geração eletrolítica, incluindo H^+, OH^-, Ag^+ e outros íons metálicos oxidantes como Ce(IV), Mn(III), Ag(II), Br_2, Cl_2, I_2 e $Fe(CN)_6^{3-}$, redutores como Fe(II), $Fe(CN)_6^{4-}$, Ti(III), $CuBr_2^-$ e Sb(II), complexogênios como EDTA e íons CN^-.

Com um ou outro desses reagentes, tornou-se possível substituir praticamente todos os procedimentos de titrimetria volumétrica clássica por seus fac-similes

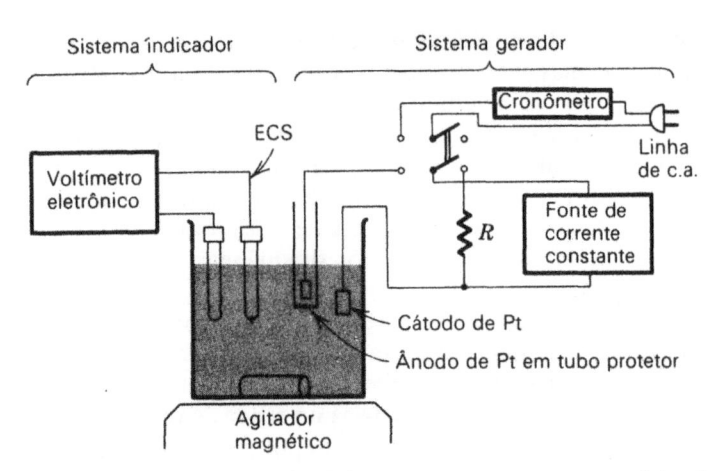

Figura 14.7 — Aparelho para titulação coulométrica a corrente constante, com determinação potenciométrica do ponto final

coulométricos. Isso apresenta a grande vantagem prática de dispensar o preparo e conservação de soluções-padrão. O "padrão primário" para titulações coulométricas é a combinação de uma fonte de corrente constante e de um cronômetro elétrico, que são aplicados a *todas* as titulações, não importando quais sejam suas naturezas químicas. As titulações coulométricas apresentam também a vantagem de serem aplicáveis a amostras de uma ou duas ordens de grandeza menores que o procedimento convencional (são normais amostras de 0,1 a 0,001 meq comparadas com 1 a 10 meq para titulações volumétricas). Além disso, como se vê na lista acima, podem-se empregar vários reagentes que são instáveis ou, por outras razões, inconvenientes para uso volumétrico, como $Mn(III)$, $Ag(II)$, $CuBr_2^-$ e Cl_2.

A precisão possível em uma titulação coulométrica pode facilmente igualar e, com precauções, pode exceder à obtida por processos volumétricos. Eckfeld e Shaffer (ref. 2) relataram um cuidadoso estudo da precisão na neutralização coulométrica. Eles puderam medir coulombs (como microequivalentes) até ao redor de $\pm 0,004\%$. Uma precaução simples, mas eficiente, consiste em fornecer um escoamento lento de uma eletrólito indiferente, na ponte salina, de modo a eliminar toda possibilidade de contaminação da solução ou perda da amostra através do vidro sinterizado. Esse trabalho deve ser estudado com cuidado por qualquer interessado em realizar titulações coulométricas precisas.

O método coulométrico é menos útil para grandes concentrações e essa é sua principal limitação. O motivo é que seria necessário operar com correntes bem maiores para evitar tempos excessivamente longos e isso tende a reduzir a eficiência da corrente de 100% exigido, menos raro no caso onde é possível apenas uma reação no elétrodo. Pode-se usar com segurança uma corrente de 5 a 10 mA.

Muitas vezes é conveniente uma *pré-titulação*. Depois que o aparelho estiver montado, insere-se uma pequena quantidade da substância a ser analisada e a eletrólise prossegue até que se observe o ponto final desejado. Então se adiciona a amostra medida e titula-se até atingir novamente o ponto final. Isso garante que qualquer impureza que reage com o titulante formado seja removida antecipadamente. Isso também elimina qualquer incerteza em relação à condição da superfície dos elétrodos (formação de uma película de óxido, por exemplo). A curva de titulação apresentará o aspecto mostrado na Fig. 14.8. A substância pré-titulada reage com o reagente formado entre o tempo t_0 e t_1, seguindo-se o acúmulo do reagente (em A). Adiciona-se então a amostra; ela reage imediatamente com o reagente recém-formado e a curva volta ao zero (em B) e então continua a reagir com o titulante formado até ser totalmente consumida, com o que a curva sobe outra vez até C. Extrapolam-se as duas porções inclinadas da curva ao nível zero em D e E, e o tempo da eletrólise é o intervalo de tempo entre esses dois pontos, $t_2 - t_1$. As inclinações em A e C diferem muito se tiverem grande diluição devida à adição da amostra.

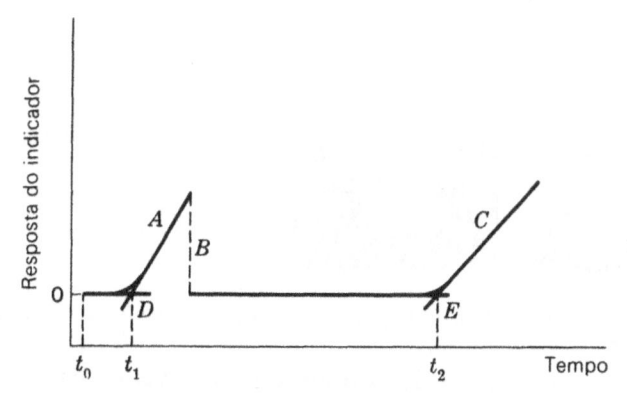

Figura 14.8 — Curvas de titulação coulométricas ilustrando a pré-titulação. O eixo vertical se refere à indicação de qualquer detector (fotométrico, amperométrico, etc.), cuja saída é diretamente proporcional à concentração

A titulação coulométrica é facilmente automatizada. Como se mencionou no Cap. 12 em relação aos tituladores potenciométricos automáticos, uma dificuldade na mecanização de titulações volumétricas consiste no escoamento não uniforme do reagente de uma bureta quando produzido apenas pela gravidade. Essa dificuldade não existe com a geração eletrolítica pois a passagem de uma corrente fornece uma base de tempo linear para a titulação. Existem vários tituladores coulométricos automáticos ou semi-automáticos à venda. Também se encontra um certo número de analisadores coulométricos em que o registrador indica o valor da corrente necessária para manter constante a concentração de algum componente fazendo-o reagir com um reagente eletrogerado.

Pode-se facilmente adaptar a geração coulométrica a um tipo totalmente eletrônico de pH estático discutido no Cap. 12.

ANÁLISE DE DESGASTE

Trataremos agora de um método analítico em duas etapas aplicável principalmente para pesquisar quantidades de traços de metais de transição. Os metais são depositados primeiro em um cátodo sólido ou de mercúrio, depois são sucessivamente desgastados anodicamente a partir do elétrodo. Pode-se fazer a análise final através de técnicas coulométricas ou polarográficas. A maior vantagem consiste na possibilidade de concentrar traços de metais a partir de um grande volume de solução.

O arranjo mais comum consiste de uma gota pendente de mercúrio como elétrodo de trabalho em uma cela semelhante à da Fig. 14.9. Coloca-se uma concha de Teflon entre o capilar polarográfico e um fio de contato de platina amalgamada de modo que o operador pode recolher uma ou mais gotas de mercúrio e transferi-las à platina, onde adere. Levanta-se a platina levemente acima do nível do suporte de vidro, como se mostra no detalhe, de modo que não haverá contato direto entre a platina e a solução.

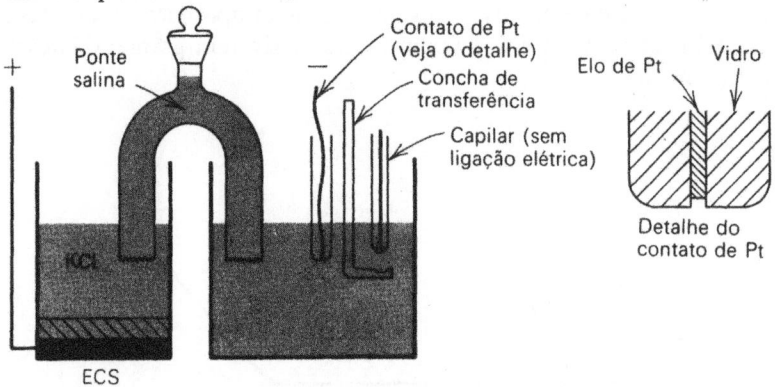

Figura 14.9 – Aparelho para análise de desgaste. O capilar se liga a um reservatório de mercúrio, como se fosse um EGM

Há várias técnicas tanto de eletrodeposição como de desgaste, mas vamos descrever apenas uma. Ligam-se os elétrodos a um potenciostato e eletrolisa-se a solução a um potencial suficientemente catódico para reduzir todos os metais presentes que interessam. Continua-se a eletrólise durante um período de tempo exa-

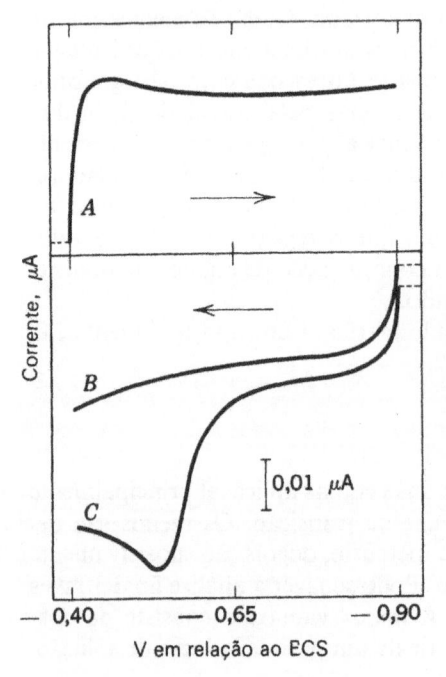

Figura 14.10 – Curvas corrente-voltagem para o desgaste anódico de uma solução de cádmio $10^{-8} F$ em cloreto de potássio $0,1 F$, usando voltametria com potencial variando linearmente. A velocidade de varredura de voltagem é $21 \, mV \cdot s^{-1}$. A é a corrente catódica residual, B é a corrente anódica residual após 15 min de pré-eletrólise e C é a corrente de desgaste anódica para cádmio $10^{-8} F$ após 15 min de pré-eletrólise (Analytical Chemistry)

tamente determinado da ordem de 5 a 30 min, em condições de agitação reprodutíveis. Por analogia com a Eq. (14-2) podemos ver que se reduzirá na gota pendente de mercúrio uma fração igual da quantidade existente de cada espécie formando uma gota de uma mistura de amálgamas.

Após a fase de eletrólise, interrompe-se a agitação e, assim que a solução está em repouso (30 s), submete-se o eletrodo a uma varredura de potencial, como na voltametria, começando com a voltagem utilizada na eletrólise e continuando com velocidade constante para valores menos negativos. A Fig. 14.10 mostra a curva corrente-voltagem anódica resultante para o desgaste de cádmio a partir de uma gota de mercúrio em seguida a uma eletrólise por 15 min de $CdCl_2$ 10^{-8} F em KCl $0,1$ F. Se essa solução fosse analisada por processos convencionais de voltametria de varredura rápida, haveria formação de um "pico" ao redor de $1,5 \times 10^{-8}$ μA, que seria completamente indetectável.

A análise por desgaste representa um instrumento muito poderoso no importante campo da análise de traços.

PROBLEMAS

14-1 Uma corrente constante de 1,500 A escoa durante um período de 1 h (ao segundo mais próximo) através de várias celas eletrolíticas ligadas em série. Todos os eletrodos são de platina. As celas contêm um excesso dos eletrólitos mencionados abaixo. Para cada um, diga qual é a substância depositada no cátodo e calcule as quantidades em gramas (se sólido ou líquido) ou em mililitros a CNPT (se gás).

> (a) $Cu(NO_3)_2$　　　　(d) HgI_2
> (b) $NaOH$　　　　　　　(e) $Pb(NO_3)_2$
> (c) $K_4Fe(CN)_6$　　　　(f) $Ag(NH_3)_2Cl$

14-2 Um coulômetro hidrogênio-oxigênio (Fig. 14.5) apresenta uma seção de área de 2.3 mm^2. Pode-se ler com ótima precisão um deslocamento vertical linear de 20 cm. Que massa de As_2O_3 impuro deve-se tomar para análise por titulação coulométrica que gera bromo eletroliticamente, de modo que se obtenha esse deslocamento, se a amostra contém 90% de As_2O_3? A temperatura ambiente é 25°C; pode-se admitir a pressão barométrica como normal.

14-3 Deve-se preparar um amálgama de cádmio para uso em uma cela-padrão de Weston por eletrólise de cloreto de cádmio com cátodo de mercúrio e ânodo de prata. A concentração desejada é de 12% de cádmio em peso. Partindo de 20 g de mercúrio, quanto tempo deve prosseguir a eletrólise a 5 A para se obter esta concentração?

14-4 Deve-se determinar o íon cérico por titulação caulométrica com íon ferroso reduzido eletroliticamente. O ponto final é observado potenciometricamente com eletrodos de platina e calomelano saturado ligados a um pHmetro. Os estudos preliminares mostram que o potencial do fio de platina no ponto final deve ser +0,80 V em relação ao ECS. A solução acidulada continha 0,0005 mol de íon férrico em um volume de 250 ml. Removeram-se as substâncias interferentes por uma titulação prévia do mesmo tipo. Com esta finalidade adicionaram-se 0,2 μeq de íon cérico e passou-se corrente através dos eletrodos geradores ($Fe^{3+} + e^- \longrightarrow Fe^{++}$) até que o indicador marcasse 0,800 V. Adicionou-se então 1,00 ml da solução cérica desconhecida e continuou-se a geração até que se atingiu novamente o ponto final. Na verdade, nas duas titulações, ultrapassou-se o ponto final e determinaram-se internacionalmente por interpolação as leituras de tempo e de coulômetro no ponto de equivalência. Obtiveram-se os valores tabulados. As leituras do coulômetro são em unidades arbitrárias de modo que uma variação de uma unidade corresponde a $4,79 \times 10^{-4}$ microfarad. Observar que se usou o pequeno excesso de íon ferroso da titulação preliminar para reagir com uma parte da amostra e assim não foi perdido. Então a variação nas leituras do coulômetro entre os dois pontos finais corresponde à formação do íon ferroso equivalente cérico na amostra.

　Calcular a concentração da amostra em microgramas de cério por mililitro.

Tempo, s	Leitura do coulômetro	Potencial, Pt-ECS
Titulação prévia		
.....	20	+0,830
436,0	120	0,801
472,8	170	0,790
Titulação da análise		
472,8	170	0,893
.....	470	0,861
.....	720	0,820
.....	750	0,814
.....	770	0,810
925,0	790	0,803
939,5	810	0,794

14-5 Depositou-se eletroliticamente o cobre de uma amostra de 0,400 g de latão com um potencial de cátodo convenientemente controlado. Ligou-se a cela em série com um amperímetro registrador. O registro obtido é reproduzido na Fig. 14.11. Pode-se determinar aproximadamente a quantidade de eletricidade envolvida por integração contando os quadrados sob a curva ou pelo método dos trapezóides. Faça essa integração e calcule a porcentagem de cobre na liga. Por que esta curva não segue a lei exponencial?

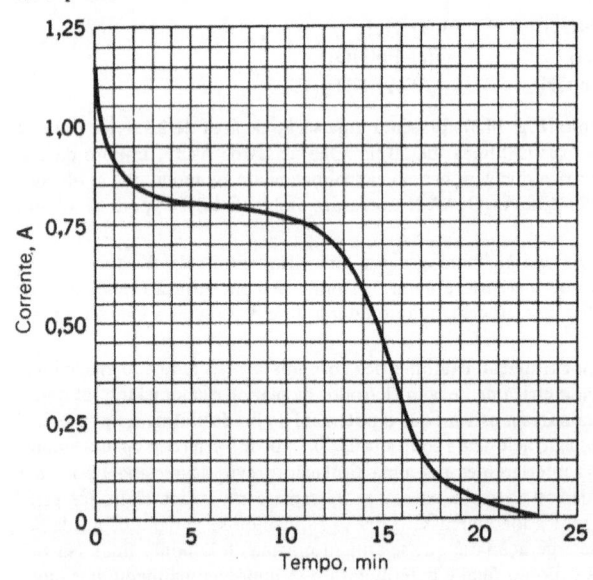

Figura 14.11 — Curva corrente-tempo para a deposição de uma amostra de cobre

14-6 Uma amostra sólida consiste de uma mistura de cloretos, brometos e iodetos de metais alcalinos. Pesou-se uma porção de 0,5000 g para análise e dissolveu-se em água contendo um pouco de ácido nítrico diluído. Transferiu-se depois a uma cela de eletrólise munida de elétrodos de prata e eletrolisou-se com um ânodo mantido a –0,06 V em relação a um ECS a um potencial conveniente para a deposição do iodeto, mas não para os outros haletos, formando $AgI_{(s)}$. Um coulômetro de gás (como o da Fig. 14.5) em série indica um volume de 19,84 ml de mistura de gás (a 25°C e pressão larométrica de 760 torr-) recolhido durante a deposição de todo o iodeto. Substitui-se então o ânodo de prata por um novo pesando

2,3772 g. Ao mesmo tempo, elevou-se o potencial para $+0,25$ V, suficiente para originar deposição simultânea de cloreto e brometo. Recolheu-se um volume de 79,32 ml de gás (nas mesmas condições), durante a deposição dos dois haletos. Depois de terminada a eletrólise, o ânodo foi removido, lavado, seco e pesou 2,5472 g. Calcule a porcentagem de cada halogênio na amostra[9].

14-7   Que valor de corrente (em miliampères) seria necessária para coulometria, à corrente constante, de modo que um cronômetro de segundos daria leitura direta em microequivalentes de reação de elétrodo?

14-8   Pode-se bromar o ácido antranílico (o-aminobenzóico) com bromo gerado eletroliticamente, em pH 4, produzindo tribromoanilina. Hargis e Boltz (ref. 5) mostraram que se podem determinar pequenas quantidades de cobre precipitando antranilato de $Cu(II)$, $Cu(C_6H_4NH_2CO_2)_2$, dissolvendo o precipitado e titulando coulometricamente o ácido antranílico libertado.

Converte-se o cobre de 1,000 g de um material biológico na forma iônica, e precipita-se com excesso de ácido antranílico. O precipitado é filtrado, lavado, redissolvido e o ácido é bromado com uma corrente constante de 6,43 mA. O tempo necessário é de 22,40 min. Calcular a quantidade de cobre na amostra original em partes por milhão.

14-9   Deseja-se analisar o conteúdo de Cu, Pb e Cd da água efluente de uma fábrica por análise de desgaste em um elétrodo consistindo de uma delgada película de mercúrio depositada em um metal-suporte. Em uma experiência, manteve-se o potencial do elétrodo a $-1,0$ V em relação ao ECS durante 90 min em 200 ml de amostra, depois desse tempo a corrente caiu a um valor desprezível. Então se analisou anodicamente e se obtiveram três picos correspondentes à dissolução dos três metais. A integração indicou 12,5 μCb como potencial relativo ao Cd, 41,0 μCb para o Pb e 38,2 μCb para Cu. Calcular a concentração de cada metal no efluente em partes por bilhão (partes por 10^9).

REFERÊNCIAS

1. Casto, C. C.: em C. J. Rodden (ed.), "Analytical Chemistry of the Manhattan Project", p. 511, McGraw-Hill Book Company, New York, 1950.
2. Eckfeld, E. L. e E. W. Shaffer, Jr.: *Anal. Chem.*, **37**: 1534 (1965).
3. Eisner, U.; J. M. Rottschafer; F. J. Berlandi e H. B. Mark, Jr.: *Anal. Chem.*, **39**: 1466 (1967).
4. Feldberg, S. W. e C. E. Bricker: *Anal. Chem.*, **31**: 1852 (1959).
5. Hargis, L. G. e D. F. Boltz: *Talanta*, **11**: 57 (1964).
6. Ho, P. P. L. e M. M. Marsh: *Anal. Chem.*, **35**: 618 (1963).
7. Lingane, J. J.: *J. Am. Chem. Soc.*, **67**: 1916 (1945).
8. Lingane, J. J.: "Electroanalytical Chemistry", 2.ª ed., Interscience Publishers (Divisão de John Wiley & Sons, Inc.), New York, (1958).
9. MacNevin, W. M.; B. B. Baker e R. D. McIver: *Anal. Chem.*, **25**: 274 (1953).
10. Maxwell, J. A. e R. P. Graham: *Chem. Rev.*, **46**: 471 (1950).
11. Page, J. A. e J. J. Lingane: *Anal. Chim. Acta*, **16**: 175 (1957).
12. Shain, I.: Stripping Analysis, em I. M. Kolthoff e P. J. Elving (eds.), "Treatise on Analytical Chemistry", Parte I, vol. 4, Cap. 50, Interscience Publishers (Divisão de John Wiley & Sons, Inc.), New York, 1963.

15 Conductimetria

Neste capítulo investigaremos o significado analítico das propriedades elétricas das soluções que *não* dependem da ocorrência de reações nos elétrodos.

Se dois elétrodos de platina forem inseridos em uma solução de um eletrólito e ligados a uma fonte de eletricidade, a corrente que escoa é determinada tanto pela voltagem aplicada E como pela resistência elétrica R proveniente da parte da solução que fica entre os elétrodos. Essa relação é expressa matematicamente pela lei de Ohm, $I = E/R$, onde I é a corrente em ampères se a E for expresso em volts e R em ohms. Obedece-se à lei de Ohm apenas se se eliminarem as reações específicas nos elétrodos e às restrições de difusão. Será visto depois como isso é obtido.

Define-se a *condutância* L como o recíproco da resistência de modo que $I = EL$. A unidade de condutância é o ohm recíproco (ohm^{-1} ou mho).

A condutância observada L de uma solução é inversamente proporcional à distância d entre os elétrodos e diretamente proporcional à sua área a; também depende da concentração c_i de íons por unidade de volume da solução e da *condutância iônica equivalente* λ_i desses íons. Podemos escrever

$$L = \frac{a}{d} \sum_i c_i \lambda_i \tag{15-1}$$

O símbolo de somatória indica o fato de que são aditivas as contribuições dos vários íons presentes à condutância. Deve-se expressar a unidade de concentração em equivalentes por centímetro cúbico (e não por litro)* porque a e d são expressos em centímetros. É comum exprimir a concentração em normalidade, isto é, equivalente por litro e assim precisamos introduzir um fator 1 000 e C indica a normalidade

$$C = 1\,000c \tag{15-2}$$

Nas celas de condutividade usuais, a geometria dos elétrodos não é conveniente para medidas e é conveniente substituir a relação d/a por um único símbolo que apresenta um valor constante para cada par de elétrodos e é chamado *constante da cela*. Podemos combinar essa constante com as Eqs. (15-1) e (15-2) obtendo

$$L = \frac{\Sigma C_i \lambda_i}{1\,000\theta} \tag{15-3}$$

Para o caso de um único composto ionizado em solução, pode-se substituir o somatório $\Sigma C_i \lambda_i$ por $C\Lambda$, sendo Λ a *condutividade equivalente*. Assim a condutividade equivalente é igual às somadas condutividades iônicas equivalentes, $\Lambda = \Sigma \lambda_i$.

A fim de comparar os valores das condutâncias obtidas por associação de vários elétrodos, pode-se substituir a condutância pela *condutância específica* ou *condutividade*, designada por κ e definida como

$$\kappa = L\frac{d}{a} = L\theta \tag{15-4}$$

---

*Pode-se considerar o litro igual a 1.000 cm^3 para precisão requerida na aplicação analítica da condutância; realmente 11 = 1000,027 cm^3.

Determina-se a constante da cela experimentalmente através da Eq. (15-4), escrita como $\theta = \kappa/L$. Realizam-se medidas de condutância numa solução de κ conhecido. Com freqüência, usam-se soluções de cloreto de potássio pois se determinará precisamente suas condutâncias específicas (veja Tab. 15.1).

Tabela 15.1 − Condutâncias específicas das soluções de cloreto de potássio (25°C)[5] (ref. 5)

Concentração, g/kg de solução	κ, mho cm^{-1}
71,1352	0,11134
7,41913	0,012856
0,74526	0,0014088

A condutividade eletrolítica depende da temperatura, sendo que seu valor aumenta em mais ou menos 2% por aumento de grau de temperatura, de modo que em trabalhos de precisão, deve-se imergir as celas em um banho à temperatura constante. É comum escolher 25°C para todas as medidas. Qualquer temperatura é satisfatória desde que se mantenha constante durante a experiência.

A condutividade iônica equivalente é um importante propriedade dos íons que fornece informação quantitativa em relação às contribuições relativas dos íons às medidas de condutância. O valor de λ depende em certo grau da concentração iônica total da solução e aumenta com o aumento da diluição. É conveniente tabelar valores numéricos de λ^0, isto é, o valor limite de λ quando a concentração se aproxima de zero (diluição infinita). Isso é essencialmente o mesmo que a "mobilidade" iônica como é às vezes apresentada. Uma compilação desses valores é fornecida na Tab. 15.2.

Tabela 15.2 − Condutividade iônica equivalente à diluição infinita (25°C)*

Cátions	λ^0, mhos	Ânions	λ^0, mhos
H^+	349,8	OH^-	198,6
K^+	73,5	$\frac{1}{4}Fe(CN)_6^{4-}$	110,5
NH_4^+	73,5	$\frac{1}{3}Fe(CN)_6^{3-}$	101,0
$\frac{1}{2}Pb^{2+}$	69,5	$\frac{1}{2}SO_4^{2-}$	80,0
$\frac{1}{3}La^{3+}$	69,5	Br^-	78,1
$\frac{1}{3}Fe^{3+}$	68,0	I^-	76,8
$\frac{1}{2}Ba^{2+}$	63,6	Cl^-	76,4
Ag^+	61,9	NO_3^-	71,4
$\frac{1}{2}Ca^{2+}$	59,5	$\frac{1}{2}CO_3^{2-}$	69,3
$\frac{1}{2}Sr^{2+}$	59,5	$\frac{1}{2}C_2O_4^{2-}$	74,2
$\frac{1}{2}Cu^{2+}$	53,6	ClO_4^-	67,3
$\frac{1}{2}Fe^{2+}$	54,0	HCO_3^-	44,5
$\frac{1}{2}Mg^{2+}$	53,1	$CH_3CO_2^-$	40,9
$\frac{1}{2}Zn^{2+}$	52,8	$HC_2O_4^-$	40,2
Na^+	50,1	$C_6H_5CO_2^-$	32,4
Li^+	38,7		
$(n\text{-Bu})_4N^+$	19,5		

*Valores principalmente de Frankenthal (ref. 1).

APARELHOS

As medidas de condutância são quase sempre feitas com corrente alternada para evitar complicações eletrolíticas. A freqüência não é crítica, geralmente selecionamos 1 000 Hz, mas a freqüência da linha é satisfatória para titulações. É essencial uma agitação eficiente.

A ponte de Wheatstone (Fig. 15.1), modificada para operar com corrente alternada, é o circuito normal para determinação da condutância eletrolítica. A fonte E fornece energia à ponte através da linha ou de um oscilador. R_1 e R_2 são "braços de razão" que podem ser iguais ou munidos de um interruptor seletor (não mostrado) de modo que se pode colocar a razão R_1/R_2 em qualquer um dos vários valores, como 0,1, 1 e 10. R_x representa a resistência da cela de condutância e R_3, a de equilíbrio ou braço-padrão, é uma resistência variável de precisão com um mostrador calibrado. A capacitância C_x, mostrada em paralelo com R_x, é a capacitância da cela condutância e de seus fios de ligação. A presença dessa capacitância produz um deslocamento de fase no potencial alternado através de R_x e isso deve ser equilibrado por ajuste de um pequeno capacitor variável a ar C, através do braço de equilíbrio. Esse efeito de capacitância é mais importante a 1 000 Hz que a 60; é mais importante na medida de soluções de baixa condutância em vez de em alta (porque deve selecionar uma cela com uma pequena constante de cela, isto é, deve ter elétrodos relativamente grandes e bem próximos, o que resulta em uma capacitância mais elevada). Inclui-se o transformador T para permitir a ligação do oscilador e amplificador à "terra" ou ponto de referência comum.

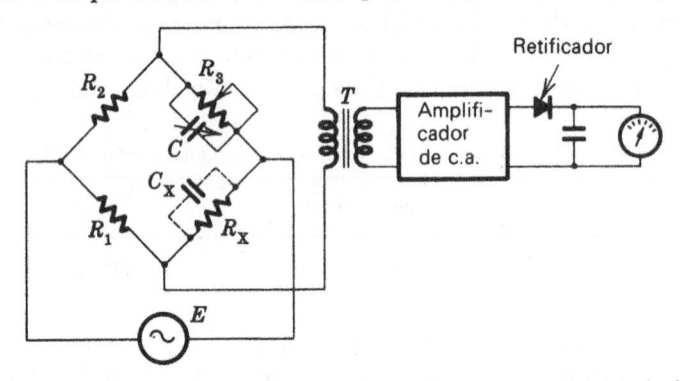

Figura 15.1 — Ponte de Wheatstone de c.a. para medidas de condutância

Pode-se observar diretamente o potencial alternado que aparece através da diagonal da ponte com fones de ouvido ou com um galvanômetro de c.a. ou, para maior sensibilidade, pode-se amplificá-la (como se vê na Fig. 15.1) e retificar e medir a saída do amplificador. Se a saída do amplificador (ou o som nos fones de ouvido) é zero, existe na ponte uma condição de equilíbrio e nesse ponto

$$R_x = \frac{R_1}{R_2} R_3 \qquad (15\text{-}5)$$

Uma ponte como a descrita acima pode ser facilmente montada a partir de componentes elétricos-padrão. Comercialmente encontram-se vários instrumentos completos. Em um dos mais amplamente distribuidos (Beckman Instruments, Inc.), indica-se a condição de equilíbrio por uma válvula de raios catódicos ("olho-má-gico"). À medida que se gira o resistor variável R_3 de um lado do ponto de equi-líbrio para o outro, vê-se que o segmento de sombra do "olho mágico" primeiro abre e depois fecha de novo. O ponto de ângulo de sombra máxima corresponde ao ponto de equilíbrio.

Um modelo mais complicado, a ponte Serfass (Fig. 15.2), contém um arranjo de interruptores que permite ao operador ler diretamente tanto a resistência da amostra em ohms como a condutância em mhos, de modo que ele não precisa calcular os recíprocos. Efetua-se a transformação de ohms em mhos por meio de um interruptor *dpdt* que liga o resistor variável calibrado R_1 com o braço adjacente ou oposto da ponte, em relação à amostra. Um controle separado permite corrigir o valor para a constante da cela obtendo-se diretamente as condutâncias específicas.

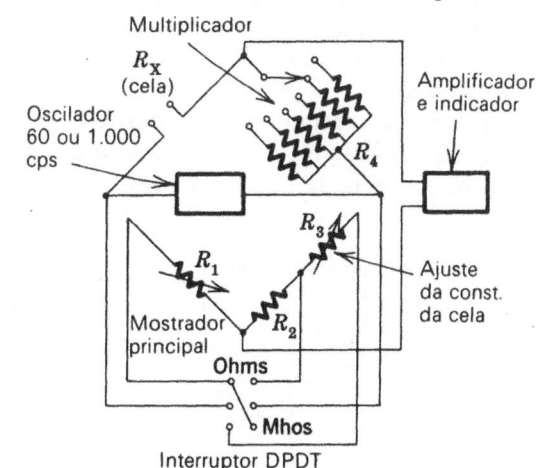

Figura 15.2 – Esquema da ponte de condu-tância Serfass (A. H. Thomas Co., Filadélfia)

A Beckman também fabrica vários modelos sem ponte projetados para apli-cações específicas. Eles podem ser munidos, por exemplo, de escalas calibradas "0–30 ppm de NaCl", "2–30% de H_2SO_4" ou "0–10 gr/gal de água do mar". É comum que essas unidades sejam ligadas a registradores de pena e a válvulas ope-radas eletricamente, etc.

Outra aproximação nas medidas de condutância baseia-se numa aplicação direta de um amplificador operacional. Como mencionado no Cap. 13, um ampli-ficador operacional age para manter suas duas entradas (A e B na Fig. 15.3) no mesmo potencial que nesse circuito deve ser a terra. Assim, a corrente através do resistor de entrada R_i deve ser $i = e_{ent}/R_i$ e isso deve ser idêntico ao que passa através do resistor de realimentação R_f, segue-se que a voltagem de saída é dada por

$$e_{sai} = -\frac{R_f}{R_i} e_{ent} \tag{15-6}$$

Para medidas de condutância, a cela é convenientemente substituída por R_i, enquanto se mantém R_f constante ou variado por etapas para controle do intervalo. Uma fonte de voltagem alternada de amplitude constante fornece e_{ent}, de modo que a saída e_{sai} é diretamente proporcional à condutância da solução $1/R_i$. Pode-se desprezar o sinal menos.

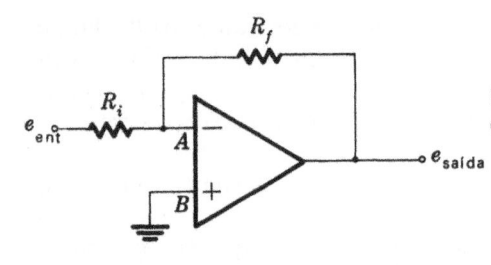

Figura 15.3 – Amplificador operacional para medidas de condutância

Outro processo de medir condutância em audiofreqüências, descrito por Griffiths, (ref. 2), é único no sentido de que não é necessário contato físico entre os elétrodos e a solução. Mostra-se o circuito de maneira simplificada na Fig. 15.4. O dispositivo consiste de duas bobinas dispostas de tal maneira que seus campos magnéticos, embora blindados um ao outro, se ligam a um circuito fechado de vidro ou tubo plástico contendo a solução eletrolítica. O sinal observado no voltímetro eletrônico é proporcional à condutância da solução, desde que a saída do oscilador seja constante. Essa unidade é recomendável para uso com lamas abrasivas, líquidos altamente corrosivos, etc., onde se pode expor a danos excessivos para os sistemas de elétrodos convencionais.

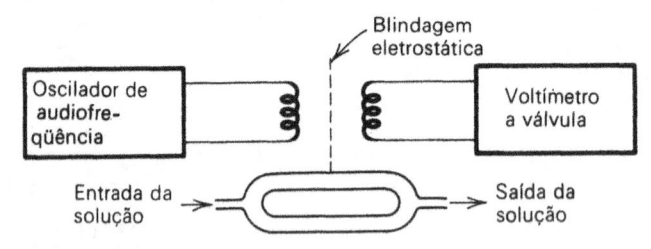

Figura 15.4 – Esquema da medida de condutância sem elétrodos (Beckman Instruments, Inc., Cedar Grove, Nova Jérsei)

Aplicou-se o mesmo princípio com sucesso à medida da salinidade da água do mar. Para essa finalidade não é necessário recipiente algum; as duas bobinas são moldadas em um bloco de plástico com um pequeno orifício através do eixo de modo que o líquido no orifício e a massa externa da solução constituem o circuito.

APLICAÇÕES

A maior parte das medidas de condutância se relacionam com soluções aquosas e, apesar disso, podemos facilmente imaginar sua utilidade com outros solventes ou sais fundidos. A água em si é um condutor muito fraco. A condutância específica teórica da água, devido à sua dissociação em íons hidroxônio e hidroxila, é aproximadamente 5×10^{-8} mho por cm (a 25°C). A água destilada típica tem um valor centenas de vezes maior que esse e, apenas através de destilações sucessivas em equipamento especialmente projetado, fornece uma água que se aproxima do teórico.

As soluções de eletrólitos fortes em geral mostram um aumento de condutância quase linear com o aumento da concentração até a vizinhança de 10 a 20% em peso. Em concentrações maiores, a condutância passa por um máximo, pois a atração interiônica impede movimento livre na solução. Uns poucos exemplos são mostrados na Fig. 15.5 (ref. 12).

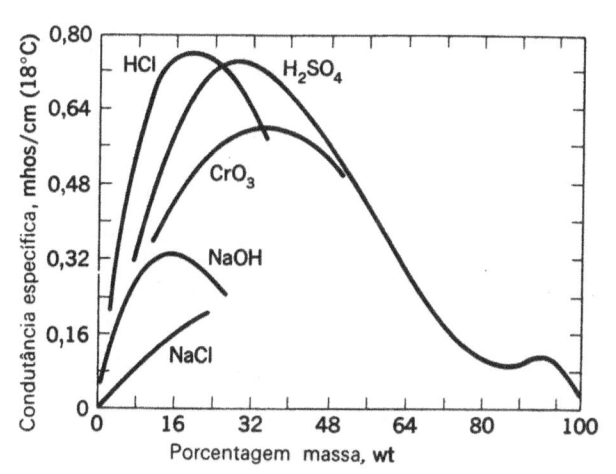

Figura 15.5 – Curvas condutividade-
-concentração para alguns eletrólitos
(McGraw-Hill Book Company, N. Y.)

Um excelente exemplo de análise condutimétrica baseado em curvas de calibração predeterminadas ou tabelas é a análise do ácido nítrico fumegante para
determinar a razão entre o NO_2 e o H_2O (ref. 8). É necessário fazer duas medidas
de condutância, uma na amostra não-tratada, outra em uma amostra idêntica que
se saturou com KNO_3. Por esse processo pode-se determinar o NO_2 num intervalo
de 0 a 20% de NO_2 (por peso) e água no intervalo de 0 a 6% cada um com uma
exatidão de 0,3%.

Imaginou-se um processo rápido e conveniente (ref. 13) para confirmar análises
convencionais de águas naturais e águas salgadas. Computou-se uma série de fatores
para os íons provavelmente presentes, de modo que cada fator multiplicado pela
concentração do íon correspondente fornece a contribuição desse íon à condutância
específica da solução. Os fatores estão citados na Tab. 15.3. Na terceira coluna
há uma série de concentrações iônicas como determinadas por outros meios analíticos para uma amostra hipotética de água. Obtiveram-se os valores da quarta
coluna multiplicando as concentrações pelos fatores relativos. O total é a condu-

Tabela 15.3 – Teste condutométrico do conteúdo iônico de águas e salmouras

Íon	Fator, μmhos/meq/litro	Amostra hipotética de água	
		Concentração meq/litro	Condutância específica parcial, μmhos
Cloreto	75,9	0,36	27,3
Sulfato	73,9	0,05	3,7
Carbonato	84,6	0,00	0,0
Bicarbonato	43,6	0,47	20,7
Nitrato	71,0	0,02	1,4
Cálcio	52,0	0,44	22,9
Magnésio	46,6	0,26	12,3
Sódio	49,6	0,20	9,9
Total			98,2

tância específica calculada para a amostra. A condutância específica observada deve concordar numa margem de 2%. Em caso contrário evidencia-se um erro em uma ou mais análises.

O método da condutância é conveniente para a determinação de pequenas quantidades de amônia livre em materiais biológicos (ref. 3). Remove-se a amônia da amostra por destilação ou com uma corrente de ar e absorve-se em uma solução de ácido bórico. Então determina-se a condutância específica da solução e compara-se com padrões previamente medidos. Escolhe-se o ácido bórico como absorvente porque sua ionização é tão pequena que a condutância específica da solução é uma função linear da concentração do sal de amônio. Esse processo de determinação de amônia é aplicável ao importante método de Kjeldahl para nitrogênio amínico.

É possível usar medidas de condutância para determinar um íon específico na presença de concentrações moderadas de outros, se se dispõe de um reagente que remove seletivamente o íon desejado em forma de um precipitado ou complexo não-ionizado (ref. 9). Mede-se a condutância específica da solução antes e depois da adição de uma quantidade conhecida do reagente. A adição do próprio reagente (se ionizado) provoca aumento na condutância, enquanto que a remoção do íon desejado combinado com quantidade equivalente do reagente causa uma diminuição. O reagente deve sempre ser adicionado em excesso suficiente de modo que a condutância final seja maior que a inicial. Coloca-se a variação de condutância em um gráfico em função da concentração do íon desejado para fornecer um gráfico da calibração. É necessária a aplicação de uma correção baseada no valor da condutância inicial. Isso se deve ao fato de que quanto maior for a concentração iônica total menor será a contribuição do reagente à condutância. Determinam-se facilmente os fatores de correção por experiência e, uma vez determinados, podem-se utilizá-los para todas as determinações futuras do íon em questão.

TITULAÇÕES CONDUTOMÉTRICAS*

Pode-se usar o método de condutância para seguir o curso de uma titulação, desde que haja uma diferença significativa na condutância específica entre a solução original e o reagente ou os produtos da reação. O único aparelho adicional necessário é uma bureta. Não é necessário conhecer a constante da cela, pois os valores relativos são suficientes para permitir a localização do ponto de equivalência. É essencial, contudo, que o espaço entre os elétrodos não varie durante a titulação.

A condutância produzida por qualquer íon é proporcional a sua concentração (à temperatura constante), mas a condutância de uma determinada solução não varia linearmente com o volume adicionado de reagente devido ao efeito da diluição da água que está sendo adicionada junto com o reagente. Também causam desvios da linearidade a hidrólise de reagentes ou produtos, ou a solubilidade parcial de um produto precipitado.

Vamos agora discutir em detalhes a relação entre a reação química que ocorre durante a titulação e a forma do gráfico resultante.

*Note que o termo *condutométrico* se refere a procedimentos de titulação, enquanto *condutimétrico* se refere a medidas não titulativas. O conjunto é chamado *condutimetria*. É preferível usar esta diferença de nomenclatura, mas isto não é seguido universalmente.

REAÇÕES DE NEUTRALIZAÇÃO

Consideremos o que acontece quando se titula ácido clorídrico $0,01 F$ com solução de hidróxido de sódio $0,1 F$. Inicialmente, a condutância é bastante elevada devido à alta condutância equivalente (mobilidade) dos íons-hidrogênio. Referência à Tab. 15.2 mostra que a contribuição dos íons-hidrogênio à condutância é de 82% e a do íon-cloreto é de apenas 18%. A contribuição dos íons-cloreto permanece constante durante toda a titulação, enquanto a dos íons-hidrogênio diminui até zero no ponto de equivalência. Substituem-se os íons-hidrogênio por igual número de íons-sódio, mas estes apresentam mobilidade muito baixa, de modo que a condutância total diminui bruscamente próximo ao ponto de equivalência. A condutância cresce novamente depois que ultrapassa esse ponto, pois tanto os íons-sódio como hidróxido se acumulam na solução.

O caso simples descrito acima produz um gráfico como o da Fig. 15.6. Como as condutâncias são aditivas, podemos dividir a área sob as curvas em segmentos representando as quantidades dos vários íons presentes nos diversos estágios na titulação. Como a quantidade do íon-cloreto não muda, é representada por uma área de altura constante. A quantidade de íon-sódio é zero no início e aumenta uniformemente durante a titulação, o que é indicado por uma área em expansão contínua. (Nesses gráficos, as linhas verticais pontilhadas indicam os pontos de equivalência.) A contribuição dos íons-hidrogênio, inicialmente muito alta, diminui até zero no ponto de equivalência, ao passo que a devida aos íons hidróxido começa com zero no ponto de equivalência e aumenta daí por diante. O aumento observado na condutância, depois que se atinge o ponto de equivalência, é menos brusco do que o declive prévio devido à menor mobilidade do íon hidróxido em comparação com a do íon-hidrogênio.

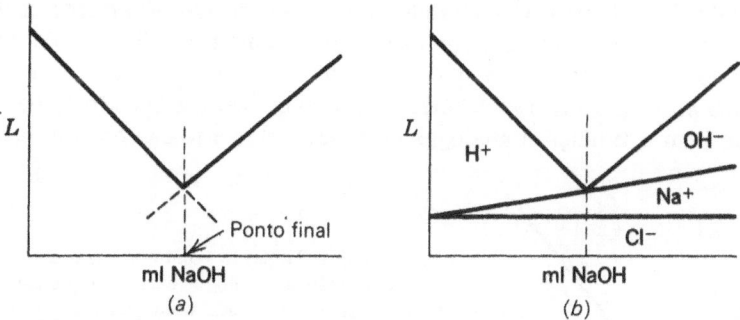

Figura 15.6 – Titulação condutométrica de HCl por NaOH: *a*) experimental, localiza-se o ponto final pela intersecção das duas retas; *b*) interpretação: a condutância após a adição de cada incremento do reagente é a soma da contribuição de todos os íons presentes

A curva que obtém na titulação de um ácido moderadamente fraco, como o acético, pelo hidróxido de sódio é mostrada na Fig. 15.7. (O símbolo OAc^- representa o íon acetato.) Neste caso nenhum íon mantém concentração constante. Inicialmente, tanto os íons acetato como hidrogênio estão presentes apenas em pequenas quantidades, mas a contribuição à condutância pelo íon-hidrogênio é maior devido à sua grande mobilidade. À proporção que a reação prossegue, a quantidade de íon acetato aumenta regularmente à medida que ele é libertado pelo ácido acético até atingir o ponto de equivalência; daí por diante, permanece constante. Ao mesmo tempo, continua a aumentar a quantidade de íon-sódio. A concentração do íon-hidrogênio muda de um modo um tanto complicado, pois desaparece rapidamente no início e depois mais lentamente até zero no ponto de equivalência. Esse efeito é causado pela supressão da já baixa ionização do ácido acético pelo íon acetato formado na reação. Adicionado às condutâncias crescentes dos íons-sódio e acetato, isto produz uma depressão inicial seguida por uma subida praticamente linear até o ponto de equivalência. Depois desse ponto, a condutância aumenta mais bruscamente devido ao acúmulo dos íons-sódio e hidróxido.

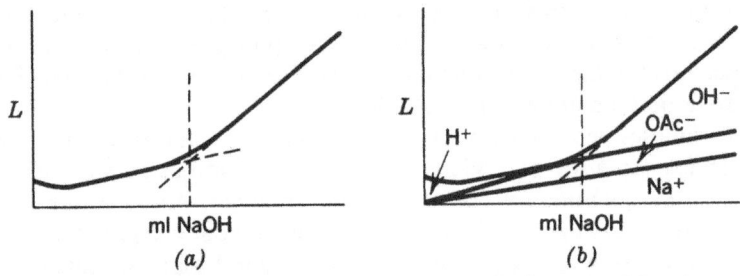

Figura 15.7 – Titulação condutométrica de ácido acético por hidróxido de sódio: a) experimental, e b) interpretação

Nesta titulação, o gráfico é arredondado próximo ao ponto de equivalência, com valores de condutância mais elevados do que os previstos pela teoria simples. Isto é resultado da hidrólise do sal formado na reação, de modo que no ponto de equivalência existe um excesso significativo de íons hidróxido.

Na Fig. 15.8 estão representadas as curvas de titulação resultantes da titulação com uma base forte de uma série de cinco ácidos, de grau de dissociação variando de um ácido forte (curva 1) passando por ácidos progressivamente mais fracos (curvas 2 a 4) até um ácido extremamente fraco (curva 5). No caso da curva 5, a ionização do ácido é tão fraca que não contribui em nada para a condutância, que é devida pois, apenas ao sal formado na reação. Esse tratamento global aplica-se igualmente bem a titulações análogas de bases fortes e fracas por um ácido forte.

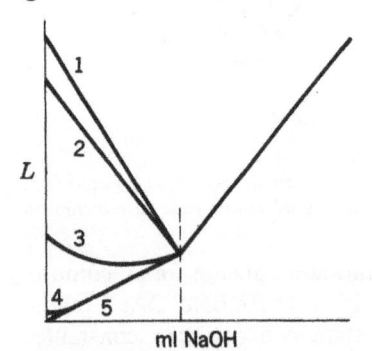

Figura 15.8 – Titulação condutométrica de vários ácidos com hidróxido de sódio. A curva 1 representa um ácido forte, a curva 5 um ácido muito fraco e as demais ácidos intermediários. Os ácidos e suas constantes de ionização (a 25°C) são 1) ácido clorídrico; 2) ácido dicloroacético, $K = 5 \times 10^{-2}$; 3) ácido monocloroacético, $K = 1,4 \times 10^{-3}$; 4) ácido acético, $K = 1,8 \times 10^{-5}$; e 5) ácido bórico, $K = 6,4 \times 10^{-10}$

Também é possível titular condutometricamente um ácido fraco por uma base fraca ou vice-versa, uma operação extremamente difícil com outras técnicas. Por exemplo, na titulação do ácido acético com amônia aquosa, a curva que antecede o ponto de equivalência é semelhante à parte análoga da Fig. 15.7. A adição de excesso de reagente, contudo, aumenta fracamente a condutância. O efeito da hidrólise é desprezível pois não resulta em excesso nem de íons-hidrogênio nem de íons hidróxido.

REAÇÕES DE DESLOCAMENTO

Pode-se conduzir como titulação condutométrica uma reação como a que ocorre entre cloreto de amônio e hidróxido de sódio, pois o íon hidróxido não se acumula na solução até que todo o íon amônio tenha reagido formando amônia e água. De modo semelhante, pode-se titular o acetato de sódio com ácido forte, acetato de piridina com base forte, etc.

REAÇÕES DE PRECIPITAÇÃO

O método de condutância é perfeitamente conveniente para a determinação dos pontos de equivalência em titulações de precipitação. O método de análise da curva, em termos de íons, é semelhante às reações previamente discutidas. Pode-se tolerar um grau de solubilidade do precipitado que o torna inadequado para análise gravimétrica. O efeito da apreciável solubilidade do precipitado é arredondar a intersecção dos dois ramos do gráfico. Se o efeito não for muito grande, ainda se pode obter uma precisão adequada prolongando-se as porções retas até suas intersecções. Algumas vezes pode-se reduzir a solubilidade por adição de álcool e, conseqüentemente, aumenta-se a precisão dos resultados.

Uma titulação particularmente favorável é a do sulfato de prata com cloreto de bário, em que se precipitam as duas substâncias simultaneamente. A condutância cai a um valor muito baixo no ponto de equivalência. Podem-se titular de modo semelhante o sulfato de magnésio e outros sulfatos com hidróxido de bário.

CONSIDERAÇÕES GERAIS

As titulações condutométricas são potencialmente úteis em qualquer reação onde o conteúdo iônico é bem menor no ponto de equivalência que antes ou depois dele. O método não é convenientemente aplicável onde o conteúdo iônico total é grande e varia apenas pouco na equivalência. Por exemplo, na titulação do ferro por permanganato em seguida à redução do ferro pelo cloreto estanoso, a solução, além dos íons ferroso e permanganato de interesse primário, contém tipicamente íons manganoso, estânico, mercuroso, mercúrico, potássio, hidrogênio, cloreto, fosfato e sulfato. A variação da condutância total durante a titulação seria insignificante comparada à condutância total.

Em condições favoráveis, as titulações darão uma precisão de 2 a 3 partes por 1 000.

TITULAÇÕES DE ALTA FREQÜÊNCIA

Os métodos de condutância descritos nas páginas anteriores dependem do movimento dos íons em um campo elétrico. O uso da corrente alternada para evitar deposição eletroquímica ainda permite que os íons se movam de uma pequena distância entre as alternâncias. Contudo, se aumentarmos a freqüência atingiremos um ponto além do qual os íons não terão tempo de adquirir sua velocidade máxima. Nessas altas freqüências, torna-se importante o fenômeno de *polarização molecular*.

Quando se submete qualquer molécula a um campo elétrico externo, seus elétrons se movimentam para o elétrodo positivo, enquanto os núcleos são atraídos na direção oposta. Dai resulta um movimento real dos dois tipos de partículas umas em relação às outras, ocasionando uma distorsão da molécula. Esse efeito é temporário e desaparece após a remoção do campo.

Algumas moléculas apresentam dipolos elétricos permanentes, o que significa que os centros de cargas elétricas positivas e negativas dentro da molécula não coincidem. Isso é verdadeiro para a maioria das moléculas assimétricas. Por exemplo, água, acetona, nitrobenzeno e clorofórmio possuem momentos dipolares, ao passo que metano, tetracloreto de carbono, benzeno e *p*-dinitrobenzeno não. Por aplicação de um campo elétrico, as moléculas dipolares tendem a se orientar: positivas para as negativas e negativas para as positivas. Dizemos que essas moléculas mostram polarização de orientação além da polarização de distorsão temporária comum a todas as moléculas.

Ambos os tipos de polarização originam escoamento de corrente elétrica (definida como cargas elétricas em movimento) por um tempo extremamente curto depois da aplicação do campo. A duração da corrente de polarização é consideravelmente menor do que um milionésimo de segundo e assim é completamente insignificante quando comparada com a condutibilidade iônica comum a baixas freqüências (60 ou 1 000 Hz). Na radiofreqüência, medida em milhões de hertz (megahertz), as correntes de polarização e condução tornam-se da mesma ordem de grandeza e não se pode desprezar nenhuma das duas.

Os instrumentos para medir as propriedades das soluções a altas freqüências exigem circuitos eletrônicos relativamente complexos e apresentam muito pequena semelhança com os circuitos simples para trabalho em baixa freqüência. Em geral coloca-se a amostra entre as placas de um capacitor — menos freqüentemente dentro de uma bobina de indutância — de modo que altiva-se a freqüência de ressonância de um circuito sintonizável devido à absorção de energia pela amostra. Este circuito "tanque" sintonizável pode ser o elemento determinante da freqüência de um observador e a observação final, um deslocamento de freqüência causada pela amostra. Alternativamente pode-se incorporá-lo a um amplificador sintonizado cuja saída diminui à medida que a freqüência de ressonância se afasta do valor original. Geralmente, o circuito sintonizável inclui um capacitor variável calibrado que se pode usar para compensar as variações de reactância da cela, voltando-a ao seu valor original.

Esse aparelho é equivalente ao usado na medida de constantes dielétricas de amostras não condutoras. Para líquidos com condutividade apreciável, a absorção de energia se deve em grande parte aos movimentos dos íons, e o processo se assemelha, em interpretação, se não em técnica, à condutimetria de baixa freqüência convencional. A teoria do método de alta freqüência, quando aplicada aos líquidos condutores e dielétricos, é muito complexa para ser sumarizada no espaço disponível aqui. O estudante deve consultar os excelentes trabalhos de Reilley (ref. 11) e de Pungor (ref. 10) que incluem referências a muitos trabalhos que descrevem esquemas e aplicações de circuitos específicos.

Um instrumento disponível comercialmente é o Oscilômetro Químico Sargent (Fig. 15.9). Fornecem-se capacitores-padrão para retornar a freqüência a um valor constante. As celas das amostras são do tipo capacitivo, onde a solução ocupa um espaço anular entre dois elétrodos cilíndricos concêntricos cimentados às superfícies externas do vidro (Fig. 15.10).

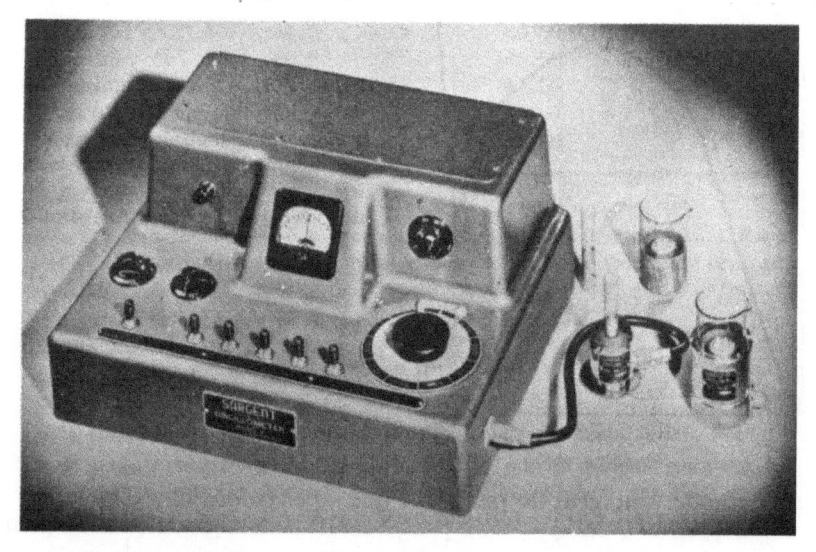

Figura 15.9 – Oscilômetro Químico. À direita, podem-se ver três tipos de celas (E. H. Sargent & Co., Chicago)

Figura 15.10 – Esquema, da cela da amostra para o Oscilômetro Sargent

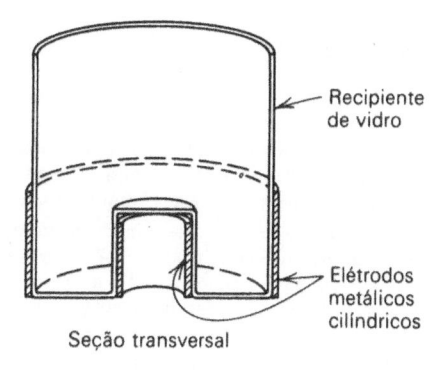

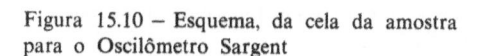

Seção transversal

Podem-se fazer análises diretas de alta freqüência de misturas binárias por meio de uma curva de calibração preparada a partir de soluções conhecidas. Assim, misturas de *o*- e *p*-xilenos, de hexano e benzeno, de água e acetona e várias outras foram analisadas com sucesso. Muitas vezes usa-se a técnica para seguir o curso de uma titulação. Pode-se estudar vários tipos de reação, incluindo neutralização e precipitação. A forma das curvas de titulação em geral não pode ser prevista por simples processo de soma como se aplica na titulação condutométrica de baixa freqüência, mas deve mostrar picos agudos correspondentes aos pontos de equivalência. A forma depende da freqüência de maneira complexa. Dá-se um exemplo na Fig. 15.11 (ref. 15).

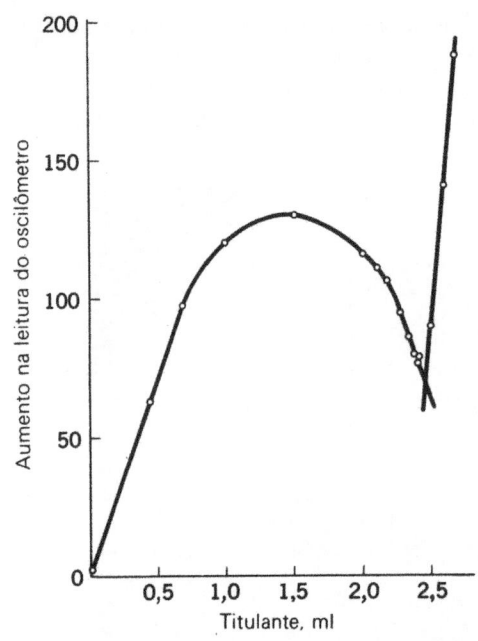

Figura 15.11 – Curva de titulação oscilométrica de *sec*-butil-lítio em solução de hexano, com acetona como titulante. Esta é uma análise difícil por outros métodos, mas facilmente realizada por oscilometria, com um desvio médio de ±0,7% ou melhor (Analytical Chemistry)

Uma grande vantagem do método é que os elétrodos não têm contato com a solução. Parece que o campo mais promissor em análises de alta freqüência se relaciona aos sistemas que dependem da presença ou ausência de moléculas que possuem dipolos permanentes, pois não se dispõem de outras técnicas nesta área.

PROBLEMAS

15-1 Liga-se uma cela de condutância contendo uma solução 0,0100 molal de cloreto de potássio em série a um resistor-padrão de 1.000 Ω e a uma bateria que possua uma saída de 6,00 V. O amperímetro indica a corrente que escoa imediatamente após fechar o circuito como sendo 0,00571 A. Por meio da lei de Ohm, calcular a condutância da amostra. A partir desta e da condutância específica conhecida, calcule a constante da cela. (Admitir temperatura de 25°C.)

15-2 Equilibra-se uma determinada ponte de Wheatstone com 100 Ω em cada braço. A sensibilidade do galvanômetro é de $1,00 \times 10^{-7}$ A por mm e sua resistência interna 50,0 Ω. Uma bateria de 4,00 V fornece energia para a ponte. Qual é a menor variação detectável na resistência do braço desconhecido se a menor deflexão observável no galvanômetro é de 0,2 mm?

15-3 Estabeleceu-se (ref. 14) que a condutância específica κ da água do mar a 25°C depende da salinidade S de acordo com a relação:

$$\kappa = 1,82 \times 10^{-3} S - 1,28 \times 10^{-5} S^2 + 1,18 \times 10^{-7} S^3$$

onde S é expresso em gramas de sais por quilograma de água do mar. Para água do mar não diluída o valor médio de S é 35.

Uma amostra de água colhida próximo da embocadura de um rio mostrou uma condutância específica de $1,47 \times 10^{-2}$ mho por cm. Qual é a salinidade? Quanta água pura misturou-se com cada quilograma de água de mar nesse local? (Considere que a condutância da água do rio seja desprezível e que as diferenças na densidade não têm efeito.)

Pode-se resolver a equação cúbica pelo processo de aproximações sucessivas. Calcule um valor S' desprezando os termos S^2 e S^3. Calcular um segundo S'' substituindo S' nos termos maiores, e um terceiro valor S''' usando S'' nos termos maiores. S''' deve representar uma boa aproximação do verdadeiro valor de S.

15-4 Colocou-se uma alíquota de 25,00 ml de hidróxido de sódio 0,1000 F numa cela de condutância. Observou-se que os elétrodos foram cobertos de modo que não houve adição de água. Titulou-se a amostra com ácido clorídrico 0,100 F. Obtiveram-se os seguintes valores:

Leitura da bureta, ml	Resistência, Ω	Leitura da bureta, ml	Resistência, Ω
0,00	45,3	30,00	149,9
5,00	60,3	35,00	128,4
10,00	79,6	40,00	114,4
15,00	103,8	45,00	104,9
20,00	137,5	50,00	97,7
25,00	186,9		

Para cada valor calcule a condutância e aplique a correção adequada para diluição. Coloque em um gráfico tanto os valores corrigidos como os não corrigidos em função do volume de ácido adicionado. Discuta.

15-5 Preveja a curva que se obteria na titulação condutométrica do $AgNO_3$ por HCl. Explique. As reações pertinentes são:

$$Ag^+ + Cl^- \longrightarrow AgCl \text{ (ppt)}$$
$$AgCl + Cl^- \longrightarrow AgCl_2^- \text{ (solúvel)}$$

Calcula-se que a condutância iônica equivalente do $AgCl_2^-$ seja aproximadamente 80.

15-6 Através de gráficos comparáveis às Figs. 15.6b e 15.7b, preveja qualitativamente as curvas que se obtêm pelas seguintes titulações condutométricas: a) NH_3(aq) titulado com HCl; b) NH_3(aq) titulado com HOAc (ácido acético); c) $AgNO_3$ titulado com HCl; d) HCl titulado com $AgNO_3$; e e) Na_2CO_3 titulado com HCl em uma solução quente e agitada.

15-7 Pode-se determinar a concentração de um ácido muito fraco, com o bórico, com maior precisão por uma titulação dupla. Titula-se uma parte da amostra desconhecida com hidróxido de sódio-padrão e outra alíquota com uma solução aquosa de amônia que não tem a mesma concentração do hidróxido de sódio. Superpõem-se as duas curvas numa folha de papel para gráfico. Esboce o gráfico resultante para tal análise e mostre a localização do ponto final. Explique detalhadamente.

15-8 A glicina, NH_2—CH_2—COOH, é anfótera pois reage com uma base como o hidróxido de sódio formando um sal, $Na^+(NH_2$—CH_2—$COO)^-$, e com um ácido como o clorídrico formando um sal de amônio substituído $(NH_3$—CH_2—$COOH)^+Cl^-$.

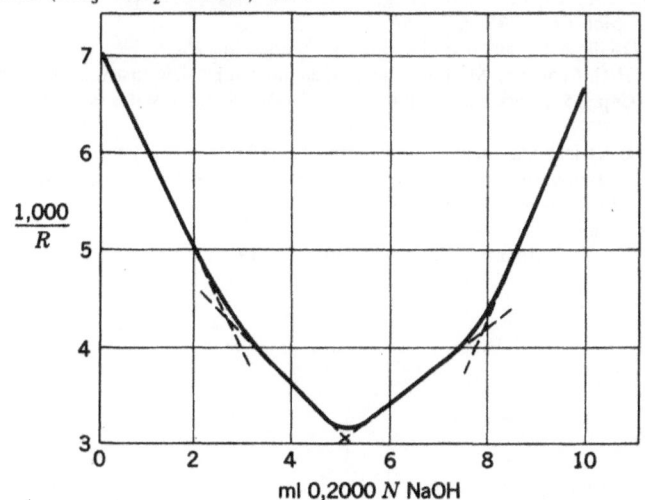

Figura 15.12 – Titulação condutométrica de glicina acidulada com hidróxido de sódio [Segundo Loiseleur (ref. 7)]

Adiciona-se 1,000 ml de ácido clorídrico 1,000 F a uma alíquota de 10,00 ml de uma solução de glicina e transfere-se a mistura para uma cela de condutância com uma pequena quantidade de água. É então titulada condutometricamente com hidróxido de sódio 0,2000 F. Mostra-se na Fig. 15.12 a curva resultante. a) Explique a forma observada para a curva. b) Calcule a massa de glicina nos 10 ml da alíquota.

15-9   Esboce em um gráfico as curvas que se prevêem para titulação condutométrica de $AgNO_3$ 0,1 N com soluções 1 N de cada um dos seguintes reagentes: HCl, KCl, NH_4Cl, $CaCl_2$, NaCl e LiCl. Em qual resulta maior precisão? Explique.

15-10   Em meio levemente alcalino pode-se precipitar quantitativamente o potássio como sal de dipicrilamina, $KC_{12}H_4N_7O_{12}$. O precipitado depois de lavado pode ser dissolvido em mistura acetona-água e titulado condutometricamente com ácido clorídrico de acordo com a reação KR + HCl → → HR + KCl, onde R representa o radical $C_{12}H_4N_7O_{12}$ (ref. 6). a) Esboce a curva que resultaria desta titulação. b) Esboce a curva que resultaria se o precipitado fosse primeiro tratado com pequeno excesso de ácido clorídrico e depois titulado com hidróxido de sódio. Despreze os fatores de diluição.

15-11   Henry, Hazel e McNabb (ref. 4) relataram a titulação condutométrica de bases orgânicas por tribrometo de boro ou vice-versa em solventes apróticos como nitrobenzeno. Por exemplo, obtém-se uma curva de condutância em forma de V invertido quando se titula BBr_3 em nitrobenzeno por adição de quinolina. Indique as reações envolvidas e esboce uma curva de titulação mostrando graficamente as contribuições das várias espécies presentes para a condutância total. Será necessário consultar o trabalho original para detalhes.)

REFERÊNCIAS

1. Frankenthal, R. P.: Conductometry, em L. Meites (ed.), "Handbook of Analytical Chemistry", pp. 5-29ss, McGraw-Hill Book Company, New York, 1963.
2. Griffiths. V. S.: Newer Methods of Determining Electrolytic Conductivity, em G. Charlot (ed.), "Modern Electroanalytical Methods", p. 174, American Elsevier Publishing Company, New York, 1958.
3. Hendricks R. H.; M. D. Thomas; M. Stout e B. Tolman: Ind. Eng. Chem., Anal. Edition, 14: 23 (1942).
4. Henry, M. C.; J. F. Hazel e W. M. McNabb: Anal. Chim. Acta, 15: 187 (1956).
5. Jones, G. e B. C. Bradshaw: J. Am. Chem. Soc., 55: 1780 (1933).
6. Kolthoff, I. M. e G. H. Bendix: Ind. Eng. Chem., Anal. Edition, 11: 94 (1939).
7. Loiseleur, J.: Compt. Rend., 221: 136 (1945).
8. Mason, D. M.; L. L. Taylor e S. P. Vango: Anal. Chem., 27: 1135 (1955).
9. Polsky, J. W.: Anal. Chem., 19: 657 (1947).
10. Pungor, E.: "Oscillometry and Conductometry", Pergamon Press, New York, 1965.
11. Reilley, C. N.: High-frequency Methods, em P. Delahay (ed.), "New Instrument Methods in Electrochemistry", Cap. 15, Interscience Publishers (Divisão de John Wiley & Sons, Inc.), New York, 1954.
12. Rosenthal, R.: Electrical-conductivity Measurements em D. M. Considine (ed.), "Process Instruments and Controls Handbook", pp. 6-159ss, McGraw-Hill Book Company, New York, 1957.
13. Rossum, J. R.: Anal. Chem., 21: 631 (1949).
14. Ruppin, E.: Z. Anorg. Chem., 49: 190 (1908).
15. Watson, S. C. e J. F. Eastham: Anal. Chem., 39: 171 (1967).

Apêndice

Potenciais-padrão de elétrodos*

Elétrodo	Reação	E°, V vs. ENH
Li⁺, Li	$Li^+ + e^- \rightleftharpoons Li$	$-3,045$
K⁺, K	$K^+ + e^- \rightleftharpoons K$	$-2,925$
Ba⁺⁺, Ba	$Ba^{++} + 2e^- \rightleftharpoons Ba$	$-2,90$
Sr⁺⁺, Sr	$Sr^{++} + 2e^- \rightleftharpoons Sr$	$-2,89$
Ca⁺⁺, Ca	$Ca^{++} + 2e^- \rightleftharpoons Ca$	$-2,87$
Na⁺, Na	$Na^+ + e^- \rightleftharpoons Na$	$-2,714$
La³⁺, La	$La^{3+} + 3e^- \rightleftharpoons La$	$-2,52$
Ce³⁺, Ce	$Ce^{3+} + 3e^- \rightleftharpoons Ce$	$-2,48$
Mg⁺⁺, Mg	$Mg^{++} + 2e^- \rightleftharpoons Mg$	$-2,37$
AlF₆³⁻, Al	$AlF_6^{3-} + 3e^- \rightleftharpoons Al + 6F^-$	$-2,07$
Pu³⁺, Pu	$Pu^{3+} + 3e^- \rightleftharpoons Pu$	$-2,07$
Th⁴⁺, Th	$Th^{4+} + 4e^- \rightleftharpoons Th$	$-1,90$
Np³⁺, Np	$Np^{3+} + 3e^- \rightleftharpoons Np$	$-1,86$
Be⁺⁺, Be	$Be^{++} + 2e^- \rightleftharpoons Be$	$-1,85$
U³⁺, U	$U^{3+} + 3e^- \rightleftharpoons U$	$-1,80$
Al³⁺, Al	$Al^{3+} + 3e^- \rightleftharpoons Al$	$-1,66$
Ti⁺⁺, Ti	$Ti^{++} + 2e^- \rightleftharpoons Ti$	$-1,63$
V⁺⁺, V	$V^{++} + 2e^- \rightleftharpoons V$	$-1,18$
Mn⁺⁺, Mn	$Mn^{++} + 2e^- \rightleftharpoons Mn$	$-1,18$
TiO⁺⁺, Ti	$TiO^{++} + 2H^+ + 4e^- \rightleftharpoons Ti + H_2O$	$-0,89$
Zn⁺⁺, Zn	$Zn^{++} + 2e^- \rightleftharpoons Zn$	$-0,763$
TlI, Tl	$TlI + e^- \rightleftharpoons Tl + I^-$	$-0,753$
Cr³⁺, Cr	$Cr^{3+} + 3e^- \rightleftharpoons Cr$	$-0,74$
TlBr, Tl	$TlBr + e^- \rightleftharpoons Tl + Br^-$	$-0,658$
U⁴⁺, U³⁺, Pt	$U^{4+} + e^- \rightleftharpoons U^{3+}$	$-0,61$
TlCl, Tl	$TlCl + e^- \rightleftharpoons Tl + Cl^-$	$-0,557$
Ga³⁺, Ga	$Ga^{3+} + 3e^- \rightleftharpoons Ga$	$-0,53$
Fe⁺⁺, Fe	$Fe^{++} + 2e^- \rightleftharpoons Fe$	$-0,440$
Cr³⁺, Cr⁺⁺, Pt	$Cr^{3+} + e^- \rightleftharpoons Cr^{++}$	$-0,41$
Cd⁺⁺, Cd	$Cd^{++} + 2e^- \rightleftharpoons Cd$	$-0,403$
Ti³⁺, Ti⁺⁺, Pt	$Ti^{3+} + e^- \rightleftharpoons Ti^{++}$	$-0,37$
PbI₂, Pb	$PbI_2 + 2e^- \rightleftharpoons Pb + 2I^-$	$-0,365$
PbSO₄, Pb	$PbSO_4 + 2e^- \rightleftharpoons Pb + SO_4^{--}$	$-0,356$
Tl⁺, Tl	$Tl^+ + e^- \rightleftharpoons Tl$	$-0,336$
PbBr₂, Pb	$PbBr_2 + 2e^- \rightleftharpoons Pb + 2Br^-$	$-0,280$
Co⁺⁺, Co	$Co^{++} + 2e^- \rightleftharpoons Co$	$-0,277$
PbCl₂, Pb	$PbCl_2 + 2e^- \rightleftharpoons Pb + 2Cl^-$	$-0,268$
V³⁺, V⁺⁺, Pt	$V^{3+} + e^- \rightleftharpoons V^{++}$	$-0,255$

Potenciais-padrão de elétrodos (continuação)

Elétrodo	Reação	$E°$, V vs. ENH
Ni^{++}, Ni	$Ni^{++} + 2e^- \rightleftharpoons Ni$	$-0,250$
Mo^{3+}, Mo	$Mo^{3+} + 3e^- \rightleftharpoons Mo$	$-0,2$
CuI, Cu	$CuI + e^- \rightleftharpoons Cu + I^-$	$-0,185$
AgI, Ag	$AgI + e^- \rightleftharpoons Ag + I^-$	$-0,151$
Sn^{++}, Sn	$Sn^{++} + 2e^- \rightleftharpoons Sn$	$-0,136$
Pb^{++}, Pb	$Pb^{++} + 2e^- \rightleftharpoons Pb$	$-0,126$
HgI_4^{--}, Hg	$HgI_4^{--} + 2e^- \rightleftharpoons Hg + 4I^-$	$-0,04$
H^+, H_2	$2H^+ + 2e^- \rightleftharpoons H_2$	$0,000$
CuBr, Cu	$CuBr + e^- \rightleftharpoons Cu + Br^-$	$+0,033$
UO_2^{++}, UO_2^+, Pt	$UO_2^{++} + e^- \rightleftharpoons UO_2^+$	$+0,05$
AgBr, Ag	$AgBr + e^- \rightleftharpoons Ag + Br^-$	$+0,095$
TiO^{++}, Ti^{3+}, Pt	$TiO^{++} + 2H^+ + e^- \rightleftharpoons Ti^{3+} + H_2O$	$+0,1$
CuCl, Cu	$CuCl + e^- \rightleftharpoons Cu + Cl^-$	$+0,137$
Hg_2Br_2, Hg	$Hg_2Br_2 + 2e^- \rightleftharpoons 2Hg + 2Br^-$	$+0,140$
Sn^{4+}, Sn^{++}, Pt	$Sn^{4+} + 2e^- \rightleftharpoons Sn^{++}$	$+0,15$
Cu^{++}, Cu^+, Pt	$Cu^{++} + e^- \rightleftharpoons Cu^+$	$+0,153$
$HgBr_4^{--}$, Hg	$HgBr_4^{--} + 2e^- \rightleftharpoons Hg + 4Br^-$	$+0,21$
AgCl, Ag	$AgCl + e^- \rightleftharpoons Ag + Cl^-$	$+0,222$
Hg_2Cl_2, Hg	$Hg_2Cl_2 + 2e^- \rightleftharpoons 2Hg + 2Cl^-$	$+0,268$
UO_2^{++}, U^{4+}, Pt	$UO_2^{++} + 4H^+ + 2e^- \rightleftharpoons U^{4+} + H_2O$	$+0,334$
Cu^{++}, Cu	$Cu^{++} + 2e^- \rightleftharpoons Cu$	$+0,337$
$Fe(CN)_6^{3-}$, $Fe(CN)_6^{4-}$, Pt	$Fe(CN)_6^{3-} + e^- \rightleftharpoons Fe(CN)_6^{4-}$	$+0,36$
VO^{++}, V^{3+}, Pt	$VO^{++} + 2H^+ + e^- \rightleftharpoons V^{3+} + H_2O$	$+0,361$
Ag_2CrO_4, Ag	$Ag_2CrO_4 + 2e^- \rightleftharpoons 2Ag + CrO_4^{--}$	$+0,446$
Cu^+, Cu	$Cu^+ + e^- \rightleftharpoons Cu$	$+0,521$
I_2, I^-	$I_2 + 2e^- \rightleftharpoons 2I^-$	$+0,536$
$AgC_2H_3O_2$, Ag	$AgC_2H_3O_2 + e^- \rightleftharpoons Ag + C_2H_3O_2^-$	$+0,643$
Ag_2SO_4, Ag	$Ag_2SO_4 + 2e^- \rightleftharpoons Ag + SO_4^{--}$	$+0,653$
Fe^{3+}, Fe^{++}, Pt	$Fe^{3+} + e^- \rightleftharpoons Fe^{++}$	$+0,771$
Hg_2^{++}, Hg	$Hg_2^{++} + 2e^- \rightleftharpoons 2Hg$	$+0,789$
Ag^+, Ag	$Ag^+ + e^- \rightleftharpoons Ag$	$+0,799$
Hg^{++}, Hg_2^{++}, Pt	$2Hg^{++} + 2e^- \rightleftharpoons Hg_2^{++}$	$+0,920$
Br_2, Br^-	$Br_2(liq) + 2e^- \rightleftharpoons 2Br-$	$+1,065$
Pt^{++}, Pt	$Pt^{++} + 2e^- \rightleftharpoons Pt$	$+1,2$
O_2, H_2O	$O_2 + 4H^+ + 4e^- \rightleftharpoons 2H_2O$	$+1,229$
Tl^{3+}, Tl^+, Pt	$Tl^{3+} + 2e^- \rightleftharpoons Tl^+$	$+1,25$
$Cr_2O_7^{--}$, Cr^{3+}, Pt	$Cr_2O_7^{--} + 14H^+ + 6e^- \rightleftharpoons 2Cr^{3+} + 7H_2O$	$+1,33$
Cl_2, Cl^-	$Cl_2 + 2e^- \rightleftharpoons 2Cl^-$	$+1,360$
Au^{3+}, Au	$Au^{3+} + 3e^- \rightleftharpoons Au$	$+1,50$
MnO_4^-, Mn^{++}, Pt	$MnO_4^- + 8H^+ + 5e^- \rightleftharpoons Mn^{++} + 4H_2O$	$+1,51$
Ce^{4+}, Ce^{3+}, Pt	$Ce^{4+} + e^- \rightleftharpoons Ce^{3+}$	$+1,61$
Au^+, Au	$Au^+ + e^- \rightleftharpoons Au$	$+1,68$
Co^{3+}, Co^{++}, Pt	$Co^{3+} + e^- \rightleftharpoons Co^{++}$	$+1,82$
F_2, F^-	$F_2 + 2e^- \rightleftharpoons 2F^-$	$+2,65$

*Segundo W. M. Latimer, "Oxidation States of the Elements and Their Potentials in Aqueous Solution," 2.ª ed., Prentice-Hall, Inc., Englewood Cliffs, Nova Jérsei, 1952.